U0426174

SOPHIA · 爱智文丛

理由与道德

Reason and Morality

徐向东 著

北京大学出版社
PEKING UNIVERSITY PRESS

图书在版编目（CIP）数据

理由与道德 / 徐向东著. —北京：北京大学出版社，2019.1
（爱智文丛）
ISBN 978-7-301-30037-4

Ⅰ. ①理… Ⅱ. ①徐… Ⅲ. ①伦理学 – 文集 Ⅳ. ① B82-53

中国版本图书馆 CIP 数据核字（2018）第 256067 号

书　　名	理由与道德 LIYOU YU DAODE
著作责任者	徐向东 著
责任编辑	田 炜
标准书号	ISBN 978-7-301-30037-4
出版发行	北京大学出版社
地　　址	北京市海淀区成府路 205 号 100871
网　　址	http://www.pup.cn 新浪微博：@ 北京大学出版社
电子信箱	pkuwsz@126.com
电　　话	邮购部 010-62752015 发行部 010-62750672 编辑部 010-62750577
印 刷 者	北京大学印刷厂
经 销 者	新华书店
	650 毫米 ×980 毫米 16 开本 26.5 印张 332 千字 2019 年 1 月第 1 版 2019 年 1 月第 1 次印刷
定　　价	68.00 元

目　录

序　言

多年来我一直试图说明和论证我认为值得捍卫的两个相关论点。道德在人类生活中无疑占据了一个极其独特和重要的地位——没有道德的人类生活不仅是不可能的，而且也是不可设想的，因为道德不仅是人类生活的一个绝对必要的条件，实际上也是人性的一个内在构成要素，是让我们成为“人”（human person）并因此将我们与世界的其余部分区分开来的本质标志，或者换句话说，是我们的第二本性的内核。人类生活中其他的一切都取决于我们能够具有基本的道德意识，能够通过理性反思并怀着同情性的态度来进行自我评价和彼此评价，并在这个过程中参与塑造一种更加美好的人类生活。正是因为道德所具有的这种独特地位，道德生活不仅是艰难的，人们彼此间通过反应态度来做出的道德评价也应该是审慎的，因为就像我在本书某些章节试图表明的，道德实际上有它自己的起源，归根结底来自于人在其他方面的需要，来自于人对一种具有社会性的生活的渴求，因此，尽管某些理论家将道德设想为在人类生活中占据了一个至高无上的地位，道德也不应该反过来成为一种自成一体、被认为具有自己特有目的的东西，更不应该成为某些人或机构为了自身利益而打压他人的工具。道德在某种意义上应该成为自由的化身和自我完善的动力。这个基本认识让我得出了两个需要加以论证的主张：第一，道德生活应该是一种在行动者自己内在认识的基础上来追求的生活，换句话说，道德行动的理由应该是伯纳德·威廉斯所说的“内在理由”；第二，我们应该寻求从一种自然主义的角度来理解和说明道德规范性的来源，因为唯有如此我们才能恰当地理解道德价值与其他人类价值的关系，而这一点对于我们使用各种反应态度来彼此评价极为重要。这两个主张构成了我所说的第一个论点：为了理解道德在人类生活中的地位和作用，我们必须将它置于一个完整的人类价值框架中。有多种可能的方式论证这个论点，但是在我看来最合理的方式是要从元伦理学和道德心理学的角度来阐明道德被认为具有的规范权威和客观有效性，并从一种自然主义立场（包括利用当代认知科学对人的认知、情感和动机的研究成果）来阐明规范性的来源。与此相关的是，从规范伦理学的角度对“我应当如何生活”这一问题的回答取决于我们如何设想实践理性的本质和地位。在我看来，唯有通过将实践理性理解为构成性的，我们才能对这个问题给出符合人性、符合我们对道德生活的现实经验的答案。我相信在试图回答“我们应当如何生活”这一问题之前，我们需要深入地分析和理解人类生活实际上是什么样子，否则我们就会得出乌托邦式的道德理想，并导致与当初确立道德规范的初衷全然不相符乃至相反的结局。人类历史上不乏各种盗用道德的名义来压制人性和人类自然需求的做法。在我看来，从自然主义观点来探究实践理性本身的构成，就是处理这个问题的最佳路线。这是我想提出和论证的第二个论点。

呈现在读者眼前的这部著作就体现了我在这方面做出的一些初步探索，我试图表明元伦理学和道德心理学如何能够用一种富有成效的方式来促进我们对规范伦理学和人类道德生活的一种恰当理解。当然，我对有关问题的思考并非无源之见；尽管哲学传统习惯于在某些方面将休谟与康德对立起来，而伯纳德·威廉斯也往往被看作是康德伦理学的一位有力的批评者，然而在本书中，读者不难看到这三位哲学家对我的深刻影响以及我尝试调和其观点的努力。

需要指出的是，本书不是一部严格意义上的专著：它是一部介于专著和论文集之间的著作——每一章都具有相对的独立性，对某个特定问题进行了我认为具有一定深度的探讨，但是读者不难发现它们之间实际上是有某些内在联系的。本书中展开的主要论证都可以被理解为旨在阐明道德行动的理由、规范性的来源以及对道德客观性的某种理解。此外，我也尽可能用一种在论题和论证上逐步推进的方式来安排本书的篇章结构和次序。

本书部分章节已在一些学术期刊或文集上发表：第一章部分内容发表于《浙江师范大学学报》2014 年第 5 期；第三章部分内容发表在《伦理学研究》2014 年第 1 期以及《实践哲学评论》第 2 辑（2015 年）；第四章部分内容发表在《自然辩证法》2015 年第 2 期；第五章的一个早期版本发表在《清华西方哲学研究》2017 年夏季号；第六章部分内容发表在《道德与文明》2016 年第 5 期。谨此向这些期刊和文集的编者表示感谢。各个章节的修订和充实工作是我在耶鲁大学麦克米兰研究中心担任访问学者期间完成的，感谢该中心提供的学术环境和学术激励以及耶鲁大学图书馆在文献方面所提供的支持和帮助。

鉴于作者学术水平的限制以及所处理的问题的难度，我对相关问题的思考和论证仍然没有终结，因此也说不上达到了成熟的见解——实际上，哲学思考的魅力就在于所有哲学问题都没有单一的和终结性的答案。因此，本书若有不当之处还请读者不吝指正。理性批评是促进哲学思考的最大动力和源泉。本着一种休谟式的精神，我愿意说哲学从业者在现实和经验面前应该始终保持谦卑的态度。

作者

2017 年 9 月 10 日

第一章　内在理由与伦理生活

人们普遍同意道德评价在个人生活和社会生活中发挥着一个重要作用。与此相比，道德评价自身的复杂性却没有得到充分关注。两个简要的事实足以说明道德评价的复杂性。第一，道德评价可以对道德上敏感的行动者产生实质性的影响，例如影响其自我认识乃至其自尊心，因此就产生了一个问题：仅仅从一个单一的观点（例如传统道义论的观点）来看待道德评价是否恰当？第二，负面的道德评价，例如道德谴责或责备，比一些理论家所设想的要复杂得多，因为行动者是否能够按照所要求的方式来行动，不仅取决于他在自己的认知视野内是否能够合理地认识到有关理由，也取决于其心理系统的其他要素，甚至取决于他当时的心态和处境。道德理性主义的盛行是导致道德评价的复杂性受到忽视的一个主要原因，因为这种伦理学往往提出两个相关论点：其一，道德要求是绝对命令（大致说来，当其他考虑与道德考虑发生冲突时，后者必须推翻前者）；其二，对道德理由的认识必然会产生道德行动的动机。不过，在20世纪70年代，菲利芭·福特就已经论证说，脱离了行动者主观的道德欲望，就无法理解道德理由的概念。[1]

[1] Philippa Foot, “Morality as a System of Hypothetical Imperatives”, reprinted in Philippa Foot, *Virtues and Vices* (Berkeley, CA: University of California Press, 1978), pp. 157-173.

按照福特对道德要求的理解，假若一个人还没有看到自己如何有理由服从道德要求，就不能说道德要求对他来说是不可避免的。福特的论点，假若可靠的话，就对理性主义伦理学提出了一个挑战。伯纳德·威廉斯从另一个角度提出了类似主张。[1] 在威廉斯看来，如果一个行动者无论如何都不能通过自己的慎思将某个所谓的道德理由与其主观动机集合（subjective motivational set）可靠地联系起来，就不能合理地认为他应该按照这个理由来行动。

威廉斯的观点在引发大量批判性讨论的同时也受到了严厉批评，本章旨在讨论他对所谓“内在理由”的论证，并试图回答对其观点提出的几个重要批评。在第一节中，我将澄清威廉斯的内在理由概念并重构他对内在理由的论证。在第二节中，我将批判性地考察一些作者对威廉斯的内在理由概念提出的批评，并进一步阐明威廉斯对实践合理性和实践慎思的关系的理解。在第三节中，我将试图揭示威廉斯的内在理由模型对于我们理解伦理生活之本质的一些含义。在最后一节中，我将进一步表明威廉斯的内在理由概念在什么意义上是可捍卫的。总的来说，假若本文的论证成功，它就构成了对实践慎思的内在理由模型的一个捍卫。

[1] 参见 Bernard Williams, “Internal and External Reasons”, reprinted in Bernard Williams, *Moral Luck* (Cambridge: Cambridge University Press, 1981), pp. 101-113; Bernard Williams, “Internal Reasons and the Obscurity of Blame”, reprinted in Bernard Williams, *Making Sense of Humanity* (Cambridge: Cambridge University Press, 1995), pp. 35-45; Bernard Williams, “Replies”, in J. E. J. Altham and Ross Harrison (eds.), *World, Mind and Ethics* (Cambridge: Cambridge University Press, 1995)，特别是 186-194 页。

一 威廉斯对内在理由的论证

当一个行动发生的时候，行动者本人可以寻求一个理由来说明他为什么采取该行动，其他人也可以试图理解他为什么采取那个行动。就一个行动的理由而论，理由的自我赋予和第三人的赋予往往是不对称的，这种不对称性最明显地出现在道德理由的情形中，尽管在非道德行动的情形中也很常见。在某种意义上说，这种不对称性类似于在自我知识的情形中的不对称性，而且似乎与我们即将讨论的内在理由和外在理由的区分有关。这个区分与我们对实践合理性的理解具有重要关联，一个简单的例子足以说明这一点。假设你在 12 层楼的一个办公室工作，从窗户往外看，你看见有黑色的浓烟从下面冒上来，于是就认为这栋楼着火了。为了逃生，你立即开门从楼梯里飞快往下奔去。你逃离的理由或动机是你**认为**这栋楼房着火了，你**想**逃生。从你自己的观点来看，这个理由不仅说明而且也辩护了你所采取的行动。然而，尽管你相信这栋楼着火了，你的信念事实上是假的：你看见一道黑烟滚滚而上，是因为有人用投影仪把浓烟的画面投射到你办公室的窗户上，而你自己却不知道这一点。因此，**从第三人的观点来看**，你逃离这栋楼的理由其实是不可靠的，没有对你的行动提供任何辩护。当然，你可以争辩说，“在我所能得到的最好的认知条件下，我的信念（楼房失火了）**对我来说**是真的，或者至少是有根据的，于是，我采取那个行动的理由不仅说明了我的行动，而且也对它提供了辩护”。因此，假设一个人认为，按照他所具有的任何合理的认知标准，他的信念具有恰当根据，那么立足于那个信念以及相关欲望的行动就不仅得到了说明，而且也得到了辩护。然而，从第三人或者客观的观点来看，一个自我赋予的理由也许并不具有充分合理的根据。

这个例子可能也说明了动机性理由和辩护性理由的区分。一个理由因为激发了一个行动，因而对行动提供了一个说明，但或许并不因此就辩护了那个行动。然而，只有在适当条件下，一个人才能认识到一个辩护性的理由；如果他对这些条件本身没有理性认识，而我们却认为他**应当**从这样一个理由来行动，那么他如何能够从这样一个理由来行动呢？进一步，假设我们认为他有很好的理由要以某种方式行动，而他自己还没有认识到这样一个理由，或者甚至不可能认识到这样一个理由，那么，在没有按照这样一个理由来行动时，他是不是实践上不合理的或者没有理性辩护呢？威廉斯提出内在理由和外在理由的区分，其目的就是要论证一个很大胆、也很容易遭受误解的主张：不仅所有行动的理由都是内在理由，而且动机性理由在满足某些程序合理性（procedural rationality）要求的条件下也是辩护性理由。在这里，说一个理由是“内在的”就是说，在经过恰当的慎思后，这个理由能够与行动者的主观动机集合发生可靠联系。凡是不能满足这个条件的理由都是所谓的“外在理由”。由此可见，在提出内在理由的概念时，威廉斯是在尝试把行动的理由、实践合理性和行动者的主观动机集合联系起来。但是，需要立即指出的是，当威廉斯提出内在理由和外在理由的区分时，他实际上是在讨论对“一个人有理由做某事”这一陈述的两种**解释**。我们需要强调这一点，是因为很多批评者实际上忽视了这一点。确切地说，威廉斯**不是**在声称存在着两种类型的理由，即所谓的“内在理由”和“外在理由”。他所说的是，我们可以对一个理由陈述提出两种解释：内在的解释和外在的解释。他的目的是要表明，如果一个理由陈述表达了一个**行动**的理由，那么对它提出的外在解释就是错误的。威廉斯只是在这个意义上认为一切行动的理由都是内在理由。此外，他也不否认这一事实：即使一些人还没有（或者不可能）把一些理由看作是**他们行动**的理由，这些理由也依然存在，只不过不是他们采取行动的理由而已。[1]

威廉斯的论证的起点是如下问题：某些考虑，若要算作一个行动理由，必须满足什么条件？他为行动的理由指定了两个条件。第一，每当一个人出于一个假定的理由而行动时，这个理由必须出现在对相应行动的某个正确说明中。只有当一个假定的理由以某种方式激发一个行动时，它才说明那个行动。在威廉斯看来，一个假定的理由的动机力量必须存在于行动者的内在心理状态中，或者说必须在其内在心理状态中来寻求。于是他就否认有这样的行动理由，其存在并不依赖于行动者在其主观动机集合中有一些要通过行动来实现或满足的东西。由此可见，第一个条件的根据就是如下主张：我们采取一个行动，是为了实现或满足我们想要获得的某个目标。这个主张显然是直观上合理的。第二，行动的理由要通过它们在实践慎思中的作用来理解。威廉斯提出这个条件，是因为他所关注的焦点就是人类行动的典型范畴，即意向行动，而在这种行动中我们往往需要进行有意识的慎思。如果一个人有一个行动的理由，经过慎思能够承认他确实具有这样一个理由，那么这个理由就不仅激发了一个行动，也为它提供了理性支持。因此，如果某些考虑是一个**经过慎思**的行动的理由，那么它们就说明了那个行动并为之提供理性支持。但是，实践慎思需要动机上的驱动力，因此行动的理由必定在双重的意义上是内在的：一方面，行动者履行某个行动，是为了满足其主观动机集合中的某个要素；另一方面，这个行动在其主观动机集合中具有慎思的基础。

值得指出的是，威廉斯的观点是建立在一种休谟式动机模型的基础上，不过，他在两个方面对这个模型做出了一些重要修正。首先，

[1] 正如我们即将看到的，对威廉斯的观点的这种解释可能比较准确地把握了在这个问题上的见解。

他对动机的理解比休谟的理解更宽广。威廉斯所说的主观动机集合实际上类似于戴维森所说的“赞成态度”(pro-attitudes)，即行动者对某个描述下的一个行动所采取的确认态度。[1] 在戴维森这里，赞成态度包括一切能够具有动机效应的东西，例如欲望、需要、本能、激励、各种道德观念、审美原则、经济成见、社会习俗、公共目标和私人目标、公共价值和私人价值等等。换句话说，凡是行动者视为好的或值得向往的东西都是戴维森所说的“赞成态度”，因此有别于纯粹的认知信念。类似地，威廉斯认为，主观动机集合还可以“包括评价的倾向、情感反应模式、个人忠诚、把行动者的承诺体现出来的各种计划”(Williams 1981: 105)。其次，威廉斯的实践慎思概念也超越了休谟所能允许的那种工具性的因果推理。在威廉斯看来，慎思至少包括下面这样一些东西：认识到一个行动“将是实现一个人所看重的目标的最方便、最经济、最令人愉快的方式”；思考如何可以把对各种关切的追求结合起来；在发生冲突的目的中，考虑要把最大的分量赋予哪个目的；发现实现某个目的或计划的“构成性的解决方案”(Williams 1981: 104)。因此，对威廉斯来说，慎思不仅是为了发现实现某个目的的恰当方式，更重要的是要认识到是否有理由做某事。

以上是对威廉斯的内在理由概念的必要澄清。我们现在可以把他对内在理由的论证分为两个部分。第一个部分旨在表明所有行动理由都必须是内在的而不是外在的。第二个部分旨在表明并不存在外在的行动理由。为了论证这一点，威廉斯试图表明，如果一个所谓的外在理由确实说明了一个行动，它就必定可以被归结为一个内在理由陈述。以上我们已经介绍了威廉斯为行动的理由所指定的两个条件，在

[1] 参见 Donald Davidson, “Actions, Reasons, and Causes”, reprinted in Donald Davidson, *Essays on Actions and Events* (second edition, Oxford: Clarendon Press, 2001), pp. 3-10。

此基础上我们可以将他的论证的第一个部分重建如下：

(1) 如果存在着一个行动的理由，那么它必须能够说明那个行动。

(2)“除了激发行动者采取一个意向行动的东西外，没有什么东西能够说明那个行动。”(Williams 1981: 107)

(3) 能够激发行动者采取一个行动的东西必定是他经过慎思而达到的，而慎思必须以他先前具有的主观动机集合作为起点。

(4) 因此，所有行动理由在如下意义上都必须是内在的：它们必须与行动者的主观动机集合在慎思上具有可靠的联系。

第二个前提显然是这个论证的关键，但它在某种意义上是含糊的。我们或许认为，能够激发一个人行动的东西不一定要与他**先前的**主观动机集合发生联系——换句话说，那样一个东西无须是行动者的主观动机集合中的某个要素。然而，威廉斯的论证的第二个部分似乎否认了这一点。在他看来，如果一个理由确实是我采取某个行动的理由，它就必定是我通过慎思从我的主观动机集合中产生出来的。威廉斯试图用一个例子来说明这一点。欧文·温格拉夫的父亲力劝他去参军，因为这样就可以维护家族的从军传统和自豪感。威廉斯认为，当欧文的父亲要求欧文去参军时，他是在对欧文提出一个外在理由陈述，因为欧文自己根本就不想当兵——他不仅痛恨一切与军队生活有关的东西，而且也在积极尝试一种完全不同的生活。欧文的父亲认为他应该参军，其理由是，那是他们家的家庭传统。但这个理由对欧文来说是一个外在理由。现在，为了论证起见，我们不妨假设确实存在着欧文参军的一个**外在**理由。既然行动的理由必须出现在对行动的说明中，那个对于欧文来说是外在的理由在某个特定场合或许能够成为另一个人行动的理由，因此就会出现在对后者行动的说明中。一个理由在如下意义上是外在的：它（被认为）确实存在，但被认为要按照这样一个理由来行动的人却不具有按照它来行动的动机。现在，如果欧文最终确实参军了，那么那个外在理由就能说明其行动。外在理由的倡导者于是就可以声称外在理由毕竟是存在的。这似乎是一个有力的论证：理由的存在怎么可能依赖于行动者的欲望、目的或动机？如果你没有欲望遵守道德规则，难道我们（道德共同体的其他成员）也没有理由认为你应当服从道德规则吗？威廉斯的内在理由概念似乎不太符合人们对理由的一些直观认识。然而，他的思想比这些问题所暗示的要复杂得多。事实上，他已经预料到外在理由的倡导者会提出这样的回答：

> 有人可能会说，一个外在理由陈述是可以用下面这种方式来说明的。这样一个陈述意味着一个理性行动者会被激发起来恰当地行动，它能够具有这种含义，因为一个理性行动者确实就是这样一个行动者：在其主观动机集合中，他有一个一般的倾向做（他相信）有一个理由要他做的事情。因此，当他最终相信有一个理由要他做某事时，他就会被激发起来做那件事，即使他以前既没有做那件事的动机，又没有任何这样的动机——这种动机可以用我们在对慎思的论述中所考虑的任何一种方式与做那件事相联系。（Williams 1981: 109）

然而，威廉斯抱怨说，外在理由的倡导者提出的这一说明采纳了一个信念，而这个信念的内容恰好是我们要询问的，然后他反问道："当一个人最终相信有理由要他做某事时，如果他最终相信的不是'如果他理性地慎思，他就会被激发起来恰当地行动'这一命题，或者不是从这个命题中得出的某个东西，那么他最终相信的是什么呢？"（Williams 1981: 109）换句话说，在威廉斯看来，如果一个人最终相信他**以前**并不相信的一个假定的外在理由陈述，那么他相信这个陈述，是因为他现在能够通过慎思把那个陈述与其主观动机集合可靠地联系起来。他现在可以相信这个陈述，大概是因为他**目前的**动机集合能够容纳相应的理由。这样，威廉斯就可以继续断言并不存在所谓的外在理由。我们可以把他的论证的第二个部分总结如下：

（1）假设（按照外在理由的倡导者的观点）某人有一个外在理由做某事，而且，如果他理性地慎思，他最终就会被激发起来做那件事。

（2）实践慎思是出于行动者可以得到的动机。

（3）在慎思是出于一个外在理由的地方，“行动者的慎思就没有动机的起点”（Williams 1981: 109）。

（4）如果一个假定的理由要激发并因此说明一个行动，它就必须设法与行动者的主观动机集合发生联系。

（5）因此，不可能存在着既说明了行动又激发了行动，但不能经过慎思与行动者的主观动机集合发生联系的行动理由。

（6）因此，就行动的理由而论，“所有外在理由陈述都是假的”（Williams 1981: 109）。

二／道德动机与实践慎思

以上我们已经考察和重建了威廉斯对内在理由的论证，现在我们需要考虑的是这一问题：威廉斯的论证是否可靠，或者是否确实不存在外在的行动理由？这个问题显得有点复杂，因为我们并不清楚威廉斯的论证究竟是要对一般而论的理由提出一种**鉴定分析**，抑或只是对**行动的理由的必要条件**提出一个说明。[1] 有一些考虑可能是一个行动者在其理性认知视野下得不到的，但其他人可以认为这些考虑构成了行动的理由。即使一个人没有看到某些考虑对他来说构成了行动的理由，这或许不意味着那些考虑本身不是行动的理由。然而，我相信威廉斯一般来说不会反对这个观点，因为他的主要目的是要阐明两个问题：第一，我们有什么行动的理由；第二，在某些实践合理性条件下，在按照那些理由来行动时，我们如何得到辩护。按照我的理解，他的核心主张是：如果一个假定的外在理由陈述确实具有真值条件，那么它实际上表达了一个内在理由。我们需要弄清楚的是，甚至在对他的观点的这一解释下，他的论证是否可靠。

如前所述，威廉斯的论证的关键前提是：除了激发行动者采取一个意向行动的东西外，没有什么东西能够说明那个行动。在威廉斯看来，能够激发一个行动者行动的东西必须与他的现存动机在慎思上具有某种联系。因此，如果一个行动者被认为有理由行动，那么那个理由也必须与他现存的主观动机集合在慎思上具有某种联系。为了进一步阐明这一点，让我首先考虑雷切尔·柯亨对威廉斯的论证提出的一个异议：威廉斯对其主张的论证并不成功。[2] 这个异议所要反对的是这一观点：假若在行动者的主观动机集合中没有行动者想要通过行动来满足或实现的某个要素，那么行动者就不会采取一个意向行动，或者，即使行动者确实采取了一个行动，这个行动也是不可阐明的。柯亨认为，即使一些意向行动并没有充当来满足或实现行动者的主观动机集合中的要素，这些行动仍然可以存在。我相信这个异议误解了威

[1] 这个区分大概对应于汉普顿在鉴定的内在主义（identification internalism）和动机的内在主义之间的区分，参见 Jean Hampton, *The Authority of Reason* (New York: Cambridge University Press, 1998), pp. 53-82。

[2] Rachel Cohon (1986), "Are External Reasons Impossible?" *Ethics* 96: 545-556.

廉斯的观点，因为柯亨用来论证其主张的例子基本上都涉及人们出于习惯而履行的行动。例如，即使约翰一家已决定星期天要去叔叔家吃午饭，但他父亲在星期六晚上依然准备好了第二天的午餐，因为在头一天晚上准备好第二天的午餐已经成了他的习惯。柯亨据此认为，在描述约翰的父亲的行动时，我们对这个行动提出了一个说明，但是这个行动并没有充当来实现或满足约翰父亲的动机集合中的任何要素。然而，这个说法显然是对意向行动的错误理解。首先，意向行动，**按照定义**，就是以行动者想要获得的某个目标为其实现对象的行动。即使人们已经习惯于采取某些行动，因此在行动时无须明确地意识到采取行动的初始动机，这也不意味着这样一个行动没有其意向对象。即使约翰的父亲采取了一个习惯性的行动，但只要回顾一下，他就会意识到该行动的原始动机，尽管他也可能会认为自己这样做有点不合理，因为他实际上无须准备星期天的午餐。其次，威廉斯可以接受这一说法：即使一个行动的理由必须与行动者的主观动机集合在慎思上具有某种联系，但这无须意味着，当行动者通过慎思得到一个行动的理由时，他需要**立即**采取行动来实现或满足其动机集合中的某个要素。某些考虑，为了成为一个行动的理由，就必须与行动者的动机背景具有慎思上的联系。不过，需要注意的是，这个条件只是行动的一个必要条件，而非一个充分条件。例如，即使认识到我有理由在暑假去看望父母，但我可能实际上没有采取这一行动，原因有很多，比如说，近来由于山洪暴发，去往我家乡的公路被摧毁了，因此我无法在预定时间回家看父母，或者，我与一家出版社签订了一份翻译合同，而由于平时教学繁忙，我无法按时交稿，因此需要利用暑假时间把事情做完，等等。如果我们考虑到行动的理由或动机可以在某种意义上发生冲突，那么威廉斯的核心见解——为了成为一个行动的理由，某些考虑至少必须潜在地说明相应的行动，并在慎思上与行动者的动机背景具有恰当联系——就仍然具有充分的根据。

如果我对柯亨的第一个异议的批评是可靠的，那么在此基础上就比较容易回答她所提出的第二个异议了。回想一下，威廉斯旨在表明：如果一个行动的理由因为激发了相应的行动因而必须能够说明那个行动，那么就没有任何外在理由陈述能够满足这一要求。在这里，我们必须把“激发一个行动”这一说法解释为“对行动者具有动机影响”。为了维护威廉斯的主张，我们无须认为对行动者具有动机影响的理由也必须引起行动者采取相应行动。现在，柯亨指责说，当威廉斯声称“除了激发行动者采取一个意向行动的东西外，没有什么东西能够说明那个行动”时，他对“动机”这个术语的使用是不明确的。柯亨认为，我们可以在两种意义上来理解“具有动机作用的东西”。在一种意义上，“动机”指的是欲望、目的、情感反应模式或者行动者的主观动机集合中的其他要素；在另一种意义上，“动机”指的是引起行动者行动的东西。如果威廉斯是在第一种意义上来理解这个术语，那么他似乎就先验地排除了外在理由的可能性，因为一个外在理由，按照定义，就是经过慎思无法与行动者的主观动机集合发生联系的理由。倘若如此，威廉斯实际上就没有表明外在理由是不可能的。另一方面，如果“具有动机作用的东西”这一说法应被解释为“引起行动者行动的东西”，那么威廉斯就没有成功地表明外在理由是不可能的，因为就算我们承认引起一个人行动的东西必须是一个内在的原因，不在行动者主观动机集合内的东西也有可能会引起行动。

这个异议确实有点力量。不过，说威廉斯的论证飘摇在“动机”的两种含义之间并不精确，因为在试图反驳外在理由的倡导者的时候，威廉斯想要表明的是，引起一个行动者行动的东西，或者至少能够对行动者产生动机影响的东西，必须在慎思上与行动者的主观动机集合具有某种恰当联系。二者之间的联系是一种慎思上的联系，而不仅仅是一种因果联系。正如约翰·麦道尔正确地注意到的，一个人的主观动机集合中的要素并不只是意味着他有理由去做满足这些要素的事情，更重要的是也意味着：在决定有理由做什么时，那些要素“控制”了他的思想方向。[1] 威廉斯强调行动的理由必须在慎思上与行动者的主观动机集合具有可靠联系；他之所以这样做，并不只是为了突出行动的理由的动机方面，也是为了表明，一个**理性**行动就是这样一个行动——行动者履行它的理由必须在慎思上与他目前的动机集合具有可靠联系。因此，证明外在理由存在的唯一方式就是通过表明，“如果行动者理性地慎思，那么，**不管他原来具有什么动机**，他最终都会被激发起来行动”(Williams 1981: 109)。换句话说，外在理由的倡导者必须能够表明，存在着某种理性慎思，它不仅与行动者现存的动机集合没有任何联系，而且也能激发行动者行动。换句话说，他们必须表明，可以用一种完全不依赖于行动者现有动机的方式把行动的动机产生出来。

对外在理由的一个合理论证不仅需要表明这样一种理性慎思是可能的，也需要说明外在理由的概念如何能够合理地得到理解。最有力的论证似乎就是麦道尔提出的论证。他对外在理由的论证大致分为两个部分。第一个部分旨在表明，有一种不依赖于行动者现有动机的理性慎思。第二个部分旨在反驳威廉斯的核心主张：行动的唯一合理性就是内在理由的合理性。为了恰当地评价麦道尔的论证的第二个部分，我们需要对实践合理性的概念提出一些进一步的说明，这是下一节要做的工作，现在我们首先处理其论证的第一个部分。

就“什么算作行动的理由”而论，麦道尔可以同意威廉斯的主张：

---

[1] John McDowell, “Might There Be External Reasons?” reprinted in John McDowell, *Mind, Value and Reality* (Cambridge, MA: Harvard University Press, 1998), pp. 95-112.

能够作为行动理由的东西必须能够说明相应的行动，在某些条件下也能辩护相应的行动。他们的主要分歧表现在两个方面。麦道尔认为，威廉斯对外在理由的否认会产生一个怀疑论含义：只是对那些有动机按照道德考虑来行动的人，道德理由才是行动的理由。麦道尔对这一含义极其不满，他对威廉斯的批评也是从理性主义角度提出来的。其次，麦道尔也很反感如下思想：任何理性慎思都必须以行动者的现有动机为起点。需要注意的是，如果主观动机集合本质上是由休谟式的动机构成的，那么我们最好把麦道尔的观点理解为：不需要借助于先前的动机，理性信念本身就能产生动机。但是，在这个解释下，麦道尔的论证是有缺陷的，正如我们即将看到的。另一方面，为了合理地维护自己的观点，威廉斯就必须像休谟那样认为，在行动的理由的产生中，认知信念可以发挥一个重要作用。通过从现有动机进行慎思，一个人也许就可以逐渐认识到某些考虑构成了他采取某个行动的理由。不过，麦道尔争辩说，我们也可以通过某种其他方式达到这一点，因此内在理由无须抢先占据外在理由可以占据的空间。一个外在理由可以先于行动者将之识别为一个行动的理由而独立存在。麦道尔进一步论述："假若我们能够理解这样一种东西的话，我们就可以维护外在理由［的概念］：那种东西经过这样一种转变会变成真的，而且具有这一特点——当我们最终相信它的时候，我们也就获得了使得内在理由陈述为真的动机。"（McDowell 1998: 98）麦道尔所要说的是，理性慎思不一定要从现有动机入手，我们完全可以不通过威廉斯所设想的那种慎思而接受一个外在理由，并由此将它与某些内在理由陈述联系起来。我们无须受到威廉斯的误导，错误地认为所有行动的理由都必须在慎思上与现有动机具有某种联系。因此，我们无须像威廉斯所建议的那样，去设想一种以现有动机为起点的慎思，并通过这种慎思把动机产生出来。由此可见，为了证明外在理由的存在，我们就必须放弃“任何行动的理由都必须是通过慎思而达到的”这一主张。另一方面，如果一个行动的理由不是经过慎思而达到的，那么，我们具有这样一个理由，必定是因为我们无须经过任何慎思就能正确地看待问题，正如麦道尔所说：“为了成为一个外在理由陈述，一个陈述就必须一直都是真的；在突然相信这样一个陈述时，行动者必定一下子就正确地看待问题。”（McDowell 1998: 99）这个说法令我们想起某种直觉主义的见解。但问题是：若不经过某种慎思，我们如何能够“看到”某些考虑作为道德理由而凸现出来呢？[1]退一步说，即便确实存在着外在理由，我们怎么能够一下子就看到了其真实性，并因为它们是真的而相信它们呢？也许，正如麦道尔自己所说，通过某种神秘的转换，我们就可以做到这一点。实际上，他认为这种转换的可理解性就在于这一事实——我们突然之间就发现或意识到了一个外在理由：

> 在这里，转换（conversion）的观念将会充当在动机方向上所发生的一种可理解的转变的观念，这种转变严格地说**不是**这样来实现的：通过那种由现存动机来控制的实践推理，一个人就逐渐发现他先前并未认识到他所具有的某些内在理由，于是就实现了一种转变。但是，如果这种转变的结果就是正确地看待问题的一种情形，为什么这样一个过程不应算作某个人突然之间就意识到某些外在理由（他在按照有关方式来行动时一直都具有的理由）的过程呢？（McDowell 1998: 102）

[1] 必须承认这是一个复杂问题，进一步的讨论将必然涉及对所谓的“道德直觉”的本质及其可能性的详细分析，这是我目前无法处理的。罗伯特·奥迪一些论著已经导致道德直觉主义在当前的复兴。一些相关的论述，参见 Robert Audi, *The Good in the Right* (Princeton: Princeton University Press, 2004); Mark Timmons, John Greco, Alfred R. Mele (eds.), *Rationality and the Good: Critical Essays on the Ethics and Epistemology of Robert Audi* (Oxford: Oxford University Press, 2007)；J. G. Hernandez (ed.), *The New Intuitionism* (London: Continuum, 2011)。

坦率地说，即使我们暂不考虑麦道尔所说的那种“无慎思的转换”是否合理，我自己也无法充分理解这种转换（比如说，它是像一种格式塔式的视角变换吗?）。我们同意可能有这样一些情形：在这些情形中，甚至只是根据理论推理（仅仅涉及对纯粹认知信念进行操作的推理），我能看到我有某个行动的理由，而这个理由是我以前未曾明确地认识到的。然而，我并不确信存在着这样一种情形：在这种情形中，一个人突然之间就可以理性地具有一个他原来并不持有的信仰，而且，在其背景信念中，还没有什么东西可以为这样一个信仰的可信性提供任何基础。无须否认，确实存在着一些在我们目前的认知视野中无法理性地认识到的理由，之所以如此，要么是因为我们不是充分理性的，要么是因为我们缺乏有关的知识或信息，抑或是因为二者。当然，也有可能的是，我们能够认为某些考虑构成了一般而论的行动理由，但没有动机按照那些理由来行动。假设我相信你有理由转学到法学院，因为你已经不再对哲学感兴趣，并不断抱怨研究哲学绝不可能让你有一个好的生活前景。在这种情况下，我能够接受你要转学的理由，但无须把它也看作是我要采取类似行动的理由，因为我并不具有与你一样的背景动机，例如，我确实相信哲学提供了追求一种有意义的生活的最佳方式。因此，即使存在着一些可以被我视为理由的考虑，这个事实仍然符合如下主张：对于那些考虑所支配的行动，要是我无论如何都产生不了兴趣，那些考虑就不会构成我行动的理由。对于一个所谓的外在理由来说，只有当我对它所阐述的事情具有某些实践关注、并能够通过慎思将它与我的动机背景联系起来时，它才有可能成为我采取行动的一个理由。

那么，麦道尔的论证究竟错在何处呢？他的论证有两个根本问题。首先，麦道尔错误地认为，当一个人由于有了一种稳定的品格因而能够正确地看待问题时，他对自身的实践智慧的行使就无须涉及任何慎思。其次，为了与威廉斯形成对比，麦道尔认为，在将某个“外在的”理性评价标准施加给一个行动者时，我们的做法是完全可理解的，即使那个行动者在充分理性和充分知情的情况下仍然无法理性地承认有关的考虑。然而，这个观点也是有问题的。我将首先考虑第一个问题。鉴于麦道尔将其观点建立在他对亚里士多德实践智慧概念的考虑上，并在很大程度上借助于大卫·威金斯对这个概念的分析[1]，我将对威金斯的观点提出一个简要分析，以便考察威金斯的观点是否能够对麦道尔提供支持。

麦道尔认为“正确地看待问题”这一概念在哲学上并不神秘。一个人之所以能够一下子正确地看待问题，大概是因为他已经在某种伦理教育下习惯于采取某些恰当的行为模式。因此，如果他已经把某些情境看作是（比如说）道德上相关的，他大概就会自动地做出某些恰如其分的反应。这个说法是我们可以同意的。不过，当一个有美德的行动者通过行使实践智慧而做出恰当的道德判断时，我们不太清楚这一过程是不是根本**就不**涉及实践慎思，因为至少我们可以说，那个行动者之所以能够正确地看待问题，是因为他已经有了一个稳定的道德品格。在这样一个行动者这里，即使他无须明确地做出任何有意识的慎思，但正确地看待问题的能力不仅与其道德品格具有慎思上的联系，也依赖于这样一种品格。为了证明存在着外在的行动理由，外在理由的倡导者就需要表明，当行动者具有一个新的动机时，这样一个动机的产生无须与行动者的现有动机具有任何慎思上的联系。因此，有美德的行动者的情形似乎没有为麦道尔所要论证的见解提供任何支持，因为只要这样一个行动者正确地认识到道德要求他做的事情，道

[1] David Wiggins, “Deliberation and Practical Reason”, reprinted in A.K.Rorty (ed.), *Essays on Aristotle's Ethics* (Berkeley: University of California University, 1980), pp. 221-240.

德品格自身就能为他按照这种认识来行动提供动机基础。在这种情形中，这样一个行动者是否需要从事一种有意识的慎思与威廉斯的论证无关，因为威廉斯只是在主张：一个所谓的外在理由，若要成为行动者行动的理由，就必须在慎思上与其现有动机具有某种可靠联系。而且，正如我们已经看到的，威廉斯并没有对慎思可以采取的形式做出任何限制。实际上，麦道尔自己认识到了道德品格的内在本质。例如，他写道："我之所以使用'恰当的教育'这一概念，目的只是要平息形而上学怪癖的威胁，而不是把它作为某种伦理理论中的一个基本要素，就好像我们能够用一种独立的方式来获得作为一种伦理教育的那种东西，能够用它来说明伦理真理，把伦理真理看作一个得到了恰当教育的人将会做出的判断所具有的一个性质。"（McDowell 1998: 101）由此可见，麦道尔所要否认的是，一个理由作为理由而具有的力量取决于行动者的主观动机。然而，如果这就是他想要论证的观点，那么他所采取的策略就很容易受到攻击。

为了合理地理解麦道尔的尝试，我们最好认为他是在说，实践慎思无须完全取决于行动者的现有动机，或者无须完全是由后者决定的。在麦道尔的论证中，他之所以诉诸威金斯对亚里士多德实践智慧概念的分析，其理由就在于此。威金斯认为，我们并不需要把实践慎思限制到有关目的－手段的推理，而这一点实际上是威廉斯所同意和强调的。此外，甚至当慎思是针对目的－手段而进行的时候，它也不是一种形式推理，因为对亚里士多德来说，慎思实际上是要对目的提出恰当的规定。而正是在对目的的规定中，实践智慧被认为发挥了本质作用。然而，实践智慧的行使，正如麦道尔正确地认识到的，是不能用规则的形式整理出来的，也就是说，实践智慧不是按照任何已被形式化（或者可以被形式化）的规则来行使的。这是威金斯在解释亚里士多德实践慎思概念时希望加以论证的，而麦道尔自己也很好地阐明了这一点。[1] 其实，威廉斯可以确认上述二人对实践智慧的理解，因为他自己也提出了一个类似主张：慎思不可能只是一种形式推理，至少因为想象在慎思中具有一个重要作用。不管怎样，从亚里士多德的观点来看，实践慎思不可能是一种形式化的东西，因为我们之所以进行慎思，就是为了在“什么东西对我们是好的”这一问题上达到一个真实判断，而这种判断不可能用规则的形式预先总结在我们所具有的理论知识中，正如亚里士多德所说：

> 与行为以及与“什么东西对我们是好的”这一问题有关的事情，就像健康问题一样，是变动不居的。对实践知识的一般论述就具有这一特点，而对特殊事例的论述就更加缺乏精确性了；因为它们既不属于任何技艺，也不是知觉的对象，而是，在每一个特定事例中，行动者自己考虑与特定场合相适应的东西，正如在医疗和航海这两门技艺中我们碰巧也可以看到的那样。[2]

实践慎思将不得不敏感于我们对特殊情境的正确知觉。[3] 在亚里士多德看来，实践智慧所要求的这种知觉是一种洞察力，即一个具有实践智慧的人“看穿”某个对象或状况的伦理相关性的能力。[4] 因此，在威金斯的解释下，亚里士多德就“实践慎思”所说的一切不过就是这个主

---

[1] John McDowell, “Virtue and Reason”, reprinted in John McDowell, *Mind, Value and Reality*, pp. 50-76.

[2] Aristotle, *Nicomachean Ethics* (translated by Terence Irwin, Indianapolis: Hackett Publishing Company, 1999), 1104a7-9.

[3] 这种关于道德判断的观点就是现在所说的“亚里士多德式的特殊主义”。对这种观点的一个说明和捍卫，见 Martha C.Nussbaum, *Love's Knowledge* (New York: Oxford University Press, 1990)，特别是 54-105 页、168-194 页。对特殊主义的一些一般讨论，参见 Brad Hooker and Margaret O. Little (eds.), *Moral Particularism* (Oxford: Clarendon Press, 2003)。

[4] Aristotle, *Nicomachean Ethics*, 1142a24-30.

张——正确的实践慎思要求实践智慧，而实践智慧不是一种演绎性的理论知识，正如他所总结的那样：

> 具有最高的实践智慧的人是这样一个人：他具有与所要慎思的情境之重要性相称的真正有关的关注和真正相关的考虑，能够最大限度地用这样的关注和考虑来瞄准一个状况。最好的实践推理就是其小前提来自于这样一个人的知觉、关注和鉴别的推理。这个小前提记录了他在这一状况中认为自己必须采取行动的那个情境的最突出特点。有了这样一个小前提，一个相应的大前提就被激活了，后者详细说明其关注的一般含义，而正是因为有了那个关注，该特点就成为这一状况中的突出特点。（Wiggins 1980: 234）

总的来说，一个具有实践智慧的人不仅理解了一般道德原则的真正含义，也因为积累了经验和智慧从而能够认识到自己所处情境中的哪些特点是道德上相关的，并将这种认识和鉴别与他具有的一般道德知识联系起来，最终做出与实际境况相称的道德判断并采取相应行动。然而，明显的是，在威金斯对这种亚里士多德式的实践慎思的说明中，没有什么东西具有麦道尔所暗示的那一含义：正确地看待问题的能力无须涉及任何形式的实践慎思（在与行动者的现有动机具有某种慎思上的联系的意义上）。如果一个人已经有了实践智慧，他当然就能像亚里士多德所说的那样把一个状况的某些特点感知为具有伦理相关性的突出特点。但是，这并不意味着那种能力不是以某种方式与其动机结构和相关认知信念相联系——实际上，这种联系确实存在，而且取决于他对有关状况的知觉、关注和鉴别。由此可见，麦道尔似乎混淆了一些不同的东西。首先，一个具有实践智慧的人确实可以直接按照他所认识到的理由来行动，但麦道尔错误地认为这种能力不涉及任何实践慎思。因此，麦道尔似乎把两个问题混淆起来：一个问题是，对于一个人来说，什么东西是好的是否取决于他的欲望；另一个问题是，他对“什么是善”的认识是否需要实践慎思。其次，就算以下属实：如何行使实践智慧是不能用规则来总结的，但麦道尔的错误在于，他认为一个具有实践智慧的人在打算采取行动时不需要进行慎思。

麦道尔认为威金斯对实践慎思的论述支持了其观点。但是，从威金斯的论述中我们能够挑选出来、并与麦道尔的意图相宜的唯一东西就是如下思想：实践慎思不是立足于一种封闭的、自我完备和自相一致的系统。人们往往是从现有的动机集合入手来进行慎思，但也有可能的是，现有的动机集合需要得到理性的反思和审视。在这点上，最常见的就是这种情形：一个人可以认识到其现有动机（欲望、偏好等）是不一致的。例如，欲望的满足不仅取决于能力和资源，也取决于某些外在条件。因此，我们经常发现，在一个特定情形中，满足一个欲望就不能满足另一个欲望；在这种情况下，我们就需要评价有关的欲望，对它们进行合适的修改，这样也就改变了我们原来的动机结构。不过，也有可能的是，新信念的形成能够帮助我们认识到自己以前具有的某些欲望可能是不合理的。然而，我们并不清楚对现有动机集合的理性修改是否必须用麦道尔所设想的那种方式来完成。我们更不清楚的是，一个人是否能够**完全**独立于其现有的动机结构和目前的背景信念来形成一个新动机。假设某人突然之间就皈依一个新的信仰，而且在实现这种“皈依”时，他既没有任何先前的动机要这样做，也没有看到他有理由这样做，那么，在这种情况下大概就不能认为他是实践上合理的。当然，我们无须就此否认一个人可以在某种非理性力量的感染下接受自己原来并不信奉的某个信仰，比如说，通过长期参与某种宗教仪式，一个人或许可以接受某个宗教信仰。但是，在这种情况下，要么他的那种突然皈依是非理性地产生的，要么他的内心深处其实早就有了某种宗教倾向，参与宗教仪式只是触发了那种倾向。我们无须狭隘地认为一个人的动机能力只是涉及他目前明确意识到的欲望，因此我们也无须假设那些欲望充当了一个过滤器，决定了哪些考虑能够打动他，哪些考虑不能打动他，因为要是没有某些其他东西，欲望本身也不一定能够**理性地**决定动机。欲望当然是行动的最明显的直接动机，但动机能力可能也涉及其他东西，例如想象力、敏感性、对一个即将采取的行动之合理性的初步认识。我们应该否认的是：不管一个人是否明确地意识到了他的现有动机，麦道尔所谓的“理性直观”能够完全独立于其现有动机而将一个新的动机产生出来。

为了说明这一点，让我考虑达沃尔提出的一个例子。[1] 这个例子据说论证了上述观点，因为达沃尔认为它构成了对休谟式动机理论的一个反驳。这个例子旨在表明，某种知觉经验能够用一种完全不依赖于一个人现有动机背景的方式产生动机。罗贝塔是一个在小镇上自在地成长起来的女孩，在上大学前，她的一切生活经验都向她表明世界很友好，她在世上生活得很快乐。在入校时，校方安排新生看一部电影，这部电影生动地展现了美国南部纺织工人水深火热的生活。然后，罗贝塔参加了一场讨论会，会议的内容是关于如何缓解那些工人的处境。在经过这番教育后，罗贝塔决定通过参与一场抗议来帮助那些不幸的人，而她其实一直也有愿望这样做。达沃尔认为，罗贝塔的例子说明了这样一种情形：“她一下子就被那些工人的苦难所打动，尽管她以前因为生活优越，不曾有缓解别人痛苦的欲望，尽管她在如下意义上甚至对其他人的痛苦毫不敏感：即使她从前很可能已经注意到了其他人的痛苦，她对此也毫不留心。”（Darwall 1983: 40）然而，只要

[1] Stephen Darwall, *Impartial Reason* (Ithaca: Cornell University Press, 1983), pp. 39-41.

仔细地加以分析，我们就会发现达沃尔的例子有不一致之处，因为他实际上假设罗贝塔“模模糊糊地意识到了世界上某个地方仍然存在着贫困和苦难”（Darwall 1983: 39）。假若罗贝塔从来就不曾有对贫困和苦难的意识（不管多么模糊），她就不可能在看电影时“因为她所看到的苦难而震惊和惊慌”。达沃尔强调说，罗贝塔并没有缓解苦难的**一般欲望**，或者说，没有缓解一般意义上的苦难的欲望。因此，她受到这种感动与那个一般的欲望无关。然而，这个结论是错误的，因为即使罗贝塔没有缓解苦难的一般欲望，这个事实也完全符合如下可能性：在看了那部电影后，她受到**触发**，从而感觉到了那些工人的痛苦，而她具有这种感受的方式与她有时候倾向于感觉到自己痛苦（或者她所爱的那些人的痛苦）的方式本质上并无不同。实际上，达沃尔相信一个休谟式的同情机制在这里发挥了作用，在我看来这是正确的。尽管休谟所说的“同情”不能被理解为一个一般的欲望，但其操作仍然取决于某种经过扩展的情感。把罗贝塔的情形与一个非道德主义者的情形相比可能更合适。罗贝塔在看电影后受到感动，是因为她实际上已经对贫苦和苦难有了一种模模糊糊的意识，而一个非道德主义者即使看了那部电影，也不会受到感动，更不会产生类似的动机效应。因此，当罗贝塔因为受到感动而决定采取行动来缓解纺织工人的苦难时，她的这一举动并非没有先前的动机基础。

三／规范性与伦理生活

至此我希望我已经表明：当威廉斯断言一切行动的理由都是内在理由时，他是正确的。当然，在回答有关的批评和非议时，我已经对威廉斯的主观动机集合的概念做了适当扩展，使之包含按照理性信念来做出评价的倾向，但我相信威廉斯能够接受这种扩展。此外，很容易看出，只要一个人具有基本的合理性，他的主观动机集合就不可能是封闭的：一旦获得了新的知觉经验或新的信念，他就会以某种方式合理地修改自己原来的动机。然而，理性慎思，即一个人逐渐认识到自己有理由行动并形成这样一个理由的过程，不可能完全分离于和独立于其现有动机。麦道尔和威廉斯之间的真正分歧，从根本上说，并不在于这一问题：即使一个人以前并不认为某些考虑是自己行动的理由，但经过某种慎思，他是否能够认为那些考虑向他提供了行动的理由（或者构成了他行动的理由）？我们可以设想两种情形，在其中任何一种情形中，一个所谓的外在理由**对于一个特定的行动者来说**并不是一个行动的理由。首先，这样一个行动者在其认知视野内无法理性地认识到那个理由。其次，在其认知视野内，他确实能够理性地认识到构成该理由的有关考虑，但是，对于被认为要按照该理由去做的事情，他无论如何都产生不了兴趣。我们能够理解其他人行动的理由，甚至有时候可以同意那些理由，但仍然并不认为相关考虑也向我们提供了行动的理由。**行动的**理由是相对于行动者的兴趣或关注而论的，不过，这个事实不是不符合如下主张：理由判断在某种意义上是一般性的。应该注意的是，在威廉斯对内在理由的说明中，对理由的理性认识和理性慎思的概念具有核心的重要性。麦道尔和威廉斯之间的实质性分歧体现在如下问题上：内在理由的合理性是否穷尽了行动的实践合理性的范围？更精确地说，他们之间的分歧在于：是否存在着这样一种评价行为的标准，这种标准甚至是充分合理和充分知情的行动者都无法得到的，但又可以被有意义地和正当地用来评价一个人行动的合理性？对这个问题的回答显然取决于如何理解“充分理性”（full rationality）这一概念。

麦道尔正确地认识到，“陈述理由的说明（reason-giving explanation）要求我们对‘事物**理想上**将是什么样子’有一个概念，而如果要为批判性地评价任何实际的人类个体的心理系统充当基础，这样一个概念就必须充分独立于这种心理系统的运转方式。特别是，在理想的方向和一个特定行动者的动机将他推入的方向之间，必定存在着一个潜在裂隙”（McDowell 1998: 104-105）。如果人类个体的思想、决定和态度可以被认为是通过心理过程产生出来的，而我们可以判断那些东西的合理性，那就意味着我们有一个相对超越于任何实际的人类个体的心理系统的合理性标准。但是，这种超越性并不意味着我们所使用的合理性标准必定具有一个完全不依赖于实际的人类心理的来源，除非麦道尔提出额外的论证来表明确实如此。如果麦道尔就此争辩说，为了获得这种批判性的评价，就必须把我们与我们现有的动机基础分离开来，甚至在我们这里实现某种非理性的转换，那么他的论证就显得有点强词夺理了。[1] 假若按照某些考虑来行动会对一个人的品格造成严重威胁，那么一个人就无法合理地接受那些考虑，认为它们向自己提供了行动的理由。[2] 可以被一个人合理地接受为行动理由的东西，必须以某种方式与其品格相连续，或者至少没有在根本上与其品格的形成相对立。人们或许认为一个人有理由采取某个行动，但是，除非他自己理性地认为按照这样一个理由来行动符合自己利益，或者符合他的一般关注，否则他就不会把这样一个理由视为要他行动的理由。然而，对于威廉斯来说，当一个人以这种方式来看待一个所谓的外在理由时，他已经经过慎思把这个理由与自己目前的动机集合联系起来，因此实际上已经把那个理由转化为一个内在理由。威廉斯并不否认理由可以在本体论上先于一个人对它们的理性认知而存在。他想要强调的

[1] 这一点特别关系到威廉斯对如下主张的反对：道德必然性是我们所具有的唯一必然性，因此，当道德考虑与其他形式的实践考虑发生冲突时，前者必须无条件地推翻后者。

[2] 见 Bernard Williams, “Persons, Character and Morality”, in Williams, *Moral Luck*, pp. 1-19; Bernard Williams, “Practical Necessity”, in *Moral Luck*, pp. 124-131。

是，能够成为**行动**理由的东西必定是这样一种东西：在充分合理和充分知情的情况下，行动者能够通过慎思把这种东西与其动机集合联系起来。这个说法显然并不意味着从行动者的主观动机集合中产生出来的一切行为都是合理的。为了让一个行动变得合理，除了满足前面所说的程序合理性要求外，一个人大概也需要满足其他一些实践合理性要求，例如对周围世界（包括其他人）保持开放但又不盲目相信、具有自我反思的意识、善于听取别人的理性劝告和说服等。威廉斯对实践合理性的理解在某种程度上表达了启蒙运动的人的理想，但他反对把那些在一般的理性能力的审视下仍然得不到理性接受的东西先验地“写入”实践合理性的要求中，其中可能就包括某些道德观念、宗教信仰或伦理生活理想。然而，即使威廉斯认为这些东西不能被先验地“写入”实践合理性的要求中，他对内在理由的设想并不妨碍这样一种可能性：在适当条件下，行动者或许有理由接受自己原来并不接受的某些道德观念、宗教信仰或伦理生活理想。他想要说的是，如果这种可能性发生，它也是通过一种内在的转化而发生的，而不是通过麦道尔所说的“无慎思的转换”发生的。一种伦理生活的真正可能性在于一个人必须通过理性反思而自愿接受这样一种生活，或者拒斥一个特定的伦理生活理想，抑或对这样一个理想进行修改——总而言之，伦理生活不可能、也不应该成为一种从外面强加给一个人的东西。道德评价也是如此：用一个人甚至在充分合理、充分知情的情况下也无法合理地接受的道德语言来批评他或指责他，在威廉斯看来，不仅毫无道理，而且实际上显示了对其人格的侵犯。我们并不需要一个道德上吹毛求疵的社会，我们所需要的是一个不仅具有充分的理性宽容、而且每个人在重大事情上都经过认真的理性思考才决定如何行动的社会。在这样一个社会中，通过用威廉斯所设想的那种方式来发现行动的理由，我们不仅做到了首先要对自己的言行负责，也能够学会如何用一种有益于社会进步的方式与世界和他人相处，正如他所说：

> 在严肃的问题上认真地达到的具有实践必然性的结论，实际上是一个人认为自己要承担责任的事情的典范。这一点与如下事实相联系：那些结论或多或少地构成了对一个人自己的发现。然而，导致那些结论的思想基本上不是关于一个人自己的思想，而是关于这个世界和周围环境的思想。通过思考一个不依赖于自己而存在的世界，一个人就可以发现一些关于自己的东西，这一点必定是真的——不仅对实践推理是真的，在更加一般的意义上也是真的。即使这一点仍需在哲学上加以理解，但它不是一个悖论。对实践必然性的认识必定涉及立刻去理解一个人自己的能力和无能，理解世界所允许的东西，而对一个既不是简单地外在于自我、又不是意志之产物的限度的认识，就是能够把一种特殊的权威或尊严赋予这种决定的东西。（Williams 1981: 130-131）

在任何具体情形中，我们通过理性慎思发现什么事情是我们必须做的，或者不能做的，由此得到一个具有实践必然性的结论。我们能够接受这样一个结论，认为它对我们具有权威，或者至少能够对我们产生动机上的影响，不仅因为它是我们按照实践慎思的内在理由模型达到的，从根本上说也是因为它体现了我们此时对自己以及我们与世界的关系的理解。由此可见，威廉斯很清楚地认为，当我们通过慎思得到一个具有实践必然性的结论时，这样一个结论的理性权威并不仅仅在于一个人的实际心理系统（尽管这样一个结论确实是通过内在的心理过程达到的），也在于他与外部世界的一种联系，而这种联系是他能够合理地理解和认同的（这一点显然更加重要）。威廉斯眼中的理性行动者显然不是那种孤立的、原子式的主体，而是首先存在于与世界和他人的联系中、具有对自己负责和充分尊重他人的思想意识的行动者。这种思想意识在“一切行动的合理性都只能是内在理由的合理性”这一说法中得到了恰如其分的体现。

从这个观点来看，麦道尔和威廉斯之间的争论归根结底关系到这样一个问题：我们的伦理生活究竟需要有多么“规范”？威廉斯显然并不否认我们的思想和行动都受制于规范的评价。但是他竭力反对把一个理性的个体无论如何都不能合理接受的“理由”强加于某人。在这种情况下，即使人们坚持认为某人“应该”按照这样一个理由来行动，他们也必须给予他一个机会，让他表明他为什么没有这样一个理由，或者要不然就让他认识到原来的想法为什么是错误的或者有缺陷的。当然，也有可能的是，在某个特定时刻，他们之间无法达成任何共识。在这种情况下，他们最好都各自悬搁判断，这也是理性宽容的一个要求。这种以平等尊重为基础的相互间的理性说服本身就是伦理生活的一个要求，与用强迫、威胁、支配之类的方式来“要求”人们去做某事相比，也是道德进步的一个标志。因此，威廉斯的理性行动者是能够分享某些理由或者能够占据一个公共理由空间的行动者，因为理性行为标准确实不是由任何一个个体的实际心理系统来决定的。

麦道尔指责说威廉斯对行动理由的论述“过分心理主义”，因此没有为规范性留下足够余地，因为“实践合理性的关键方面固然需要用内在理由概念所允许的那种慎思来加以纠正，更重要的是要求对单纯的个人心理事实实施某种类似的超越”(McDowell 1998: 108)。麦道尔试图用逻辑（更确切地说，用弗雷格对心理主义的逻辑概念的批评）为类比来论证其主张。弗雷格认为，如果逻辑要在我们对心理活动的判断中占据一个地位，那么它就不能仅仅以某些关于心理转变是如何发生的事实作为基础。相应地，麦道尔认为，如果我们不能从关于心灵运作的一组独立资料中得出一个恰当的理论理性概念，我们同样也不能得出一个恰当的实践理性概念。然而，这种类比论证，作为对外在理由之存在的一个论证，显然是有缺陷的。首先，如果一个人无论如何都看不到逻辑定律对其理论思维的正确性施加了必要的规范约束，他就不能把逻辑定律作为一个外在的事实来接受。只有当他在理性反思下认识到**需要**纠正自己的理论思维时，他才有可能接受逻辑定律并将它们视为正确的理论推理的必要前提。逻辑定律的有效性，即它们对理论思维所具有的规范力量，当然并不取决于一个人是否**想要**做出正确的理论思维；但是，只有当一个人认识到正确思维的必要性时，他才有动机去理解逻辑定律及其有效性根据。威廉斯并不否认道德能够具有一种独立于我们的实践推理的规范力量。他所要否认的是，实践规范（包括道德规范）被认为所具有的那种规范性，能够独立于我们把某些相关考虑看作行动的理由这一事实，而向我们提供理性评价的基础。换句话说，即使实践规范被认为具有某种规范力量，它们也并非独立于我们对那种力量的认识和理解而具有那种力量。其次，在伦理生活的情形中，麦道尔的类比本身并不精确。如果人类心理能够被广泛地解释为包含了对人类利益和人类关怀的考虑，那么道德本身无论如何都只能被看作人类心理的一个产物。[1] 规范性考虑是为了满足人类生活的正常需要而突现出来的。因此，威廉斯的内在理由模型旨在强调一个健全的观点：当我们试图对别人做出道德评价时，首先要确信我们已经真正地理解了那个人，或者至少从一个同情的和负责任的观点把我们要对他进行评价的那件事彻底弄清楚。从威廉斯的内在理由概念中可以引出的一个教训就是：对人的平等尊重应被视为道德评价的一个基础和前提，一个好的社会应该是一个彻底消

[1] 休谟对道德的本质和起源所采取的那种自然主义探讨，之所以比某种超验探讨更恰当，其理由就在于此。此外，值得指出的是，原本被认为是先验的规范或许有其经验来源。对这个问题的一个卓越论述，特别是针对逻辑而论，参见 J. Alberto Coffa, *The Semantic Tradition from Kant to Carnap* (Cambridge: Cambridge University Press, 1991)。

除用各种可能的方式来支配其他人以实现私人目的的社会。

四 内在理由的规范地位

对于麦道尔这样的道德理性主义者来说，实践推理的内在理由模型很令人忧虑，因为他们倾向于认为这个模型会导致一种关于实践理性的怀疑论，或者至少使道德成为一件可以选择的事情（因此不再是康德意义上的“绝对命令”）：一个人是否应当做道德要求他做的事情，取决于他是否碰巧想这样做，因此，缺乏这一欲望的人就**没有**理由服从道德要求。这个忧虑中隐含了很多复杂问题，其中一些问题显然与康德将自然倾向（natural dispositions）和善良意志（good will）严格地区分开来的做法有关（参见本书下一章的讨论）。我自己并不相信我们可以脱离对人类利益和人类关切的考虑而对道德提出一种理性辩护。我也相信内在理由模型恰当地把握了人类心理的结构和行动的理由之间的本质联系。现在的问题是：道德价值，是否就像麦道尔所声称的那样，相对于我们主观的心理条件来说必须具有某种超越性。就道德的理性辩护而言，这个问题无疑是最令人困惑和最错综复杂的。

道德行为当然不是我们无须经过任何努力或挣扎就能做出的，因为除了麦道尔所说的那种既具有伦理美德又具有实践智慧的行动者外，在日常道德经验的现象学中，道德理由确实充当了对我们的欲望或偏好的一种限制。不过，相当一部分理论家还是容易忽视我们在日常生活中被要求服从道德规范的心理条件。[1]我们固然可以在理论上（或

[1] 就此而论，弗拉纳根因为强调一种心理现实主义而对纠正这种趋势做出了一个重要贡献。见 Owen Flanagan, *Varieties of Moral Personality: Ethics and Psychological Realism*(Cambridge, MA: Harvard University Press, 1991)。

者经过道德教育）认识到道德向我们提供了以某种方式行动的理由，但是，对道德要求的实际服从仍然取决于一系列其他条件，例如，这样做是否一般地符合我们的利益，其他人是否也有类似的动机充分服从道德要求，社会环境是否已经腐败到了让人们对道德普遍麻木的地步，等等。我们不可能不切实际地认为有一个**单一的**动机服从道德要求，因为这实际上不符合人类的动机结构。更有甚者，道德理性主义者习惯于把道德动机的失败说成是“无理性的”，因为他们倾向于认为道德要求是一个充分有理性的行动者将会服从的要求。但是，对于“充分理性”这一关键概念，他们往往又不能给出足够明确的说明。[1] 在这个问题上，威廉斯正确地注意到，当一个人未能按照某个道德要求来行动时，除了说他“实践上不合理”外，我们其实还可以对他提出很多其他说法，比如我们可以说他“考虑不周，残忍，自私，轻率，等等”（Williams 1981: 110），而这些品格上的缺陷也许不是因为一个人缺乏完美地进行算计和推理的理性，而是源于情感反应系统方面的问题。威廉斯正确地指出“实践上不合理”之类的指责有可能是不恰当的，不过，在这里我们需要弄清楚问题究竟是如何产生的。一方面，好像有一些理由要求一个人采取不同的行动；另一方面，那个人自己也许没有看到那些理由的力量。于是，即使有关理由是他在充分理性的情况下可以认识到的（我们可以把这个想法称为“对理由的理性存取”[rational access to reasons]），但他并未按照这些理由来行动。在这种情况下，在什么条件下（或者在什么意义上）他可以被认为实践上不合理呢？实践慎思的内在理由模型是否为行动的合理性提供了充分保证？

---

[1] 例如，史密斯在他那部产生了广泛影响的论著《道德问题》中一直在使用这个概念，但并没有明确地加以定义。见 Michael Smith, *The Moral Problem* (Oxford: Blackwell, 1994)。

当威廉斯说“行动的唯一合理性就是内在理由的合理性”时（Williams 1981: 111），他是在提出一个**规范**主张。但是这个主张很容易遭受误解，因为它具有这样的含义：实践慎思的内在理由模型不仅产生了动机性理由，也产生了辩护性理由。此外，这个模型还提出了如下要求：一个理由，为了成为一个行动的理由，就必须在慎思上与行动者的主观动机集合具有恰当联系。一些批评者由此将威廉斯的主张解释为“欲望提供了辩护性理由”[1]。尽管威廉斯实际上反对把动机性理由与辩护性理由分离开来，但我们不能错误地推断说，既然一个假定的理由必须与行动者的主观动机集合具有恰当的慎思联系，因此欲望本身就提供了辩护性理由。回想一下，在按照内在理由模型来解释行动的理由时，威廉斯提出了一个主张：一个内在理由陈述会因为缺乏来自主观动机集合中的某个要素而被证伪。不过，威廉斯立即指出，当我们说主观动机集合中的任何要素产生了一个内在理由时，这一说法并不是无条件的，因为这样一个要素可能是立足于错误信念。在这种情况下，即使一个假定的理由与行动者的主观动机集合具有慎思上的联系，他也不能被认为有理由行动。换句话说，威廉斯是在说，真正算作一个行动理由的东西不仅必须与行动者的主观动机集合具有慎思上的联系，而且相关的信念也必须满足某些认知条件。

为了看到这一点，不妨考虑一下威廉斯提出的一个例子。我相信面前那杯液体是杜松子酒，但实际上它是一种与杜松子酒在现象性质上没有明显差别的油。进一步，假设我想喝一杯杜松子酒加汤力水的饮料，那么，我有理由把汤力水加在那杯液体中将它喝下去吗？假设我实际上不知道这一差别，那么，在把它们混合起来喝下去时，也许

[1] 这就是舒勒对威廉斯内在理由模型的解释，稍后我会说明为什么这种解释是错误的。参见 G. F. Schueler, *Desire: Its Role in Practical Reason and the Explanation of Action* (Cambridge, MA; The MIT Press, 1995), pp. 43-78。

我可以被认为有理由这样做。然而，如果你已经知道那杯液体其实是一种油，那么，从你的观点来看，你就会认为我没有理由那样做。在不考虑有关信念之真假的情况下，理由的第一人的赋予和第三人的赋予是没有差别的，因为在前一种情形中，我是用我的信念的**内容**加上有关欲望来说明我的行为，而在后一种情形中，你是用我的信念（我相信那杯液体是杜松子酒）和我想喝那杯混合饮料的欲望来说明我的行为。只有在考虑到了有关信念的认知地位时，这种差别才会产生。因此，要是我已经知道那杯液体是一种油而不是杜松子酒，我就不会认为我有理由将它与汤力水混合起来，然后喝下去。这样我们就可以对慎思提出一个反事实的要求，在这个要求下，内在理由的合理性就得到了保证，因此一个内在理由就不仅说明而且也辩护了某个行动。威廉斯由此对上述主张施加了如下限制性条件：

（1）如果行动者主观动机集合中的某个要素的存在是由错误信念来决定的，或者，如果在那个行动与那个要素的满足的相关性上，他持有一个错误信念，那么该要素就不会向他提供一个行动的理由。

然而，即使一个人的有关信念不是错误的，这个事实本身可能也无法保证他有一个内在理由采取某个行动。假设我想得到布伦德尔演奏的全套贝多芬钢琴奏鸣曲的光碟，一家唱片商店正在低价促销这套光碟，而我却不知道这一点。在这种情况下，你可以说我确实有理由在那家商店买那套光碟——或者更确切地说，要是我已经知道那家商店正在低价促销那套光碟，我就有理由去那里购买。这样我们就得到了第二个限制性条件：

（2）行动者主观动机集合中的某个要素不会向他提供一个行动的理由，除非他有一切有关的真信念。

然而，即使行动者没有错误信念，而且还具有一切有关的真信念，但如果他不能做出正确的实践慎思，他就没有内在理由去行动。这种情况时常会发生，比如说，当行动者具有某种认知缺陷，或者受到了强制、毒瘾、情绪不安等因素所影响的时候。[1] 这样我们就得到了最后一个限制性条件：

（3）如果行动者还没有正确地慎思，那么其主观动机集合中的一个要素就不会向他提供一个行动的理由。

威廉斯认为这三个条件规定了实践慎思的充分合理性。不过，我们仍然需要问：它们对于保证行动的合理性来说是否已经是充分的？明显的是，这三个条件旨在保证威廉斯提出的一个基本主张：只有当存在着一个**可靠的**慎思途径，把一个假定的行动理由与行动者的主观动机集合联系起来时，他才有理由（或者说才应该）做某事。这些条件至少涉及修正行动者在慎思过程中出现的事实错误，因此可以被认为体现了这样一个休谟式的承诺：行动的合理性只取决于有关信念的合理性和推理的正确性。错误信念和有缺陷的推理只会挫败行动者对拟定目标的成功实现。因此，至少从工具合理性的观点来看，我们可以很自然地认为这些条件构成了（至少部分地）行动者行动的实践合理性。威廉斯本人实际

[1] 如果正确的实践慎思要求实践智慧这样的东西，那么它显然就取决于行动者自己的生活经验或道德见识（在道德慎思的情形中）。因此，认知上的缺陷是有程度的，这就是为什么我把它与实践无理性的情形区分开来。

上就是这样认为的，例如，他写道："我们之所以就事实和推理（不同于审慎考虑和道德考虑）提出这样一个一般的观点，理由其实很简单：任何一个进行理性慎思的行动者，在其主观动机集合中，都普遍地关心具有事实上和合理地正确的信息。……按照这种内在主义观点，就有一个理由将正确信息和正确推理的要求写入一个可靠的慎思途径的概念中，但没有类似的理由将审慎和道德的要求写入那个概念中。"(Williams 1995: 37) 一般来说，弄清真相和获得真理不仅是认知合理性的一项基本要求，也是人们普遍地感兴趣的。相比较而论，尽管审慎往往被理解为一个传统美德，但它其实属于个人品格的一部分，而一个人品格的形成也许不是他自己能够完全自愿地控制的。大概正是在这个意义上，威廉斯并不要求将审慎"写入"与慎思相关的合理性要求中。另一方面，道德不能被预先"写入"这样的要求中，显然是因为道德本身就是理性慎思的对象，而且，我们能够具有什么样的道德，这也不是一个与我们的生活条件和生存环境全然无关的问题。因此我们不难理解为何威廉斯会认为他为实践合理性指定的那些条件在如下意义上是基本的：只要行动者并不满足其中的任何一个条件，他就会做出不合理的行动。

只要对比一下道德理性主义者对"实践合理性"可能提出的说法，我们立即就可以看到，到目前为止，相关争论就归结为这样一个问题：威廉斯提出的那些条件是否真的把握了我们对"实践合理性"的深思熟虑的理解？答案显然取决于我们如何理解实践合理性，或者更确切地说，取决于我们想要用那个概念来服务于什么目的。这个进一步的问题恰好就是双方争论的焦点，而且显然不能完全通过定义来解决，因为它关系到道德的本质和来源及其与实践合理性的关系。也许有一条从实践合理性通向道德规范性的途径（不管它是多么模糊），但是，并非一切社会上接受的规范（norms）都是实践上合理的，或者说，其合理性在不同的情境、不同的人或人群当中是本质上有争议的。[1] 在与宗教、文化习俗、社会习惯之类的规范相关的问题上，我们几乎不可能达到全体一致的看法。也许有人认为道德规范具有更大的普遍性。但是，如果我们不是抽象地谈论这种普遍性（比如说在以下意义上：每一个具有一定规模的社会都有禁止滥杀无辜的禁令），而是认为道德规范在其实际运用中不能与一般意义上的伦理生活实践分离开来，而后者同样不能与人类生活的其他方面分离开来，那么，在道德合理性的问题上，在一些复杂的情形中，我们很可能也无法取得全体一致的看法。需要指出的是，在这里我并非是要否认，可能存在着道德客观性和道德真理这样的东西，更不是在否认我们或许有理由对这种东西抱有某些期望。审慎和道德的要求是一种需要实质性的理由来支持的东西，其本身就是理性慎思的对象，因此，假若我们希望为审慎和道德寻求某种理性根据或支持，我们就不能反过来把它们当作实践合理性的基础。当然，它们的要求在某种意义上说确实具有一种提供理由的力量，但是，在我们能够看到那种力量之前，我们需要寻求一条途径来表明服从那种要求是实践上合理的。因此，在这种要求的合理性得以确立起来之前，就不能预先将它们"写入"可靠的慎思途径的概念中。也正是因为这一缘故，当某些人由于缺乏适当的动机基础而未能看到自己有理由采取不同的行动时，我们尽可以说他们不领情、不顾及别人、令人厌恶、自私自利、粗暴无礼等等，但最好不要说他们是无理性的。[2] 当然，这种思想方式并不排除这一可能性：我们能够有理由做一个审慎的和道德的人，正如威廉斯正确地指出的：

---

[1] 关于这一点，参见本书第五章。

[2] 休谟明确地认识到我们应该把审慎理解为一种美德，而不是理解为一种实践合理性。我们需要把实践合理性与其他类型的评价规范区分开来。

> 有人或许会说，每一个理性的慎思者都决定接受道德约束，正如他决定接受真理或可靠推理的要求。但是，若是这样，那种约束就是每一个人的主观动机集合的一部分，每一个正确的道德理由也将成为一个内在理由。然而，对这个结论得有一个论证。当一个人声称道德约束本身就应该被建构进入“理性慎思者”这一概念之中时，他不可能无中生有地得到那个结论。……如果我们有了那个想法，那无疑是因为我们已经假设，对于与我们打交道的大多数人来说，某些类型的道德理由就是内在理由。（Williams 1995: 37）

在这里，我们需要立即对关于道德判断的动机内在主义（judgmental motivational internalism）提出一些评论。这个观点认为，当一个人诚实地判断自己在道德上有理由做某事时，他也有动机采取那个行动，否则他就是实践上不合理的。然而，只有当这样一个理由是行动者的内在理由时，这个观点才是正确的。道德理性主义者却往往把道德合理性作为实践合理性的一个限制性条件来加以利用。对于他们来说，充分理性的行动者只是倾向于做道德所要求的事情，道德合理性于是就被认为对正确的慎思施加了一个必要约束。就实践合理性的条件而论，这个观点是错误的。为了看到这一点，让我们简要地考察一下威廉斯对麦道尔的批评的回答。[1] 考虑如下陈述：

（R）一个人有理由做 X。

（D）假若他正确地慎思，他就会被激发起来做 X。

[1] Bernard Williams, “Replies”, in J. E. J. Altham and Ross Harrison (eds.), *World, Mind and Ethics*, pp. 186-194.

按照内在理由观点，一个人有理由做 X，只有当存在着一个可靠的慎思途径把那个假定的理由与他的主观动机集合联系起来。进一步说，如果他正确地从其主观动机集合来慎思，那么他就会被激发起来做 X。另一方面，外在理由理论家认为，相信一个外在理由陈述就是要相信：如果行动者正确地慎思，他就会在那个理由所指出的方向上被激发起来。由此推出，这种转变是**向正确慎思**的转变，而不是**由正确慎思来实现**的转变（参见 McDowell 1998: 106-107）。确实，如果一个人相信（R），那么他在某种意义上也相信（D）。但反过来说也成立吗？也就是说，（D）的每一个实例是否都可以用（R）来取代呢？对于内在理由理论家来说，答案是否定的，因为有一些过程可以算作从行动者的现有动机入手、通过慎思而达到某个行动方案，而另外一些过程则不具有这一特点。某些实践无理性的情形可以对（R）施加约束，而在行动者能够达到采取某个行动的动机之前，他必须消除这样的障碍。现在，既然外在理由理论家并不想对（R）施加内在主义约束，他们也不想对（R）施加类似的约束。因此外在理由理论家就认为（D）只是意味着：

（C）要是一个人正确地慎思，在这种情况下他就会被激发起来做 X。

在这里，一个正确的慎思者就是这样一个人：他就像一个掌握充分信息、具备良好倾向的人那样进行慎思。麦道尔认为，所有具有美德的人，或者亚里士多德所说的具有实践智慧的人，都是正确的慎思者。因此，他似乎想把（C）理解为：

（G）对每一个个体 S 来说，要是 S 正确地慎思，在这种情况下 S

就会被激发起来做 X。

因此，按照这种外在主义解释，(R) 这种类型的陈述并不把行动与行动者联系起来，而是把某些类型的行动与某些类型的情形联系起来。换句话说，外在理由理论家是在声称，在某些情形中有理由采取某种类型的行动，因此存在着外在理由。

以上我已经简要地重构了外在理由理论家对外在理由的论证。从这个经过重构的论证中，我们很容易看出其中存在的问题。外在理由理论家是在假设：一个具有实践智慧的人在某些情形中有理由做的事情，也是任何其他人在那些情形中有理由去做的事情。当然，一个人或许能够看到，一个具有实践智慧的人采取某个行动的理由，也是他自己采取同样行动的理由。假设我原本不是性情温和的人，不过，我模模糊糊地意识到我原来的那种性格在某些场合会让其他人不舒服，于是，部分地通过这种模糊的自我意识，部分地经过别人的劝告，我认为我有理由变成一个性情温和的人。在经过这番思考和慎思后，这样一个理由就成了我的内在理由，即使此前我并未发现自己有（或者应该有）这样一个理由。但是，我们显然不能先验地认为一个具有实践智慧的人的理由也总是（或者总应该是）我的理由。我们至少需要问，一个具有实践智慧的人的理由有多么稳定、多么客观等。实践推理的内在理由模型，在我看来，就具有这样一个优点：基于以上提到的实践合理性条件，它使得每一个内在理由同时也是一个具有某种规范力量的理由。换句话说，按照这个模型，规范性就变成了在那些限制性条件下进行内在慎思的问题。而且，如果确实存在着道德理由这样的规范理由，如果那些理由确实出现在行动者的行动及其说明中，那么它们具有的那种提供理由的力量就取决于行动者对这种力量的认识和承认。

至此，我相信我已经纠正了对威廉斯观点的一些主要误解。这里需要记住的是，威廉斯本来就不否认存在着我们称为“理由”的各种考虑，不否认存在着能够有意义地运用于我们的道德理由。内在主义的理由概念的真正要点在于：一个假定的理由并非独立于行动者在经过慎思后对它的认识和认同而具有提供理由的力量。因此，在与某种形式的道德保守主义相对立的意义上，内在主义的理由概念实际上表达了一种关于实践理由的“自由主义”策略。内在主义的慎思模型也向我们提供了一种有力的见识，使我们认识到道德慎思和道德辩护的恰当方式。为了充分地认识这一点的重要性，让我们再次回到威廉斯的核心主张：一旦一个行动者已经满足他为实践合理性所指定的那三个条件，一个内在理由就不仅说明了相应的行动，而且也辩护了那个行动。因此，至少在这些条件下，把动机性理由和辩护性理由绝对地分离开来是错误的。如前所述，威廉斯及其批评者之间的争论归根结底关系到道德考虑是否必须被理解为正确慎思的限制性条件。我们已经指出，假若这个问题能够被回答，答案就取决于如何恰当地界定实践合理性的概念。对于威廉斯来说，当一个人的行动违背（或者未能满足）某个道德要求的时候，我们尽可以用“冷酷”“残忍”“不像样”之类的话语来责备他，但这并非因为他是实践上不合理的。[1] 有人或许会说（就像外在理由理论家通常声称的那样），责备的可理解性预设了外在理由的存在。然而，这种看法是错误的，因为它无视了一个重要事实：持有一个理由和一个人的心理之间具有很复杂的联系。现在让

[1] 就像威廉斯一样，在这里我是在强调我们应该把作为一种规范评价或判断的实践合理性与其他类型的规范评价或判断区分和分离开来。其中一个理由是：某些类型的规范考虑，例如道德考虑，可以被认为是来自一种休谟式的实践合理性原则的要求，因此，只要那些考虑已经得到合理的确认，就可以认为它们也对我们的实践合理性施加了约束。

我详细阐明这一点，以为内在主义的理由概念提供进一步支持。

对于威廉斯来说，责备关涉到就某人的行为或者行为上的疏漏对他提出指责。威廉斯把这种情形称为责备的“聚焦式”（focused）的运用（或者简称“聚焦式的责备”）。表面上看，这种责备的存在好像为外在主义的理由概念提供了某些支持，因为当我们针对某人的某个行为或者行为上的疏漏而责备他时，我们通常说他本应采取与他实际上采取的行动不同的行动，而这个说法似乎意味着，存在着同一个行动者采取不同行动的理由。然而，在这里需要弄清楚的是，我们究竟是根据什么而责备他？在什么条件下我们可以责备他，或者对他的责备是可理解的？威廉斯认为，就责备的可归属性（attributability）或可理解性而论，最重要的条件是：“聚焦式的责备是按照‘本应采取不同的行为方式’的样式来运作的，而后者与‘本来就能采取不同的行为方式’具有一个显著的必然联系”（Williams 1995: 40）。换句话说，在处理责备问题时，威廉斯接受了这一准则：一个人应当做的事情应该是他本来就能做的事情。只有当我们能够对某人说，在他采取某个行动的时候，他本来就能采取一个不同的行动，我们才能在后来以责备的形式对他说，他应当有所不同地行动。在这个意义上，在责备和劝告之间就有了一种重要的相似性。假设在行动者实际上做 A 的时候，做 B 对他来说也是可行的，那么“你应当做 B”这一说法就不能充当对他现在应该做什么的一个劝告。既然在劝告和行动的理由之间存在着密切联系，而在责备和劝告之间也有某种相似性，那么我们就可以合理地认为，在责备和行动者的理由之间也有一种类似的联系。

这一观点与外在主义者对责备的说明是相对立的，因为按照那个说明，即使一个行动者的动机集合并不包含任何将某个行动动机产生出来的东西，人们依然可以因为那个行动而责备他。即使我没有动机参加一个例行会议，难道你不可以因为我没有去参加那个会议而责备我？责备的可归属性似乎与外在理由之间具有必然联系。然而，威廉斯相信这是对责备的一种错误理解。为了看到这一点，我们就需要考虑在什么情况下我们无法责备一个人。假如某人根本就不在乎其他人对其行为所做出的反应，那么责备他就变得毫无意义，因为在这种情况下，责备完全丧失了我们试图用这种态度来达到的目的：通过责备他，我们试图让他明白自己确有理由采取不同的行动。如果一个人甚至在经过仔细的反思后仍不承认我们对他的责备，那么我们还能有意义地责备他吗？在这种情况下，要么我们已经错误地责备他，要么我们把他看作是一个毫无希望的人（假若我们仍然相信有理由责备他的话）。责备的可理解性或可归属性就在于，受责备的人能够**通过回顾或反思**来接受我们责备他的理由。换句话说，要是他再次慎思，考虑到了他以前尚未（充分）认识到的有关理由，他最终就会明白自己确实有理由采取不同的行动，或者，至少我们希望他能够明白这一点。因此，责备只是适用于这样一些人：他们的动机集合包含了某些恰当的要素，例如愿意回应他人的批评，具有自我审视和自我批评的动机。此外，在他们的动机集合中，即使他们可能没有直接的动机履行某些行动（而正是因为他们没有履行这样一个行动，他们才受到责备），但他们有避免受到批评或指责的动机。例如，一个人可能没有动机善待自己妻子，但他可能希望与他所尊重的人保持良好关系。在这种情况下，他或许可以采取善待妻子的行为，但不是因为他关心妻子，而是因为他不希望所看重的那些人因为这件事情而责备他。一个人做某事的欲望无须明确地出现在慎思的“前台”，但必须出现在其背景中。因此，为了使我们对某人的责备变得合适，在其动机集合中就必须存在某个动机，与我们责备他的理由具有恰当的联系。尽管这个动机并不需要与他因此而受责备的那个行动具有直接联系。

威廉斯认为，他对聚焦式责备提出的这种内在主义论述也很好地说明了这种责备的一个典型特征——它的含糊性。责备是否合适，取决于被责备的人在经过一种回顾式的慎思或反思后能否承认他确实应受责备。这种承认与他的动机背景以及在经过理性慎思后他能够持有或看到的理由具有必然联系。若没有这两种东西，我们就不能恰当地理解他是不是有理由做（或者不做）某事。聚焦式责备必须按照行动者的内在理由来理解，但是，外在主义论述如何能够把这种模糊性反映出来就不清楚了，因为这种论述没有向我们提供任何途径，使我们可以具体地理解行动者的理由，理解他没有按照人们所期望的方式来行动这件事本身以及责备的内容之间的关系。在威廉斯看来，外在主义只是将我们置于一种可能缺乏合理根据的道德说教状况：

> 外在主义确实是外在的；如果我们可以按照它对理由的论述来描绘责备，那么这种描绘就无法与行动者的实际动机衔接起来。于是就将我们抛入一种丧失了伦理资源的状况，使我们无法理解两种责备之间的差别：一种是有望获得当事人同意的那种责备，另一种是我们想强加于他的那种责备。总之，外在主义只是将我们置于道德说教的状况。（Williams 1995: 44）[1]

五　充分理性与对理由的理性存取

威廉斯对责备之可归属性的论述也有助于我们理解一些关键问

[1] 威廉斯对责备和道德责任的看法显然很接近斯特劳森的观点，因为反应态度的概念在他们二人对这个问题的理解中都占据同样重要的地位。参见 Peter Strawson, “Freedom and Resentment”, reprinted in P. F. Strawson, *Freedom and Resentment and Other Essays* (London: Routledge, 2008), pp. 1-28。

题，例如，什么算作可靠的慎思途径？行动者有理由做什么？为什么这些问题本身都不是充分确定的？有些批评者提出，只要威廉斯声称“一个行动者有理由做什么”这个问题本身就是模糊的，他就向外在主义打开了大门。因为，如果那个问题本身就是模糊的，如果在合理性和想象力之间没有截然分明的界限，那么，在已经存在的理由中，看来就有一些理由是一个特定的行动者未曾认识到的。但是，这并不意味着他不应该按照那些理由来行动，因为毕竟存在着外在理由——甚至在一个更强的意义上说，所有理由都是外在的。

那么，**在什么意义上**所有理由都是外在的呢？我们并非独立于自身的兴趣和关切而把某些考虑看作行动的理由。正如汉普顿观察到的，几乎所有哲学家都相信行动的理由（特别是道德理由）是与我们作为人的本质相联系，因此，只有当行动者通过正确的慎思发现，做 X 与他的某些内在特点相联系时，他才有理由做 X（Hampton 1998: 74）。实践慎思在这个意义上必定是内在的。因此，威廉斯好像并不否认某些考虑在适当条件下可以成为我们采取行动的理由。从他对责备的论述中，我们可以明确地看到这一点。令哲学家们产生分歧的是如下问题：哪些内在特点是道德上相关的？什么样的慎思才能把内在特点与理由联系起来？正是在后面这个问题上，威廉斯对这一争论做出了独特的贡献。不管威廉斯自己如何定义主观动机集合，到现在为止我们已经可以看到，如果一个行动者的主观动机集合体现了其承诺，那么他有什么理由行动在很大程度上就取决于他如何通过慎思与自己的主观动机集合相联系。一个人可以具有良好的行为倾向和充分的事实信息，但是，假如他对一个假定的理由没有理性存取，比如说，甚至在满足威廉斯所指定的那些条件时也认识不到自己有某个理由行动，那么他就不可能从这样一个理由来行动。在判断一个行动者是否有理由行动、在没有按照该理由来行动的情况下又是否应受责备时，充分理性和充分知情这两个条件显然很重要。如果一个人不是充分理性或充分知情（抑或两种情况皆备），他可能就无法认识到某些考虑确实向他提供了行动的理由。一个人的生活经验会对这些条件产生显著影响，因此在“有什么理由行动”这个问题上产生某些不确定性。既然经验可以被视为想象力的一个重要成分，我们就不难理解威廉斯为什么会认为合理性和想象力之间的界限是模糊的。此外，一个人在某个问题上是否充分知情，不仅取决于他是否能够得到有关信息、那些信息是不是正确，也取决于他按照那些信息来做出的判断，而后面这件事显然与经验有关。

不管责备是否与严格意义上的道德评价相联系，它只是人际间众多反应态度的一种。不过，威廉斯就这种态度提出的观点确实有一些普遍含义，实际上表达了他自己对道德价值与其他类型的人类价值之关系的理解。外在理由理论家试图把某些规范判断放入我们对“充分理性”的考虑中，不管他们是出于什么目的而这样做。然而，即使在充分理性和规范性之间可以存在某种联系，对于威廉斯来说，我们也不能先验地把规范判断嵌入对“充分理性”的考虑中。其中一个理由是，并非来自传统规范的一切考虑都是合理的或者都得到了合理辩护，也不是每一个人都能理性地认为那些考虑向他们提供了行动的理由。不管我们如何分析道德语言，我们大概也不能像麦克尔·史密斯那样认为如下说法表达了一个**概念**真理：如果一个行动者判断在某种情况下做 X 对他来说是正确的，那么在那种情况下他就有动机做 X，否则他就是实践上不合理的（Smith 1994，特别是第六章）。值得指出的是，我不是在否认：如果有关的道德要求已被证明是合理的，那么，当这样一个行动者没有按照他对那个要求的认识来行动时，他可以是（但不一定是）实践上不合理的。但是，甚至在这个条件下，如果道德理由并不必然推翻其他类型的理由，那么这样一个行动者也无须是实践上不合理的。这也是我们不能把史密斯的主张解释为一个概念真理的理由之一。另一方面，如果道德考虑已被证明是合理地可接受的，那么我们就必须表明规范动机（例如来自道德考虑的动机）**在某些条件下**确实是可能的。这个限制性条件很重要，因为一个人对道德理由的认识和理解很大程度上与其认知状况和心理条件有关。于是就产生了这样一个问题：在什么条件下可以认为一个行动者对有关理由具有**理性存取**？我们现在需要讨论的是：内在主义的理由模型是否充分地保证了一个人对有关理由具有理性存取？假若我们能够提出一个肯定回答，那么内在主义模型就进一步优越于其竞争对手。

从前面对责备的讨论中可以看出，可以存在着行动者对之并不具有理性存取的理由。既然威廉斯的内在主义也可以合理地说明这种情形，我们大概就不能认为这种情形**必定**支持一种外在主义的理由概念。如果一个行动者在充分理性和充分知情的情况下对某个假定的理由没有理性存取，那么说他应当按照那个理由来行动就没有多大意义了。与外在主义相比，内在主义的一个优点就在于：它保证每一个行动者对假定的理由具有动机上的理性存取，而外在主义并没有提供这一保证。外在主义之所以是外在主义，就是因为它坚持认为：能够存在着这样一些理由，即使行动者充分地认识到了所有相关的事实，并对那些理由进行了慎思，他最终还是不能被理性地激发起来行动，但我们却不能就此认为他不应当按照那些理由来行动。相比较而论，通过把理由建立在欲望的基础上，内在主义似乎就保证了这一点：如果行动者知道了有关事实，那么，通过对其理由进行慎思，他最终总有可能被理性地激发起来行动。行动的理由必须是行动者在动机上能够具有理性存取的理由。为了便于叙述，我们将把这个基本要求称为“动机上的理性存取（rational motivational access）要求”，简称“RMA 要求”。如果行动的理由必须满足“RMA 要求”，如果外在主义是一个关于行动理由的理论，那么它似乎就有内在缺陷。换句话说，假若行动的理由必须与动机具有某种内在联系，那么内在主义看来就是正确的。然而，一些理论家却提出了一个令人惊奇的主张："RMA 要求"不仅是内在主义不能保证的，反而是由某种形式的外在主义来保证的。在这里我将集中讨论柯亨提出的论证。[1] 我将表明她的论证不仅不适用于威廉斯提出的那种内在主义，反而为后者提供了一个支持。

柯亨的论证关键地取决于她在相信的理由和行动的理由之间所做的类比。这个类比不是什么新东西，因为它实际上已经蕴涵于康德在实践理性和理论理性的类比中。[2] 但是，柯亨在其论证中对内在主义提出了一个很不恰当的描述。[3] 柯亨正确地认识到有一个观点对于内在主义来说是本质的，即：只要行动者是理性的并认识到了有关的行动理由，那些理由就会对他产生动机上的影响。她由此对内在主义和外在主义做出了这样一个区分：内在主义者认为理由依赖于欲望，而外在主义者否认这一点。然而，在谈论"理由对欲望的依赖性或独立性"时，柯亨将她所说的欲望完全限制到**当下的**欲望，而这就是她的论证失败的一个主要原因。一个人能够相信的东西总是依赖于他具有认知存取的事实或证据，即使其信念最终可能是假的。如果一个信念的真实性取决于某些事实或证据，而一个人对那些事实或证据没有任

[1] Rachel Cohon (1993), "Internalism about Reasons for Action", *Pacific Philosophical Quarterly* 74: 265-288.

[2] 参见 Kant, *Groundwork of the Metaphysics of Morals*, edited by Mary Gregor (Cambridge: Cambridge University Press, 1998), 4: 451-452。对这个类比的另一个典型运用，见 Peter Railton, "On the Hypothetical and Non-Hypothetical in Reasoning about Belief and Action", in Garrett Cullity and Berys Gaut (eds.), *Ethics and Practical Reason* (Oxford: Clarendon Press, 1997), pp. 52-79。

[3] 我并不是说柯亨的描述在根本上是错误的，因为存在着各种形式的内在主义，而她的描述可能只适用于其中的某一种，因此不具有普遍性，尤其是不适用于威廉斯的那种内在主义。

何认知存取，那么他就不能理性地认为他具有那个相关信念。在这个意义上，我们可以认为并不存在着信念的外在理由，即一个人无法理性地认识到的理由。现在，我们不妨假设，对于理性信念来说，有两种认知辩护理论——认知主观主义和认知客观主义。第一种理论所说的是，如果“一个人相信 p（在这里，p 表示一个命题）”这件事符合他觉得合理的认知原则或认知标准，那么就可以认为他有理由相信 p。柯亨正确地指出，那些原则或标准可以被认为在如下意义上**对那个人来说**是合理的：它们相互一致，而且从他碰到的各种事实中“幸存下来”。第二种理论大概是说，只有当**最好的**认知原则或认知标准决定了一个人有理由相信 p 的时候，他才有理由相信 p。[1] 因此，认知客观主义者并不认为，只要一个人在自己所接受的认知原则上是合理的，就可以认为他有理由相信某个命题。然而，如果一个人并不知道最好的认知原则，那么按照认知客观主义，就存在着这样的理由，它们不会理性地“激发”他去相信某个命题。认知客观主义因此就不符合“RMA 要求”的认知形式——认知主体应该在动机上对认知理由具有理性存取。

刚才我们已经假设有两种关于信念的认知辩护理论。如果认知主体的某个信念符合他觉得合理的认知标准，但违背了最好的客观标准，那么我们仍然可以认为他持有那个信念是合理的，尽管可能他是认知上有缺陷的。之所以如此，是因为：从日常的观点来看，只有当一个人的信念或行动违背了他自己认为是最好的相关理由时，他才是理论上或实践上不合理的。换句话说，如果一个人的信念违背了他理

[1] 柯亨并没有明确指出什么是最好的认知原则，而我们也不是很清楚如何定义最好的认知原则。如果一个人知道最好的认知原则但在形成信念时并不加以利用，那么他在持有那些信念上大概就是不合理的。这种认知辩护理论面临的一个问题就在于，一个人并不知道最好的认知原则，或者甚至并不知道存在着这样的原则。

性地持有的原则，那么就可以认为他是不合理的；另一方面，如果一个人自己并不知道最好的客观标准，那么我们就只能说他是认知上有缺陷的，但不能说他是不合理的。理论上的不合理性就在于这种内在不一致性：一个人形成的信念并没有得到他自己的认知原则的认同。[1]因此，认知客观主义者要么必须拒斥"RMA 要求"的认知形式，要么必须放弃如下主张：就一个信念而言，最好的认知原则所提供的理由就是认知主体持有该信念的一个理由。既然认知主体相信某件事情的理由必须是他理性地可存取的，就必须拒斥认知客观主义。现在，柯亨提议说，一个结构上类似的论证也可以应用于内在主义的情形。也就是说，她试图表明内在主义不符合"RMA 要求"的实践形式。不过，为了让这个类比论证切实可行，柯亨就必须说明，在实践推理的情形中最好的标准是什么，并把这样的标准找出来。对于这样的标准是什么，可能会有各种各样的说明，这取决于我们如何理解实践合理性的概念。例如，道德理性主义者可以假设，最好的标准就是把道德考虑本身处理为行动理由的标准，理性的利己主义者则会认为，最好的标准就是将审慎的考虑当作行动理由的标准。[2]柯亨认为，对于最好的标准是什么，内在主义也有自己的看法：对内在主义者来说，"正确的标准将只认同对行动者的欲望满足做出贡献的行动。因此，在内在主义者看来，如果行动者所持有的一个标准认为存在着不依赖于欲望的理由，那么他就持有一个必然有缺陷的标准。这样一个行动者会在根本就没有行动理由的地方看到行动的理由"（Cohon 1993: 275）。柯亨就此

[1] 这不是否认一个人碰巧具有最好的认知原则作为他自己的认知原则。在这种情况下，他的信念不仅对他自己来说是理性上可辩护的，可能也真实地表达了世界。不过，这一点并不影响目前的论证。

[2] 值得顺便指出，所有实质性的实践合理性原则在对**目的**的规定上是不同的，但它们在形式上都符合工具理性的原则。

认为，关于行动理由的内在主义就类似于认知客观主义。倘若如此，这种内在主义就不能保证“RMA 要求”。

很不幸，柯亨的论证是错误的。为了看清这一点，我们先来考察其论证的关键。柯亨将内在主义表征为如下论点：有资格成为行动理由的东西必须是这样，以至于行动者出于这样一个理由而履行的行动必须促进其**当下**欲望的满足。如果内在主义就是被这样理解的，那么，当一个行动者按照他觉得合理的实践合理性标准来行动时，他的行动有可能并不促进其当下欲望的满足，因为在他所采纳的标准中，有些标准认为存在着不依赖于其当下欲望的理由。因此，如果他确实能够采取其标准所认同的行动，并切实履行了这样一个行动，那么该行动就得不到内在主义者所接受的最好标准的认同。柯亨由此断言，在这种情况下，行动者所采取的行动就是由一种不是内在理由的东西激发起来的。倘若如此，他的行动就不是完全合理的。另一方面，如果行动者能够采取内在主义标准所认同的行动，但不是他自己的标准所认同的行动，那么他就是在做一件他认为没有内在理由要做的事情，因此也是在不合理地行动，正如她所说：“假设行动者具有这样一个欲望，按照他的标准，这个欲望没有被归为一个理由的根据，但按照最好的标准，它被归为一个理由的根据，那么，当他具有这样一个欲望时，按照内在主义的观点，就有一个要他采取某个行动的理由。然而，当他这样做时，他就显示了实践不合理性，因为他的行为与他自己的标准不一致。事实上，他不可能被**理性地**激发起来采取那个行动”（Cohon 1993: 276）。既然行动者能够按照他合理持有的标准来行动，但不是按照内在主义标准来行动，既然他自己的标准并不认为某个特定的当下欲望向他提供了行动的理由，因此，在柯亨看来，内在主义不符合“RMA 要求”。

假如我对柯亨论证的重建是正确的，那么，当她断言“威廉斯的那种内在主义并不满足‘RMA 要求’”时（Cohon 1993: 279），她就是在提出一个全然不可理解的主张。她的论证是错误的，并不是因为她在相信的理由和行动的理由之间所做的类比根本上不可靠，而是因为她不仅误解了威廉斯的内在主义，而且还错误地表达了这种内在主义。在她眼中，内在主义几乎就等于一种快乐主义：能够成为行动理由的东西必须在行动者当下欲望的满足中有其根据。然而，对于威廉斯来说，内在理由是能够与行动者的主观动机集合在慎思上发生联系的理由，而主观动机集合则体现了该行动者的某些承诺。正如威廉斯所说，一个主观动机集合不仅可以包含非快乐主义的欲望或计划，也可以包含实质性的道德考虑或承诺（只要行动者经过理性慎思能够把它们看作自己行动的理由）。而且，正如前面已经表明的，即使一个行动的理由必须在慎思上与行动者的主观动机集合具有可靠联系，这样一个理由并不要求某个当下的欲望必须出现在其慎思内容中。只有在一个条件得到满足的情况下，柯亨才能声称内在主义不符合“RMA 要求”。那个条件就是：行动者理性地持有的标准所认同的考虑，**因为不依赖于他的任何当下欲望**，所以并不构成他行动的理由。然而，威廉斯从未接受过如下观点：内在理由必须立足于行动者当下的偶然欲望。行动者理性地持有的标准或许与任何这样的欲望无关，但是，当他按照那些标准进行慎思时，从这种慎思中得到的理由就是内在理由，因为那些标准就是他已经认同的标准。此外，“当下的欲望”这一概念在柯亨那里是含糊的。这样说完全是合理的或可理解的：一个行动者有欲望要按照他理性地持有的标准来行动，即使这样做可能会挫败他的某个当下欲望。假若一个人已经认识到，他是否能够成功地实现所持有的某个目标，在某种程度上取决于他是不是实践上合理的，那么他自然具有一个“变得合理”的欲望。如果任何行动的理由都必须来源于行动者当下具有的最强的欲望，那么我们或许就没有好的理由行动。理性慎思的一个目的就是要消灭所有非理性地持有的欲望。正如威廉斯所说："反思或许导致行动者看到他的信念是假的，因此认识到他其实没有理由做他认为有理由做的事情。"（Williams 1981: 104）

现在我们可以更好地处理柯亨提出的第二个主张，即某种形式的外在主义能够保证"RMA 要求"。这种外在主义就是她所说的"关于实践理由的相对主义"。只要仔细地加以分析，我们就会发现这种外在主义其实是一种与威廉斯的本质见解很相宜的内在主义。按照柯亨自己的表述，关于实践理由的相对主义是这样的：

> 外在主义者可以说，行动的理由完全是由行动者的一致的、合理地持有的实践合理性标准决定的，不管那些标准是什么。如果那些标准承认不依赖于欲望的理由，那么对那个行动者来说，就存在着不依赖于欲望的理由（因此这仍然是一种形式的外在主义）；如果那些标准只承认立足于欲望的理由，那么这种理由就是唯一的理由。按照这一观点，只要一个行动者的标准满足形式上和经验上的要求，只要他充分知情，并将其标准正确地应用于他所面对的情形，他就不可能弄错存在着什么理由要他行动。这样一个行动者对其理由将**总是**具有动机上的理性存取：如果他充分知情并受到了那些理由的激发，那么他受到了激发这件事情就是合理的。……我们可以把这种观点称为关于理由的相对主义。（Cohon 1993: 277）

正如我已经强调的，对于威廉斯来说，将内在主义和外在主义区分开来的并不是"一个理由是否必须立足于行动者的当下欲望"这一问题，而是"它是否与行动者现存的主观动机集合在慎思上具有可靠的联系"这一问题。只要行动者认识到持有某些标准或原则对他来说是合理的，那些标准或原则就是其主观动机集合的构成要素。由此推出，如果他从自己的主观动机集合中正确地进行慎思，那么，对于与那些原则或标准相联系的理由，他将总是具有动机上的理性存取。威廉斯需要否认的是，存在着那种在慎思上无论如何都不与行动者的主观动机集合发生可靠联系的行动理由。外在理由的倡导者认为行动者应该有这样一个理由。然而，假设甚至在充分知情和完全合理的情况下，他都无法看到这样一个理由与其主观动机集合的联系，那么他就可以否认他有这样一个行动的理由。威廉斯的观点之所以是一种真正的内在主义观点，其理由就在于此。威廉斯明确地否认存在着这样一种东西，这种东西可以被恰当地称为行动者行动的理由，但又与其主观动机集合在慎思上没有任何联系。因此，柯亨所谓的"关于理由的相对主义"并非本质上不同于威廉斯的内在主义。

如果主观动机集合中的要素体现了（或者能够体现）行动者的承诺，因此在这个意义上是评价性的，那么柯亨反对内在主义的论证就只适用于这样一些内在主义，它们否认具有理性标准就是要做出一个承诺。我并不认为后面这个主张是合理的。当我们说某些标准好于某些其他标准时，我们至少是在对那些标准的相对价值做出一个承诺（不管是在认知的意义上还是在实践的意义上）。对某个标准的合理性进行**评价**根本上不同于只是**相信**它。只要恰当地加以理解，主观动机集合的概念就可以被认为表达了我们的承诺。正是因为这一缘故，当我们从主观动机集合来慎思行动的理由时，我们原则上就具有以某种方式行动的动机。当一个人持有的信念或者采取的行动违背了他经过这种慎思而得到的理由时，他就可以是不合理的。究其原因，就是因为在这样相信或者如此行动时，他违背了自己已经做出的承诺。威廉斯的内在主义之所以很好地满足了"RMA 要求"，就是因为这种内在主义本来就旨在保证理由和动机之间的联系。

本章试图从不同的角度来澄清对威廉斯的内在理由概念的几个主要误解。在我看来，威廉斯与其批评者之间的核心分歧实际上并不在于他否认有所谓的“外在理由”存在。假若确实存在着行动的理由，那么这种理由肯定不依赖于任何特定个体偶然具有的欲望而具有有效性。这是任何对规范性的恰当论述都必须尊重的一个基本事实。威廉斯自己无意否认这一点。然而，威廉斯始终强调，能够成为**行动**理由的东西必须与行动者的主观动机集合在慎思上具有可靠联系。这种联系既是行动者的能动性的一个本质体现，也是我们对其行为做出道德评价的一个根据。威廉斯旨在用内在理由的概念来强调他的一个基本主张：伦理生活必须是一种**内在地**加以引导的生活，而且，当我们以这种方式来看待伦理生活时，它与人类生活的其他方面有着错综复杂的联系，不可以被绝对地分离开来。这是威廉斯与一些倡导外在理由的理论家的最大差别。

第二章 休谟论理性、动机与道德情感

休谟对人类道德的理解建立在他对人性的哲学思索的基础上，这意味着对其道德理论的任何恰当解释都必然涉及对他的整个哲学思想的把握。不过，有一条自然主义的思想路线贯穿了休谟的哲学体系，这条思想路线不仅是理解其道德理论的关键，也是其道德理论变得与众不同的一个重要原因。按照对休谟的道德理论的一种传统解释，休谟认为道德区别（moral distinctions）和道德判断归根结底都取决于人类情感（sentiments），而不是取决于理性。一些批评者由此认为，休谟的观点在元伦理学领域倾向于导致一种道德怀疑论（或者至少是一种关于实践理性的怀疑论），而在规范伦理学领域往往会导致伦理相对主义。如果道德判断和道德动机就像休谟所说的那样在根本上与人类情感相联系，那么我们确实不能指望从他那里得到一种绝对主义的道德观点。然而，这并不意味着休谟因此就是一个传统意义上的主观主义者。本章试图表明，尽管休谟不认为理性是道德区别的来源，但他**一致地**表明道德判断和道德评价都要求理性的积极参与。在建构自己的道德理论时，休谟其实有一个很特殊的目的，即试图反驳道德理性主义和道德怀疑论。就此而论，他不可能是一位道德怀疑论者，尽管他确实对**理论**理性持有一种极端怀疑的态度。在休谟的道德理论中，情感和理性之间的张力是以一种很复杂、很精致的方式展现出来的。我将表明，只要我们不是在康德的意义上来谈论实践理性，那么休谟实际上可以被认为持有一个实践理性的概念。在这个基础上，我将反驳对休谟的道德理论的某些错误理解。

本章分为五个部分。第一部分简要地讨论休谟道德理论中的一个核心论点——道德区别不是来自理性，而是来自情感，理性本身不能为行动提供动机。第二部分将分析休谟的道德判断理论，以便澄清理性在其道德理论中的作用。在第三部分，我将以查尔斯·拉摩对休谟提出的一个批评为背景，试图表明休谟的道德理论如何能够对规范性提供一个基本说明。在第四部分，我将进一步表明，休谟在什么意义上**不是**一位关于实践理性的怀疑论者。最终我将简要说明一种休谟式的伦理自然主义是如何可能的。

一 / 理性与激情

在道德哲学领域，休谟为自己提出的主要任务是要说明道德理解的起源，比如说，是什么东西让我们赞成美德（virtues）、不赞成恶习（vices）。在《道德原理研究》开篇伊始，休谟就明确地指出，他所关心的是当时道德哲学领域中的一个重大争论：道德见识的根源究竟是来自理性还是来自情感，或者用休谟的话说，“我们是通过一系列论证和归纳而得到道德知识，还是通过一种直接的感受和更加精致的内在感觉而获得道德知识”[1]。为了完备地考察休谟对这个问题的解决，我们就需要把注意力放到他对人性的理解上。大体上说，休谟认为人类存

[1] David Hume, *Enquiries Concerning Human Understanding and Concerning the Principle of Morals* (ed., by L . A. Selby-Bigge, revised by P. H. Nodditch, Oxford, Clarendon Press, 1975), p.170. 本章正文中引用这部著作时，我将简称为《研究》。

在者根本上是沉浸于物理世界和社会环境中的行动者；此外他还强调说，人类所面临的任务主要是实践性的而不是理论性的。[1] 在提出这个主张时，休谟旨在反对一个传统观念：我们应该把自己的情感和激情置于理性的控制下，良好的行为是自身就符合理性命令的行为。休谟认为这个观念是“所有［理性主义］哲学的一个谬误”，他并不认为理性主义者对理性及其与行动之关系的理解正确地描述了人类的道德实践，反而试图将如下观点确立为其道德哲学的一个基本信条：“首先，理性本身绝不能成为意志的任何行动的动机；其次，理性绝不能在意志的方向上与激情相对立。”[2] 正如我们即将看到的，休谟对这个论点的论证关键地取决于他对理性的独特理解。

休谟对理性概念的使用确实很特殊。在大多数情形中，他把理性处理为从具体事实中形成信念或者从前提引出结论的过程，理性于是就被理解为论证性推理或者或然性推断。用休谟的话说，理性就在于在观念之间形成联系或者对事实问题进行推断。不过，休谟有时也把理性看作一种非推理性的当前意识，或者甚至看作一种冷静的、反思性的激情。[3] 在后面这个意义上，在说明道德判断时，休谟对仁爱原则（principle of humanity）的诉诸就与他对理性的理解不可分离，尽管在论证道德区别并非来源于理性的时候，他主要是立足于前一个意义上的理性概念。也就是说，理性的主要职能就在于通过论证性推理来判断观念之间的抽象关系，或者通过或然性推理来判断我们从经验中所了解到的对象之间的关系。然而，对休谟来说，“抽象推理或论证性推理绝不会影响我们的行动”，除非我们发现这种推理已经在引导“我们

[1] 休谟反复强调其哲学的实践特征。例如参见《研究》8—9 页、172 页。

[2] David Hume, *A Treatise on Human Nature*, edited by L. A. Selby-Bigge (Oxford, Clarendon Press, 1973), p.413. 鉴于我将广泛引用这部著作，因此，除非另外指明，在本章正文中引用《人性论》时，我只标注引文页码，例如“413”指的是《人性论》413 页。

[3] 关于这两种用法，参见《人性论》73 页、437 页。

对原因和结果的判断”(414)。在这种情况下，理性就把我们引入或然性推理中。因此，要想确认第二种推理是否会影响行动，我们就必须处理“行动究竟涉及什么”这一问题。

休谟认为，为了行动，我们就必须对某个目的有一种“倾向”，而行动的主要源泉就是欲望或者一般而论的激情。如果某个东西向我们提供了快乐的展望，我们就会感觉到一种欲望的情感，试图获得那个东西。这一欲望自身也会扩展到与其对象的因果关系。在这里理性也会发挥一个作用，即帮助我们发现该对象的原因和结果。然而，不论是对那个对象的欲望，还是随后激发一个因果过程（该过程最终会导致想要获得的那个对象）的冲动，都只是来自快乐的展望，而不是来自理性。理性绝不会**产生**行动，至多只能引导行动。假若我们没有指向某个对象的欲望，理性就是迟钝的：“既然理性仅仅在于发现这种联系，对象显然就不能借助理性来影响我们”(414)。既然理性不能产生任何行动，传统哲学家就是在虚假地谈论理性与情感的斗争。休谟进一步表明，理性与激情彼此间绝不可能发生冲突，因此理性绝不可能战胜激情。他的论证可以被简要地重构如下：

(1) 除了某个冲动外，没有任何其他东西能够反对或反驳激情的冲动。

(2) 理性只有通过产生某个冲动才能阻止意志的活动，而且，如果它能产生这样一个冲动，那么它也能产生一个原始的冲动。

(3) 然而，理性不可能产生这样一个原始冲动。

(4) 因此，理性绝不可能与任何激情相抗争。

这个论证的有效性显然取决于休谟的一个主张：能够与激情相抗争的任何原则都不可能等同于理性。理性和激情被认为“并非同类”，理性在行动中所起的作用受制于激情的需要。在这里，应该注意的是，休谟只是在说，如果一个人对某个对象没有欲望，理性就不可能在意志中引起一个指向该对象的冲动。不过，尽管理性本身不能激发行动，它还是能间接地对意志产生影响，由此间接地影响行动。这种影响可以按照两种方式发生。第一，如果理性发现欲望的对象实际上并不存在或者不值得追求，它就可以通告意志并纠正我们的激情。第二，如果理性发现我们选择来履行一个行动的手段不足以获得预定目的，它也可以用类似的方式纠正激情。由此可见，理性是通过影响意志的操作来影响行动，但是，这种影响只有在激情的某个直接冲动已经产生后才变得可能。就行动的产生而论，理性所起的作用完全是工具性的。休谟因此提出了如下著名的主张："理性是而且应该是激情的奴隶，除了服务于激情和服从激情外，绝不能假装具有任何其他职能。"(15) 理性本身无法成为行动的动机，而休谟对这个论点的论证就取决于他在理性和激情之间所做的对比。用比较现代的说法来说，理性只对观念进行操作，而观念是一种或为真或为假的"表达性"实体。休谟自己阐明了这一点：

> 理性的作用在于发现真假。真假就在于符合或不符合观念的真实关系，或者符合或不符合真实的存在和事实。因此，凡是不可能具有这种符合或不符合关系的东西，就说不上有真假可言，因此也绝不能成为理性的对象。(458)

相比较而论，激情，作为一种与理性的表达本质形成对比的东西，则是一种"原始的存在或者存在的变更，并不包含任何表达性的性质，使它成为任何其他的存在或变更的一个复本"(415)。简言之，激情是一种有其自身的存在地位、并不指称任何其他对象（包括其他激情或意愿）的东西。既然激情不是一种能够具有真假的东西，它就不能与理性发生冲突，也不能成为理性的对象。此外，既然激情只是在我们的本性中存在，我们也不能把它说成是合理的或不合理的。如果一个激情与一个错误判断相伴随，那么就只有那个判断，而不是那个激情，可以被看作是不合理的。这个观点具有一个双重含义。一方面，既然休谟认为道德区别来自情感，而情感作为一种原始的存在就在于我们的本性中，因此他就可以反驳道德怀疑论者。另一方面，理性能不能纠正一个情感乃是取决于其自身的见识——如果它碰巧发现一个激情所欲求的对象不应加以追寻，它就可以产生一个合适的判断将那个激情消灭。因此，如果道德判断能够纠正激情，那么理性在道德实践中就可以发挥更重要的作用。不过，为了理解这个假设，我们就需要充分阐明理性和道德判断之间的关系。在探究这个问题之前，我们需要进一步看看休谟究竟如何理解道德区别的来源。

按照休谟的说法，道德区别的来源问题就在于："我们究竟是借助于观念，还是借助于印象，将恶习与美德区分开来，并把一个行动宣告为可以责备的或值得赞扬的?"（456）休谟已经表明，理性本身不可能对行动产生动机影响。他也认为，"道德准则 [能够] 对行动和感情产生影响"，因为"日常经验告诉我们，人们往往受其责任所支配，在不义观念的阻止下不去做某些行动，在义务观念的推动下去做某些行动"（457）。休谟认为，通过把这两个思想结合起来，就比较容易回答上述问题。然而，这个问题显然比行动的动机问题（究竟是理性还是激情激发行动）更难回答，因为为了完整地回答这个问题，就需要对道德义务提出一个恰当说明。在日常经验中我们确实感觉到，对一个行动的赞成与否好像是直接来自我们的道德情感。然而，一个更重要的问题是，为什么我们能够具有这样的道德情感？休谟对这个问题的论述无疑具有一种复杂性，这种复杂性一方面关系到他试图反驳理性主义道德观念的渴望，另一方面关系到他打算在理性和激情之间引出的对比。按照理性主义观点，“道德，就像真理一样，仅仅凭借一些观念及其并列和比较关系就可以认识到”（456—457）。休谟并不接受这种见解，这意味着他试图在人类情感中来寻求道德的根据，而不是像当时的理性主义哲学家那样，认为道德秩序根本上独立于人而存在。既然理性仅仅在于把握“客观”事实或者它们之间的关系，道德区别就不可能来自理性，也不可能是由理性来发现的。对于休谟来说，道德判断的对象是激情、意愿和行动，这些东西是并不具有指称属性的原始事实和关系，因此就说不上有真假，也说不上是符合理性还是与理性相对立。即使理性在道德判断中能够起到一种纠正作用，这也不意味着它就是道德区别的根源，因为道德上的认可或责备好像不是来自理性。理性在对行动的慎思中确实会犯错误，但是，在休谟看来，没有谁会把这种错误视为道德品格上的缺陷。**假若**理性只是旨在发现客观事实或者它们之间的关系，它就与道德起源问题无关。

休谟的论证在某种程度上也取决于他在人和动物之间所做的类比。他观察到，同一种事实关系可以在人那里激发道德反应，在动物那里则不然。这就引发了一个重要问题：为什么唯有人才具有道德意识或道德感？理性主义者对这个问题有自己的回答：既然动物并不具有理性以及发现行动之道德品质的能力，我们就不能合理地认为某个行动对动物来说可以是道德上正确的或错误的，而在人类的情形中，这种说法是合理的，因为人已被赋予了充分的理性。对于理性主义者提出的这一论证，休谟不以为然，其理由是：“在理性能够觉察到这种道德品质之前，它必定就已经存在了，因此并不依赖于理性的决断，更恰当地说反而是这种决断的对象，而不是其结果”（467）。休谟在这里提出的论证并没有获得预想的结果，因为即使道德事实是预先存在的，那也不意味着其存在与理性无关。不过，休谟在论证上的疏漏可以得到谅解，因为在他所采用的理性概念下，我们不能合理地指望他已经可以像康德那样明确认识到理性在道德准则的确立中具有一种建设性作用。实际上，正如我们即将看到的，对于休谟来说，康德意义上的**规范**理性是随着道德准则的确立而建构出来的。[1] 他将对规范理性的来源提出一种自然主义说明。

总的来说，休谟实际上希望表明的是，没有那种独立于人性而存在的“完全客观”的道德关系。因此，当理性主义者提出第二个异议，暗示说可能存在着某种其他可以论证的关系，道德可以在这种关系的基础上建立起来时，休谟就可以接手这个问题，把争论推向有利于自己观点的方向。具体地说，假如理性主义者认为确实存在着这样一种关系，休谟就会说这种关系必须满足两个条件。第一，我们必须可以发现这种关系在心灵和外部对象之间成立，但是，既不是在“内部”行为（例如知觉）之间成立，也不是仅仅在外部对象之间成立。因为经验表明，道德性质只属于**与外部对象处于某种关系之中**的心灵的某些行为。因此，假若动物或者无生命的存在物缺乏这样一个心灵，它们就不可能具有道德意识，因为休谟明确认为，这样一个心灵只能存在于人性中，而人性至少是社会上构成的。这一点在后面讨论休谟的美德理论时会变得很明显。第二，休谟意味深长地指出，“我们似乎难以想象，在把激情、意愿和行为与外部对象相比较时，我们在它们之间所能发现的任何关系，不可以属于这些激情和意愿，或者不可以属于这些自相比较的外部对象”（465）。如果道德区别必须是一种能够对我们的激情、意愿和行为产生影响的东西，那么它们似乎就在客观的

[1] 最近在心理学和认知科学中的一些研究成果或许总体上支持休谟对理性提出的看法，例如，参见 Hugo Mercier and Dan Sperber, *The Enigma of Reason* (Cambridge, MA: Harvard University Press, 2017)。按照这两位作者的观点，理性是对理由进行直观推断的机制，在一个人这里，理性具有提出理由来为自己辩护和提出论证来说服他人这两个主要职能，因此从其起源和功能来看本质上都是社会性的。

外部对象和心灵的主观内部构成之间占据了一个中间地位。正是这个思想让休谟的道德理论变得格外有趣，尽管其中也有一些需要阐明的复杂性。理性主义者认为，不仅道德关系可以得到先验的证明，道德准则也可以被先验地表明对我们具有约束力。休谟否认了这一点，认为道德关系和道德准则都只能通过经验来发现。一旦道德准则被委派给经验，其根源就在人类情感当中。这样，休谟就将其道德认识论建立在经验知识的模型上。现在，为了更恰当地评价休谟提出的核心论点，我们需要考察一下他的道德判断理论。

二 / 同情与道德动机

休谟的道德理论就其逻辑起点而论是情感主义的。但是这并不意味着休谟对其理论的提炼和发展总是停留在这个起点上。对于休谟来说，道德区别是被知觉为印象或情感，来自于对特定对象的某种满足或不安的感受。正是这种感受激发了道德印象，而后者就是某种类型的快乐或痛苦。休谟对这一点的解释看起来很自然：如果某个对象在我们这里激发了一种快乐感，我们就倾向于认可它，否则就会不赞成它。某个行动、情感或品格特性之所以被认为是好的或坏的，其原因就在于“人们一看见它，就会产生一种特殊的快乐或不快”(471)。休谟由此认为道德区别不是推断出来的，而是我们通过道德情感直接感觉到的，这种情感就是我们**在特定条件下感觉到**的快乐或痛苦。这一强调很重要，因为显然不是所有的快乐或痛苦都是道德上有意义的。我们发现一个品格的善良，只是因为“在感觉到它以一种特定的方式令我们愉快时，我们实际上感觉到它是善良的”(471)。休谟现在必须表明，在哪些条件下，一种特定的快乐或痛苦能够被称为道德上好的或坏的。但是这里出现了一些复杂性。一方面，休谟已经表明，道德区别并不指称那种完全独立于人类心灵的事态，在这个意义上不是“客观的”。如果道德区别在这个意义上不是客观的，那么道德动机的根源也必须在人性中加以寻求。另一方面，休谟也强调说，为了能够对激情或行为产生影响并最终被理性所认识到，道德区别就必须预先存在。这两个主张之间似乎有一种张力，而为了消除这样一个张力，我们就得分析休谟对道德动机的论述。我们的分析将表明，理性在道德动机和道德判断中所起的作用，实际上比休谟原来所设想的更重要。

为了阐明这一点，我们可以从休谟对美德的论述入手。在休谟看来，美德是一种精神品质，在合适的条件下，假若我们在其他人那里发现了这样一个品质，它就倾向于让我们产生对其他人的爱；假若我们发现自己具有这样一个品质，它就倾向于让我们产生自豪感。类似地，恶习也被看作一种产生憎恨和自卑的精神品质。休谟进一步把美德分为两种：自然美德和人为美德。前者的典型例子是仁慈，后者的典型例子是正义。休谟现在面临的问题是要说明道德动机究竟是如何可能的。这个问题基本上可以通过分析美德的起源来加以回答。在这里，休谟的革命性思想是：道德动机必定有一个“非道德的”基础。在休谟的道德认识论中，这个思想是由如下“无可置疑的准则”表达出来的：“没有任何行动能够是善良的或道德上好的，除非在人性中已经存在着某个将它产生出来的动机，而且这样一个动机不同于我们对该行动的道德品质的感受”(479)。换句话说，休谟认为道德行动的动机必定在人性中有其原始基础。这种原始动机就是他所说的“同情原则”（或者《道德原理研究》中所谓的“仁爱原则”）。需要注意的是，所谓“同情”，休谟并不是指作为一种感情的怜悯或同情，而是指一种分享他人感受的倾向，即现在所说的“移情机制”(empathy)。用休谟的话说，“同情不过就是一个观念借助于想象力向一个印象的转化”(427)。同情的过程就类似于我们从事因果推断并最终相信其结果的过程。同情机制之所以能够发挥作用，是因为“所有人的心灵在感受和操作上都是类似的，假若其他人在某种程度上不能感受到某种感情，这种感情也不能激活任何一个人”(575—576)。因此，同情原则就体现了休谟道德认识论的一个基本假定，即人性是不可变更的和始终如一的。[1]

按照休谟的观点，同情是一种自然的心理过程，因为它甚至也出现在人类经验的某些非道德的方面。不过，在休谟的两个断言之间出现了一种张力：一方面，同情据说是一种自然的过程，另一方面，道德动机被认为并不是原始的或“自然的”。如果休谟的意图是要用同情机制来说明道德动机的本质，那么他就得设法消除这种张力。在这里，我们可以看到休谟哲学中的自然主义要素如何开始发挥作用。休谟区分了“自然”这个术语的两个传统含义。第一，“自然”可以被解释为与罕见的、不同寻常的东西相对立，或者与奇迹相对立。在这个意义上，道德情感或道德区别严格地说是自然的，因为“这些情感在我们的天性和性情中是如此根深蒂固，以至于若不是疾病或疯狂使人类心灵完全陷于混乱，它们就绝不会被根除或摧毁”(474)。因此，道德必须被视为人性的一个本质的构成要素。第二，如果“自然”被认为与“人为”相对立，那么道德情感的自然属性就会受到质疑。但是，休谟争辩说，“人们的设计、计划和观点，正如热和冷、潮湿和干燥等原则一样，在其操作中都是必然的”(474)。休谟由此表明，如果人类的社会约定和天性能够被接受为自然的，那么传统哲学家在“自然的”和“人为的”这两者之间所做的区分就很令人误解。实际上，正是人类观点的出现排除了我们对道德提出一种“完全客观”的说明，一种

[1] 这个主张并未出现在《道德原理研究》中，不过，同情原则被认为是人性的一般原则的一个必然结果。参见《研究》84、230 页。

完全不依赖于人性的说明。当然，我们无须就此否认物理世界能够独立于人类视野而存在，不过，休谟在这里想要强调的是，若不考虑一个本质上属于人类的观点，对道德起源的任何研究就不会取得富有成效的成就。而在休谟看来，正是由于同情机制的存在，我们才有可能在道德研究中采纳一个社会的观点，并且想要采纳这样一个观点。

那么，同情机制如何让非道德的原始动机向道德动机的转化成为可能呢？休谟的回答很复杂，而且不是没有争议的，对于下面这个问题的争议则尤为严重，即：他的回答到底有没有成功地说明道德义务？[1] 在这里我们无须全面论述休谟的回答，只须勾勒其基本思想。简单地说，休谟认为，我们有一种自然的倾向认可一个激发快乐的对象，不赞成一个引起痛苦的对象。但是，只有当我们在某些条件下感受到这种自然情感时，它们才能变成道德情感。这些条件是由一个社会上所分享的观点来表征的，而道德的可能性就取决于这样一个观点的出现。休谟认为道德动机是在适当的社会条件下从非道德动机中突现出来的，他对此提出的说明大概介于某种原始的规则后果主义和某种契约主义之间。[2]

休谟鉴定出三个原始的非道德动机：自我利益、私人慈善以及公共慈善。这些动机据说充当了人为美德出现的基础。与约瑟夫·巴特勒一样（但不像霍布斯），休谟肯定了某种有限的慈善在人性中的存在，然后试图表明不论是自我利益还是公共慈善都不能成为正义的动

[1] 达沃尔特别针对休谟的道德理论提出了这个问题，他认为休谟并未成功地说明道德义务的本质。见 Stephen Darwall (1993), "Motive and Obligation in Hume's Ethics", *Nous* 27 (12): 415-448。

[2] 高塞尔明确地把休谟解释为一位契约主义者。若应用于休谟对正义的说明，这种解释显然是合理的。然而，这并不意味着休谟认同了一种霍布斯式的契约主义，因为休谟对人性的理解非常不同于霍布斯的理解，而他的人性原则或同情原则也贯穿了他对道德动机的论述。关于高塞尔的观点，见 David Gauthier (1979), "David Hume: Contractarian", *Philosophical Review* 88 (4): 3-38。

机。之所以如此，是因为：一方面，不加约束的自爱恰好是一切不义和暴力的根源；另一方面，公共慈善是一种“太遥远、太崇高的动机，难以对普通大众产生影响”(481)。事实上，假若公共慈善已经成为一种普遍慈善的动机，就不需要任何正义规则了。在休谟看来，公共慈善是正义规则的结果而不是其原因。休谟进一步表明私人慈善也不能成为正义的动机，因为慈善在我们的情感中有一种自然的偏向性，该自然偏向性阻止我们在每一种情形中都公正地对待他人。不过，尽管每一个动机单独来看都不是正义的原始的非道德动机，私人慈善（或自我利益）和公共慈善（或普遍慈善）之间的不一致确实暗示了一些东西，而这些东西揭示了正义产生的条件。这种差别是在一种有成见的观点和一种没有成见的观点的对比中反映出来的。我们现在可以把休谟对道德动机的探讨转变为如下问题：如果自私和有限的慈善就是人类心灵的特质，那么对公共利益的一种不带个人私利的(disinterested)关注如何变得可能？这个问题显然不是如何使自我变得仁慈的问题，因为有限的慈善仍然不能成为正义的动机。在休谟这里，这个问题是要说明我们的那个只有有限慈善的自我如何可以转化为具有社会倾向的自我。既然道德动机不可能是自我利益的动机（也就是说，道德动机必须是无私的，尽管不是全然不考虑利害关系），那么这种转化就不能仅仅用如下假设来加以说明：履行对公共利益的义务会让我们感到快乐。对这种转化的说明还需要一些更微妙的东西。在休谟看来，每当我们看到某些人违背了正义的规则，危害了我们所关切的那些人的利益时，我们最终就会具有服从正义规则的动机，正如他所说：

> 财产必须是稳定的，必须由一般规则确立起来。在某个实际情形中，公众或许受到了损害，但是，由于这个规则的坚定执行及其在社会中所确立的和平与秩序，这个暂时的害处得到了充分补

> 偿。甚至每个人在进行核算的时候也会发现自己得到了好处；因为若没有正义，社会必定会立即解体，每个人也都必定会陷入野蛮孤立的状态，而这种状态比我们所能设想的社会上最糟糕的状况还要糟糕得多。因此，当人们已经通过充分的经验观察到，单独一个人所做出的任何单一的正义行为无论可能产生什么后果，全体社会共同奉行的全部行为体系对于全体和每一个部分都有无限多的好处，在这个时候，正义和财产权就产生了。每一个社会成员都感觉到了这种利益：每个人都向其他人表示出这种感受，并决意用这种感受来调整自己的行为，假使其他人也这样做的话。……正义于是就通过这样一种约定或协议而将自己确立起来；也就是说，通过人人都被认为具有的那种感受而确立起来，而在这种感受的支配下，当每个人在履行一个单一的正义行为时，他也期望其他人照样行事。若没有这样一个约定，就不曾有人会梦想到有正义这样一种美德，或者会在某种诱导下让自己的行动符合正义。（498—499）

按照休谟的论述，我们朦朦胧胧地感觉到了正义的要求，因为我们发现自己或者亲朋好友的利益受到了不义行为的损害，而一旦每个人都有了这种感受，并期望其他人也按照类似的感受来行动，在这个时候，正义就可以通过一种约定或协议而得以确立。由此可见，在休谟这里，正义规则并不是**明确地**通过契约主义的方式确立起来的，因为若不首先具有那种感受，人们就不会想到要用一种约定或协议将正义规则确立起来。与此类似，休谟也表明，我们彼此间负有的义务本质上取决于这样一种互惠互利的约定或协议。在提出这样一个说明时，休谟使用了现在所谓“反思平衡”的方法：我们首先发现个人利益与他人利益或公共利益的冲突，然后对发生这种冲突的过程进行反思，而在这种反思中，道德动机就得以确立。那么，同情在这个反思过程中究竟起着什么作用呢？休谟的回答是：同情不仅激发我们用一种无私的方式来执行正义的美德，而且令我们在未能执行这样一个美德的时候会感到不安。因为正是通过同情，快乐和痛苦才能得到相互交流，于是我们就会逐渐意识到那些原本不属于自己的利益。“自我利益是把正义确立起来的原始动机，而对公共利益的同情则是对正义的美德加以关注的那种道德赞许的来源。”（499—500）休谟在这里表达了一个很有趣的思想：正义的美德是通过协议确立起来的，在这个意义上是“人为的”，而该美德的行使则来自我们对社会利益的同情（579—580）。

不过，即便休谟已经表明同情对于非道德动机向道德动机的转化可能是必要的，他还没有表明这个机制对于这种转化来说也是充分的。尤其是，他的论证假设私人利益和公共利益之间并不存在冲突，或者即使存在这种冲突，私人利益也必定会**因为这种同情**而屈从于公共利益。但是，这个假定并不符合实际的道德生活。在这种冲突存在的地方，要么同情机制并不像休谟所设想的那样发挥作用，要么同情是道德上中立的，即不是一种严格地具有道德含义的东西。休谟将关注的焦点放在道德经验的现象学上，这就妨碍他去进一步追问一个更根本问题：同情究竟是因为什么而具有休谟赋予它的那种重要作用？休谟并没有用某些批评者（例如达沃尔）所期望的那种方式去处理道德义务问题，也没有说明他所说的“社会同情”到底有没有限度，但是，他对这个问题的论述显著地表明，理性在同情机制的实际操作中确实发挥了一个重要作用。这一点在休谟的道德判断理论中会变得更加清楚。

三 / 道德判断的实践性

从以上论述可以看出，只有我们无私地予以关注的品格特征和行动，才能唤起那种能够具有道德含义的情感。这一点很容易理解，但是道德评价的问题并没有因此而变得简单。对于休谟来说，道德区别是简单印象（尽管是反思性的印象），而每一个简单印象都有相应的观念，由此推出每一个道德情感也都有相应的道德观念。另一方面，如果理性有观念作为其对象，而每一个道德印象也都有相应的道德观念，那么道德区别似乎也是可以由理性来把握的。为了让休谟的理论变得连贯一致，我们就只能认为，道德区别，尽管不是一开始就是作为观念而被直接把握到的，但是在后来可以被反思。休谟认为这种反思就构成了道德判断。在前面的讨论中，我们已经揭示了道德判断的一些特征，例如道德判断能够纠正情感和激情，能够对行动施加间接影响。现在我们需要进一步阐明道德判断的特征。

休谟认为道德情感就是道德判断的直接对象。正是由于这个缘故，道德判断与动机和行动的联系才更加紧密，而假若它们只是立足于理性，这种联系就没有那么紧密了。这是否意味着道德判断本身就具有内在的动机力量呢？尽管休谟有时候声称，我们经常发现行动者被道德考虑激发起来行动，但他的论证似乎并没有为肯定地回答这一问题提供充分有力的支持，因为他只是宣称，我们所有人都有一种内在的道德倾向，其基础就是那种普遍的同情能力。对另一个人的感受的同情产生了某个观念，后者确实倾向于产生相应的印象，但是，与其他感觉和相关的欲望相比，那个印象以及追求或避免其结果的欲望都相对微弱，以至于二者的组合并不直接引起行动。休谟说，“理性和判断”，“通过推动或引导一个激情，因此可以成为行动的直接原因”（462）。虽然理性和道德判断在这里可以并列成为行动的直接原因，二者之间仍有一个关键差别：对道德区别的认识可以直接激发道德判断，但并不直接激发理性。因此，**在不存在冲突欲望的情况下**，道德判断可以具有内在的动机力量。休谟在这里想要表达的实际上是一个熟悉的观点：行动来自于事实信念和欲望的恰当组合，而不是来自于其中的任何一项。道德判断是对道德观念的直接认同，它们之所以能够影响行动，是因为它们向我们通告了那些倾向于引起行动的东西。更具体地说，道德判断所引导的行动就是情感或欲望倾向于让我们去做的行动。若没有合适的情感或欲望相伴随，道德判断就不会直接激发行动。因此，为了实际上履行一个行动，行动者的动机就得包含这样一个意志的成分，因为“我们的激情［有可能］不太容易遵循我们的判断的决定”（583）。道德判断是对关于道德情感的事实所做的判断，因此可以被认为是道德信念的构成要素。按照这种理解，在休谟对道德判断的论述中，本质的要点是，道德信念并不直接引起行动，除非它已经变得鲜明生动，从而成为一个道德印象，或者，除非它已经伴随着一个合适的激情。一旦阐明了这一点，我们就可以来讨论查尔斯·拉摩对休谟提出的评论。[1]

拉摩在休谟的道德哲学中鉴定出一种“理论与实践的二元论”，并争辩说“由于这种二元论，休谟式的论证否认了道德主张的认知地位，因为它拒绝承认规范主张一般来说具有认知地位”（Larmore 1996: 108）。这个解释似乎不太符合休谟自己对其理论的阐述。如果我对休谟的理解是正确的，那么，当休谟试图通过诉诸一个无私的社会观点、从非道德的原始动机中推出道德动机时，他显然是要确立道德义务的规范性（尽管不是道德理性主义者所设想的规范性）。他确实试图把道德判断建立在道德情感的基础上，但是，既然他很明确地认为，只有在一个无私的社会观点下感觉到的情感才能被认为是道德上好的或坏的，我们就可以认为，不论是道德情感还是道德判断都不是在“纯粹感情”的基础上被任意做出的。既然休谟对道德理由持有一种内在主义观点，我

[1] Charles Larmore, *The Morals of Modernity* (Cambridge: Cambridge University Press, 1996), pp. 102-108.

们就可以合理地假设他的理论中包含了非认知主义的要素。但是，我们显然不能由此认为休谟就是当代意义上的“情感主义者”(emotivist)，即认为道德判断仅仅是表示正面的或负面的情感态度。首先，正如拉摩所指出的，休谟的思想似乎很自然地导致了如下观点：假如一个人没有欲望履行一个绝对的义务，他就不会这样做（106—107)。拉摩的论点是，不管一个人有没有欲望履行一个绝对的义务，这样一个义务的**观念**本身都具有内在的动机力量。于是问题就成为：人们如何能够具有一个绝对义务的观念？这个问题很复杂，因为它关系到如何理解道德的本质和功能，在这里我们最好按照休谟自己的语境来考察这个问题。在休谟这里，许诺的义务显然属于绝对道德的范围。对他来说，道德义务是由对道德情感的认可或不认可（即道德判断）创造出来的，这种认可或不认可是一个内在于人性的事实问题。正是因为这个缘故，休谟才认为道德判断是建立在对我们的态度所做的“事实”判断的基础上，是我们在不偏不倚的条件下做出的判断，正如他所说：“当任何行动**以某种方式**令人愉快时，我们就把它说成是善良的；当无视或者不履行一个行动**以类似的方式**令人不快时，我们就说我们有履行它的义务”(517)。

由此可见，休谟对义务的说明实际上类似于康德对完全责任（perfect duty）的说明，因为康德认为无视这种责任是不允许的。不过，应该注意的是，休谟很少把“绝对应当”的概念应用于道德义务，因为对他来说，道德判断就像道德情感一样是一种自然态度。按照我们对他的道德动机理论的分析，道德态度不可能被简单地解释为信念或欲望，甚至也不能被解释为日常所说的情感。因此我们大概只能认为，在休谟这里，对一个绝对义务的忠诚是一种要在人性及其社会制度中来理解的东西。因此，当拉摩认为休谟是在断言“这样一种忠诚必定就在于一个欲望，而不是在于‘我们应当服从一个义务’这一信念”时（107)，他就对休谟提出了一种过分简单的解释。实际上，休谟并不否认我们可以出于某个美德的动机而采取行动，而一旦我们从这样一个动机来行动，我们的行动就获得了一种道德价值。但是，按照休谟的说法，如果我们假设对行动的道德品质的单纯尊重就是产生行动的第一动机，并因而使行动变成道德上好的，那么我们就会陷入循环推理（418）。所以，对休谟的道德义务概念的任何恰当分析都必须考虑到他的一个论点：道德行动从根本上说必定具有非道德的动机。他写道：

> 在某些场合，一个人可以仅仅出于对一个行动的道德义务的尊重而履行该行动，但是这仍然假设了人性中某些独立的原则，这些原则能够产生该行动，而且，该行动也是因为那些原则是道德上好的而值得称赞。（479）

休谟在这里是在说，道德义务并不是一种原始的事实，而是来自于人性中的某个根本原则，例如他所说的仁爱原则。对美德或义务的尊重是“一种次生的考虑，是由已经预先存在的仁爱原则产生出来的，而这个原则本身就是值得称赞、值得赞美的”（478）。休谟对道德义务的动机要素的考虑显然是一种认识论的考虑，就此而论他就像一位规则后果主义者，因为他相信正义是一种独立于慈善的美德，其目的并非直接在于任何特定的善，而是在于服从某些一般来说会产生有益效应的规则。在《道德原理研究》中，休谟更明确地论述了这一点，认为道德行动的可能性来自于我们自然的社会倾向并因此而得到加强。在他看来，我们之所以赞成慈善和正义这两个美德，就是因为它们促进了人类的一般福利。因此，休谟似乎采纳了这一观点：对公共利益的关心必定对每个人都有利。但是，效用只是作为一种原始的动机要素而存在，不可能是道德本身。就道德的出现而论，道德在很大程度上就在于自觉地确认能够促进公共利益的行为，道德行为也因此而促进个人福利。对休谟来说，道德准则就是引导和制约人类行为的规则，因此，人们对一个道德规则所持有的道德观念必然会对其行为产生影响。休谟很好地总结了他在这个问题上的观点：

> 我们必须采纳一种更加公共的感情，必须承认社会的利益甚至就其本身而论也不会完全令我们漠不关心。……因此，如果效用就是道德情感的一个源泉，如果这种效用不总是在一个自我的观念下来加以考虑的，那么，凡是能够对社会的幸福做出贡献的东西，就会立即赢得我们的赞成和善意。在这里我们得到了一个原则，它基本上等同于道德的根源。（《研究》219 页）

很明显，对休谟来说，我们对道德准则的忠诚实际上必然涉及服从它们的动机，而这些动机不可能被简单地理解为单纯的信念或欲望。相反，对它们的任何恰当解释都必须与休谟对仁爱原则的论述联系起来。休谟的一个本质思想是，一个人对某个道德准则的忠诚与他的一个认识有关，即这种忠诚将有助于促进一般的幸福，因而符合一个人对自身幸福的追求。这是一个认识论上的认识，因为道德动机必定有其非道德的基础。在休谟对道德义务的分析中，他其实并没有使用绝对命令的概念，因为道德在他看来并不是强制性的，而是一种植根于人类情感中的东西。不过，在他对道德起源的论述中，他对人性的普遍性和不可变更性的强调，他对一个无私的社会观点的强调，在某些方面类似于康德的伦理理论。康德试图将道德建立在纯粹实践理性的概念上，而在休谟这里，需要注意的是，他所说的道德情感并不是一种简单的情感。假若道德感可以被恰当地称为一种情感的话，那么，就像休谟所表明的，它必定是一种反思性的情感，并不是与日常意义上的理性无关。若要正确地理解休谟，我们就必须学会用当今的道德话语来重建其道德理论，因为他自己的表述实际上很特殊。不管怎样，看起来足够清楚的是，在休谟那里，并不存在所谓的理论理性和道德实践的二元论。拉摩的观点不仅不符合休谟的行动理论和道德哲学，也不符合休谟的更一般的思想路线，即他的伦理自然主义。尤其是，休谟之所以强调道德情感的权威，乃是为了反对道德怀疑论者，因为只要他已经表明道德在人性中有其根源，他也就反驳了道德怀疑论的立场。

事实上，休谟强调道德判断必须是不偏不倚的，而理性的充分行使就体现在他对道德判断提出的这一要求中。回想一下，在休谟这里，道德判断指的是这样一种倾向：一个品格或行动的某些特点引起我们（或者行动者自己）对它表达出一种理性的赞成或不赞成的态度。道德情感是在一个无私的观点下表现出来的，并对道德判断施加了相应的要求。换句话说，道德判断必须是**在某些标准条件下**做出的，这些条件保证了道德判断是公共地可确认的，因此就向我们提供了道德知识。休谟说，“道德区别”，“来自于快乐和痛苦的自然区别，但是，只有当我们一般地考虑任何品质或品格，并因此而感受到了这些情感时，我们才把那个品质或品格称为恶劣的或善良的”（608—609）。一般来说，情感具有一种自然的偏向性，道德判断之所以能够超越那种偏向性并达到一般的考虑，恰好是因为其根据就在于一种基于社会观点的同情。一方面，同情使我们意识到那些不属于我们自身的利益，并对其他人的感受形成了道德判断；另一方面，正是通过同情，从一种自身就可以作为决定的快乐或痛苦的感受中，一种间接激情就会产生出来并最终激发我们行动。既然同情既说明了这种激情的产生，又说明了其不偏不倚，同情就可以被合理地认为充当了道德评价的一般规则。[1] 由此可见，休谟的道德判断理

[1] 当然，关于休谟的“同情”概念确实存在着一些问题，但休谟自己明确地认识到了这些问题并给出了必要的回答。参见《人性论》580 页及以下。

论要求一个理想观察者（ideal observer）的概念。休谟实际上假设，在其同情原则下，任何人，只要是不偏不倚、见多识广、始终如一的，都将是一个理想的观察者。只要我们处于理想观察者的条件下，我们就会发现什么东西将促使我们确认某些行动或品格特征，或是不确认某些行动或品格特征。这种发现就构成了我们的道德知识。因此，在休谟这里，道德知识是一种真正的经验知识，并非像拉摩所认为的那样很成问题。

如果同情能够纠正自然情感的偏向性，使我们能够做出客观的道德判断，或者至少做出可以彼此确认或接受的道德判断，那么它必定是立足于我们对某些具体事实的考虑。这一点让休谟的道德理论变得格外有趣，因为它意味着我们能够就道德准则进行推理。如果我们能够这样做，那么，就像休谟自己认识到的，我们就有可能从某种类型的事实判断中“推出”道德判断。这个思想是理解《人性论》中一个重要段落的关键，那段话处理所谓的“事实”与“价值”的区分（469—470）。假若我们正确地理解了休谟，那么他在那段话中所说的是，这个区分其实是令人误解的，因为道德义务（“应当”）本身不是一种独立于事实问题的独特范畴，反而在人性和人类生活条件中具有某些事实根据。对休谟来说，义务不是强制性的，因为道德在他看来并不是一种外在地强加给我们的东西，而是起源于人类的内在激情的需要，即满足公共的社会规范的那种需要。毫无疑问的是，在休谟的道德哲学中，人类实践既是起点又是归宿。

因此，对休谟道德哲学的任何恰当评价都不能忽视他的理论形成的特殊背景，尤其是如下事实：休谟的道德理论的主要目的是要反驳道德怀疑论，批评客观主义的道德概念。对休谟来说，道德区别不是要在客观的外在世界中来发现，而是要到人类的内在情感中去寻求，或者更一般地说，道德区别是内在于人性和人类生活条件的。休谟对“理性”的理解不允许他认为道德区别来自于理性。不过，假若我们由此认为休谟是一个简单的情感主义者，我们就错了，因为他明确认为道德情感和道德判断中必定有一个规范的要素，即对一个不偏不倚、无私的社会观点的要求。对休谟来说，道德性质在某种意义上就类似于他所说的“次生性质”（secondary qualities）（469），是对象中的某些性质在我们这里引起某些观念的倾向。[1] 就此而论，道德区别既不是纯粹主观的也不是纯粹客观的。如果休谟所说的“同情”可以被理解为我们的理性本质的一个构成要素，那么我们就可以合理地认为，道德判断就是我们出于理性本质对某些品格特征或行动的认可或不认可。休谟说：“当你断言任何行动或品格是邪恶的之时，你的意思只是说，由于你的本性的构成，你在沉思那个行动或品格的时候有了一种责备的感觉或情感。”（469）如果道德实在论指的是存在着不依赖于我们本性的道德事实，那么上述解释显然不会让休谟承诺一种道德实在论的立场。但是，值得注意的是，它也没有把休谟引入一种非认知主义的观点，因为他并不认为事实和价值之间存在着截然分明的界限，反倒是明确否认这种观点。休谟的思想本质上更接近现在所说的“准实在论”（quasi-realism）。[2] 总之，根据目前的讨论，在“理性”这个概念的日常意义上，而不是在休谟所使用的特殊意义上，理性不仅与道德判断具有直接的关联，而且也对道德区别的确立做出了贡献。此外，休谟正确地认为，为了实际上履行一个道德行动，我们不仅需要具有相应的道德信念，也需要具有一个道德动机。事实上，对道德动机的强调是休谟道德哲学的一个重要特征。休谟

[1] 麦道尔讨论了对道德性质的这种理解，但并不完全接受这种观点，见 John McDowell, “Values and Secondary Qualities”, reprinted in McDowell, *Mind, Value and Reality* (Cambridge, MA: Harvard University Press, 1998), pp. 131-150。相关的讨论参见本书第五章。

[2] 作为一种形式的非认知主义，准实在论认为道德判断不是表示信念，而是表示我们的非认知状态或态度，不过，准实在论者也相信我们的道德实践和道德话语看似具有的实在论特点可以从非认知主义的角度来加以说明。这种观点的主要倡导者是布莱克本，参见 Simon Blackburn, *Essays in Quasi-Realism* (Oxford: Oxford University Press, 1993)。

当然很重视情感的力量，但我们也必须记住，甚至康德也认为，只要一个道德行动者认识到了一个“客观的”道德准则，这个准则就会在他那里激发一种“尊重感”。对于休谟来说，人性已经向我们提供了把道德规范确立起来的基础，而且，也正是因为人性中已经蕴涵了一种在合适条件下就会展现出来的道德倾向，我们才可以反驳各种形式的道德怀疑论和道德虚无主义，与此同时，我们也能用一种自然主义的方式来说明道德动机的起源及其对人类情感的依赖性。

四 休谟式的实践理性

理性主义哲学家往往认为，休谟并不具有一个实践理性概念——更确切地说，尽管休谟确实承诺了一个工具主义的理性概念，但他甚至并不具有一个工具性的**实践**理性概念。[1] 有了上述背景，我们现在可以来处理对休谟的这一批评。我同意批评者的一个说法：工具理性的行使和运用必然涉及发展一种善观念（Hampton 1998），或者涉及使用规范的评价标准（Korsgaard 1997），因此在这个意义上不可能是自成一体的。但是，正是在这个问题上，我们需要重新审视如下断言：休谟对实践理性的概念毫无想法。[2] 按照我的解释原则，休谟到底有没有一

[1] 例如，参见 Jean Hampton (1995), “Does Hume Have an Instrumental Conception of Practical Reason?” *Hume Studies* 21(1): 57-74; Jean Hampton, *The Authority of Reason* (Cambridge: Cambridge University Press, 1998), 特别是第五章；Christine Korsgaard (1997), “The Normativity of Instrumental Reason”, in Garrett Cullity and Berys Gaut (eds.), *Ethics and Practical Reason* (Oxford: Clarendon Press, 1998), pp. 215-255。

[2] 一些同情休谟的学者已经质疑对他所提出的这种解释，例如，参见 Annette Baier, *A Progress of Sentiments* (Cambridge, MA: Harvard University Press, 1991), 特别是第七章；Elizabeth S. Radcliffe (1997), “Kantian Tunes on a Humean Instrument: Why Hume is not Really a Skeptic About Practical Reasoning”, *Canadian Journal of Philosophy* 27(2): 247-270。

个实践理性概念并不取决于他在分析相关问题时是否确实在字面上使用了这个概念，而是取决于我们是否能够在其文本中发现一些与我们对“理性”的理解（特别是在这个概念的康德式的意义上）在功能上等价的东西。只要我们开始用这种方式来看待休谟，结果就会表明休谟确实有一个实践理性概念。

首先，我们需要简要分析一下休谟对待怀疑论的态度，因为批评者赋予他的那种“关于实践理性的怀疑论”据说是来自他对一般而论的理性的怀疑。当然，在什么意义和什么程度上休谟实际上是一位怀疑论者，这是一个不能简单回答的复杂问题，因为答案取决于一些相关问题，例如，在把一位哲学家描述为怀疑论者时我们打算做什么，休谟的实际见解是否允许给他贴上怀疑论者的标签，等等。[1] 在这里我将集中分析两个问题：第一，休谟对信念之本质的论述是否会将他引向关于理性的怀疑论？第二，他对理性和激情之间关系的理解是否会将他引向关于实践理性的怀疑论？众所周知，休谟的所谓怀疑论是来自他对信念本质的分析。《人性论》的一项核心任务，就是要对我们如何相信周围世界中的某些东西提出一个自然主义说明。为了便于论证，不妨考虑如下信念：外在世界独立于我们而存在，甚至在我们没有意识到它的时候也继续存在。在休谟看来，这个共同信念并不取决于任何类型的推理，实际上，即使我们可以按照事实来可靠地进行推理，这种推理也不能给它提供什么支持，因为普通大众完全不了解在这些问题上的任何论证，实际上，他们是在完全缺乏辩护性论证的情况下持有那个信念（193）。但是，一旦我们准备诉诸理性来证明一个持久的外在世界的存在，结果就会表明所有这样的论证都不切实有效地

[1] 对这个问题的一些详细讨论，见 Robert J. Fogelin, *Hume's Skepticism in the Treatise of Human Nature* (London: Routledge, 1985); David F. Norton, *David Hume: Common-Sense Moralist, Sceptical Metaphysician* (Princeton: Princeton University Press, 1982)。

发挥作用。

通过考察休谟对一般而论的理性提出的怀疑论，我们可以说明这一点。休谟所说的理性指的是履行论证性推理和因果推理的能力。一般来说，休谟使用两种论证来确立关于理性的怀疑论，即福格林所说的“回归论证”（regression argument）和“衰减论证”（diminution argument）。[1] 回归论证本质上立足于如下思想：在我们的判断中，我们不仅需要注意所考虑的对象，也必须退后一步去追问一个预先的问题：在处理那个对象的时候，我们所使用的方法是否可靠，在什么程度上是可靠的？这就是说，作为具有理性反思能力的认知主体，我们不会（或者不应该）满足于我们一开始具有的那种确信，反而应该“在每一步推理中都形成一个新的判断，作为对我们的第一个判断或信念的检查或控制”（180）。我们的所有官能都受制于这个约束，特别是，“我们的理性必须被看作一种原因，真理是其自然结果”（180）。然而，一个新的判断需要由另一个判断来担保：我们必须详细说明后一个判断在什么程度上是可靠的。既然为一个判断或信念寻求担保的过程必须无限继续下去，“一切知识都会衰减为概率”（180）。假若我们必须为每一个信念或判断确立一个评价判断，为第一个评价判断确立另一个评价判断，结果就会导致在评价上的恶性循环。在任何特定阶段，我们都没有理由终止这个程序。然而，假若我们继续下去，我们最终就会沦落到“信念和证据的全盘灭绝”（183）的地步。因此，理性机制不可能维持信念，反而导致了它们的灭绝。休谟的论证当然不是无可非议的。例如，也许我们没有必要承诺一种笛卡尔式的基础主义的理性辩护纲领。目前我们无须介入这个争论。不过，前面的概述的论证，加上休谟的归纳怀疑论以及他对感

[1] Robert Fogelin, “Hume's Skepticism”, in David F. Norton (ed.), *The Cambridge Companion to Hume* (Cambridge: Cambridge University Press, 1993), pp. 90-116.

官提出的怀疑论论证，确实有力地削弱了（如果说不是根本上摧毁的话）理性主义或理智主义的心灵模型。假若我们只能按照这个模型来说明心灵的操作，那么那种怀疑论就是真的。幸运的是，在休谟这里还有一个取舍：对于我们在信念形成上所产生的忧虑，他提出了一种“怀疑论的解决”。这个解决方案把那个模型看作是不连贯的而加以拒斥，正如休谟明确地指出的：

> 如果信念只是一种简单的思想活动，不包含任何特定的设想方式，或者不添加某种力度和生动性，它就必定会摧毁自身，在每一种情况下都以全盘悬置判断而告终。但是，经验会充分说服任何一个人……尽管他在此前的论证上发现不了任何错误，他还是会像以往那样继续相信、思考和推理，在这个时候他就可以稳妥地得出这一结论：他的推理和信念是某种感觉或某种特定的设想方式，而后者是单纯的观念和反思不可能摧毁的。（184）

休谟的解决方案构成了其自然主义的一个关键步骤。假若休谟的论证可靠，假若我们完全是反思性的理性认知主体，那么我们不仅将一无所知，而且也无法形成任何信念。然而，休谟实际上认为，既然理性机制不可能维持我们的信念，就必定有无理性的（non-rational）机制帮我们做这件事。“假若心灵没有被论证吸引来采取这个步骤，它必定是受到了具有同样分量和权威的某个其他原则的诱导。”（《研究》41页）大自然已经设法教会心灵用这样一种方式来运作，以至于它可靠地形成某些信念，而无须知道那些信念如何以理性为根据或甚至在理性中具有根据。“大自然已经通过一种绝对的、不可控制的必然性决定我们去判断，正如决定我们去呼吸和感觉。”（183）在《人类理解研究》中，对于我们形成信念的这种自然主义倾向，休谟提出了更明确的描述：

> 那么，在自然的历程和观念的交替之间就有一种预定和谐；尽管制约前者的力量是我们完全不知道的，我们的思想和设想仍然就像大自然的其他作品那样已经准备就绪。习惯就是这种对应得以实现的原则；在人类生活的每一个情景、每一个事件中，习惯对于我们物种的生存、我们行为的调节来说都是如此必要。(《研究》55 页)

在休谟看来，我们是出于一种自然的必然性而被赠予了“对于我们物种的生存、我们行为的调节来说都是必要”的某些可靠信念，尽管这些信念的可靠性不是、也不可能是由理性确立起来的。[1] 因此，即便休谟旨在构造一种关于理性的怀疑论，但他不想确立一般而论的怀疑论，只希望摧毁理性的伪装，正如他所说，“我如此小心地展现那个古怪学派的论证，只是为了让读者发现我提出的假说是真的，即一切关于原因和结果的推理都只是来自习惯；信念更恰当地说是我们的本性的感性部分的活动，而不是能够进行思考的那个部分的活动”(183)。我们大概必须在如下意义上把某些信念（例如外在世界存在的信念）接受为**原初的**：它们在必要性和可靠性上不仅不需要理性辩护，反而必须被看作任何进一步的理性探究的一个基础。这些信念也许构成了康德所说的“知识的可能性条件”：它们是一切理智探究的预设，而不是其对象。[2]

[1] 当然，任何单一的理性都无法计算进化的最佳机遇。一个物种何以最佳地进化出来，这必定是一个自然选择问题。对于任何人类个体来说，尽管理性确实参与了对某个特定选择的慎思，但是，只要从对具体情境的时间意识中被孤立和抽象出来，理性就不能发挥这个作用。对理性信念和进化之间关系的一个有益论述，参见 Robert Nozick, *The Nature of Rationality* (Princeton: Princeton University Press, 1993), 第四章。

[2] 大概是因为这个缘故，在把超验观念论设想为一种反驳怀疑论的方式时，康德从休谟那里获得了灵感。在某些理论家看来，消除哲学怀疑论的最佳方式就是假设（转下页）

因此，如果说休谟可以被看作一位怀疑论者，那么，只是就怀疑论被理解为对理智能力的一种批评而论，他才是一个怀疑论者。实际上，正如康德意识到的，理性自身就需要批判，而这样一种批判只能在我们的实践生活中并通过思考生活的真正可能性而发现其源泉。我们可以从全盘怀疑论中脱身而出，只是因为我们本性中无理性的方面压倒了理性在我们这里招致并试图强加于我们的怀疑。休谟认为一种经过缓和的怀疑论“可以有益于人类”，因为它帮助我们看到“人类理智的狭窄能力”，因此将正确的判断限制到“共同的生活以及那些属于日常的实践和经验的题材”（《研究》162 页）。因此，休谟对理性所招致的怀疑的所谓“怀疑论”解决就成为其自然主义的一个完整部分：就人类存在者根本上是行动者、与其他行动者一道沉浸于物理世界和社会世界中而论，我们必须认为我们的某些信念在我们的实践态度中具有有效性，其接受和认同并不取决于任何理论性的探究。因此，只要我们享有某些实践态度并体验到它们，我们也就可以分享和认同某些信念，甚至无须对它们具有理论知识。

只要有了对信念的这种理解，我们就可以发现，当某些理论家按照休谟对理性与激情之关系的论述对他提出一种简单化的处理时，他们并没有公正地对待他。按照所谓的“休谟式的行动理论”，欲望和信念（或者与此相似的精神状态）对于行动的产生来说是必不可少的，因为行动就在于用某种方式在世界中造就某种变化，以便得到某个事态，而后者会使得行动所指向的对象得到满足。休谟很明确地认为，有一个倾向去做某事 X（而不是做其他可能的事情）就是偏爱于做 X，

（接上页）存在着某种东西，它们是人类知识变得可能的条件，因此必须加以预设，而且，假若人类知识已被证明是根本上可能的，那么这种东西也不允许受到怀疑。例如，参见 Barry Stroud, *The Significance of Philosophical Skepticism* (Oxford: Clarendon Press, 1984)。

或者不是像对待其他事情那样无动于衷地对待X。对于我们认为一个行为即将导致的东西，假若我们无动于衷，我们就不会去采取那个行动。这就是“被激发起来采取某个行动”的意义所在。休谟所说的这种偏好实际上可以被理解为表达了行动者的兴趣或关切。因此，如果休谟已经断言我们总是在某个激情的激发下采取行动，那么，我们具有那个激情，根本上是因为其对象属于我们所关切的东西。假若这就是对休谟的行动理论的一个合理解释和扩展，那么他就应该承认，在某些条件下，我们可以被规范信念（以我们应当做的事情作为对象的信念）激发起来行动。但是，这个解释已经与对休谟提出的传统解释有了一段距离，因为它不仅把规范评估的思想赋予休谟，而且也要求我们承认在休谟的思想中有一个认知主义要素。现在我想表明，实际上有充分的文本证据支持这种解释。

为了达到这个解释，我们首先需要明白信念确实能够影响意志。表面上看，这似乎不太符合休谟式的动机理论，因为按照这个理论，任何纯粹的认知状态本身都不足以引起行动，除非它们与某些意欲状态（conative states）相结合。甚至当一个欲望是由某些考虑激发起来的时候，我们也需要把两个东西区分开来。一个东西是在行动产生过程中作为一个必不可少的**因果**要素而出现的欲望；另一个东西是如下事实：我们可以提出适当的理由来说明为什么行动者具有那个欲望。[1]规范理由和纯粹动机性理由之间的差别，并不在于它们要求或指定的行动的结构不同于休谟式的动机理论一致地指定的结构。比如说，一个规范理由并不是这样的：它根本就不指定行动所要促进的目的。这

[1] 实际上，一个欲望所处的这种状态既不需要被感觉到，也不需要在其他有意识的事件中被表达出来。它可以是我们为了说明看似具有同样思想的存在者为何表现不同而**设定**的一个状态。尽管行动可以用一种整体论的方式来个体化，我们似乎也可以合理地假设，在行动的因果产生和个体化中，欲望都是必不可少的。

两种理由的差别在于所要促进的目的之本质。规范理由的有效性被认为不依赖于行动者可能具有的任何偶然欲望。这样一个理由之所以能够激发行动者，全然是因为后者**关心**该理由对他提出的要求。一个人有一个规范理由按照有关要求来行动，这在逻辑上不同于他是否确实这样行动。因此，休谟是不是具有一个规范理由理论，就取决于他是否认为我们可以有意义地评价一个未能按照某个规范的要求来行动的人。当某些批评者把休谟解释为一位关于实践理性的怀疑论者时，他们并未充分注意休谟在《人性论》中提出的一个论点：信念以及执着的思想（或者甚至短暂出现的思想）都可以对我们的激情和动机产生影响（118—123，即“论信念的影响”一节）。然而，这个要点早在休谟提出他那“声名狼藉”的主张（理性本身不能产生或阻止任何行动）之前就出现了（参见 Baier 1991，158 页及以下）。行动的产生无疑总是需要信念。但是，休谟一方面声称“信念对于唤起我们的激情来说总是绝对必要的”（120），另一方面又认为理性本身在行动的产生中无能为力。如果休谟确实承认在信念、认知和理性之间存在着紧密联系，那么他如何调和这两个主张？

为了回答这个问题，我们需要进一步讨论休谟的信念理论。[1] 该理论旨在解决“我们可以正当地相信什么”的问题。为了回答这个问题，就需要分析信念的本质和原因。对于休谟来说，一切信念都是推断性的，而只有因果推断（causal inference）才能让我们超越此时所知觉到的东西。当我们沿着因果推断的路线超越了直接给予我们的东西时，信念就开始产生了。就信念的内容或对象而论，有两点值得注意。首先，在休谟这里，信念的内容或对象并不像现在所理解的那样，是一

[1] 以下对信念的分析很大程度上受益于皮尔斯对休谟的解释，见 David Pears, *Hume's System* (Oxford: Oxford University Press, 1990), 特别是第四章。

个内在化的命题，反而只是一串观念，就像休谟所说，信念是“由一个与目前印象的关系所产生的、活生生的观念”(97)。不过，如果一个观念即将成为某个信念的内容，它就会**沿着因果推断形成的途径**将其生动性从一个目前的印象转移到心灵。信念因此而不同于单纯的观念。其次，尽管休谟用“生动”“活泼”之类的措辞来描绘信念的观念被认为具有的那种生动性，但仍有充分的证据表明，他并没有把那种性质看作图像性质。[1] 在相信、不相信、悬置信念的变化过程中，一个信念的**内容**仍然可以保持不变。因此，更恰当地说，信念应被看作一种特殊的反思印象。这种特殊印象会自动地出现来回应证据，正如我们所说的“意志”或“欲望”会自动地出现来回应评价性的观念，例如“某个东西是好的或令人愉快的”这一观念（629）。

通过以上简要论述，我们就不难理解，休谟为什么一方面声称信念可以影响意志，另一方面又否认理性本身能够“驱动”意志。之所以如此，是因为激情与信念因果地相联系：在推断应该如何行动的时候，某些信念可以进入这种推理中，而激情，作为行动的一种动机，也可以是这些信念的**原因**。因此，**通过对激情产生影响**，关于快乐的信念，或者关于快乐的原因和结果的信念，就可以影响我们的意志。不过，需要注意的是，能够驱使意志的信念是一种特殊信念，即关于善恶或好坏的信念。这种信念的对象往往是与我们的个人旨趣（个人兴趣、利益或偏好等等）有关的东西，而按照休谟的说法，后者要么得到了某些一般规则的矫正，要么没有得到矫正。因此，假若理性确实以某种方式影响了我们的意志，那不是因为理性本身具有这个影

[1] 休谟有时用“活泼”之类的词语来表征一个信念的观念，而这种词语更适合于描述图像性质。不过，他很快就回避了这种含义，把他所设想的那个性质称为“稳固性或稳定性”，后者“给予信念的观念以更大的力量和影响，使那种观念表现出更大的重要性并将它们注入心灵中，让它们成为我们的一切行动的支配原则”(629)。

响，而是因为理性参与形成一种特殊的判断——对于“什么是满足某个激情的恰当手段”的判断。但是，即便正是信念、而不是理性引导我们满足某个激情，难道对激情的判断可以不涉及理性？若确实涉及理性，理性是如何卷入其中，在这种判断中又发挥什么作用？

为了回答这些问题，我们必须回到休谟的核心原则——理性是、而且应当是为了服务于激情而发挥作用。休谟好像是从关于我们的道德经验的事实中得出了他对该原则的证明。既然理性不产生激情，它同样也不能管理激情。而且，当理性参与了对激情的判断时，休谟据说只是赋予理性如下职能：决定什么是满足某个特定激情的恰当手段。休谟也指出，只有当与一个激情相伴随的判断为真或为假时，我们才能把它说成是合理的或不合理的（415—416）。一些批评者之所以断言在休谟这里并不存在实践理性概念，大概就是因为休谟认为理性本身既不引导激情，也不会对激情提出**独立的**判断。[1] 不过，我们需要小心：当休谟声称理性既不是激情的源泉、也没有为评估激情提供标准时，他是在康德的“理论理性”的意义上来谈论理性，即将理性视为一种获得真理、了解实在的基本官能。休谟区分了理性在知识中的运用和在道德中的运用，而从这个区分中我们就可以清楚地看到这一点。“在知性的探究中，我们从已知的情景和关系中推出某些新的、未知的东西。”（《研究》290 页）然而，在道德慎思中，不仅所有情景和关系都是我们先前就知道的，而且，一旦如此，“知性就没有进一步发挥的余地了”，因为“心灵从对整体的沉思中**感觉**到了喜欢或厌恶、尊重或蔑视、赞成或责备的某个新印象”（《研究》290 页，强调系笔

[1] 很多批评者是从《人性论》416 页那段声名狼藉的话（开头是“宁愿全世界毁灭也不愿擦伤自己手指，这不是与理性相对立的”）得出其断言的。但是，离开休谟讨论问题的整个语境来单独看待这段话，并认为休谟由此否认理性能够引导我们的行动，这样做显然是不可取的。

者所加)。[1] 因此，虽然理性必须为道德情感的合适运作铺平道路并恰当地辨别其对象，但是，在决定任何一个对象或者那些对象的相对价值方面，理性似乎没有发挥作用。然而，这并不意味着休谟没有某个实践理性概念——假若实践理性可以被理解为按照规范考虑来判断我们的欲望和偏好的能力的话。当然，休谟从来不相信存在着一种**先验地**赠予我们的官能，它按照同样先验地给予我们的原则来“检查”我们的欲望和偏好。但是他的确认为存在着一些一般的、经验上确立起来的原则或规则，而**假若**人类行动者欲求某种生活，他们就应当遵循那些原则或规则。为了进一步阐明我刚才提出的主张，接下来我打算做两件事：首先概述一下休谟对道德情感主义提出的正面论证并澄清对它的某些误解，然后简要表明休谟如何能够具有一个规范评价理论。

休谟已经有说服力地表明，**如果**理性就在于发现事实问题和形成观念之间的联系，那么它既不是道德区别的来源，也不是道德动机的基础。之所以如此，是因为任何纯粹理论性的东西都不可能打动意志，除非我们称为“意志”的那种官能本身已经具有了某种**实践旨趣**，例如“在发现或把握任何真理上对才智和理智的使用”(451)。[2] 具有主动性的东西，例如激情、意愿和行动，“并不受［事实关系方面］的

[1] 值得注意的是，休谟在这里表述的思想与康德的一个观点惊人地相似，那就是，范畴演绎中所使用的方法在道德法则的情形中是行不通的。因为范畴演绎乃是关系到我们有可能认识到对象的条件，而这些条件是“从其他地方被给予理性的”，相比较，我们与道德法则的关系涉及这样一种认知，这种认知“本身就可以成为对象存在的根据，而且，理性通过这种认知在一个理性存在者那里具有因果影响”(Kant, *Critique of Practical Reason*, translated and edited by Mary Gregor [Cambridge: Cambridge University Press, revised edition, 2015], 5: 46)。尽管康德和休谟利用了不同的思想体系，他们在如下观念上可以说是共同的：道德性质和道德动机都不是从外在世界中发现的。

[2] 休谟谈到在人这里出现的“爱真理”的激情，而这种激情就是我们从事理论研究的源泉。参见《人性论》第 448 页及以下（第二卷第三章第十节）。

一致或不一致的影响”（458）。[1] 在事实问题上出错一般来说也不会导致不道德，因为即便一个人在推理的时候弄错了事实，这也未必意味着他在**道德**品格方面是有缺陷的（459—460）。如果道德并不在于任何这样的关系，那么道德是一个可以通过知性来发现的事实问题吗？休谟对这个问题的回答本质上就体现在如下著名段落中：

> 恶习和美德并不是我们可以用理性来推断其存在的事实问题，在证明这一点上会有什么困难吗？就以大家都公认为罪恶的蓄意谋杀为例吧。你可以在一切观点下来考虑它，看看你能不能发现你称为“恶”的任何事实问题或真实存在。不论你用什么方式来看待它，你只是发现某些情感、动机、意愿和思想。在这种情形中没有任何其他的事实问题可言。如果你考虑对象本身，你就看不到恶。如果你不把反思转移到自己内心深处，发现一种在你那里产生出来、对那个行为进行谴责的情感，你就永远也发现不了恶。**这是一个事实问题，但它是情感的对象，而不是理性的对象**。所以，当你宣称任何行为或品格是邪恶的，你的意思不过是说，根据你自己本性的构成，在沉思该行为时，你就对它产生了一种责备感。因此，恶习和美德可以比作声音、颜色、冷暖，按照现代哲学，这些东西不是对象中的性质，而是心灵中的知觉。（469，强调系笔者所加）

这段话在休谟对情感主义的论证中极其重要，不过，批评者们可以对它提出不同的解释。为了让我在这里提出的解释变得合理，就需要挑出一些要点来进一步加以考察。首先，在声称“如果你考虑对象本身，

---

[1]　参见《人性论》第二卷第三章第三节（“论意志的有影响的动机”），在这一节中，休谟强调激情是一种原始的存在或存在的变更，其本身在某种意义上是完备的，不涉及指称其他的激情、意愿和行动。

你就看不到恶”的时候，休谟似乎是在说，一个行动的道德性质（例如，“是邪恶的”）不是一种不依赖于我们的主观构成而可以在该行动中观察到的东西，或者说，不是一种我们可以从对某个对象的观察中合理地推断出来的东西。你可以观察到在一个被认为是邪恶的行动中“客观地”展现出来的一切特点，但对那个行动却没有任何不认可的感受。倘若如此，我们就不能合理地认为，道德性质完全出现在我们的评价态度的投射的对象中。[1] 换言之，只要理性仅在于发现客观世界中的事实和确立观念之间的联系，道德性质看上去就不是可以由理性来发现的“事实”。休谟由此认为道德性质必定是关于情感的事实，因为正是通过在我们身上直接出现的一种不认可的感受，我们才把某个行动判断为邪恶的。做出一个道德判断就在于从对相应行动的沉思中产生某种感受。当我们把道德性质比作声音和颜色之类的次生性质时，这种类比就旨在强调道德性质的主观来源及其“关系性”特征。但是，值得注意的是，对休谟来说，即使某个东西具有主观来源，那也不妨碍我们把它赋予具有**同样**主观构成的**一切**个体。当我们把一个行动或品质称为有美德的或邪恶的，我们赋予它的东西不同于或多于我们通过观察和推理在它当中发现的东西。用休谟的话说，道德区别不是要在对象当中来发现，而是要在人类的主观构成以及某些根本的原则中来发现。

然而，这里仍然有两个疑难需要澄清。首先，如果道德区别终究是某种事实，例如关于人类情感的事实，那么它们在某种意义上是可

[1] 实际上，目前道德心理学方面的一些研究被认为提供了支持这一点的证据。在这当中最有影响的可能就是对于历史上著名的盖奇（Phineas P. Gage）案例的分析以及由此引发的一系列相关研究。例如，参见 Antonio R. Damaio, *Descartes' Error: Emotion, Reason, and the Human Brain* (New York: Avon Books, 1994); Jonathan Haidt and Fredrik Bjorklund, “Social Intuitionists Answer Six Questions about Moral Psychology”, in W. Sinnott-Armstrong (ed.), *Moral Psychology II: The Cognitive Science of Morality* (Cambridge, MA: The MIT Press, 2008), pp. 181-217。

以由理性来“发现的”，尽管不是植根于理性之中。若是这样，理性和激情之间的关系可能就比休谟一开始所想的要复杂。其次，如果道德区别是关于人类情感的事实，那么，当我们宣称某个行动或品质是有美德的或邪恶的，我们只是在“表达”自己的感受吗？只要充分地阐明这些问题，结果就会表明，休谟其实也不是传统意义上的非认知主义者。[1] 有两个主要理由可以表明对休谟的这种解释为什么是错误的。第一，这种解释不太符合如下事实：尽管休谟把道德性质看作关于人类情感的事实，他并没有将之鉴定为关于任何人**当下的实际**情感的事实。在否认道德区别来自理性时，休谟是在其认知心理学中把“理性”作为一个专门术语来使用，特别是用它来指称我们进行推断的能力。按照这种理解，说“道德区别不是来自理性”大概就是说，道德区别并不是通过对评价对象的表象进行推理而发现的。另一方面，尽管道德判断确实涉及表达某种情感态度，做出道德判断的过程显然并不只是在于具有某种感受。只有当我们感觉到某个行动或品质**以某种特定的方式**令我们高兴时，我们才推断说它是有美德的（471, 472）。这种感受只有在我们认识到那种方式的时候才出现。道德情感不是任意表达出来的，只是在合适条件下才会出现。那么，这是怎样的条件呢？休谟实际上认为，道德情感是我们在沉思行动或品格时可以从一个不偏不倚的观点（或者休谟所说的“一般的观点”或“社会的观点”）感受到的情感。如前所述，休谟把道德情感的产生追溯到他所说的同情，即一种通过想象力将观念转变为印象的心理过程（427）。休谟假设“所有人的心灵在感受和运作上都相似，任何人都不可能受到其他

[1] 关于对休谟的非认知主义解释，参见 A. G. N. Flew, “On the Interpretation of Hume”; W. D. Hudson, “Hume on Is and Ought”, both reprinted in W. D. Hudson (ed.), *The Is-Ought Questions* (London: St. Martin's, 1969), pp. 68-69, pp. 73-76。也可参见 J. L. Mackie, *Hume's Moral Theory* (London: Routledge, 1980)，68 页及以下。

人在某种程度上不可能具有的感情所驱动”(575—576)。[1] 同情原则就从这个假设中获得了其根据。休谟试图利用这个原则来说明原始的、非道德的动机如何可以转变为道德动机。按照休谟的说法，我们有一种认可和不认可的自然倾向，也就是说，对于激发快乐的对象感到满足，对于激发痛苦的对象感到不舒服。然而，即使我们能够把另一个人的激情转变为我们自己对它的感受，这种能力也可以随着我们与其他人的关系而发生变化：我们与其他人在空间和时间上的接近关系，其他人与我们的相似程度，他们与我们之间有没有因果关系，都会影响同情机制的运作（319—320)。因此，“一切责备和赞扬的情感都可以随着我们与当事人的远近状况而发生变化”(582)。对于两个处境不同的人来说，或者甚至对于处于不同时刻的同一个人来说，这种可变性会产生相当大的偏差。如果我们的情感本身就有一种源自人性的自然偏向性，那么我们怎么可能具有以不偏不倚的观点为特征的道德情感呢?

从对这个问题的分析中，我们就可以发现休谟为什么不可能是非认知主义者的第二个理由。在这里我不可能完整地回答这个问题，只能勾画其中的一些要点。这里的基本思想是，社会效用要求我们认可或不认可人性中固有的某些情感和态度，由此形成某个一般的观点并服从某些规则。正是彼此交流行动和感受的需要，休谟说，“让我们形成某个一般的、不变的标准，由此我们可以确认或不确认各种品格和行为方式”(603)。这个标准要求我们在思想中采纳一个“稳定的和一般的观点”，而一旦有了这样的观点，不管我们与其他人的关系如何，我们或许都可以对他们采取同情的态度，因此，对于对他们产生影响

[1] 如果我们在更广泛的意义上把休谟所说的同情原则理解为让人类交际行动变得可能和可理解的一个假定，那么我们就可以更好地理解休谟在上述引文中的说法。

的那个人，我们立即就可以做出比较客观的评价。只要我们已经生活在社会世界中，从而必须与其他人进行交流，那么我们就不可能总是从自己特有的观点来判断人和事。“为了避免连续的矛盾、对事物达到更稳固的判断，我们就确定某些稳定的和一般的观点，在我们的思想中总是将自己置于那些观点中，不管我们的处境如何。”（581—582）休谟由此认为，唯有在这样一个稳定的和一般的观点下所感受到的情感才有可能成为道德情感。做出道德判断要求诉诸这样一个观点来矫正我们的自然情感。若没有这种矫正，我们也不可能“彼此利用语言并交流情感”（582）。休谟强调说，按照这个一般的观点来调整道德判断是惯例而不是例外。事实上，对道德上相关的情感所作的矫正，在某些方面就类似于我们在对感官观察的结果以及在审美情形中进行的矫正（603页，也见582页）。对休谟来说，情感方面的矫正，或者更具体地说，针对我们对评价语言的使用而进行的矫正，是社会合作的一个必然要求，而社会合作在休谟看来则是一个“自然”事实。由此我们可以看到，在道德行动的决定中，理性为什么确实发挥了一个必不可少的作用。当我们的情感并没有自动符合不偏不倚的要求时，道德判断往往要求一个反思的过程，借此我们可以纠正自己对道德语言的使用。因此，道德判断实际上是我们对自己需要处理的变化无穷的处境进行沉思的结果。既然这些处境通过环境细节而决定了合适的道德回应的特征，那么在做出道德判断时，我们就需要精确地知道所有相关的特点。其中的典型特点就包括那些可以按照某种特定的方式来预料到的后果。因此我们就需要理性来把握那些后果以及关于其特征的事实。比如说，理性使我们能够把握某个特定行动和某个特定规则对于公共善的效用。休谟对道德行动的论述因此就符合他对人类行动的一般描述：信念和欲望在行动的产生中都是不可或缺的。

然而，假若我们现在把理性理解为包含作为知识来源的理性和通常所说的理性，那么休谟就确实把理性的职能限制到了在一切**真理和事实**问题上充当仲裁者。理性可以把握关于情感的事实及其关系，但它不做出裁决。裁决要归于人类特有的心理构成，特别是同情的运作，因为正是通过这种心理机制，我们能够对其他人的苦难感同身受。也正是由于这个缘故，在声称“宁愿全世界毁灭也不愿擦伤自己手指”(416) 并非与理性相对立时，休谟完全可以认为这种想法并不是合情合理的：尽管这种想法并不对立于休谟所说的理性，但它显然不够“人道”或者不太合理——不仅不太符合我们作为人类成员而拥有的自然情感，而且也没有考虑到，在全世界毁灭之后一个人的手指也会荡然无存。合乎情理或不合情理当然不是我们在批评某人的品格时所能使用的唯一语言。在做出评价性判断时，重要的是行动者的动机或者其意志的质量，正如拜尔所说：

> 为了批评一个人的意志，我们不仅需要考虑信念的影响以及产生这种影响的信念，也需要考虑导致我们获得和保留那些信念的动机以及它们所影响的动机。正是那个宁愿世界毁灭的人所具有的欲望和偏好使得他的意志变得有缺陷。假若一个人看到并承认自己有更大的长远利益，但他对自己当下的某个不太重要的利益的欲望却强于对那个长远利益的欲望，那么他的缺陷就在于心灵的软弱，而不是在于无理性或者说采取了仅与理性相对立的行动。(Baier 1991: 165-166)

在一个人的意图或动机中，不与理性发生对立的东西可以与道德感、人道或者审慎相对立。因此，在宣称理性是而且应当只是激情的奴隶时，休谟实际上所说的是，价值观念和价值判断并不属于真理的领域。道德判断的根源并不在于任何独立实在的永恒本质，而是仅存在于人类的心理构成中。因此，所有价值判断都要被提交到品味（taste）的领域而不是理性的领域（假若我们把“品味”这个概念与人类情感恰当地联系起来的话）。[1]

到目前为止，我们大概可以看到休谟在什么意义上能够具有一个实践理性概念，尽管他仍然是一个关于**理论**理性的怀疑论者。对于康德来说，实践理性就展现在“我们的欲望和偏好受到了检查和限制”这一事实中。[2] 这个事实表明，人性在如下意义上有一个规范维度：我们的欲望和偏好若希望予以实现，就必须服从某些已经存在的规范考虑。在康德先验观念论的背景下，尤其是按照“理性具有绝对的自发性”这一主张，我们不难理解他为什么把超验理性与我们的经验欲望和偏好截然区分开来并加以强调。然而，只是在被赋予了自由（freedom）和责任（responsibility）的观念时，理性才变得充分自主，而这个观念本质上是**实践性的**。但是，当康德认为所谓的“知性特性”（intelligible character）完全是由纯粹理性来支配的时候，只有当它被设想为与我们的经验特性（empirical character）发生联系时，其观念才变得充分地可理解。相比较，对休谟来说，制约和控制我们的欲望和偏好的一切原则都具有经验根据。不过，假若我们希望以某种方式生活，我们就必须或应当服从它们。这些原则并非起源于分析的、推论性的理性，而是来自人类特有的主观构成和反思。服从这些原则一般来说会有助于促进整个人类的利益，尽管并非在任何情况下都有利于每一个人。休谟会不会将这些原则的集成以及我们对它们的认同和运用称为“实践理性”，这完全取决于约定。不管怎样，假设所谓“实践理性”就是这样一套原则或规范：它们在来源上不依赖于每个人偶然具有的欲望，

[1] 福克对这一点提出了一个很好的说明，见 W. D. Falk, “Hume on Practical Reason”, in Falk, *Ought, Obligation and Morality* (Ithaca, NY: Cornell University Press, 1975), pp. 143-159。

[2] 参见本书第三章的论述。

但是，只要我们承诺了某个公共地加以承认和认同的生活理想，我们就应当加以服从。那么休谟确实具有一个实践理性的观念。

由此我们也可以看到，把一种“关于实践理性的怀疑论”归于休谟为什么是不正确的，或者至少是缺乏充分合理的根据的。克里斯汀·科斯格尔认为，关于实践理性的怀疑论从休谟的“奴隶”隐喻（“理性是而且应当是激情的奴隶”）中获得了其经典表述，所要怀疑的是理性引导人类行动的程度。[1] 在它所采取的一种形式上，它怀疑理性考虑能够对慎思和选择活动产生影响，而在休谟这里，据说它特别采取了动机怀疑论的形式，即怀疑理性能够作为一种动机而产生影响。然而，对休谟的这种解释一方面是立足于对其理性概念的一种纯粹字面的理解，另一方面是用一种康德式的理性概念来解读休谟，因此不可能是恰当的。首先，正如我们已经充分表明的，在休谟看来，若不与某个激情相伴随，理性本身就不可能引起或产生任何行动，这意味着理性本身并不产生行动的动机。[2] 按照休谟所生活的时代对理性的流行理解（理性就在于履行分析的、推论性的推理），这个说法显然是真的。也就是说，休谟在严格意义上所说的理性几乎就是康德所说的理论理性，而理论理性在康德这里也不产生行动的动机。对康德来说，经验上的实践理性是由自爱原则来支配的，所谓的“纯粹实践理性”则是由自由和责任的实践观念来支配的。若没有这个观念，实践理性就不可能发挥作用并由此而得出关于行动的结论。因此，甚至在康德这里，也只有在被赋予了某些实践原则的情况下，理性才能产生行动

[1] Christine Korsgaard (1986), “Skepticism about Practical Reason”, reprinted in Korsgaard, *Creating the Kingdom of Ends* (Cambridge: Cambridge University Press, 1996), pp. 311-334.

[2] 尽管休谟也声称理性绝不可能在意志的方向上反对激情，但这个主张很容易遭受误解，因为他实际上承认，只要理性发现一个激情是建立在对其对象的存在的错误假设的基础上，或者用来实现既定目的的手段是不充分的，理性就可以在意志的方向上反对激情。

的动机，而那些原则一般来说关系到我们的旨趣和关切。假若一个行动者根本上不在乎自由和责任，对他来说理性就不能行使检查和限制欲望和偏好的职能。[1] 这实际上就是康德已经试图阐明的——对于**人类**行动者来说，只有当纯粹理性能够通过在欲望的官能中产生经验性的诱因来激发意志时，它才能是实践性的。

然而，只要我们以这种方式来解释实践理性的观念，就不难看到，休谟其实能够具有一个实践理性概念，即使他并未明确使用“实践理性”这一说法。在这方面，甚至休谟和康德之间的差别也不完全体现在他们设想实践理性之来源的方式上，而是更多地体现在他们各自的哲学方法论上。这是因为，如果确实存在着实践理性，那么其本质功能就表现在如下事实中：我们的慎思和选择受到了某些规范考虑的制约。在这点上，在休谟和康德之间几乎没有实质性的分歧，尽管他们可以对我们的欲望和偏好如何受到调控提出不同的说法。然而，他们两人的哲学方法论确实很不相同。康德试图借助于所谓的“超验演绎”来表明，即便不诉诸任何经验条件，纯粹理性本身也可以是实践性的。但是他并未取得成功，部分原因就在于，超验自由必须被处理为一个实践预设。这意味着，宣称理性自身的运作就能产生关于行动的结论毫无意义。按照康德的说法，理性之所以能够对我们产生动机影响，是因为我们具有一个自主的意志。但是，意志的自主性只是意味着，作为承诺了某种生活理想的行动者，我们必须选择按照某些规范考虑来行动（即便这样做有时候会挫败我们的某个欲望或偏好）。

[1] 康德也许会认为，倘若如此，这样的一个行动者就不再是“自律的”。可是，跳出康德的思想框架，我们完全可以进一步追问“我为何应当自律”。如果康德继续用人类尊严的思想来回答这个问题，那么他就会陷入一个困境：要么他已经把尊严理解为人的一个**规定性**特征，因此就会把并不具有这种能力的存在者排除在外；要么他不把尊重道德法则的能力看作人的一个本质标志（就像他在《单纯理性限度内的宗教》中所做的），在这种情况下他就需要限定自己将自由和责任与理性过于紧密地联系起来的做法。

这个思想不仅是休谟所认同的，也是他试图确立的。如果康德主义者强调我们必须使用合理性的语言来评价行动，那么休谟就会说，我们之所以能够是合理的，并非因为我们的选择或行动符合理性，而是因为它们符合社会上认同的规则或原则，这些规则或原则调节和控制我们的欲望和偏好，因此在经过内化后就构成了我们日常所说的“实践理性”。休谟含蓄地认同了这样一个理性概念，因为他认为，当理性“与某种倾向相结合”(270)，它就获得了反思性的理性所能提供的内容和导向，尽管这种内容和导向归根结底仍然是来自一种自然的冲动。正如诺曼·史密斯敏锐地指出的：“休谟的准则——理性是而且应当是自然信念和激情的‘奴隶’——并不是……没有伦理含义的；休谟本来就打算用这个准则来反对他看作是一种错误伦理学的东西，反对对人的生活要如何过、应当如何过的一种虚假理解。”[1] 因此，只要我们已经**承诺**按照价值观念来选择和行动，所谓的“实践理性的怀疑论”就没有多大的可能性空间。换句话说，我们只能以牺牲自己的价值承诺为代价来持有这种怀疑论。然而，休谟并不否认我们可以按照“品味的标准”(即便不是按照“理性的主张”）来评估我们的行动或品格。

科斯格尔认为，“休谟提出来反对对理性的一种更广泛的实践利用的论证，取决于他自己关于理性是什么的观点，也就是说，取决于他自己对‘理性’是什么样的运作和判断的看法。休谟的动机怀疑论（对理性作为一种动机的范围的怀疑）完全取决于其内容怀疑论（对理性对于选择和行动所说的东西的怀疑）”(Korsgaard 1986: 314)。然而，从目前的分析和论证来看，按照休谟自己对“理性”的理解，尽管他承诺了关于理性的“动机怀疑论”，他并未认同所谓的“内容怀疑论”，因为至少有一点是清楚的：休谟根本就不否认我们可以把用评价性语言来描述的

[1] Norman Kemp Smith (1941), *The Philosophy of David Hume: A Critical Study of its Origins and Central Doctrines* (New York: St Martin's Press, 1966), p. 131.

理由赋予行动或选择。因此，如果动机怀疑论就像科斯格尔所说的那样取决于内容怀疑论，如果休谟不接受后者，那么他也就没有理由接受前者。当然，这不是说休谟与科斯格尔眼中的康德没有根本差别。确实有一个重要差别：即使休谟可以从一种进化的或谱系的角度来说明规范意义上的实践理性是如何可能的，他也坚决否认理性（不论是理论理性还是实践理性）可以是自成一体的，离开了我们具有的其他能力也能恰当地发挥作用。对休谟来说，如下说法毫无意义：存在着一种**自成一体**的理性的操作，它们“得出了关于行动的结论，而且不涉及辨别激情和行动之间的关系”（Korsgaard 1986: 314）。对于科斯格尔这样的康德主义者来说，为了决定性地反驳关于实践理性的怀疑论，就必须表明理性自身就是一种不依赖于任何经验条件的评价规范的来源。然而，甚至康德自己也未能成功地表明这一点（参见本书第三章）。在休谟所设想的人类心灵框架中，道德仍然可以是规定性的。只要我们遵循社会上确立起来并得到普遍认同的规范，各种重要的、持久的人类目的就可以得到发展。至于我们是不是要把我们对那些规范的内化、对其权威的承认称为“理性”，这完全是一个约定问题。

不过，我对休谟的解释仍然留下了一个需要考虑的忧虑，即在休谟这里，激发我们采取行动的一切东西都是、而且完全是由快乐主义原则来支配的。然而，这个说法既不忠实于休谟的文本，也没有反映他的本质意图。只要我们再次看看休谟对激情的论述，就可以明白这一点。在休谟这里，“激情”是一个极其广泛的概念，涵盖了人和动物的各种本能、冲动、倾向、喜好、情绪和情感。所有这些东西在适当条件下都能对我们产生动机影响，因为人类特有的心理构成和结构决定它们具有这些效应。不过，值得注意的是，休谟并未把快乐和痛苦包含在激情中。他很明确地认识到了一些激情，这些激情不以快乐或痛苦为基础，但可以“人为地”由快乐和痛苦的观念来唤醒。而且，甚至在以快乐或痛苦为基础的激情中，快乐也不是欲望的对象。因此，快乐和痛苦只是行动的有效原因，而不是其对象或目的（439）。这个主张的一个含义是，一个人可以按照快乐或痛苦的**观念**（或者自己对快乐或痛苦的**预期**）来行动，而无须把快乐或痛苦本身当作行动的对象或目的。这一点甚至对于休谟所说的“基本激情”（primary passions）也成立。这类激情包括饥饿和饥渴之类的身体欲望、对生命的爱、私人慈善、怨恨以及对小孩的友善等等（417）。这些激情在某种意义上全然是本能的，不是建立在对快乐或痛苦的任何先前的体验上。它们产生了快乐和痛苦但不是源自快乐和痛苦（439）。因此，在断言这些激情“往往是来自一种全然无法说明的自然冲动或本能”（439）时，休谟大概是在说，大自然已经用一种超越了自爱的方式，在我们的感情和某些能够决定我们行动的客观目的之间建立了一种联系。不过，休谟也意识到有一些社会上调控的机制，它们形成和重塑我们的快乐和痛苦的观念。所谓的“间接激情”（indirect passions）例如骄傲和谦逊、爱和恨就以这种方式运作。只要我们以前体验到的快乐和痛苦与某些涉及自我的观念相伴随，间接激情就出现了。要不是因为自我已经多多少少有了一点规范性，也就是说，要不是因为自我已经把某个社会性的视角整合在自身当中，间接激情就不太可能会影响我们的意志。因此我们可以稳妥地断言，休谟确实认为某些激情有客观的目的作为其对象。在休谟的道德心理学和道德认识论框架中，我们的自我已经是而且必然是一种社会性的自我。

总的来说，休谟不太可能持有一种关于实践理性的怀疑论，因为只要一个人确认了某些客观目的的存在并对之加以承诺，他在**实践上**就不可能是这样一位怀疑论者。当然，与康德不同，休谟并不接受任何先验的理性概念，反而试图从一个自然主义的角度来说明我们在社会世界中需要遵守的规范的来源，而我们有理由认为我们日常所说的实践理性与规范相互联系。更明确地说，对于休谟来说，认知合理性和实践合理性不是心灵的“自然”天资，而是想象和激情在适当的自然条件和社会条件下的一种“人为”更改（modification）。假若我们继续考察休谟的一般规则概念，他对理性之实践相关性的理解就会变得更清楚。以下我将简要说明这一点。

五 从动机自然主义到伦理自然主义

直观上说，从行动者自己的观点来看，对某个行动产生“兴趣”是有理由采取该行动的一个必要条件。这里所说的“兴趣”要在一种广泛的意义上来理解，不仅包括欲望和偏好之类的东西，也包括行动者对某些规范考虑的实践承诺。我相信对“行动理由”的这种理解是直观上合理的，因为它来自人类行动的目的论特征以及如下主张：作为行动理由的东西必须说明相应的行动。对于实际上激发我们行动的理由来说，这种理解显然是真的，不过，假若规范理由确实对我们产生了动机影响的话，那么它对规范理由也成立。直观上说，一个所谓的规范理由不可能激发我们行动，除非我们已经认识到如此行动符合我们的兴趣或关切（即便只是在某些条件下我们才会有这样一个兴趣或关切）。事实上，规范理由之所以能够激发我们采取行动，因为它们就是（或者关系到）我们在适当条件下能够**认同**的规范考虑。然而，这种理由并非自动地对我们具有权威：从休谟式的观点来看，我们需要按照已经具有的自然情感和态度来反思性地认同某个规范理由，正如休谟在论述“正义”这一美德的起源时所表明的。此外，如果道德根本上是植根于人类情感之中，那么按照道德要求来行动实际上就是让我们对社会观点的同情占据自己内心世界的问题，而不是服从理性的问题。休谟所说的社会观点涉及调节人们彼此的行为和态度。假若我们已经丧失了基本的感性和情感能力，我们就不可能对那个观点采取一种同情的态度，并由此而关心其他人的利益。这样说并不是要把理性与人道（humanity）对立起来，而是要强调人类理性并不是一种独立自主、自成一体的能力。我们不仅需要通过理性来认识到其他人的处境和状况，也需要通过理性来认识到道德规范的普遍缺失或沦丧对每一个人的生活所产生的影响。然而，这种认识对我们的动机所能产生的影响在很大程度上取决于我们的情感能力。另一方面，当理性从人类存在的情感条件中被分离出来时，我们不难看到在人类历史上各种打着“理性”的旗号来摧残人性的行为。如果理性只是我们对一套规范的认识、内化和服从，如果那些规范本身在人类社会生活世界中有其来源，那么理性本身就必须在一个更深的层次上接受批判。因此，从发生学的角度来看，规范的东西不应被理解为与我们的本性相对立，而应被看作是对它的改进和发展。现在我将表明，这个思想为什么既暗示又要求一种自然主义的动机理论。

我们的问题是：为了维护两个基本直观，什么样的动机理论是合适的？第一个直观涉及道德理由的客观性：道德理由不依赖于我们偶然具有的欲望或目的而适用于我们。第二个直观是一个内在主义主张，大概是说：X 作为行动的理由的一个必要条件是，就行动者在某种意义上是理性的而论，X 必须能够对他产生动机影响。假设一个行动者之所以被激发起来采取某个行动，是因为他认识到如此行动会对他所关心的事情产生影响。在这个假定下，为了调和那两个直观认识，我们似乎就只能认为：一种合情合理的道德所表达的是所有理性行动者都能共同接受和认同的东西。[1] 此外，既然我们已经接受了休谟式的动

[1] “理性行动者”显然是一个困难的概念，不同的理论家会有不同的理解。在这里，我只是在一种直观的意义上来谈论这个概念。大体上说，一个理性行动者具有两个基本特征：第一，他具有正常的心理能力，例如并不处于心理异常的状态；第二，他原则上能够认识到社会生活的基本规范和理论合理性的基本规则，并且在实际生活中设法承诺这些规范和规则。

机理论，为了将道德理由和动机联系起来，看来我们就只能声称道德理由的**动机**有效性预设了行动者具有合适的欲望或情感。因此，行动者有动机按照某些规范理由来行动，只有当如此行动将满足他的某个欲望（在这里，“欲望”的概念要在一种广泛的意义上来加以理解，参见第一章）。这似乎要求我们对“实践合理性”采取一种工具主义的理解：从行动者自己的观点来看，合理地要做的事情就是用某种最佳的方式满足其欲望的事情。只要我们已经决定采取某个道德行动，这样一个行动就总是服务于我们的某个目的，或者满足我们的某个欲望。不过，在履行一个**道德**行动时，我们也有一种特殊的体验：觉得道德理由的动机权威不同于我们偶然具有的欲望或偏好。因此，如果我们事实上具有一个**统一的**动机理论，那么我们似乎就需要说明，责任感所提供的动机为何不同于一般而论的情感或自然态度所提供的动机。这种说明在如下意义上是“错误论的”（error-theoretic）：我们需要说明，道德动机在根本上是如何从我们的自然态度、欲望、情感以及我们的心理结构的其他特点中凸现出来的。[1]

休谟的道德心理学之所以是自然主义的，是因为他试图按照我们的自然情感和自然义务来说明道德动机和道德义务。在这里我将不详细阐明他的论述，但是需要弄清楚我所提议的动机自然主义究竟是什么样的。首先，这个动机理论是自然主义的，因为它不预设任何超自然的东西（哪怕是康德的超验自由概念）来说明道德动机。康德的道德心理学在形而上学层面承诺了意志的所谓“本体决定”（noumenal determination），因此至少在这个意义上不是自然主义的，尽管其本

[1] “错误论”这个说法来自麦凯，麦凯原来的意思是说，在做出道德判断的时候，尽管人们往往认为自己是在针对一种**客观上**具有规定性的东西，但是他们的主张是错误的，因为那种东西实际上并不存在。不过，既然人们倾向于这样认为，我们就必须对此提出一个说明，这种说明一般被称为“错误论”的说明。参见 J. L. Mackie, *Ethics: Inventing Right and Wrong* (London: Penguin Books, 1977), p. 35。

质在不诉诸那种形而上学的情况下、其实也可以得到维护。[1] 如果我们能够表明，道德动机的权威和自主性在人性的经验构成（empirical constitution）中有其限定条件，那么对道德动机的这样一种说明就可以是自然主义的。需要注意的是，说“人性是在经验上被构成的”并不是否认人类个体中可以存在一些共同的东西。在休谟看来，人性中已经有了某些“原始的”情感和原则，它们为我们说明和理解人类生活的其他方面提供了基础或根据。这个说法所要否定的是这样一种观点：道德动机是在我们的理性本质的概念中被先验地给予的，但该观点甚至没有首先表明我们的理性本质究竟在于什么。因此，我们提出的动机理论也是因为承诺了一种经验主义认识论而是自然主义的，尽管这无须意味着伦理研究本质上不同于科学研究。

按照这种理解，“人类行动的动机具有一种**统一的**结构”这一主张就有了一个自然主义含义。在我们对“行动的理由”提出的理解、人类行动的目的论特征以及实践推理的工具主义概念这三者之间，实际上是存在着内在联系的。人类行动的目的论特征直接暗示了休谟式的动机理论（或者对“行动理由”的一种休谟式理解），而后者本质上与实践推理的工具主义概念相联系。例如，我们可以这样来说明前一种联系[2]：

[1] 谢夫勒认为，自然主义者所面临的挑战就在于说明道德动机的现象学而不诉求康德式的形而上学。因此，他试图用一种关于道德动机的心理分析理论来取代康德式的道德心理学。谢夫勒的尝试在我看来并不成功。问题并不在于所谓的“超我”（superego）的动机权威仍然保留了一种工具性的特征（“超我”是为了平息自我对自身的性欲和攻击性欲望的恐惧、为了保证得到父母的肯定而确立起来的一个机制），因为实践推理本质上也是工具性的，而是在于“超我”得以发挥作用的背景条件并不是如此一般和广泛，以至于能够充分合理地把握良知的心理自主性。我们大概需要对自主性提出一种非超验的、合理的说明。关于谢夫勒的论述，见 Samuel Scheffler, *Human Morality* (Oxford: Oxford University Press, 1993)，第五章。对康德的道德心理学的分析，见本书第三章。

[2] 参见 Michael Smith and Philip Pettit (1990), “Backgrounding Desire”, *Philosophical Review* 99 (4): 565-592, 特别是 573 页。

（1）有一个动机性的理由做 X 就是具有某个目标 p。

（2）在具有合适信念的情况下，具有这样一个目标就是倾向于以一种获得 p 的方式行动。

（3）倾向于获得 p 就是处于欲望 p 的状态。

（4）因此，有一个动机性的理由做 X 必然涉及一个合适欲望的出现。

此外，如果合理地行动就是有某个理由行动，而有某个理由行动就在于让自己的某个欲望得到满足，那么，只要行动者以这样一种方式来行动，以使其欲望得到满足，那么他在这个**基本的**意义上就是理性的。[1] 若是这样，行动理由的观念就与实践推理的工具主义概念发生了联系。直观上说，行动的理由就是使得一个行动变得可理解的东西，而实践推理的工具主义概念就为这种可理解性提供了一个说明：假若有什么东西能够让一个行动变得可理解，那么它必定既激发了这个行动又促进了该行动旨在获得的目的。如果行动理由的思想根本上来自实践推理的工具主义概念，那么我们就可以合理地认为，道德动机也可以类似地加以说明。这就是说，道德行动仍然旨在促进我们的目的或满足我们的欲望，尽管这里所说的目的或欲望，就像休谟自己认识到的那样，是一种反思性的目的或欲望。这个假设不是不符合休谟主义的基本精神，因为休谟主义本质上包含了两个核心观念：第一，人类行为（包括道德行动）可以在一种自然主义的基础上得到说明，无须假设任何超自然的或超验的东西；第二，情感在道德起源中发挥了

[1] 我不是在声称行动者在这个意义上就是**充分**理性的，因为他是不是充分理性的还取决于其他的考虑，例如他有没有冲突的欲望，或者他通过某个行动来满足的欲望是否符合他对自己长远利益的明确认识，抑或是否符合他对某个规范考虑的承诺，等等。我只是在强调工具合理性是实践合理性的本质条件。

一个本质的因果作用。对于休谟来说，情感和欲望根本上是源自我们的本性，因此是激发我们采取行动的根本动机。相比较而论，通过推理和认知，我们可以决定获得目的或满足欲望的有效方式，因此可以意识到能够对我们产生动机影响的考虑。但是，我们所能具有的目的归根到底仍然是由我们的欲望和情感决定的，而不是任何先验的理性所设立的。尽管欲望和情感可以随着我们第二本性的发展而变得更加丰富多彩，但是它们所能采取的形式或表现出来的形态受到了第一本性的约束。若不承认这一点，我们对道德生活的可能性和目的的设想可能就会误入歧途。

实际上，从进化的角度来看，很难否认工具推理就是我们**一开始**所能具有的实践推理形式。不过，只要我们开始认识到他人的重要性并予以承认，我们就可以学会反思工具推理的结果，看看我们的欲望是否在任何场合都可以有效地或正当地得到满足。从其他人对我们表现出来的反应态度中，我们会逐渐认识到，在某个情境中让某个欲望得到满足是不是恰当。由此我们可以合理地推测，我们的道德意识的产生必定与我们对各种形式的社会合作之重要性的认识相联系。当休谟认为人类自然具有的情感和态度有一种偏向性时，他也敏锐地意识到道德情感的社会效用并加以强调。一方面，“当经验向我们提供了关于人类事务的足够知识、将它们与人类激情的关系告诉我们，在这个时候，我们就会发现人的慷慨极其有限，很难超出家人朋友的圈子，或者最多也不会超出自己的祖国。一旦我们了解到人的本性，我们就不会从他那里指望不可能的东西”（602）。另一方面，休谟明确认为，道德区别的一个主要来源就在于行动或品质在促进他人利益方面的效用，而且，“假若一个品格自然地调整到对他人有益或对自己有益，抑或是其他人乐于接受或自己乐于接受的，那么从对这个品格的观察中我们就获得了一种快乐”（591）。社会生活的必要性要求我们调整自己的自然情感。然而，对休谟来说，即使是产生偏向性的那些关系，例如血缘关系和友谊，也不是道德上无关紧要的，因为它们一般来说是具有社会价值或伦理价值的，即使我们只是与某些人进入了这样的关系。如果用休谟所说的同情来矫正我们的情感对于我们自己和他人来说都不合宜，我们就不会觉得有必要那样做。因此，只有当我们认识到履行自己的义务直接地具有社会效用或者间接地有益于我们自己时，我们才会承认我们具有不偏不倚的道德义务并能够在其召唤下行动。休谟并不需要把一种超验的、“自主的”意志设想为道德义务和道德动机的载体。

在如下最终的意义上，休谟的动机理论也是自然主义的：离开了人们彼此间发生情感反应的社会环境，我们就不太可能获得和把握从责任来行动的动机。道德关切并不构成人的个性的一个自足要素，反而是错综复杂地交织在一系列情感和态度（例如内疚、悔恨、愤慨、怨恨、责任心、恩惠感等等）的结构中，在与那些情感和态度分离开来后就不能有效地发挥作用。道德之所以就像伯纳德·威廉斯所说的那样是一种“奇特的”体制[1]，主要原因就在于它关系到一系列情感和态度。而且，正是通过对他人态度的回应以及对自己行为和态度的反思，我们逐渐认识到具有道德关切、在道德上负责任究竟是怎么回事。稳定的反应态度和人类关系模式得以形成的过程，也是合情合理的道德规范得到慎思、选择和确立的过程。

我们已经看到，休谟式的动机理论如何能够与人类行动的目的论特征和实践推理的工具概念保持某种解释层面上富有成效的良好联系，因此就说明价值而言优越于一些竞争对手。我也假设我们有理由

[1] 参见 Bernard Williams, *Ethics and the Limits of Philosophy* (Cambridge, MA: Harvard University Press, 1985), 第十章。

相信，从进化的角度来说，工具推理是基本的，是我们的实践推理的根本形式。将这一点与对社会合作之必要条件的考虑相结合，我们就有望说明道德规范是如何凸现出来的。在这当中，我们特别需要为道德动机貌似具有的自主性寻找一种“错误论”意义上的说明。只要我们能够表明一种最低限度意义上的道德是社会合作的基本条件，而社会合作对于人类的繁衍、生存和发展来说是不可或缺的，那么我们大概就可以说明道德在人类生活中所占据的独特地位。

第三章　康德论实践理性与道德必然性

康德以主张理性的自主性而著称。很多理论家将康德这个主张解释为：理性必须独立于我们的一切感性欲望和感性嗜好而对意志产生实践影响。然而，只要仔细研究康德的有关文本，我们就会发现，对康德实践理性概念的这种解释是成问题的。对于有限的理性存在者（例如人类行动者）来说，理性只有通过某种实践上的诱因（incentive）才能变成实践性的。只有对于一种也具有感性本质的存在者来说，“纯粹实践理性”这一说法才有意义；对于完全理性的存在者来说，“纯粹理性如何变成实践性的”这一问题并不存在，因为实践理性概念的根本要旨就在于它与感性的关联。若没有感性，“纯粹**实践**理性”也就变得毫无意义。在康德看来，在具有感性本质的理性存在者那里，根本上说，唯有通过自由的观念，理性才能变成实践性的，而康德实际上把这个观念处理为“理性的一个观念”。但是，正如我们即将看到的，只有在与“目的王国”这一概念的联系中，自由的观念才有伦理含义，而且是通过这种联系而具有伦理含义。因此，严格地说，理性归根结底是通过感性动机而变成实践性的。然而，康德的两个做法却阻止他得出这一结论：一方面，他坚持认为所有感性动机都是快乐主义的；另一方面，他试图通过诉诸一种超验的形而上学来证明道德的确定性和必然性。结果，康德就在某种意义上把道德动机变成一种神妙莫测的东西。

在本章中，我并不试图全面论述康德的道德理论，而是将注意力集中到他的理性能动性（rational agency）概念以及他对道德法则（moral law）的所谓“演绎”，以便充分理解他对道德本质和伦理辩护的论述。我选择考察这两个问题，不仅因为它们对于理解自我和自然之间的关系来说很重要，也因为对它们的分析有助于阐明“道德同一性”（moral identity）和“伦理反思”的概念。康德的道德理论看起来既复杂又精致。总的来说，他试图通过分析“自由的理性能动性”这一概念来确立道德的理性必然性。但是，至少在某些地方，康德觉得自己的努力最终失败了，这种失败是有教益的，比如说，它至少表明理性并非独立于我们对善的认识、先于这种认识而能够对我们产生动机影响。事实上，为了对道德和道德要求提出一个合理说明，我们就需要对理性提出一种建构主义理解，而从这种失败中吸取的教训，对于我们最终获得这样一种理解来说既是必要的又是自然的。不仅如此，只要深究这种失败的原因，我们就可以看到，在休谟和康德之间实际上存在着某种紧密联系。我将试图表明，无论是对休谟还是对康德来说，理性都必须被视为一种社会成就。如果理性必须被看作是规范的，因此能够对意志产生自主的动机影响，那么我们就必须在这个意义上来理解理性。与此同时，为了恰当地从事伦理研究，我们也需要恰当地理解人类能动性。我相信休谟和康德以一种互补的方式向我们提供了这种理解。

一 / 康德的实践合理性概念

康德假设道德必须具有理性必然性和确定性。为了表明这一点，他试图按照理性能动性的概念来设想道德。这个意图几乎是他拒斥英国的道德感理论和德国那种更加教条化的道德理性主义的一个自然结果。然而，康德的尝试从一开始就碰到了困难。在康德那里，理性行动者就是能够从感性动机中进行选择的行动者。只要一个行动者没有被其感性动机（或者康德所说的欲望和嗜好）必然化，他就是理性的。然而，不清楚的是，这样一个行动者为何会**必然**按照道德法则来进行选择。康德似乎已经意识到，道德法则不可能直接来自一个一般而论的理性行动者的概念。只要一个行动者没有被自己的感性动机所必然化，他就仍然是理性行动者，但却是从康德所说的“假设命令”来行动。然而，对康德来说，假设命令的概念只是对“一般而论的理性行动者”提出了一个最低限度的描述。[1] 假设一个行动者能够按照两个可供取舍的原则对其感性动机进行选择——其中一个原则是自爱原则，另一个就是道德法则——即使他选择了自爱原则而不是道德法则，他也未必是不合理的。因此，当康德一开始试图从一般而论的理性行动者的概念中把道德法则推演出来时，他的计划看来并不像他原来认为的那样有希望。

不过，这并不意味着康德会由此而放弃努力，因为他确实想要证明道德要求是绝对命令。在康德看来，为了证明这一点，我们就必须认为道德所具有的动机力量并不是在我们的欲望或嗜好中，而只能在我们的理性中。为了证明道德是理性行动者必然要承诺的东西，康德必须能够表明：同一个东西，即理性，既是道德的**根源**，又是使我们服从道德的**动机**。[2] 换句话说，理性必须具有这一特点：它凭借自己

[1] 假设命令的概念实际上表达了工具合理性原则，因此我们不难理解为什么这个概念只是对最低限度的理性能动性的描述。对这一点的进一步说明，参见 Thomas Hill, “The Hypothetical Imperative”, reprinted in Thomas Hill, *Dignity and Practical Reason in Kant's Moral Theory* (Ithaca: Cornell University Press, 1992), pp. 17-37。

[2] 参见 Kant, *Groundwork of the Metaphysics of Morals*,4: 389（页码指的是康德著作的皇家普鲁士科学院版本）。除非另外指明，本章所使用的康德著作版本是剑桥大学出版社的英译本，其中包括如下著作：*Critique of Practical Reason*, translated and edited by Mary Gregor (Cambridge: Cambridge University Press, revised edition, 2015); *Groundwork of the Metaphysics of Morals*, edited by Mary Gregor (Cambridge: Cambridge University Press, 1998); （转下页）

的观念而无须借助于任何感性影响，就能激发自身。虽然理性可以通过知性对感性的东西形成观念，但理性所要求的那种自发性必须不是来自这种观念，而是来自理性自身。由此可见，在证明道德要求是理性的绝对命令时，关键就是要表明理性能够以某种方式具有自发性。康德为此采取了这样一个核心策略：他把道德法则鉴定为一个自由意志的法则，并断言意志的自由在实践的意义上是不可否认的，然后试图用这个主张来辩护他原先提出的假定。康德一方面相信理性具有一种超验的自发性，另一方面又相信现象世界中的因果决定论，但是，在试图调和二者时，他碰到了难以克服的困难。尽管他最终确实实现了这样一种调和，却也为此付出了很大的代价。稍后我们会回到这一点。现在让我们先来考察康德的理性能动性概念，因为这个概念对于随后的分析必不可少。

在康德看来，理性行动者本质上就是能够从感性动机中进行选择的行动者。选择的概念预设了这样一个思想：按照某些考虑来偏向某个感性动机而不是其他的感性动机。对理性能动性的一个更加充分的说明必须从"在感性动机中进行选择"这一思想中发展出来，以下我会表明何以如此。但是，一些康德主义者对"理性行动者"的理解不同于我的理解。在他们看来，康德的理性能动性概念包含了两个核心

（接上页）*The Metaphysics of Morals*, translated by Mary Gregor (New York: Cambridge University Press, 1996); *Critique of Pure Reason*, translated and edited by Paul Guyer and Allen Wood (Cambridge: Cambridge University Press, 1998); *Religion and Rational Theology,* translated and edited by Allen Wood and George di Giovanni (Cambridge: Cambridge University Press, 1996); *Critique of the Powers of Judgment*, edited by Paul Guyer, translated by Paul Guyer and Eric Matthews(Cambridge: Cambridge University Press, 2001); *An Answer to the Question: What is Enlightenment?* in Kant: *Practical Philosophy*, edited and translated by Mary Gregor (Cambridge: Cambridge University Press, 1996), pp. 11-22; *Correspondences*, translated and edited by Arnulf Zweig (Cambridge: Cambridge University Press, 1999)。为了方便，正文中对有关著作的引用仅标注著作和页码，例如"《基础》4: 412"指的是《道德形而上学基础》普鲁士科学院版第四卷 412 页。

思想。第一，理性行动者是这样一个行动者：其行动是由某些考虑来引导的，而他自己认为那些考虑为他以某种方式行动提供了辩护。第二，理性行动者是能够设定目的和追求目的的行动者。这两个思想据说统一在“按照准则来行动”的概念中。为了阐明这个概念，我们不妨引用康德自己的说法：

> 自然界中的一切都是按照规律来运作的。只有理性存在者具有按照［自己］对规律的表达来行动的能力，也就是说，具有按照原则来行动的能力，因此可以被认为具有一个意志。从对规律的表达中引出行动就需要理性，因此意志不过就是实践理性。如果理性不可错地决定了意志，那么，在这样一个存在者的行动中，被认识为客观上必然的行动也是主观上必然的，也就是说，意志就是这样一种能力：它只是选择理性在不依赖于主观倾向的情况下认识为实践上必然的东西，即“好的”东西。(《基础》4:412)

对于康德来说，“自然”是事件或事态的总体，它们的发生是由自然规律来决定的。只要一个行动者能够“超越”自然规律的单纯决定，他在这个意义上就是理性的：他能够按照自己的意志来行动，而“意志”在这里被理解为一种选择能力。但是，如果实践理性意味着理性的自发性，那么我们仍不清楚康德如何能够把选择能力直接等同于实践理性。康德在这个问题上的观点其实比我们现在看到的还要复杂，因为他实际上区分了两个意志的概念。不过，在他的理性能动性概念中，按照准则来行动的思想确实占据了一个中心地位。按照目前的分析，根本上说，将理性存在者与无理性的存在者区分开来的就是这一事实：理性存在者能够按照自己对自然规律的表达来行动，而无理性存在者的行为完全是由自然规律来必然化的。[1] 这意味着，即使一个理性行动者是从自己的某个欲望来行动（也就是说，他是为了满足那个欲望而采取行动），他依然可以按照自己对自然规律的理解而从欲望中进行选择。理性行动者的概念于是就与选择的思想发生了联系。[2] 既然选择预设了从一些可供取舍的可能性（例如某些感性欲望）中做出某个选择的根据，我们就可以合理地断言，选择总是预设了与选择的根据相关联的原则。用当代的术语来说，理性行动者能够对世界以及其中的事情形成某些表达。选择能力可以被认为是在某个晚期阶段发展起来的，而形成表达的能力对于选择来说是关键，因为若没有这种能力，行动者就只是被自然规律所必然化。[3] 不过，到此为止，康德还没有阐明一个理性行动者如何能够形成一些对感性欲望进行选择的"高阶"原则。[4]

康德主要是按照选择能力的概念来分析意志。[5] 在他看来，意志就是按照自我采纳的原则来行动的能力，因此应该与欲望的官能区分开来。尽管康德将欲望的概念完全限制到人类心灵的感性方面，但是，

[1] 康德认为，我们的感性本质是由自然给予我们的，在这个意义上说，我们的欲望是由某些自然规律来支配的。

[2] 如果这个理性行动者的概念是正确的，那么某些动物相对于其行为来说似乎也可以被认为是理性的或无理性的。由此可见，如果合理性必须与审视目的（至少在工具合理性的意义上）的能力相联系，那么康德目前对"理性行动者"的理解显然就太弱。

[3] 在这里需要提前指出的是，只有按照"受自然规律因果地必然化"这一思想，而且只是相对于这个思想，康德的超验自由概念才能得到理解。超验意义上的自由是一种**作为理性的观念**而被预设的自由。因此，康德似乎相信任何理性行动者原则上都具有超验自由。

[4] 对于康德的这个有等级的目的系统，我们大概可以提出一个休谟式的说明，例如把对目的或欲望进行选择的必然性归因于某种进化压力。长远目的的概念以及按照这样一个目的来选择当下欲望的思想大概就是这样产生的。

[5] 目前我主要按照《道德形而上学基础》来分析康德的意志概念，后面我会详细讨论他对两个意志概念所作的区分。

只有当他认为原则的引出要求理性时，他才能把意志等同于实践理性。由此可见，纯粹理性只有通过意志才能变成实践性的，尽管意志在不诉诸理性的情况下也不能决定行动。意志决定行动，乃是通过认识到某些实践意义上的必然性。对康德来说，这个事实意味着意志本身具有一种独特的因果性，不同于由先前的事件和自然规律来决定的那种因果性（《基础》4: 446)。凡是自然规律因果地必然化的东西就不是由意志来决定的。因此，可以说康德想要用意志的概念来表示如下思想：理性行动必须来源于行动者自己的“内在”活动。[1] 具体地说，具有意志的理性行动者就是这样一个行动者：他按照自己认识到的原则来行动，这种认识就构成了他采取行动的理由，因此，通过诉诸那些原则，他的行动也就得到了恰当说明。

康德进一步区分了一个实践原则的两种用法：主观原则，即康德所说的“准则”，就是行动者认为只是对其意志有效的原则；客观原则，即康德所说的“实践法则”，就是被认为对一切理性存在者的意志都有效的原则。[2] 一个准则，作为一个“自我施加的规则”，就类似于一个理性行动者在某个特定场合实际上用来行动、并在类似的场合倾向于用来行动的一个一般规则。因此，更恰当地说，准则实际上就是一般化的意图或行动方针[3]，在这里，“一般化”这一概念要从行动者自己的观点来理解。作为主观的实践原则，准则与行动者的“兴趣”

---

[1] 康德的形而上学充满了各种各样的两分法，例如内在的与外在的、本体的与现象的、感性的与知性的、自律的与他律的，等等。一些区分对于康德的论证来说是必要的，但有一些区分可能缺少充分可靠的根据，甚至可能具有糟糕的规范含义，例如，当理性被认为是自我的本质要素时，在什么意义上欲望可以被认为**总是**与自我相疏离？

[2] 参见 Kant, *Critique of Practical Reason*, 5: 19，也见 Kant, *Groundwork*, 4: 400n and 4: 421n。

[3] 通过诉诸康德后来的表述，奥诺拉·奥尼尔把一个准则表征为“选择能力的一个决定”，后者接着被定义为一个行动者采取某种行为或者在某种情况下追求某种目的的意图。参见 Onora O'Neill, *Acting on Principle* (New York: Columbia University Press, 1975), pp. 32-42。

具有密切关系，而在康德这里，兴趣不是单纯的冲动或感官欲望的简单结果，反而总是涉及行动者对自己所要考虑的某个目的的理解。因此，一个规则本身就包含了一个目的性的成分：正是因为我有意选择追求某些目的或者具有某些兴趣，我才采纳了某些行动方针，试图通过它们来实现那些目的或者满足那些兴趣的要求。准则的概念因此很接近前面所说的内在理由概念。就此而论，康德对"按照准则来行动"的描述并非本质上不同于一种休谟式的行动和动机模型。另一方面，当一个准则被恰当地运用于某个状况时，假若它所得出的关于行动的结论对于任何处于那个状况的理性行动者来说都具有动机力量，那么它在这个意义上就是客观上有效的。客观的实践原则，即康德所谓的"实践法则"，实际上是一种二阶原则，因为它们指定了用来选择准则的规范。准则与客观实践原则的关系就类似于康德理论哲学中经验概念与纯粹概念（或范畴）的关系，前一种概念充当了将感性杂多统一起来的一阶规则，后一种概念则是对经验概念的形成进行制约的二阶规则。[1] 事实上，当康德在早期试图从**理论**理性中把道德法则推演出来时，这个类比就在其中扮演了一个关键角色。

以上我已经对康德的理性能动性概念提出了一个初步解释。如果这个解释是正确的，那么，当后来的一些康德主义者把按照绝对命令来行动和按照假设命令来行动区分开来时，这个区分实际上不可能在实践推理的逻辑形式上找到其根据，因为即使存在着这样一个区分，它也取决于目的之本质或内容及其所出现的条件。[2] 绝对命令所支配的

[1] 对这种相似性或类比的详细说明，参见 Henry Allison, *Kant's Transcendental Idealism* (New Haven: Yale University Press, 1983), pp. 116-122。

[2] 在《判断力批判》和《单纯理性限度内的宗教》中，对于"人类行动者作为理性行动者"这一思想，康德提出了一个更合理也更清楚的论述。在这两部著作中，他认为人类行动者对行动产生"兴趣"，并按照对欲望内容的命题表达以及如何满足一个欲望的信念来行动。这样一个欲望和信念的结合就构成了行动者采取某个行动的根据。

目的可以被认为处于一种比较高的普遍性层次上，与我们偶然具有的欲望和偏好相比具有相对的独立性——或者用康德的话说，不是来自于欲望的经验条件。康德必须说明为什么我们能够采纳这些目的，因为在某些情况下，对这些目的的落实往往会挫败我们的偶然欲望。不过，康德似乎对理性化所要求的行动提出了一个统一说明。因此，对他来说，如果上述区分存在，其根据确实就在于目的的内容或来源。至少在目前这个阶段，康德认为，只要一个行动者按照自己认为是好的东西来行动，而不是在任何感性冲动的驱使下行动，他就是理性的。

按照这种理解，“是理性的”实际上就在于能够按照某些原则从感性欲望中进行选择。就此而论，康德的理性能动性概念是一个很弱的概念。除了道德法则外，显然还有其他的实践原则。既然我们可以按照后面这种原则来行动，因此在康德所指定的意义上是理性的，我们就不清楚他是不是真的想把道德法则从一般而论的理性行动者的概念中推演出来，或者是否能够这样做。[1] 康德确实认为，实践理性的本质功能就在于对行动的好坏做出判断，正如他在《实践理性批判》中所强调的。但是，在康德这里，好坏不是独立于道德法则、也不是先于道德法则就可以确定的。因此，要么康德通过定义直截了当地把实践理性鉴定为道德法则，要么他所尝试的演绎就会陷入循环。尽管如此，还是有一些评论者认为，康德确实试图把道德法则从一般而论的理性行动者的概念中推演出来。[2] 在他们看来，通过诉诸康德的另一个核心见解，即理性能动性涉及追求目的的能力，就可以获得这样一种

[1] 当然，如果康德对实践合理性采取了一种进化的观点，他或许就能这样做。然而，这种可能性对康德来说并不是开放的，因为他想要证明道德法则的绝对必然性和理性确定性，而在他看来，没有任何经验的东西能够保证这一点。

[2] 例如，参见 Andrew Reath (1989),“The Categorical Imperative and Kant’s Conception of Practical Rationality”, *Monist*: 384-409。

演绎。所谓“目的”，康德指的是“作为意志的自我决定的客观根据而服务于意志的东西”。“如果一个目的是由理性本身给出的，那么它必定对一切理性存在者都同样有效。”（《基础》4: 428）既然康德所说的目的就是决定意志的根据，看来就需要把“设定目的”的思想与“采纳手段来满足某个欲望或偏好”的思想区分开来。但是，一个理性行动者怎么能够寻求意志的**客观**决定根据呢？这件事情本身需要得到说明，因为对于一个行动者来说，设定目的至少意味着不只是从任何特定的主观偏好来行动，即使偏好也可以支配一个人对感性冲动的选择。但是，在谈到“设定目的”时，康德显然把它与“什么东西**值得选择**”的思想相联系。换句话说，“设定目的”这个概念假设：当行动者对其选择进行慎思时，他已经逐渐把某些事态看作比其他一些事态“更好”或“更有价值”。那么，理性行动者怎么能够具有对选择的目标进行评价的思想呢？

假若我们做出如下假设的话，这个问题就不难回答，即：一个行动者之所以是理性的，就是因为他能够按照某些标准来评价他设定为行动之可能对象的目标。理性选择必定涉及某些价值观念。但是，假如我们试图把行动者对道德价值的承诺从一般而论的理性能动性的概念中推演出来，那么我们的做法就很成问题了，因为在这个意义上，选择只是表示了那种承诺，因此不能反过来被看成是该承诺的基础或根据。康德似乎很明确地认为，从“受准则制约”这一思想中是不能**直接**推出“受无条件的实践原则制约”这一思想的。我们需要某个论证来弥补这两个思想之间的差距。现在，对于那些仍然试图维护这种演绎的康德主义者来说，为了把道德法则推演出来而又不介入康德那种成问题的形而上学，就只能诉诸如下思想：如果理性选择并不是根本上无规律的，那么其中就必定隐含着一个“终极”法则。[1] 这个论证

[1] 参见 Reath 1989，也可参见 Christine Korsgaard, “Morality as Freedom”, reprinted in Korsgaard, *Creating the Kingdom of Ends* (Cambridge: Cambridge University Press, 1996), pp. 159-187。

值得简要分析，因为只要将其中存在的问题揭示出来，我们就可以看到对道德法则的这种演绎为什么必定会失败，与此同时，我们也可以找到一种方式来解除那种康德式的形而上学伪装。

上述论证的本质要点是，理性寻求“无条件的东西”来充当某种说明或辩护的基础。按照我的理解，这个论证立足于两个思想。第一个思想是，康德的实践合理性概念暗示了一个实践辩护模型，按照这个模型，理性行动必须满足两个条件：第一，行动者是按照某个准则来行动；第二，为了得到一个行动准则，行动者必须预先决定一个准则是否正确地例示了他认为适用于某个特定状况的原则。为了开始进行慎思，行动者就得首先发现一个他认为适用于自己处境的原则，然后决定该原则在这个状况中对他提出了什么要求。这个过程被认为在如下意义上是开放的：行动者可以通过诉诸同样的实践推理模式来评价更加一般的原则，直到他达到了一个根本原则。理性选择于是就被视为一种寻求无条件辩护的过程。第二个思想是，任何意向行动都必定是目的性的：若没有行动者所要考虑的某个目的，就不会有行动。正如康德自己所说：“纯粹实践理性一般来说是一个关于目的之官能，假若它对目的无动于衷，也就是说，假若它对目的没有兴趣，那就是一个矛盾了，因为这样一来它也不会决定行动的准则（因为每个行动准则都包含了一个目的），所以也就不成为实践理性了。”（《实践理性批判》6: 396）康德确实把设定和追求目的的能力看作理性能动性的另一个主要方面，并将这种能力视为“人性的特征（把人类与其他动物区分开来的东西）”（《实践理性批判》6: 392）。

现在，我们不妨假设人类行动一般来说确实是目的论的。不过，在这里我们仍需考察一下康德自己对这个主张的说明。很长时间以来，很多评论家一直坚持认为康德的道德理论不是目的论的，**因为**它本质上是义务论的。这实际上对康德道德理论的一种误解[1]，因为在伦理学中，相对于人类行动的目的论概念来说，目的论与义务论的区分其实是中立的。这个区分乃是关系到这两种伦理学被认为要规定的目的之本质。其实，早在《道德形而上学基础》中，康德就已经揭示了人类行动的目的论概念，而在《实践理性批判》中，在讨论实践理性的职能时，他对这个概念提出了更充分的表述。对于康德来说，人类行动作为与动物行为不同的东西，总是由意志通过行使选择来决定的。然而，必须存在着某种东西作为意志的决定根据，这种东西就是目的。康德用如下方式明确地阐明了（理性）选择和目的之间的必然联系：

> 一个目的是自由选择的对象，对它的表达就决定了把它产生出来的一个行动。因此每一个行动都有自己的目的；对于任何一个人来说，如果**他自己**并不使得其选择对象成为一个目的，他就不可能有一个目的，因此，不管一个行动的目的是什么，对于行为主体来说，具有这样一个目的属于**自由**的行为，而不是**自然**的效应。（《道德形而上学》6: 385）

由此可见，康德确实认为人类行动本质上是目的论的。正是因为我们能够为行动设定目的，选择才会成为我们的理性能动性的表达。如果所有行动准则都是自由地采纳的，那么一切目的也都是自由地采纳的，因为每一个准则都包含了一个目的，所以，在选择一个准则的时候，一个人也就选择了一个目的。不过，值得注意的是，“我们总是出于某个目的而行动”这一见解符合如下主张：我们的某些目的也可以

[1] 对康德伦理学的目的论特征的详细论证，参见 Thomas Auxter, *Kant's Moral Teleology* (Mercer University Press, 1982)；David Cummiskey, *Kantian Consequentialism* (New York: Oxford University Press, 1996)。

是我们的责任。

我们的一切行动，不管是否具有道德含义，都是目的论的。这个观点不仅对于我们理解康德在绝对命令和假设命令之间所做的区分具有关键意义，也有助于我们消除绝对命令的概念呈现出来的那种神秘性。这个区分可以被认为对应于康德在客观的实践原则和主观的实践原则之间所做的区分。主观的实践原则就其有效性而言取决于行动者所想望的目的，就此而论它们往往是康德所说的“假设命令”。一个假设命令“表达了一个可能的行动作为获得一个人想要（或者可能想要）的某个其他东西之手段的实践必然性”，相比较，一个绝对命令“把一个行动表达为自身就是客观上必然的，其必然性无须取决于另一个目的”（《基础》4: 414）。但是，如果康德确实相信所有人类行动本质上都是目的论的，那么就会自然地产生一个问题：一个命令怎么能够是目的论的而又不是假设的？我们之所以能够提出这样一个问题，是因为：如果任何行动都有目的，那么看来就没有任何行动是无条件的（或者我们就必须对“无条件的”这个概念提出另外的解释，例如把它与“客观上必然的”这一思想联系起来）。一个行动的实现总是取决于我们对某个目的的认识或认同。因此，为了理解道德命令所规定的行动是“无条件的”，我们大概就只能认为，这种行动的必然性并不取决于我们偶然具有的欲望。换句话说，只要我们已经理性地认识到某种生活方式在人类生活中的重要性，并对这种生活方式有了坚定承诺，那么与之相联系的行动对我们来说就是我们应当做的。道德命令所规定的行动大概也应该在这个意义上来理解，即使道德目的可以被认为在人类生活中占据了某种至高无上的重要性。因此，尽管我们无法先验地指定与道德目的相联系的那种生活，但看来确定的是，确实有一些目的也是我们的责任。“没有目的的行动”这一说法，正如康德明确指出的，“将会取消一切道德学说”（《道德形而上学》6: 385）。

从道德经验的角度来看，道德行动取决于我们认识到这种目的的存在及其在人类生活中的必然性。但是，只有当我们已经在“我们应当如何生活”这个问题上形成了一个基本观念时，我们才能学会审视我们的目的（包括我们的欲望和冲动）。在这个观念的引导下，我们或许就可以发现所谓“生活的根本目的”，假若确实有这种目的的话。不过，正如亚里士多德反复强调的，为了发现什么东西对于一个真正繁盛的生活来说是必要的，我们不仅需要培养美德，也需要具有实践智慧。为此，我们大概就得具有一种基本的伦理敏感性，而这意味着我们对根本目的的寻求已经渗透了伦理意识，正如康德**最终**认识到的。由此可见，假若道德法则已经被解释为一种不同于（或者不包含）道德意识的东西，那么道德法则大概就不能从我们对目的之形式结构的分析中推演出来。一些当代的康德主义者却对这种尝试很感兴趣。在他们看来，只要我们能够表明“所有命令都是假设命令”这一主张是不连贯的，就可以实施这样一种推演。他们为此提出了如下论证：

（1）如果没有自为的目的（end in itself），那么人类行动的一切目的都不过是促进进一步目的之手段。

（2）鉴于（1），所有命令都是假设的。

（3）然而，事实上存在着非假设的命令。

（4）“每一个人类行动本质上都是目的论的”是一个不可置否的事实。

（5）因此，必定存在着自为的目的。

这个论证的关键是第三个前提。如果确实存在着所谓的“绝对命令”，那么按照这个概念的定义，就必定存在并非作为手段的目的。如果行动者并不是为了促进某个进一步的目的而采取某个行动，那么按照该论证的倡导者的说法，这样一个行动就对应于一个自为的目的。这一推理是成问题的，因为这个论证本身并没有阐明一个“自为的目的”的本质。如果一个自为的目的就是指这样一个目的，我们围绕它来组织生活，并按照它来从事慎思和选择，那么我们确实可以把某个目的（例如经过理性慎思的长远的生活计划）看作这样一个目的。不可否认的是，我们每个人在每个特定时期都可以具有这样一个目的。但是，如果没有意识到某些实质性的道德约束，我们就无法保证这种目的能够得到普遍分享。另一方面，如果自为的目的被鉴定为道德目的，那么，除非我们认为对道德目的的追求本身就是有价值的，即不是为了促进某些进一步的一般目的，否则我们就不清楚道德目的在什么意义上是自为的。然而，问题就在于：即使道德目的被认为具有某种至高无上的重要性，我们仍然需要对这个事实提出一个说明。我们显然不能先验地认为道德行动没有目的。

事实上，只要仔细考察这个论证，就会发现其有效性并不是无条件的。这个论证关键地取决于“实践理性寻求无条件的辩护”这一假定。因此，它所说的是，在选择和设定目的的过程中，如果实践理性确实寻求无条件的辩护，那么看来就必须存在某个无条件的目的，它为一切实践辩护提供了终极根源。但是，若不是因为人们首先意识到了他们需要审视和限制自己的感性欲望，实践理性怎么可能突然间就有了寻求无条件辩护的想法？为了表明实践理性寻求无条件的辩护，这些理论家就必须假设人类行动者已经在社会生活中意识到了某种规范性，并对其起源加以说明。进一步说，为了表明某些目的在某种意义上是自为的，他们就必须表明某种规范的要素已经包含在我们对“人”或者“人类行动者”这一概念的理解中，因此按照那些目的来行动就是“人之为人”的一个基本要求。在这个意义上，而且只是在这个意义上，那些目的才可以被看作是无条件的。确实，我们对“人”的理解多多少少已经是一种规范的理解，因为我们至少已经假设人应该对社会生活规范保持某种敏感性，否则就“不是人”。当然，我们无须认为这些规范必定总是合理的。作为生活在社会世界中的行动者，我们能够认识到某些目的，把它们看作是不依赖于我们偶然具有的欲望和偏好而应当持有和追求的。但是这个事实也表明，与那些目的有关的命令并不是由抽象的理性来发布的。道德规则不可能比我们感觉到的样子更加必然。我们决定自己必须服从道德规则，本质上是因为我们已经认识到这样做在人类生活中的必要性或重要性，并因此认为道德生活对我们来说是有价值的。休谟就是这样来理解道德的。对他来说，人性中的某些原则在恰当条件下就可以产生道德情感。在这个意义上，不仅道德情感内在于人性之中，而且人性也因此是一种规范的东西。不过，需要注意的是，在休谟那里，在理性主义者的“辩护”概念的意义上，那些原则不是要充当我们用来理性地辩护道德信念的起点，而是要用来说明道德情感和道德态度的起源。而且，对他来说，我们不能脱离特定的人类条件和人类状况来判断什么东西是规范的：规范的东西不是绝对的，而是相对的。对于道德来说，唯一真实的就是这一事实：每一个人都有权尽可能生活得好，而且，只要他是理性的，他也想尽可能生活得好。这个简单的事实足以向我们提供把特定的道德规范建构出来的基础，因此我们也不需要从理性的形式特征或结构特点中把道德法则推演出来——这种尝试在休谟看来实际上是不可能的。

我们确实不很清楚如何用这种方式将道德法则推演出来。如果目的的选择和设定涉及理性，那么理性本身当然可以被看作一个自为的目的，人的理性本质也可以被视为一种有价值的东西。自我反思可以使我们认识到这种价值。不过，尽管我们可以把自己的理性本质看作一个自为的目的，但要由此表明每一个人都有义务尊重其他人的理性本质，还有很长的路要走。康德确实认为道德法则的本质就在于尊重每个人的理性本质。但是，这个结论不可能直接来自“我们把自己的理性本质看作一个自为的目的”这一前提。我不是在说这条论证路径根本上行不通，我只是怀疑仅仅通过考察理性的形式特征就能得到这样一个论证。每一个人确实都因为具有了理性本质而具有价值，因此理性选择在如下意义上就有了一种“赠予价值”（value-conferring）的地位：一个理性选择的目标之所以在某种意义上是好的，就是因为它是**理性选择**的目标。我们甚至可以像康德那样，认为理性选择就是价值的根源。但是，即使我把一个价值赠予我自己的理性本质，**逻辑上说**，那并不意味着你也应当把一个价值赠予你自己的理性本质。类似地，我们也不能直接认为，只是因为理性本质的价值具有这种自我赠予的地位，我就有义务尊重你的理性本质。[1] 有人或许认为我在这里引入了某种形式的唯我论，其理由是：当我断言我自己的理性本质对我来说有价值时，我否认其他人的理性本质对他们来说有价值。但是，这个指责是错误的，因为我并不否认其他人的理性本质对他们的价值。我想说的是，即使理性本质被认为对每一个人来说都有价值，但这个假设本身不足以确立如下结论：我们有一个普遍的义务尊重每个人的理性本质。无须否认我们应当尊重每个人的理性本质，但是，为了证明这样一个义务的存在，至少需要表明：对于我们实现自己理性地承诺的某个**普遍**目的来说，理性本质的拥有是必不可少的。对于任何一个理性存在者来说，对理性本质的培养确实是一个目的。这个目的是否能够被看作一个“自为的”目的呢？如果理性本质被认为已经将道德作为一个构成要素而包含进来，也就是说，不仅道德被认为表达了我们的理性本

---

[1] 有关的讨论，参见 Bernard Williams, *Ethics and the Limits of Philosophy* (Cambridge, MA: Harvard University Press, 1985)，第四章；G. A. Cohen (1996),“Reason, Humanity and the Moral Law”, in C. Korsgaard, *The Sources of Normativity* (Cambridge: Cambridge University Press, 1996), pp.167-188。

质，道德行动本身也被认为具有内在价值，那么理性本质就可以是一个自为的目的。但是，这样一来，我们就不可能用一种没有循环的方式把道德法则从理性本质的概念中推演出来。另一方面，如果我们不这样来看待理性本质的概念，那么理性本质或许就不是一个自为的目的。我们希望自己是工具上合理的，希望按照我们所认同的某个长远计划来评价和约束我们当下的欲望。我们这样做实际上是有目的的，比如说，是为了有效地满足我们所能实现的欲望，或者为了获得更加完满的幸福。在这个意义上，理性本质就不是一个自为的目的——假若我们在这里把这样一个目的理解为一个**终极**目的的话。

因此，当康德或某些康德主义者试图把道德法则从“理性本质是一个自为目的”这一思想中推演出来时，这种尝试所面临的主要问题就在于它打算将普遍立法从自我立法中推演出来。即使自我立法的对象被认为具有一种普遍价值，在自我立法和普遍立法之间仍然有一道鸿沟。从前者到后者的推导在逻辑上是有缺陷的，因为它试图从“X 是普遍值得欲求的”这一主张中推出“每一个人都普遍欲求 X”，或者甚至“每一个人都有义务促进其他人的 X”。这个论证还不只是犯了一个逻辑错误，还有一些实质性的理由表明它为什么是成问题的。首先，我们不清楚一个行动者为什么有义务实施一个自我立法。假设我总是能够随心所欲地满足自己的欲望，而且不在乎任何一个欲望在我生活中的时间位置，那么我为何要提出一个法则来约束自己呢？其次，一个自我立法，若不被同时看作是其他人的立法对象，那就不可能获得任何有效性（它被认为具有的那种约束力）。若没有这种联系，就算一个人为自己制定了一条法则，他也可以解除那条法则。[1] 因此，自我立

[1] 杰拉尔德·科恩以霍布斯的主权概念为例很好地阐明了这一点，见 Cohen 1996，167 页及以下。

法的思想严格地说是自相矛盾的。假若一条法则没有被共同地确立起来并得到认同，它就没有约束力，实际上说不上是法则。而且，即便一条法则已经以某种方式确立起来，为了让人们感受到遵从它的必然性，一开始也得有某种东西从外面输入，不管那种东西的来源如何，例如是来自上帝的命令，来自对公共善的关心，或者来自对自己长远利益的考虑，等等。只是在这样一个阶段结束后，一个人才有可能内化那个法则，就好像它是从自己内心中产生出来的。由此我们就不难理解：在康德对道德动机的最终说明中，他为什么不得不引入一个目的王国或者道德共同体的思想。

因此，看来我们没有很好的理由认为，在经过深思熟虑的考虑后，康德竟然想把道德法则从一般而论的理性行动者的概念中推演出来。他确实始终如一地认为，理性行动者就是能够按照准则从感性动机中进行选择的行动者。但是，这个说法不足以表明：在思考用什么原则来制约自己对实践准则的选择时，理性行动者必然会选择道德法则。实际上，康德自己后来意识到，一般而论的理性本质，既然只是决定满足自己欲望或追求自己幸福之有效手段的能力，就不可能成为意志的无条件的决定根据。而且他后来明确认为，尽管进行选择的能力是人性（humanity）的重要标志，但人性还没有表达人类的“最高”本质，即他所说的“人格”（personality）——那种“将道德法则本身看作意志的充分动机的能力”。康德进一步指出：

> 我们不可能认为，在人这里，人格的倾向已经包含在人性的倾向的概念中，因为即使一个存在者被认为具有理性，这也不表明：这个理性，通过将其准则描绘为仅仅是由普遍法则提出的，就能无条件地决定意志，所以自身就变成实践性的；至少我们还没有看到就是这样。在这个世界上，即便是最有理性的有限存在

者可能也需要某些来自欲望对象的刺激，以便决定其选择。[1]

实际上，甚至早在《道德形而上学基础》中，康德很快就意识到，为了用一种可理解的方式将道德与合理性联系起来，他就只能诉诸“**具有一个自由意志**的理性行动者”这一思想。康德决定利用这个思想来重新思考他对道德法则的“演绎”。这个新的尝试值得关注，因为它可以帮助我们理解理性和自然之间的关系，即使不完全是用一种康德式的方式。

二 / 超验自由与道德必然性

康德确实认为任何行动都必须有一个诱因（incentive），即行动者对自己即将履行的行动之目标所怀有的兴趣。他并没有按照一个行动是不是目的论的（即一个行动是否具有一个所要考虑的目的作为其目标）来区分道德行动和非道德行动。对他来说，一切行动都是目的论的，道德行动和非道德行动的差别只在于相应目的之本质或来源。一般来说，康德按照快乐主义的观念来理解所有的非道德行动，即认为这种行动旨在满足行动者的感性欲望，即使他可以承认这一可能性：行动者可以按照自己对某种“善”的稳定认识来行动，而这种认识不同于他对自己短暂欲望的认识。[2] 然而，康德从来都不承认道德行动是

[1] Kant, *Religion within the Limits of Reason Alone* (translated by Theodore M. Greene and Holt H. Hudson, New York: Harper Torchbooks, 1960)，21 页注释。

[2] 康德实际上把一个人的短暂快乐（不管是目前的还是未来的）与他对自己快乐的估计区别开来。例如，他把“幸福”定义为一个人对生活中那种无间断的快乐的意识。这种做法令他得以将一种非道德的价值赋予行动的目标，例如能力和才能就可以被认为具有这种价值。

由感性动机激发起来的。他为何会这样思考道德行动，是什么东西激发他产生这个思想，这是一个很复杂的问题，大概与他对道德动机之纯粹性和道德之理性必然性的强调有关。但是，如果任何一个行动都需要诱因，而道德动机不可能在感性中来寻求，那么，对康德来说，道德动机就只能来自理性。因此他就需要说明道德动机和道德辩护的来源。对他来说，这项任务归根结底要求他表明理性如何能够具有某种自发性。但是，如果理性的自发性本身就是一项活动，那么康德也必须为它寻求一个诱因。这个诱因在他看来就是自由的观念，或者说来自这个观念。

更明确地说，康德是为了解决如下问题而将自由的观念引入其道德哲学中：绝对命令在什么意义上可以被认为具有一种理性必然性？假设命令所说的是，假如一个人欲求某个目的，他就必须寻求实现该目的的必要手段。康德把假设命令（即通常所说的“工具合理性原则”）看作是分析性的，却把绝对命令处理为一个综合命题，因此认为无视绝对命令的主张并不是逻辑上不一致的。这样，为了表明理性和道德之间有一种可能是理性上必然的内在联系，康德就需要引入一种能够将二者联系起来的东西。从前面的分析中可以看出，康德可能并不认为在道德和一般而论的合理性之间存在一种直接联系。事实上，他已经很明确地认为，理性可以被用来为非道德的目的服务，不过，为此而采取的行动可以是合理的，甚至可以是自由的，却无须是道德的。[1]将理性与道德联系起来的那个中间环节就是康德所说的“自由的**正面**概念”。康德旨在表明，理性行动者有理由将自己看作是自由的，而且，**如果**他能将自己看作是自由的，那么他也能接受道德法则（参见《基础》4: 447）。按照这个思想，道德或者道德动机的真正可能性就取

[1] 所以，康德一般地称为“自由法则”的那种东西不同于他称为“道德法则”的那种东西。这一点对后面的分析很重要。科斯格尔也承认这一观点（Korsgaard, *The Sources of Normativity*, pp. 98-100）。

决于行动者对自由的意识。[1] 所以，对康德来说，关键问题就是要阐明“一个自由的意志和一个受制于道德法则的意志是同一个东西”（《基础》4: 447）。

现在，为了推进康德的论证，我们需要进一步阐明他对自由意志的论述。康德一开始把“意志”定义为“属于有生命的存在者的一种因果性，就他们是理性的而论”（《基础》4: 446）。一个自由的意志因此就是一个其运作不是由“异己的原因”来决定的意志。[2] 然而，人的意志实际上受到了感性动机的影响，是康德所说的“感性的意志”（*arbitrium sensitivum*）。另一方面，康德也注意到，受到感性冲动影响并不意味着被感性冲动所必然化。因此人的意志也是一种自由的意志（*arbitrium liberum*），而不是一种动物的意志（*arbitrium brutum*）。人的意志之所以是自由的，是因为人类行动者具有形成准则并按照准则来行动的能力。感性冲动可以影响人的意志，但不必然决定（在因果必然化的意义上）人的意志，其理由也在于此。能够按照准则来行动的思想暗示了实践自由的概念：只要“我们的选择能力不受感性冲动的强迫”（《纯粹理性批判》A534/B562），在这个时候我们就有了实践意义上的自由。对于这个意义上的自由意志，康德提出了如下更精确的表述：“假如一个意志能够独立于感性冲动而被决定，因此是通过那种

[1] 需要立即指出的是，在这个意义上，道德就不是无条件的：不仅道德取决于自由的观念，其动机力量也取决于我们对自由的意识。这或许向我们提供了一些线索来思考“搭便车”（free ride）的可理解性。无须否认，道德**通过自由的条件**为理性地追求自我利益提供了保证；但是，道德只是以一种不对称的方式与自我利益相联系，而如果我们希望理解内在自由的概念，那么实际的道德动机就取决于对内在自由的自觉尊重。

[2] “异己的原因”（alien causes）这个说法显然很含糊，因为甚至在被迫采取某个行动时，如果我仍然是经过自己的某些考虑而采取那个行动，那么引起我采取该行动的东西大概就不能完全算作是“异己的”。更不用说，任何感性欲望，一旦得到了我的认同，就不是“异己的”。正如我们即将看到的，只有相对于康德那种理性与感性的二元论，“异己的原因”这一概念才能得到恰当的理解。

仅由理性表达出来的动机而被决定，它就可以被称为自由意志，与这种意志相联系的一切，不管是作为根据还是作为后果，就可以被称为实践性的。”（A802/B830）由此可见，实践意义上的自由只不过是行动者按照准则从感性欲望和感性冲动中进行选择的能力——简单地说，也就是按照准则来行动的能力。

正如前一节所表明的，我们没有理由认为实践自由足以保证行动者选择甚或服从道德法则，因为在实践自由的情形中，即使理性充当了在感性欲望中进行判断和选择的职能，行动的动机本质上仍然是由欲望的官能给予我们的。在这种情况下，我们之所以是自由的，只是因为我们没有被偶然出现的感性冲动所决定。在一个实践上自由的行动中，也就是说，在一个受准则支配的行动中，理性起着一个双重作用。在通过一个实践原则来规定行动以便实现我们所欲求的目的时，理性是在为欲望的官能服务。但是，在以一个命令的形式来规定这个行动时，理性也是在调节或指导欲望的官能。正如贝克观察到的，“若想得到我们欲求的东西，理性就可以为我们应该做的事情发现一个规则；就此而论，在把理性称为激情的奴隶时，休谟确实是正确的；但是，这个奴隶是一个有智有识的奴隶，因为在为主人服务时，为了替主人自己的最佳利益着想，理性还是能够引导、管教和部分地支配其主人。”[1] 不过，即便我们假设理性具有调节的能力，即便这个事实表明必定存在着某些制约选择的高层次原则，我们仍然不清楚那些原则具有什么样的地位。理性行动者必定是实践上自由的，因为按照假设，他本来就在行使选择的能力。由此可见，实践自由的概念不足以充当康德对道德法则进行演绎的基础。而且，康德强调说，在行使实

[1] Lewis Beck, *A Commentary on Kant's Critique of Practical Reason* (Chicago: University of Chicago Press, 1960), p.76.

践自由时，理性显示出来的那种能力是我们在经验中体验到的，而且是通过经验揭示出来的。每当我的意志与我的某个感性欲望相冲突、但否决了后者的影响时，我就觉得自己是实践上自由的。通过认识到什么东西对我们有益、什么东西对我们有害，我们的意志就有了将我们提升到直接的感性欲望之上的能力，这种能力在我们自己的经验中得到了证实。在这个意义上，经验就成为实践自由的证据——它向我们表明，人类行动者具有不依赖于直接的感性欲望、通过理性来决定自己的能力。然而，如果康德希望在道德和理性之间确立一种演绎关系，那么这个现象学描述还不足以为这个企图奠定基础，除非他已经能够说明实践自由的经验可能性。我们仍然需要看看对实践自由的体验是否预设或要求一个“超验自由”的观念。

实践自由的可能性假设了存在着对感性欲望进行选择的根据。但是选择不一定就是立足于道德法则，因为我们同样可以按照其他原则（例如自爱的原则）来进行选择。在这种情况下，康德认为实践自由是“他律的”，因为它仍然属于感性世界。即便我假设道德与自爱在我这里是相容的，并因此可以用道德法则来支配自己的选择，康德仍然会认为，通过**欲望的官能**对道德法则的选择无法保证其理性必然性和动机确定性。因此，为了证明道德法则的绝对性，康德就必须表明（大概通过前一节中提到的那种论证），道德法则绝不能**通过**欲望的官能来选择，也不能**根据**欲望的官能来选择。理性必须能够凭借自身的力量来产生那种建立、确认和选择道德法则的动机。对康德来说，这样一个动机的根源是从超验自由的观念中发现的。这个观念向他提供了道德法则的描绘和推演所需要的一切，因为，按照他在“本体”和“现象”之间的区分，必定存在着某种东西令现象世界中的一切事件序列发生并变得可理解。但是，为了在逻辑上保持一致，那种东西不可能以现象世界中的任何东西作为其原因——也就是说，相对于现象世界而论，它必须是超验的。

超验自由就是“从自身开始一个状态的那种官能（*Vermogen*），其因果性不属于按照自然规律在时间上来决定它的另一个原因”（A533/B561）。由此推出，“超验自由要求理性自身（相对于它引起一系列现象的因果性上而论）不依赖于感性世界的一切决定性原因，在这个意义上似乎与自然规律相对立，因此与一切可能的经验相对立”（A803/B831）。

康德实际上意识到超验自由的可能性仍然是一个问题。进一步说，即使我们假设他已经通过这样一个宇宙论论证确立了超验自由的存在，也仍然不清楚他怎么能够利用这个论证来表明，实践自由的可能性预设了超验自由。为了表明这一点，康德似乎首先需要在感性和理性之间、在本体和现象之间建立一个类比。如果自然界中所有原因都是感性的或经验的，并使其结果变得必然，那么实践自由就变得不可能了。不过，康德也明确相信，并不是从感性动机履行的每一个行动都必定被其原因必然化。即便我是在我所**选择**的某个感性动机的驱使下采取行动，我仍然可以是实践上自由的。那么，这种可能性要求假设我必定是一个具有超验自由的行动者吗？必须记住，实践自由只要求我能够“完全从自身当中”来决定行动。我能够这样做，大概是通过一种自我施加的准则或原则，因此这种行动就不同于只是碰巧到达我这里、不给我的选择留下余地的感性冲动所决定的行动。然而，在宣称实践自由预设了超验自由时，康德大概是在说，我是否会**选择**导致某个事件序列发生完全取决于我自己，就好像我总是能够站在现象世界之外来决定仍然有待于被决定的行动。下面这段话也许为这种解释提供了支持：

很容易看到，如果感觉世界中的一切因果性都是单纯的自然，那么时间中的每一个事件都是按照自然规律被另一个事件所决定，因此，就现象决定了选择能力而论，既然它们不得不让每一

> 个行动作为其自然效应都是必然的，在废除先验自由的同时也就排除了一切实践自由。因为实践自由要求如下预设：虽然某事尚未发生，但它应该已经发生，它在现象中的原因因此就不是如此具有决定性，以至于排除了在我们的选择能力上存在的因果性，而这种因果性本来就可以产生时间秩序中按照经验规律来决定的某个东西，而不依赖于那些自然的原因，甚至对立于它们的力量和影响，因此自身完全可以开始一个事件序列。（A534/B562）

因此，对康德来说，如果我们确实能够从感性冲动中进行选择而不是被它们必然化，那么这个事实就暗示了一种按照“应当”而不是按照“是”的观念来表征自己的东西。“这个‘应当’表示了一种必然性及其与在整个自然界中任何其他地方都不会出现的根据之间的一种联系。”而且，如果一个人眼中“只有自然的历程”，那么这个“应当”就“毫无意义”（A547/B576）。康德好像是在说，“应当”的观念完全是由一个事实揭示出来的，或者说是在一个事实中显示出来的。而这个事实就是，我们能够从自然所决定的任何东西中进行选择。我们对实践自由的经验好像确实暗示了“应当”这样一个观念的存在。然而，康德实际上还没有说明我们**为何**必须按照“应当”的观念来选择，而不是被自己的感性冲动必然化。换句话说，虽然康德认为我们至少有时候按照我们的知性特性（intelligible character）来行动，而不是从与之相对立的纯粹感性特性（sensible character）来行动，他实际上还没有表明知性特性是如何可能的。知性特性，就像康德哲学中的其他范畴（如时间、空间和因果性）一样，只是为了让我们的经验在根本上变得可理解而预设的东西。进一步说，如果道德法则要被等同于“应当”的观念，或者至少与之相联系，那么康德按照“超验自由”的观念对道德法则的推演看来必定会失败，因为对他来说，“应当”的观念似乎已经直接蕴涵在“超验自由”的概念中。

不过，仍然有一种可能性对康德开放：通过表明知性特性就是感性特性的决定根据，他就可以声称我们必须让自己服从“应当”的观念。按照康德在理论哲学中的观点，在时间序列中，自然原因的一切作用本身都是结果，而后者同样在时间序列中预设了其原因。但是，如果结果是按照经验因果性的规律与其在现象世界中的原因相联系，那么某个东西在时间关系中就只能是它实际上所是的样子，不可能是它**应当**是的样子。虽然我们确实能够按照这种规律来预测行动的结果，我们也能按照“应当”的观念来决定激发（或不激发）一系列行动及其结果。对于康德来说，这个事实表明一个行动的经验特性（即经验因果性）必定在知性特性中有其决定根据。知性特性不受现象世界中时间条件的限制，我们在现象世界中观察到的一系列因果现象实际上是由经验特性的某个超验原因引起的。既然康德已经把感性和理性严格区分开来，知性特性就只能被赋予理性，因为知性的东西就是“在感官的对象中本身不是现象的东西”（A538/B566）。康德进一步强调说，人是唯一既具有经验特性又具有知性特性的存在者。人具有经验特性，是因为：人，就像自然界中其他成员一样，当其行动的结果在现象世界中表现出来时，就具有了那种在时间上受到支配的因果性。另一方面，人也被赋予了知性特性，因为人能够对其行动在现象世界中的结果做出选择和决定（参见 A539/B567 以及 A551/B579）。

这个两层次模型就是康德的相容论的核心要素。[1] 康德假设，就人

[1] 需要指出的是，康德是不是一个关于自由意志的相容论者，取决于如何解释这个模型。在这里我将不介入这个争论，而是像伍德那样假设，如果康德的确试图调和自由意志与决定论，那么他就只能采纳这个模型。但是，正如此前提到的，康德也将为此而付出很高的代价，因为他的解决方案必须假设我们的品格特性是无时间性的，而这个假设在我看来很难理解。参见 Allen Wood, “Kant’s Compatibilism”, in Allen Wood (ed.), *Self and Nature in Kant’s Philosophy* (Ithaca: Cornell University Press, 1984), pp. 73-101。

类行动者能够按照其知性特性从感性动机中进行选择而论，他能够是实践上自由的。但是，如果康德确实把自己看作相容论者，那么他就必须假设知性特性也受制于时间条件——假如他坚决否认这个假定，我们就可以怀疑他对自由意志问题的解决实际上是相容论的，因为按照传统相容论的观点，自由意志相容于在时间条件下所设想的因果决定论。然而，康德的道德心理学妨碍他对自由意志问题提出这样一种看似自然的解决。他自己提出的解决方案很复杂，而且产生了一个令人困惑的难题：如果感性特性被认为受制于时间条件，而知性特性并不受制于类似的条件，那么知性特性如何能够“决定”感性特性？即便假设这种决定不采取在时空条件下发生的因果决定论的形式，一个“无时间的知性特性”的概念不仅根本上难以理解，而且会产生不可接受的规范含义，正如我们即将看到的。在我看来，只有两种可能的方式理解那个概念。首先，康德或许认为，来自知性特性的选择在如下意义上是“无时间性的”：我总是能够决定我将选择发动哪个事件序列，在何时发动我所选择的事件序列。在这个意义上，任何来自我的知性特性的选择好像都超越了它所导致的事件序列所开始的时间。但是，只有当一个特定的事件序列已经在时间上被决定时，这样一个选择才在上述意义上超越了现象世界中的时间条件。然而，就知性特性本身的**形成**而论，我们显然不能认为它超越了时间条件。换句话说，康德的观点只是意味着知性特性和感性特性是**逻辑上**可分离的和相互独立的，但并不意味着它们**在物理上**也是如此。其次，我们或许可以诉诸两个观点的区分来说明康德在这个问题上的见解：一个观点是实践慎思的观点，另一个观点是因果说明的观点。从前一个观点来看，一个行动可以是自由的，即使从后一个观点来看它是被因果地决定的。康德正确地认识到，人类行动者能够同时具有这两个观点，而且大概也只有人类行动者才能同时具有这两个观点。从实践慎思的观点来看，每个人类行动者都可以是自己行动的原创者，但是，他的一切行动，加上其他人类行动者的一切行动，构成了世界的一部分。这样一个行动者能够看到其行动对自己和其他人的因果影响。在这个意义上，即使行动是被因果地决定的，这也不一定意味着行动不可能是自由的。因此，虽然实践意义上的自由意味着（或者要求）一个人能够按照自己的能动性来决定行动，但是它并不要求我们将知性特性设想为一种完全超越时间条件的东西。

然而，如果知性特性不可能像康德假设的那样是无时间性的，那么理性也不可能是无时间性的。康德固然可以在知性特性中来寻求自由意志的根据。但是，在试图对"知性特性"提出一些实质性说明时，他将知性特性与理性联系起来，因为在他看来，只有理性才具有这一特征：理性不是现象，也不受制于感性必须服从的任何条件。因此，甚至在行使自己的因果性时，理性也不涉及任何时间序列。对康德来说，理性只是"一切自愿行动的持续条件，而人类行动者只是在这个条件下才有行为表现"（A551/B579）。另一方面，康德也用他设想实践自由的方式来设想理性的自由，认为理性的自由也有两个类似的方面：当理性"摆脱了经验条件"时，它就有了一种消极意义上的自由；当理性作为一种"从其自身发起一系列事件的官能"时，它就有了一种积极意义上的自由（参见 A554/B582）。在实践自由的情形中，自由的因果性总是相对的，因为其自发性是相对于感性冲动的决定论而论的。但是，至少在那个积极的方面，理性的自发性被设想为一种绝对的自发性。所谓"超验自由"，康德肯定就是指理性独立于任何感性条件而发起一系列事件的那种绝对自发性。但是，假若这种绝对的自发性被认为完全不依赖于感性条件，那它是如何可能的呢？进一步说，如果实践自由被认为是由经验揭示出来、完全是在经验中得到体现的，那么超验自由又如何与实践自由发生联系呢？

康德之所以引入“理性的绝对自发性”这一概念，无疑是想证明道德的理性必然性。但是，如果道德确实能够对我们的意志产生影响，那么我们就不清楚康德如何能够确立道德和这种自发性之间的联系——既然这种自发性已经被定义为一种超验意义上的自由，作为一种纯粹知性的因果性，它就处于经验条件之外。如果这种自发性已经被看作一种非经验的、无时间性的东西（参见 A539-541/B567-569），那么它如何能够影响我们的经验特性（比如说，如何决定我们从感性动机中做出的选择）？这个问题是很自然地产生的，因为：既然自由的观念只是出现在知性的东西（作为原因）与现象（作为结果）的关系中，那么，只有当知性的因果性决定了一个感性结果得以产生的原因时，它才可以被认为是自由的。因此，在知性特性和感性特性之间必定存在着某种特殊的关系。然而，理性的绝对自发性的思想似乎让这种关系变得很成问题：我们如何设想在两种完全异质的因果性之间会存在一种**因果**联系？实际上，康德强调说，既然知性的因果性“自身就是完备的”，我们就不要把它设想为一种“与其他原因同时出现的东西”（A555/B583），另一方面他又认为，他可以承认那种因果性所产生的结果也是来自感性的因果性。

康德在这个问题上的思想于是就变得很含糊。不过，为了对上述问题给出一个可理解的回答，不妨假设知性特性事实上不是独立于感性条件而形成的。我们确实在实践慎思中检查和限制自己的感性动机，而只要我们意识到这个事实，我们就有了一个知性特性的观念。这个解释不是不符合康德的有关见解。在康德看来，我们是通过经验特性在自然界中的显现而认识到它。他也承认经验特性“本身必须来自作为结果的现象，来自经验所提供的规则”（A549/B577）。在康德这里，知性特性当然就是那种不能在经验中把握到的东西。不过，应该注意的是，他把一个知性特性的观念说成是一个“一般的概念”（A541/

B569)。只有当我们发现理性的因果性本身就是完备的，这样一个观念才会向我们呈现出来，而康德认为理性的因果性自身确实是完备的，“即使感性诱因不是支持它，而是完全反对它”(A555/B583)。因此，只有通过审视感性结果，我们才能知道理性自身的完备性。而且，即使我们可以完全无视自己的感性动机来进行选择，这个事实本身也不表明知性特性必定是无时间性的，即独立于一切感性条件而形成的。康德之所以这样来看待知性特性，主要是因为他把理性与感性绝对分离开来，并对一切感性动机都采取了一种快乐主义的立场，于是就错误地认为凡是只受理性影响的东西都超越了感性经验的界限。这样一来，我们也就无法**从经验上**来思考理性并说明其自发性。然而，这实际上是个错误，因为康德的确认为，“知性特性，**除了通过经验特性、作为其唯一的感性迹象被指示出来外**，完全是一种我们看不到的未知的东西”(A546/B574，强调系笔者所加)。如果知性特性是通过道德经验被指示出来的，那么它就不只是作为一个理性的观念（或者用康德的话说，作为“理性的一个调节原则”）被把握到，也作为理性的一个构成要素被把握到。认为知性特性和经验特性表达了两个**本体论上**不同的世界并不是很合理。理性之所以能够让我们对立于感性冲动来进行选择，只是因为在进行选择的时候我们已经把它看作是规范性的。但是，我们不能反过来认为这样一种规范性是来自一种完全不依赖于经验的理性。理性也许相对于我们具有的任何一个经验而具有某种超越性。但是，如果康德确实允许在知性特性和感性特性之间存在着某种联系，那么，即使理性能够具有一种相对的超越性，这也无须意味着知性特性不是在经验上形成的。为了理解这一点，我们不妨区分“理性”的两个含义：在一个意义上，理性指的是心灵的一种官能；在另一个意义上，理性指的是规范考虑的集成。康德自己并没有阐明这个区分，即使他的“理性的自我批判”学说可能已经暗示了这样一个区分。只要做出了这样一个区分，我们就很容易理解：作为一种精神能力的理性，当因为具有了某些规范考虑而能够对感性产生影响时，就可以被认为具有了一个知性特性，但是，那些考虑归根结底是来自经验。这个区分也有助于我们看到，在声称道德只能来源于理性时，康德为什么错了，因为在提出这个主张时，他可能混淆了两个不同的东西：一方面是作为一种官能的理性，另一方面是这样一个官能被认为具有的那种规范性的来源。请注意，在这样说时，我不是在否认理性对感性（在实践领域中，对我们的欲望和偏好）具有权威；我所要强调的是，只要我们把理性所能具有的规范权威的来源与经验割裂开来，那种权威就得不到合理的理解和说明。

康德一方面假设知性特性的观念是在对感性动机进行选择的行动中被揭示出来的，另一方面又否认知性特性是经验上形成的。然而，这是一种直观上很不合理的做法。我们确实可以认为，对于一个行动者来说，知性特性与那种在时间上形成的感性冲动是可以相对地分离开来的，而且具有一种相对的稳定性。但是，康德本来就想把道德责任归因于知性特性。因此，只要康德假设知性特性超越了时间而且在时间上是永恒不变的，他就直接违背了自己原来的意图。康德声称，知性特性只有通过其经验运用的实际例子才能被揭示出来，但又不是由这种例子来确认的（A554/B582）。这个主张也会导致一个很不合理的结论：我们不可能知道“为什么知性特性在我们所面对的情形中确实向我们提供了某些特定的现象和某个特定的经验特性”（A557/B585）。倘若如此，我们也就无法决定，在我们所面对的情形中，我们是不是在自由地行动。于是，自由并不保证道德责任的归因，因为甚至知性特性的观念也没有为我们确认自由的客观实在性提供保证。如果理性本身与我们在经验世界中的存在相分离，那么我们如何能够指望一个单纯的理性的观念向我们通告了世界中的一切？

因此，康德对知性特性和经验特性的论述使得二者之间的关系变得很难说明和理解。同样的问题也出现在他对实践自由所持有的那种模糊态度中。上一节中所讨论的那种论证必然把康德引向一种超验因果性的观念，因此引向与之类似的超验自由和知性特性的观念。另一方面，康德也认为我们总是可以向自己提出这样一个问题："在将理性的立法行为体现出来的行动中，理性本身是不是被进一步的影响决定的；是否相对于感性冲动来说被称为自由的东西，相对于更高的和更加遥远的有效原因来说或许就应该被称为自然。"（A803/B831）甚至当我们用那种不是被感性冲动和感性嗜好必然化的方式来行动时，我们或许仍然无法确定自己是不是真正自由的，因为如果实践自由是通过经验而得知的，并在经验中显示出来的，那么很有可能的是，一种感性决定论仍然隐藏在经验背后，以至于我们很容易把事实上只是自然的东西命名为自由。毕竟，如果实践自由被假设处于自然和超验自由之间的某个中间位置上，那么，一个只是在经验中将自己显示出来的自由极有可能就是幻觉。倘若如此，还有什么东西能够授权我们确认自由的实在性呢？上一节中所讨论的那种论证旨在表明必定存在着一种绝对的自发性，一种完全不依赖于感性事物的东西。然而，正如康德自己所承认的，既然超验自由与我们的一切可能经验相对立，它就仍然是一种成问题的东西，因为它要求理性要有一种独立性——不依赖于感性世界的一切决定原因。

当然，康德认为，尽管这个问题相对于理性的理论运用来说是一个问题，但相对于理性的实践运用来说就不再是一个问题。然而，只有通过实践自由，理性才能发现其实践运用，而在康德看来，实践自由在自然和超验自由之间占据了某个中间地位。实践自由被认为将自身"嵌入"自然之中，把我们从感性动机的决定中解放出来。但是，若没有"我们不应被自己的感性本质所必然化"这一思想，就不会有实践自由的概念。因此，尽管实践自由能够由经验显示出来，它却包含了一个经验无法接近的要素（参见 A448/B476）。对康德来说，“超验自由的废除也就同时排除了一切实践自由”（A534/B562），因为实践自由，作为一种不为任何特定的感性动机所决定的“消极”能力，被认为与一种按照理性根据来决定行动的积极能力相联系。但是，后面这个说法至多只是表明存在着对感性动机进行选择的理性根据，并没有为一个更强的论点（即：理性，作为那种积极能力之所在，必定具有绝对的自发性）提供决定性的支持。康德在这里的忧虑当然是：如果那种能力，作为一种按照命令来行动的能力，只是一种相对的和有限的自发性，那么服从命令的诱因也许最终就可以追溯到我们的感性本质。然而，既然康德认为我们的感性本质无法向我们提供道德所要求的那种必然性和确定性，后者就只能被放置在理性与超验自由的联系中，而超验自由也就被鉴定为理性的绝对自发性。然而，我们根本就不清楚理论上确定的东西为什么也必定是实践上确定的。更确切地说，就算康德已经通过超验论证成功地表明超验自由必须被设定为实践自由的条件，他也尚未表明我们必定就会这样行动，就好像超验自由实际上是可能的。相反，就像康德自《实践理性批判》以来就已经意识到的，道德和自由必须被设想为“互惠的”概念。

在早期著作中，康德试图把道德法则从自由的理性行动者的概念中推演出来。这个尝试失败了，失败的主要原因可以被总结如下。康德旨在表明道德法则具有所谓的“理性必然性”。对于康德来说，绝对命令不是分析性的而是综合性的——也就是说，无视其主张并不是逻辑上不一致的。因此他就需要寻求某个其他的东西，以便在人的意志和普遍的道德法则之间实现一种综合。这个东西在康德看来是由自由的概念来提供的。如果意志的自由得到预设，那么“只需分析自由的概念［就可以］把道德及其原则推导出来”（《基础》4: 447）。就此而论，康德实际上面临两个任务：首先是要指定一个自由的概念，以便表明它在概念上蕴涵了道德的观念；其次是要表明理性的人类行动者如何能够具有（或者认同）那个概念所指定的自由。如果康德的超验论证确实是可理解的，那么他实际上已经表明超验自由是理性的一个观念。由此推出，如果超验自由的概念在逻辑上蕴涵了道德的概念，那么道德也是理性的一个观念。然而，至少在康德所实施的那种演绎中，超验自由和道德之间的关系是不清楚的。尤其是，即使康德已经表明自由的意志必定有一个法则，他还没有证明自由意志的法则就是道德法则。绝对自由的意志是独立于一切感性条件来进行选择的意志，这是康德赋予"自由意志"这一概念的唯一含义。然而，正如我们已经看到的，这个概念太弱，不足以为确立道德法则提供基础，因为道德法则（至少在一个变种上）所说的是，选择应该是这样，以至于意志会意愿其根据被普遍化。由此可见，为了成为道德的，一个人至少必须具有或认同这样一个观念：他应该让自己的选择根据得到其他人的接受，或者其正当性可以得到其他人的承认。然而，这个观念显然不包含在自由意志的概念中。因此，并非像科斯格尔所声称的那样，"自由意志并不需要做任何事情，就可以使普遍法则公式成为其原则"[1]。一个自由的意志，若也想成为一个道德的意志，就必须按照普遍可接受（或可辩护）的理由来进行选择，并将这种选择看作构成其自由的一个条件。

康德很可能已经用这样一种方式来重新设想自由的概念，因此将如此理解的自由看作道德的充分必要条件。但是，这种尝试不仅会使他对"演绎问题"（如何将道德从某种超验论证中推演出来）的解决变成了一种几乎是特设性的解决，也与他原来的意图（把超验自由设想为负

[1] Korsgaard, "Morality as Freedom", p. 166.

责任的行动的条件）直接发生冲突。一般来说，康德认为道德责任要求超验自由，即那种作为理性的绝对自发性、完全不受任何感性条件所决定的自由。然而，我们并不清楚他是否真的这样认为，因为至少有时候他承认，欲望和嗜好可以而且确实会影响一个人的准则，因而部分地构成了其自由选择的对象的内容。欲望和嗜好并非不是（或者不能成为）我们本性的一部分——只要我们经过反思认同了某些欲望和嗜好，它们就可以构成我们本性的一部分。康德自己很清楚：只是对于我们这种不完全理性的行动者来说，自由的概念才变得有意义。他也提议说，为了恰当地理解**人的**意志，我们一方面应该把它与动物的选择相比较，另一方面与神的意志相比较。在他看来，超验自由不是我们可以在经验上接近的，也不是任何理性辨别出来的。我们确实从感性动机中进行选择，我们所具有的实践自由就是在我们对这个事实的经验中显示出来的。但是，假如我们真的体验到了这种选择活动，为何不干脆假设自由在经验世界中是可能的？由此看来，除了用超验自由的概念来表征理性的绝对自发性外，康德好像没有特别有力的理由假设这个概念。如果超验自由本身不是任何人类理性可以辨别的，它难道不是一个幻觉？因此，仍然不清楚的是，在康德那里，究竟是什么东西为超验自由（或者我们对它的观念）的确实性提供了保证。

当康德后来区分了意志的两个含义并按照这个区分来阐明人类意志的结构时，他对自由的论述才变得比较明确和合理。在一个意义上，意志是一种实施立法职能的东西（康德把这个意义上的意志称为“wille”）；在另一个意义上，意志是一种实施选择职能的东西（康德把这个意义上的意志称为“willkür”）。值得注意的是，这两个意志概念都与欲望的官能相联系，而康德把“欲望的官能”定义为：“通过它的表象而成为这些表象之对象的实在性的原因”（《实践理性批判》5:9注释）。这个区分实际上已经隐含在康德对实践自由的论述中（作为人的选择的自由，实践自由处于动物的选择和神的意志之间），因为其根据主要来自他的一个观察——人的意志活动不是完全由纯粹理性来决定的。康德试图用这个区分来反映人的个性的复杂结构。他并不否认感性诱因对于决定人的意志来说是必要的，但是他也意识到，“每当不属于道德法则本身的诱因（例如抱负、一般而论的自爱、甚至同情之类的良善本能）对于决定选择能力符合**法定**行动是必要的，这些行动与道德法则的符合就纯属偶然，因为这些诱因同样可以使选择能力违背道德法则”[1]。因此，即使一个行动者知道自己**应该**选择遵从道德法则，他未必是在道德法则的方向上做出选择。这样一个选择可以是自由的，却是在与道德法则对立的方向上做出的，因此在这个意义上是“他律的”（heteronomous）。康德由此认为，当我们试图把感性动机整合到行为准则当中时，对可供取舍的感性动机进行选择的能力（即willkür）是一种欲望的官能，因为选择的根据就在于感性动机可能带来的快乐或不快乐的强度。在康德看来，只要用这种方式来理解选择能力，并认为不道德的行动也是来自行动者对选择能力的自由行使，他就可以回答如下异议：如果只有按照道德法则来行动才是自由的，那么一个行动者就无须对不道德的行动负责。很容易看出，这个回答符合康德对一般而论的理性能动性的论述。如此决定的行动不仅可以是理性的，也可以是自由的：这样一个行动可以是理性的，因为它来自行动者根据自己对某些欲望的表达及其对“善”的主观认识（这种认识构成了他做出某个选择的根据）而做出的慎思；它可以是自由的，

[1] Kant, *Religion within the Boundaries of Mere Reason* (in *Religion and Rational Theology*), 6: 30-31。不过，只有按照康德在道德形而上学和道德人类学之间的区分（康德认为前者是先验的、后者是经验的），我们才能理解这个主张。康德确实在很多地方强调说，感性诱因对于决定人类意志来说是必要的，即使道德行动的诱因（即他后来所说的“道德情感”）总是由理性给出的，其根据只在理性中。这种复杂性将在最后一节中予以讨论。.

因为它没有被任何特定的感性欲望必然化。康德对“作为选择能力的意志”的描述可以被恰当地认为表达了一种内在主义的理由概念，尽管他会认为道德理由是任何一个成熟的理性行动者所固有的。这种解释符合他的一个思想，即：任何行动的动机都取决于行动者的品格（即使他有可能会把理想的品格和实际上的品格区分开来）。

选择涉及一组选项（从中要做出一个选择）以及做出选择的根据或原则。我们总是能够按照自己所认同的任何原则从感性动机中进行选择。通过引入“立法的意志”（wille）这一概念，康德就在人类心灵的结构中为这种原则留下了余地。康德把“立法的意志”直接等同于实践理性本身，但是，如果存在着所谓的“自我立法”，那么其可能性显然取决于行动者认识到，他应当用某些考虑来约束自己的欲望和嗜好。因此，立法的意志更恰当地说是与某些相关的规范考虑相联系。此外，值得注意的是，作为在任何一个自由选择中决定选择能力的根据，立法的意志本身并不行动，因此把立法的意志说成是自由的或不自由的并没有什么意义。由于没有行动的自由可言，立法的意志也不受制于任何压力或约束，只是对作为选择能力的意志施加了某种规范压力。然而，为了对选择能力产生影响，立法的意志就必须能够在作为选择能力的意志中“唤醒”某个欲望或厌恶。[1] 康德认为这是由两个最高的原则（自爱原则和道德法则，分别对应于康德所谓的“经验的实践理性”和“纯粹的实践理性”）来实现的。

如果康德对两种意志（作为选择能力的意志和作为立法的意志）的区分表达了他对人类意志之结构的成熟考虑，那么道德法则甚至也不可能从“一个自由的理性行动者”这一概念中推演出来。自由既可以是自律的又可以是他律的，取决于相应的选择与道德法则的关系。此外，

[1] 这个事实对于我们分析道德动机具有重要含义，我将在最后一节讨论这一点。

康德还认为这两种自由都是超验自由的表示。如果作为选择能力的意志选择了将最强的**感性**欲望表达出来的准则[1]，自由就是他律的，因为在这种情况下，行动好像仍然是由决定动物行为的同样的自然规律来决定的，即使行动者实际上是按照自己的慎思来行动。只有按照康德的“人格”概念，我们才能理解他的主张：当一个行动者遵从自己认同的感性动机来行动时，他是在“他律地”行动。因为，只要我们已经把感性本质认同为我们本性的一部分，如下说法听起来就会很古怪：当我们遵从表示感性本质的准则来行动时，我们是在把自己从我们的本性中异化出来。所以，“自律”和“他律”的区分实际上表明，康德对“欲望”这一概念采取了一种过分简单化的处理。不过，对他来说，我们最根本的本质特征并不在于我们是“自由的理性行动者”，而是在于他所说的“人格”，即“把道德法则本身作为选择能力的一个充分诱因来尊重”的倾向（《单纯理性限度内的宗教》6: 27）。正是这种倾向把人与动物性以及单纯的合理性区分开来。如果人格的概念本质上表达了“我们是道德上负责任的行动者”这一事实，那么康德的普遍法则也是要表达和反映这个事实。作为道德上负责任的行动者，人的本质确实就在于他的自由。但是，对于一个人来说，如果其行动只是没有被感性欲望必然化而并未表达他对普遍法则的尊重，那么他所能具有的那种自由的、负责任的本质就没有**积极地**表现出来并得到实现。在这种情况下，他的自由是他律的。而在康德看来，尽管他律的自由仍然是超验自由的表示，却是对超验自由的一种失败的或者说有缺陷的实现，因为这种自由的实现直接与行动者对其人格的积极实现相对立。由此可见，在康德这里，只有

[1] 当然，只有当我们能够把感性欲望和理性欲望区分开来时，这个说法才有意义，因为一个人也可以选择从最强的**理性**欲望来行动。事实上，如果我们确实能够谈论感性欲望和理性欲望的区分，那么康德就不能合理地认为一切欲望都要用一种快乐主义的方式来加以理解，而且，他似乎也不能把经验的实践理性和纯粹的实践理性截然分明地区分开来。

当一个人的自由选择充分体现了他作为一个道德上负责任的行动者之本质时，他才具有自律的自由。然而，为了成为道德上负责任的行动者，一个人首先就得具有某种道德意识，即尊重普遍法则的意识。然而，这样一来，“自由的理性行动者”这一概念就不可能为道德法则的严格演绎提供一个可靠的基础。

三 / 自由与道德动机

因此，认为超验自由的概念提供了道德法则的严格演绎所需要的一切看来是错误的。不过，这并不意味着道德和自由之间不存在某种联系。在试图对道德法则进行严格演绎时，康德想必认为道德的理性权威和动机力量都必须来自同一个东西，以至于道德要求既是理性上必然的又是动机上无条件的。因此他也一度认为，超验自由，作为理性的一个观念，提供了这种演绎所需要的一切。然而，就算康德已经成功地表明道德是理性的一种必然性，这也不意味着他就证明了道德对我们来说必定具有无条件的动机力量，尤其是因为他也相信道德合理性并非与实践合理性普遍吻合。道德的理性权威可以与其动机力量发生分离，因为人是一种具有双重本质的**有限**存在者：感性和理性都是人性之本质的构成要素。尽管康德认为人的意志处于动物的意志和神的意志之间，这个比喻性的说法仍不足以把握人的意志的复杂性，因为在人这里，感性和理性之间具有错综复杂的联系，而人的意志的复杂性恰好是在这种联系中展现出来的。尤其是，如果没有先验的理由假设，那么为了把自己提升到纯粹理性的层面上，人类行动者就会选择完全无视自己的感性本质。因此，如果康德确实想对道德法则实施一种演绎，他就必须表明，作为不完全理性的行动者，我们如何能够把自主性看作服从道德法则的动机。[1]

按照康德的观点，在有限的理性存在者那里，自主性表现为两个相互补充、不可分离的方面。作为理性行动者，人为自己确立了法则，这个法则就是康德所说的道德法则，它适用于一切具有理性的行动者。另一方面，作为有限的存在者，人必须把对道德法则的服从施加于自身，因此，对于人来说，道德法则就采取了命令的形式。理性不是一种外在于我们的官能，而是我们本性的一个构成要素，就此而论，人可以被恰当地看成是道德法则的原创者，而不是消极地接受和服从道德法则（参见《实践理性批判》5: 97-98）。不过，人的意志本来就受到了感性动机的影响，因此并不完全符合理性，也不是必然由道德法则来决定的。由此可见，人的意志既有自发性又有接受性，既可以充当立法者又可以充当守法者。只有理性存在者才能具有自主性，但人并不正好是理性的。康德于是认为，对于我们来说，自主性在如下意义上既是义务的根据又是义务的原则：一方面，我们的自主性将我们置于义务之下，另一方面，我们有义务要服从的正是我们的自主性。

当康德将道德法则鉴定为自由意志的法则时，他试图表明的是，在一个有限的理性存在者这里，道德法则的设定既是绝对必然的又是无法逃避的。然而，即便康德已经表明了这一点，对道德法则的服从仍然是偶然的。意志可以自由地将道德法则施加于自身，但这并不意味着它也自由地服从道德法则。实际上，康德把“受制于道德法则”的意志和“遵守道德法则”的意志严格地区分开来（《判断力批判》5: 448）。[2] 不论好坏，人的意志总是受制于道德法则。这个区分提出了如

[1] 以下我将把“autonomy”翻译为“自主性”而不是“自律”，在康德这里，它指的是“按照道德法则来行动的能力”。

[2] 参见 John Paton, *The Categorical Imperative: A Study in Kant's Moral Philosophy* (London: The Anchor Press, 1971), pp. 213-214。

下问题：康德是不是一个动机的内在主义者——也就是说，他是否认为道德动机是内在于道德判断的？康德显然认为，只是在神的意志那里，对道德法则的认识才会必然产生动机力量，而人的意志绝不是（尽管可以成为）神的意志。因此，对人来说，对道德法则的认识至多只是偶然地产生动机力量。至少在人的意志这里，道德的理性必然性并不必然意味着其动机有效性。倘若如此，就不能把康德解释为动机的内在主义者。对于人类行动者来说，道德行动的偶然性表明，人既有能力将道德法则施加于自己，又有能力反对道德法则。道德经验，除了把意志的自主性揭示出来之外，也使我们意识到，我们可以自由地遵守或不遵守道德法则（《实践理性批判》5: 30）。进行立法的意志提出了道德法则，把它们看作决定行动的形式原则，而人的意志（即受到感性影响的理性意志）“就好像处于其先验原则和后验诱因的交叉口上，前者是形式上的，后者是实质性的”（《基础》4: 440）。人的意志因此面临着两个取舍：当它只用普遍法则的形式来决定自己时，它就选择遵循“它的”历程，并通过这样做而确认自己的自由；另一方面，当它按照某个经验原则来决定自己时，它的自由选择就是他律的。一个适当的道德动机理论必须能够回答如下问题：既然相对于我们对感性动机的选择而论我们已经是自由的，为什么我们还应该是自主的（也就是说，让自己服从于道德法则）？

显然，假如我们假设（道德）自主性与我们从感性动机中做出的选择无关，我们就不太可能合理地回答上述问题，因为要是我们没有感性本质，自主性的概念对我们来说也就没有什么意义。为了理解这个概念，我们就需要让它超越一种自我施加的自由的思想。在这里，所谓“自我施加的自由”，我指的是按照一个人的自我施加的原则、从一组自我封闭的动机中进行选择的自由。“自我施加的自由”这一概念显然是一个理想化的概念，因为在任何**实际的**人类个体那里可能都没有这样一种自由。但是，它可以充当一种具有启发性的设施，帮助我们阐明目前所要讨论的问题。明显的是，即使一个行动者做出了一个自我施加的自由选择，他在如下意义上也许不是自由的：这样一个选择对他自己或对他人的影响给他施加了一种负面约束，结果，在他未来的行动或选择中，他就不再觉得自己是自由的。没有约束就不会有自由。因此我们必须假设，对约束的意识必定在认识论上先于一个行动者自主地行动和选择的意图。自主性的概念预设了这样一个思想：人是涉身性（embodied）和关系性的存在者。假若我们能够是自主的，那必定是因为我们已经意识到其他人和事物在世界中的存在对我们来说具有某种意义。康德正确地断言，"'选择能力的自由'这一概念在我们这里并不是先于对道德法则的意识，反而只是从如下事实中推断出来的：我们的选择能力可以由道德法则来确定"(《单纯理性限度内的宗教》6: 49注释)。康德之所以认为自由是道德责任的先决条件，就是因为人类行动者必须依靠自由，利用能够对其品格负责的方式来形成和塑造品格。正如康德所说，"人必须使自己或者已经使自己成为他在一个道德意义上所是或者应该成为的样子，无论是好是坏。这两种品格必须是他的自由选择能力的一个结果，否则就不能将它们归因于他"(《单纯理性限度内的宗教》6: 44)。也正是因为这个缘故，康德争辩说，假若我们不利用自由来促进这一目的，我们就是在放弃或滥用我们的自由。不过，值得指出的是，我们对自由的召唤和需要看来只能归因于如下事实：我们意识到要对自己和他人负责。在这个意义上，道德不是无条件的或绝对的，而是依赖于我们的这一意识。于是我们就达到了康德在这个问题上的成熟看法：道德法则是自由选择之自由的理性根据，而自由是道德责任的实质根据。

以上我们简要地分析了道德与自由的关系。现在我们可以利用这个分析来重新考察康德在《道德形而上学基础》第三节中的论证，这些论证被认为实现了对道德法则的一个演绎。正如我们已经看到的，没有理由相信实践自由的概念为实施这样一个演绎提供了一个理论起点。不过，康德一度明确地认为，只要理性意志还没有被证明是可能的，道德就只是“头脑中的幻觉”（《基础》4: 445）。在《纯粹理性批判》中，康德明确否认超验自由的实在性或可能性能够得到证明（参见 A558/B586），但是在《道德形而上学基础》中，他相信超验自由的可能性可以得到证明。这个“证明”大概可以被划分为两个密切相关的部分：首先，康德试图表明存在着一个知性世界；其次，他试图通过表明知性世界是感性世界的决定根据来证明超验自由的可能性。他对知性世界之存在的论证取决于他在知性的职能和绝对命令之间所做的类比。康德已经表明，人类知识的可能性预设了所谓“物自体”的存在，尽管他也承认我们对物自体一无所知。类似地，康德论证说，一个人的自我认识的可能性取决于“假设其他某个东西作为［通过内感官而认识到的现象的］基础，这个东西就是他的那种自身被构成的自我”（《基础》4: 451）。在提出这个主张时，康德大概是在说，一个人不仅能够对自己具有一种可能不是由内感官来达到的积极的、直接的意识，而且也能退后一步来审视他的内感官及其产物。在康德看来，只要一个人是反思性的存在者，能够将自己与其他东西（包括受到对象所影响的他自己）区分开来，他就具有了理性，而理性作为一种“纯粹的自发性”，可以将他提升到感性和知性之上。康德由此认为，理性行动者能够从两个观点来看待自己，并因此而知道他对自己能力的运用以及他的一切行动：首先，就他属于感性世界并受制于自然规律而论，他把自己看作是有感性的存在者；其次，就他属于知性世界并受制于那些只是在理性当中具有根据的法则而论，他把自己看作是有理性的存在者（《基础》4: 452）。理性行动者能够把自己提升到感性和知性的层次之上，正是这个事实揭示了知性世界的可能性，因此也揭示了超验自由的可能性。不过，正如前面所论证的，与其说感性世界和知性世界的概念暗示了两种本体论上不同的存在，不如说它们表达了两个彼此不同却又相互关联的观点。康德自己实际上也明确地强调这一点，正如他所说：

> 知性世界的概念只是理性**为了把自己看作是实践性的**而不得不在现象外面来采取的一个观点，而假若感性的影响对人来说是决定性的，那么这样一个观点就是不可能的，但是，只要人没有被否认能够意识到自己是一个有知性的存在者，因此也是一个通过理性来发挥作用（也就是说，自由地运作）的理性原因，这样一个观点就是必要的。（《基础》4: 458）[1]

因此，知性世界的观念好像就是这样一个观念：它向我们提供了世界“应当是这样”而不是“实际上是这样”的思想。用休谟的话说，这样一个观念来自一个反思性的印象，所以大概可以被归于如下事实：既然我们实际上是不完美的理性存在者，我们就不可能对世界中的对象形成一个统一图景，而只能试图设想这样一个图景的可能性。既然人是有限的并受到了感性的影响，他就不总是像完美的理性行动者那样行动。另一方面，既然人也是理性的，他也不总是像单纯的动物那样行动。因此，理性的人类行动者总是能够把自己看作宛如生活在一个知性世界中。然而，问题在于：一个知性世界的观念如何揭示了超验自由的可能性呢？正如我们可以注意到的，康德从来就没有声称自由能够在理论上得到证明，因为在他看来，提出这样一个证明就等于“发现人类存在者能够对道德法则所产生的**兴趣**并使之变得可理解”（《基础》4: 460），然而这是不可能的。这并不是说，我们不能发现我们对道德所产生的兴趣；而是说康德的忧虑在于，假若我们认为必须对道德法则

[1] 参见《基础》4: 462 以及《纯粹理性批判》A5/B9、A255/B310 及以下。

具有这样的兴趣，那么，通过让我们对道德法则的服从屈从于我们的感性，我们就摧毁了道德法则的至高无上性。很不幸，康德在这点上错了，因为这样一来，他不仅使道德动机变得很神秘，而且不经论证就断言了道德法则的理性必然性。

康德声称自由是我们采取一个实践观点的前提。这个主张当然是不成问题的，因为甚至在从事理论研究时，我们也必定会采取这样一个观点（参见《基础》4: 448）。实际上，在那种情况下，认为我自己能够做出判断就是在假设我是自由的。在康德看来，在我们的一切理性判断中，我们都必须把我们做出的判断看作在某些规范下履行的活动，就此而论，我们必须把自己看作是自由的。即便如此，我们仍然需要看看，与理论理性的类比是否确实能够表明道德法则对任何理性意志来说都具有无条件的有效性（参见《基础》4: 448）。即使自由不能在理论上得到证明，这个事实也不妨碍我们把自由看作一个实践预设。尽管康德从来就没有假装要为自由寻求一个**经验**证明，但是他的经验人类学的起点总是“人是自由的”这一根本预设。比如说，生活方式的可变性，理性的发展，人类文化的进步，都是自由的经验表现。因此，如果我们把自由视为人性中的一个“既定事实”，并自觉地将它看作道德责任的条件，那么康德确实可以在自由和道德之间建立一种紧密联系。自由在这个意义上就不再是道德上中立的，因为通过责任的观念，对自由的意识已经与道德发生了联系。但是，只要我们有了责任意识，那也意味着我们对自己和他人的兴趣、动机和态度有了一种特殊的关注。因此，假若自由要被看作责任的一个先决条件，那么自由的观念其实就表达了我们对康德所说的“目的王国”的承诺。目的王国，作为一种使所有人的目的都能得到和谐实现的人类共同体，就是知性世界的观念在道德领域中的具体体现。因此，道德兴趣并不像康德一度认为的那样是“不可阐明的”，但是其充分可理解性预设了道德意识，而道德意识，作为一种实践态度，与其他类似的态度具有无法割裂的联系。我们只是在**共同的**人类生活中经过反思而逐渐发现了某些行为规范，由此逐渐认同了我们称为“道德态度”的那种东西。我们无法合理地设想道德态度是从所谓的“纯粹实践理性”的绝对自发性中被推演出来的，因为正如我已经论证而且将继续论证的，纯粹实践理性的概念实际上没有连贯的含义。理性本质上是实践性的，但它并非如此“纯粹”，以至于仅仅从其自身当中就可以得出其活动性的来源。为了进一步阐明这一点，我们需要回到康德的“理性的事实”学说。

四 “理性的事实”学说

康德的道德形而上学的核心基础无疑是“纯粹理性能够是实践的”这一思想。为了确立这个思想，康德引入了理性的自发性学说，将理性与超验自由的概念联系起来。在康德思想发展的某个阶段，他将理性的实践应用比作理论运用，试图以此来证明超验自由的可能性。从自发性出发的论证就是立足于这个类比。至少在18世纪70年代，康德一度认为，如果理性在理论领域中具有了将感觉组织为客观知识的构成性职能，那么它在实践领域中也具有类似职能，即在杂乱无章的感性欲望中建立一种秩序。把道德从**理论**理性中推演出来的尝试，尽管听起来很有吸引力，最终却失败了。这种尝试之所以失败，正如迪特尔·亨利希已经充分表明的，是因为它所立足的那个类比（在知性的职能和绝对命令之间的类比）崩溃了。[1] 此前我们已经详细分析康德的

[1] Dieter Henrich, “The Concept of Moral Insight and Kant’s Doctrine of the Fact of Reason”, in Dieter Henrich, *The Unity of Reason: Essays on Kant’s Philosophy* (Cambridge, MA: Harvard University Press, 1994), pp. 55-88.

演绎失败的主要原因，因此在这里我将不重复亨利希的论证，而只是满足于勾画一些本质要点，以便揭示这种失败对于恰当地理解理性及其来源的含义。

当康德试图把道德从理论理性中推演出来时，他的思想起点就是这样一个信念：他在《纯粹理性批判》中对“理性”所达到的那种理解，使其得以表明，理性如何能够与意志的动机力量具有一种直接联系。康德之前的哲学家（例如英国的道德感理论家）倾向于认为，理性的职能仅在于确立概念和判断之间的关系，其本身对意志没有动机上的影响。康德之所以尝试从理论理性推出道德，主要是为了回应这种观点。于是，他就试图表明，理性本身既是道德的理论依据又是其动机来源。亨利希认为这种尝试可以分为两种类型：直接演绎和间接演绎。直接演绎旨在表明，理论理性在应用于和行动有关的问题时，必定既展示了道德见识（moral insight）所需要的那种确认，又展示了意志的动机力量。间接演绎则试图从自由的预设中推出道德见识的本质方面，而在康德看来，这个预设的必然性及其辩护只能由理论理性来阐明。

从前面的分析中，我们不难看出直接演绎为什么必定会失败。这种演绎只是立足于与知性所具有的那种统一功能的类比，因此就没有注意到**道德见识**的特性。例如，不道德不可能只是在于理性在逻辑上不一致。思想的内在一致性，只要不对意志施加任何影响，就可以是一种不依赖于道德关注的东西。因此就不能把“道德法则必须约束意志的准则”这一绝对要求看作是对思想的一致性或连贯性的要求。换句话说，是否服从道德要求的问题并不是**理论上**是否合理的问题。因此，与理论理性的类比也不能使我们确信：只要我们的感性欲望与道德法则发生冲突，我们就**应当**让我们的意志屈从于道德法则。这样一个“应当”不是、也不可能是由理论理性的任何推理活动来达到的。

例如，有可能任何理论论证都不会说服我将一个推理规则接受为“正确”推理的前提。[1] 现在，假设有人要求我在两个可供取舍的推理规则之间进行选择，并告诉我其中一个规则是错误的。既然理论论证并没有说服我接受一个规则，我就会认为，不管一个理由在理论上多么有说服力，它都不能强制我接受一个据说是正确的规则。但是，确实有一种方式表明我对推理规则的信念是错误的，因此必须加以放弃。如果我确实依靠事实上是错误的推理规则来形成有关信念，那么当我按照那些信念（加上有关欲望）来行动时，我的行动极有可能就会失败。在这种情况下，我们大概可以恰当地认为，正是我的理性反思帮助我看到接受哪个规则是合理的。但是，在根本的意义上说，对推理规则的理性评价并非接着就取决于理论理性，因为只有通过一些本来就外在于理论理性的影响因素，理论理性才能学会审视我的信念或欲望的一致性。因此，任何实践意义上的见识，例如道德意义上的“应当”，都不可能是来自理性的任何一种理论运用。不过，值得强调的是，我们不应该把从这个例子中得出的要点与一些理论家从类似例子中引出的一个要点混淆起来，即道德要求是无条件的。[2] 为了论证这一主张，这些理论家试图表明我们也必须无条件地接受某些推理规则，但是在我看来，对该主张的这种类比论证并不令人信服。

相比较而论，间接演绎对康德来说似乎更有希望，因为自由毕竟是一个具有实践含义的概念。但是，只要康德试图用自由的概念来支持他对道德法则的演绎，我们很快就会看到，这种演绎不仅不是严格意义上的演绎，而且其中所使用的自由概念也不符合他的核心主张，

[1] 对这一点的一个有趣论证，参见 Simon Blackburn (1995),“Practical Tortoise Raising”, *Mind* 104: 695-711。

[2] 例如，Peter Railton (1997),“On the Hypothetical and Non-Hypothetical in Reasoning about Belief and Action”, in *Ethics and Practical Reason*, pp. 53-80。

即道德法则是（或者必须被看作是）绝对的。对自由的激情，正如康德自己认识到的，在人所具有的一切自然倾向中是最强的：我们强烈地感觉到，我们需要摆脱因为其他人的存在而强加到我们身上的一切约束，因为不管我们在其他方面多么幸运，受制于他人的意志通常就已经足以剥夺我们的幸福。另一方面，康德也敏锐地认识到，没有任何承诺的自由将是自然界中可以设想的最危险的力量，因为人很容易滥用自己的自由，对自由的滥用甚至可以到这样的程度：假若对一个人的不公正行为没有任何外在约束，那么即使外在的自由对他来说也将变得不可能。正如康德自己所说：

> 如果人是生活在同类其他成员中，人就是一个**需要主人的动物**，因为在与同类其他成员一道生活时，他肯定会滥用自己的自由。即使人，作为一种理性被造物，渴望一个对其他人的自由加以限制的法则，但是他仍然被他的那种自我寻求的动物倾向所误导，只要能够摆脱那个法则，他就会摆脱。因此，人就需要一个**主人**来打破他的自我意志，强迫他遵守一个使每一个人都可以获得自由的普遍有效的意志。[1]

康德由此断言，自由的合规律性是善的最高条件。但是，如果我们只是因为害怕那种没有管制的自由才想去调节自由，那么我们为了摆脱那种恐惧而希望施加于自己的自由的规则，用康德的话说，就不再是纯粹理性的一个**命令**了。因为，当自由的规则被解释为出于对安全的考虑而采纳的一个实用命令时，它在康德的意义上就是一个假言命令

[1] Kant, Idea for a Universal History with a Cosmopolitan Purpose, in *Kant: Political Writings* (Cambridge: Cambridge University Press, 1971/1995), p. 46.

而不是绝对命令。在这种情况下，康德诉诸自由就不会满足理性的自主性要求，即理性本身必须能够决定意志。假若理性是通过某种不属于自身的东西来决定意志，它就仍然是工具性的：它自身并不产生一个绝对的“应当”。[1]对康德所采取的其他尝试的考察最终也会得出同样结论。例如，通过诉诸“值得幸福”这一思想，康德试图把道德见识的情感效应从理性对无规律性的抵抗中推演出来。但是，如果为了让“道德就是‘值得幸福’”这一主张能够对我们产生动机影响，我们就必须相信由上帝来规定的一种世界秩序，那么，对于那些根本就不相信上帝的人来说，按照道德要求来行动就不可能是理性上必然的。而且，如果我们需要依靠这种信仰来确信道德行动在一个不完全理性的世界中、在结果上是公正的，那么就不仅需要首先预设道德意识，而且道德行动在康德的意义上也会变成“他律的”。事实上，康德很清楚，仅靠一种信仰活动是绝对无法将义务造就出来的。相反，只有当义务已经是真实的时候，这样一种信仰才能在实际生活中发挥作用。康德后来甚至认为道德信仰绝不能充当道德法则的基础，例如，他写道：“如果道德法则为了将我们置于其义务下就需要上帝和来世，那么将这样一种需要建立在能够满足它的那种东西的实在性中就毫无意义。”[2]

有趣的是，尽管康德自己认为间接演绎并不成功，但这种尝试仍然抓住了我们对道德动机所持有的一些强有力的直观认识。对康德自己来说，这种尝试基本上是因为两个原因而失败：第一，它使道德法则变成假设性的，即不是来自纯粹实践理性；第二，它诉求这样一个

[1] 当然，如果对自由的规则的采纳在某种程度上确实植根于人们对那种没有管制的自由的恐惧，那么，就康德所说的“美德的责任”与“正义的责任”的来源而论，把它们截然分明地区分开来可能就是不恰当的。

[2] 转引自 Henrich 1994, p. 79。

演绎本来要确立的东西，即道德意识。然而，我们不是不可以合理地追问：为了将道德的理性必然性确立起来，实践理性就必须是“纯粹的”吗？康德声称理性的“纯粹性”就在于其绝对自发性：理性必须是这样，以至于无须诉诸任何经验条件，它就能凭借自身的力量激发意志。但是，为了说明理性**如何**能够是自发的，我们好像确实需要某些其他东西。“值得幸福”的思想很可能就是这样一个东西，尽管它是理性通过诉诸经验性的人类条件而得到的。所以，只要康德假设纯粹理性必须具有绝对的自发性，那他要么无法说明道德兴趣的真正可能性，要么就必须承认，至少在人类的情形中，理性必须依靠某个**实践性的**诱因作为其自发性的起点。

与理论理性的类比无助于康德论证纯粹理性的自发性。康德确实观察到，甚至理论理性也不可能被定义，除非它被设想为本身就是自发的并因此而被设想为超验自由。对于康德来说，能够思想的自我必须被设想为自发的，因为若没有某种原始的自发性，思想主体就无法组织和统一其表象。先验地思考的能力是所有其他现象之可能性的唯一条件。然而，康德不久就认识到，将知性的自发性学说扩展或运用到实践领域的尝试必定会失败，因为这个策略忽视了一个重要事实：概念与实在在认知中的关系完全不同于它们在道德中的关系。[1] 在认知中，一个给定的实在是由概念来决定的，而在实践领域中，既然一个观念在理性中有其起源，这样一个观念就是一种特殊的实在即善良意志的根据，而善良意志自身可以对立于妨碍它去实现其目标的一切力量和动力，因此已经是一种实在和实现。由此来看，我们不应该把思想的自发性与意志克服和限制自然倾向的自由混淆起来，因为假若思

[1] 在《实践理性批判》标题为“纯粹实践理性的原则的演绎”那一节中，康德自己对这个区分提出了详细说明。参见 Dieter Henrich, “Ethics of Autonomy”, in Henrich 1994, pp. 89-122，特别是 104-108 页。

想尚未以某种方式与人类行动的领域相联系，它就不包含自我实现的要求，因此就没有与实在发生真正的对立。这样，“纯粹实践理性”这一概念就不能被理解为理论理性之自发性的一个含义，相反，假若理论理性能够有任何实践上的关联，那么其自发性就取决于实践理性的自发性。理论理性若不设法变成实践性的，就不能在行动中起到任何作用。但是，如果理性为了变成实践性的，就需要某种不属于自身的东西，那么我们就不清楚，已经具有实践性的那个理性在什么意义上是“纯粹的”。不过，只是相对于那种把道德法则推演出来的尝试而言，与理论理性的类比才是失败的。在康德伦理学中，意志所意愿的东西与善良意志的关系，实际上可以比作其知识论中对象与知性的关系，因为在这两种情形中，不论是对现象的知识，还是对善的认识，其内容都是来自意识进行综合统一的那种功能，或者说来自理性的普遍性。它们之间的差别主要在于：只有在对一个在经验上受到影响的、意志的内容进行普遍化的基础上，善良意志所意愿的那种善才能获得其意义。因此，只有当普遍化原则被确立起来后，与理论理性的类比才能得到维护。然而，这个原则本质上是与道德意识相联系的，而康德又假设道德意识不能从理论理性中推演出来。换句话说，只有当道德意识已被预设时，这个类比才成立，而且，正是因为这个缘故，我们不能认为这个类比构成了道德法则的演绎基础。康德于是断言，在其超验观念论体系中，纯粹理性的自发性必须被看作一个逻辑上不可阐明的事实。既然这种自发性是不可阐明的，康德就把道德意识（对“我们生活在道德法则之下”这一事实的意识）处理为一个“理性的事实”：

> 只要我们达到了基本的能力或官能，人的一切见识就会完结，因为这时就不存在能够对其可能性加以设想、但又不是随便

> 捏造出来的东西。因此，在理性的理论运用中，只有经验才能为我们假设这种东西提供辩护。但是，这种替代，即引用经验证明来代替一种从先验认知的来源中进行的演绎，就理性的纯粹实践的能力而言在我们这里也被否决了。因为凡是需要从经验中得出其实在性证据的东西，就其可能性的根据而言都必须依赖于经验原则，而纯粹实践理性在概念上不可能被认为具有这种依赖性。而且，道德法则就好像是作为纯粹理性的一个事实而被给予的，这样一个事实是我们先验地意识到的并具有绝对的确定性，尽管也得承认在经验中找不到严格遵守它的任何例子。因此，道德法则的客观实在性是不能用任何演绎、不能用理论理性的任何努力（不管是思辨性的还是在经验上得到支持）来证明的，以至于尽管有人想否认其绝对确定性，也不能采取那种用经验来确认、因此用后验的方式来证明的做法。（《实践理性批判》5: 47）

康德称为一个“理性的事实”的那种东西究竟是道德法则本身，还是前面所说的道德意识，这是一个有争议的问题。我倾向于认为后一种理解更符合康德的文本以及他原来要对道德法则实施演绎的尝试。在谈到“理性的事实”这个说法时，康德并没有把道德法则和我们对它的意识区分开来，大概是因为道德意识在被处理为一个“理性的事实”时也获得了其普遍性，因此在某种意义上就等同于对道德法则的认识。不过，假设道德意识在认识论上先于对任何特定道德原则的慎思，这似乎更合理。[1]不管怎样，假如我们认为康德所说的“理性的事实”就是指道德意识，那么我们就可以鉴定出他把道德意识称为一个“事实”的两个含义。首先，既然我们不能从一切思想活动的那种原初的确定

[1] 对这个争论的有关讨论，参见 Allison 1983, pp. 231-233。

性中——也就是说，从对自我的意识中——来说明道德义务，道德意识就必须被接受为一个纯粹的事实。不过，道德意识不可能在如下意义上被看作一个事实：它要么是经验的对象，要么是理性的对象。正如康德所说：

> 对［道德法则］这个根本法则的意识可以被称为一个理性的事实，因为它不能从理性先前具有的材料中被推演出来，例如不能从对自由的意识中被推演出来（因为这种意识不是被预先给予我们的），因为它是作为一个先验综合命题而自为地把它自己强加于我们的，而这样一个命题不是立足于任何直观（不管是纯粹的还是经验的），尽管在预设了意志自由的情况下它就变成分析性的。（《实践理性批判》5: 31）

具体地说，道德意识不是经验的对象，因为道德要求所具有的那种“必须要做”的特征——道德被认为具有的那个核心特点——只能出现在道德见识中，因为道德法则本来就被假设为调节和规范一切欲望和嗜好的根据。道德意识也不是理性的对象，因为在康德看来，它是令理性变得具有自发性的东西。康德之所以将道德意识表征为一个理性的事实，只是因为它是理性**直接**给予我们的一个“资料”，而且是自为地、而不是通过任何理性的推导而把自己施加于我们。其次，通过将道德意识描绘为一个理性的事实，康德或许在是强调他试图赋予道德意识的那种普遍性和必然性，因为对他来说，一切普遍的和必然的东西都只能由理性来把握。因此，唯有通过**假设**道德意识是一个理性的事实，康德才能断言道德法则的绝对性。与康德原来的尝试（对道德法则实施一个严格演绎）相比，这显然已经是一个很弱的结论。

那么，“理性的事实”学说到底具有什么含义呢？首先，对康德来说，把道德意识分析为理性的一个事实，在某些关键的方面就类似于把自由的观念确立为理性的调节原则。在康德看来，自由不是被证明出来，而是被显示出来的。类似地，道德意识本身是在我们的选择活动中展现出来的。通过将纯粹实践理性与知性加以类比，康德得出了如下主张：为了理解我们的道德经验，我们就必须假设有道德意识存在。但是，假若我们揭除了康德伦理理论的形而上学伪装，那么将道德意识处理为休谟意义上的自然信念反而更合情合理，因为它实际上就是这样一种东西：它既不是通过经验呈现给我们的，也不是通过理性呈现给我们的，而是人类生活实践所需要的一个实践预设。下面这段话或许支持这种解释：

> 我们是通过理性而意识到我们的一切准则都要服从的一条法则，就好像一种自然秩序必须同时来自我们的意志一样。因此，这条法则必定是［我们对］这样一个自然［所持有］的观念：这个自然不是在经验上被给予的，而是通过自由才变得可能，因此是一个被我们赋予了客观实在性（至少在一个实践的方面）的超感性的自然，因为我们把它看作我们作为纯粹理性的存在者而具有的意志的对象。（《实践理性批判》5: 44）

进一步说，如果道德意识必须被看作理性的一个事实，那么，相较于康德在试图对道德法则实施一个演绎时所设想的，实践自由和超验自由之间的联系要清楚得多。康德对“超验自由”的设想并非全无根据，但我们需要对这个概念提出一种“非超验化”的理解，把它鉴定为道德自主性。理性只有通过道德意识才能变成自主的。但是，既然道德意识是在我们对选择的感性经验中显示出来的，将它与我们的感性本质分离开来就显得很荒谬了。如果我们承认这种联系并放弃对道德法则实施一种严格演绎的尝试，也就是说，把道德意识接受为一个事实，那么，通过表明我们如何能够对道德意识进行反思认同，大概就可以说明我们如何能够具有道德动机。然而，只要康德尝试实施一种严格演绎，他可能就看不到，他其实有一些思想资源可以说明，我们如何能够按照道德动机来行动。为了便于论证，我们不妨假设道德动机的问题可以被简化为如下问题：理性行动者如何能够也将自己看作知性世界的成员，并在合适条件下将自己提升到那个世界？为了尝试回答这个问题，我将考虑两个相互关联的主要道德诱因：自由和幸福。

康德确实试图通过引入“知性世界是感性世界的决定根据”这一思想来说明道德动机。他对这个思想的论证完全来自前面提到的那个类比，而这种做法并不是很符合他的目的，因为尽管理论理性寻求思想的一致性和连贯性，但是，除非思想和认知的一致性已被看作一项道德责任，否则我们在思想混乱时就不会感到内疚。因此我们就不能把道德自我在对其确定性的寻求中所预设的那种自由赋予思想主体。道德自我不是在理论理性的任何思辨活动中被发现的，而是在一个**行动者**的活动中体现出来的，这样一个行动者还必须与其他行动者处于某些关系之中。思想自由本质上不同于道德自由，而这种差别就向我们提供了一些线索来设想道德动机的可能性。假若纯粹实践理性还没有将任何实践性的见识作为构成要素包含在内，它就不能决定意志。这样一个见识取决于行动者对善的认识，后者就构成了他选择的根据。因此，任何理性选择活动都必须始于对善的认识和确认。此外，尽管善可以成为理性反思的对象并因此而进入反思过程中，但我们在道德见识中对它的确认并不依赖于反思，就好像这种确认就是我们自然而然地感觉到的一种回应。基于反思的理性选择就构成了一种形式的自我理解。

理性选择取决于行动者对如下问题的思考和认识，即什么东西对他来说是好的、有价值的或值得想望的，即使后面这种东西并非其直接欲望（或者最强的欲望）的对象。因此我们可以合理地假设，人类行动者能够按照那种自我施加的幸福原则来选择实现自己的感性欲望。康德实际上能够同意这一点，并把它归于“人首先是具有感性需要的被造物”这一事实，正如他所说，“就人属于感性世界而言，人是有需要的存在者，就此而论，人的理性肯定具有一个来自人的感性方面的使命，即关注感性方面的利益，为了此生的幸福而形成实践准则，并且只要可能，也为了来生的幸福而形成实践准则，这项使命是人无法拒绝的”（《实践理性批判》5: 61，参见 5: 25）。不过，康德也立即指出，必须恰当地限制感性需要的满足，因为只要幸福被理解为一个人对欲望满足的自我确认，幸福原则“就没有把同样的实践规则规定到所有理性存在者”（5: 36）。在康德看来，幸福的概念意味着我们不可能把一切欲望和愿望都统一在一个聚集体中，因为不仅任何程度的满足都会超越自身，创造出新的欲望来，而且我们行动的感性动机会互相冲突，以至于一个行动的实现必然会妨碍另一个行动的实现。即使康德仍然对“幸福”采取了一种快乐主义的理解，并未充分意识到我们实际上无须这样设想幸福，但他正确地认识到，为了调节我们各自对幸福的追求并使所有这样的追求变得和谐，就必须存在着某些规则：

> 自然似乎已经使我们从根本上屈从于感性需要并为了满足这种需要而行动。然而，为了使我们对幸福的盲目欲望不会将我们引向不同方向，我们的知性也必须把某些普遍规则表达出来，以便我们可以按照这些规则来组织、限制和统一我们追求幸福的努力。既然幸福的驱动力往往相互矛盾，就需要这样一个判断，它只是通过纯粹意志来设想规则，没有任何偏见，并且远离一切自然倾向。这些规则对所有行动和所有人都有效，其目的是要使得一个人与自己、

与其他人保持最大和谐。（转引自 Henrich 1994, p. 78）

在这段话中，康德似乎提出了一个普遍幸福的观念，即“每个人对幸福的追求都要符合其他人对幸福的追求”这一思想。值得注意的是，如果康德确实试图把道德从普遍幸福的概念中推演出来，那么这种演绎就不是理论演绎的一个例子，因为这个幸福概念是实践性的而不是理论性的（参见 Henrich, 1994: 77-80）。只有在我们的活动中，而且只有通过我们的活动，我们才能设想、体验和实现我们的幸福。既然追求幸福就是一种实践活动，我们就可以在实践上反思自己对幸福的追求。我们对幸福所做出的一切判断不是对一个在理论上进行思辨的自我的判断，而是对我们的活动的判断。但是，只有当一个人能够合理地指望所有其他人在对各自幸福的追求中都遵守某些规则时，他对自己幸福的那种**经过理性调节**的追求才能在感性的兴趣中激发某种快乐。换言之，相对于调节行动的规则来说，在我们对幸福的追求中，只要我们发现服从这种规则比不服从该规则有望使我们获得更大幸福，我们就有兴趣加以服从。若这一点得不到保证，就没有特别有力的理由使一个人确信他应该优先考虑普遍幸福，而不是他自己所设想的幸福。接受这个条件并不是不合理的。而且，作为现实的人类行动者，我们宁愿相信这种展望是由某个合理设计的伦理共同体来保证的，而不是由上帝来保证的。即使这样一个伦理共同体（比如说康德所谓的“目的王国”）仍然是一个理想，它也是一个可以被合理地指望能够得到实现的理想。在这种自我设想的幸福和我们对这样一个伦理共同体的期望之间可以存在着复杂的相互作用，而我们的道德动机就可以在这种互动中逐渐成形。实际上，我们的幸福观念是可以由这种展望来重塑的，而道德美德也可以用我们对这样一个伦理共同体的信念来说明。这种解释应当符合康德在《道德形而上学基础》

中的成熟想法：

> 一个知性世界（我们作为理性存在者所属的那样一个世界）的观念……**从一个理性信念的目的来看**，仍然是一个有用的、可允许的观念，虽然一切知识都触及不到其边界。这个观念，通过一个普遍的目的王国（理性存在者的王国）这一辉煌理想，使我们对道德法则产生了一种活生生的兴趣，即使只有当我们按照自由的准则来小心地引导自己，就好像那些准则是自然规律的时候，我们才能属于这样一个王国。（4: 462-463，强调系笔者所加）

我们也可以对自由的概念提出一个类似说明。正如我们已经看到的，康德的自由概念在其原始形式上并不是摆脱自然规律的必然化的概念。一旦人已经学会将世界向自己表达出来，能够为自己设定目的，人也就逐渐获得了自由。只要选择变得可能，自由就会突现出来。然而，任何选择总是按照某个特定目的来进行的。由此可知，对人来说，自由并非没有自身的目的，因为人的自由绝不是动物的自由。如果对自由的原初意识确实与“不受自然界的盲目力量所支配”这一思想相联系，那么我们就可以合理地假设：自由是为了使人的个性和潜力得到最充分的实现而被赋予人类的。当康德把自由看作所有人类激情中最强的激情时，他肯定就是这样来理解自由的。然而，如果人的自由本质上是与选择能力相联系，那么自由的恰当行使就不可能是无规律的，因为选择至少预设了行动者对“什么东西对自己来说是好的或将是好的”这一问题的认识和理解。然而，对人类行动者来说，自由也必须被同时看作一条**规则**。至少可以提出两个主要理由来说明这一点。首先，一旦人们认识到了社会生活的必要性或必然性，他们就总是需要依靠彼此的存在和活动来满足自己的需要或实现自己的目的。因此，虽然自由表面上看就体现在行动者的自我决定的选择中，但其行使在一个自我封闭的个体那里并没有什么意义。换句话说，一旦我们把自己与其他人分离开来，自由对我们来说就失去了价值和意义。唯有与其他人处于一种其意志无法抵抗的关系中，我们才能获得自由，反之亦然。其次，在康德看来，我们**天然**就生活在一种相互对抗中，时刻都能料想到别人会抵抗我们的欲望。我们对自由的自然激情于是就会演变为剥夺他人自由的欲望。可想而知，使我们能够真正获得自由的条件，也是能够使得对自由的一切追求变得和谐的条件。但是，如果自由对于充分地实现我们的个性和潜力是必要的，那么一个充分理性的人类行动者想必就会遵守对这种和谐进行制约的规则。当然，这个事实本身不足以表明这种服从必定是义不容辞的；也许，只有当我们也把对他人的责任看作完善自己个性的一个必要条件时，这种服从才是义不容辞的。不管怎样，对人的自由的这种理解有助于说明，为什么我们能够具有服从道德规则的兴趣以及如何能够具有这样一个兴趣。

然而，把道德要求表征为绝对命令却是一种令人误解的做法，因为道德行动并不是没有自己的目的，而对这些目的的认同实际上也不是无条件的。当然，假若康德能够表明，作为**人类**行动者，我们不仅应当在乎和追求这些目的，而且这样做也具有内在价值，那么道德要求在这个意义上或许是无条件的。为此，康德就必须假设道德在一种强的意义上对于人性来说是**构成性**的。康德确实希望在道德和人格之间建立一种很强的联系，正如他所说，“没有任何人完全没有道德感觉，因为要是一个人完全缺乏接受道德感觉的能力，他在道德上就已经死了；如果道德生命力不再能够激发这种感觉，那么人性就会消解为单纯的动物性，就会与其他自然存在物不可逆地混为一体”（《道德形而上学》6:400）。康德大概是在说，只要我们自认为已然提升到动物性的层次之上，我们就

应当把道德意识看作是内在于我们的。然而这里不太清楚的是，要如何理解这个“应当”。动物性本来就是人性的一个内在方面；假若我们能够超越这个方面，那必定是因为我们已经有了道德意识并格外尊重我们由此独有的尊严。因此，康德的上述说法最好被理解为：只要人性经过了道德的重塑，它也就变得不可逆转。但是，就康德试图通过其演绎为道德寻求理性根据而论，他实际上也是在追问“人类道德是何以可能的”这一问题。因此，总的来说，他实际上并不希望一开始就**规定**道德是内在于人性的。假若道德行动并不是无目的的，那么康德就需要寻求一种方式来说明我们如何确认或认同道德行动的目的。

康德把道德意识看作理性的一个事实，从这种理解中我们也可以看到同样的思想。尽管康德把道德意识表征为一个事实，但是，由于对幸福的自我追求是人性中的一个自然事实，在这个意义上，康德并不把道德意识看作一个“自然的”事实。之所以如此，大概是因为他认为道德超越了单纯的人性——人性不过是以理性手段来寻求自爱的倾向（参见《单纯理性限度内的宗教》6: 27）。不过，对于康德来说，这种倾向不仅自身是好的，也是“植根于一个实际上具有实践性的理性中”。就这种倾向与实践理性的关系而论，它只“屈从于其他诱因”，特别是希望在其他人眼中显得有价值的诱因。然而，社会对抗以及由此在人类个体那里产生出来的不平等，乃是众多邪恶之根源，尽管在康德看来也是一切好东西的根源。[1] 所以，如果我们确实能够成为具有道德意识和道德良知的人，那不可能只是因为我们被赋予了理性，因为理性可以被用来服务于其他目的，也许包括非道德的目的。在这里，我们可以把康德对理性的理解与卢梭对理性的理解做个比较。对

[1] 参见 Kant, Conjectures on the Beginning of Human History, in *Kant: Political Writings*, 特别是 226-228 页。

卢梭来说，理性根本上是一种激情，而激情则作为一种不受控制的不确定力量支配着人类生活。一旦人已经通过理性的发明从自然状态中被释放出来，理性也就被用来扩展人的欲望，并使之变得日益复杂。结果，理性的发明反而倾向于对人类生活造成一种异化，使人类生活处于自我奴役的状态。康德很幸运地发现了卢梭对人类理性提出的这种黑暗图景，但是，通过假设人类理性能够在自我完善的理想中实现其“辩证”转化，康德试图转化人类理性。自我完善的理想本质上是一个道德理想。于是，按照康德深思熟虑的看法，只有通过永远追求自我完善的道德理想，理性才能变成自主的。[1] 具体地说，只有当理性以这样一种方式来追求和实现自己的目的，以至于它充分符合其他人的类似追求时，它才能获得自主性。这其实就是康德在谈到道德时想表达的一个核心观念。因此，道德意识本质上是对一个伦理共同体的意识，而在这样一个共同体中，每个人对自己目的之追求都能与其他人对各自目的之追求相和谐。

由此可见，康德对道德所实施的那种辩护，尽管根本上说是立足于自主性的观念，实际上却是共同体导向的。不过，这也许不意味着康德是当今意义上的社群主义者，也不表明康德会把一个伦理共同体看作是强加于我们的，因为在他看来，“既然一个伦理共同体的概念就意味着摆脱强制，政治共同体强制其公民进入一个伦理共同体就变成一个矛盾了”（《单纯理性限度内的宗教》6: 95）。因此，从康德的观点来看，我们之所以能够在道德上被激发起来行动，本质上是因为我们希望寻求人性的自我完善。这个动机在人类生活中确实不是可有可无的，因为对我们来说，欲望的根本原则就是康德所说的“不可完全社

[1] 对康德的“理性的动力学”的一个深入探讨，参见 Richard L. Velkley, *Freedom and the End of Reason: On the Moral Foundation of Kant's Critical Philosophy* (Chicago: The University of Chicago Press, 1989)。

会化的社会性”，即在相互需要和相互依赖的环境中的社会对抗。我们需要道德理性，因为我们感觉到我们需要纠正那种“被自然地赋予的理性”——那种只是按照自爱原则对感性动机进行选择的能力。换句话说，理性的实践性和自主性的根源就在于其公共运用之中。在康德的伦理框架中，自我本质上是公共的，即使它同时也能是自主的，而且恰好是因为它本质上是公共的而变得能够具有自主性。

五 道德情感与道德选择

尽管康德对道德实施**严格**演绎的努力以失败而告终，这并不意味着他没有或不能对道德提出任何辩护。事实上，正如我们刚刚看到的，他确实提出了一个辩护，其顶点就是“理性的事实”学说。无论知性能够为道德的概念提供什么，只要我们能够（在某些情况下，必须）从感性动机中进行选择，这个事实就已经显示了道德意识的存在。若有人认为道德意识需要进一步加以辩护，他就是在持有一种形而上学观点，即（道德）经验本身有可能仍未触及（道德）实在。但是我们没有充分的理由相信这样一种观点，因为甚至从康德的认识论来说，经验已经以某种方式包含了被假设处于实在中的东西。即使道德被认为具有某种必然性，这种必然性也不是从纯粹实践理性的概念中先验地得出的，因为只要理性被认为并不只是分析性的、逻辑性的和纯粹认知的，它如何能够是综合性的、自发性的和实践性的这一问题本身就需要得到说明。康德主义者往往认为，理性意味着人的能力不是由自然秩序来规定的。但是，假若理性确实具有这个含义，那么这件事情本身也需要从人与自然的关系来加以说明。这当中可能涉及一种“诡辩”，但这是一种自然的诡辩而不是逻辑的诡辩。在试图从理论上重建道德意识的可能性时，康德自己最终意识到这项任务已经触及理性的极限。因此我们只能把道德看作人类生活中一个不可置否的**事实**，并在这个意义上来理解道德的必然性。只要人类条件继续存在，或者用康德的话说，只要社会对抗在一种相互需要和相互依赖的环境中继续存在，就必定会有道德这样的东西。道德必然性因此是一种实践意义上的必然性。

若是这样，康德为何假设道德的理性根据和动机力量都只能在理性中来寻求呢？在我看来有两个主要原因。首先，康德的一般认识论让他做出这个假设，他的道德认识论只是其一般认识论的一个应用。换句话说，康德相信，凡是能够被确定地把握的东西都只能在理性中来把握，而且只能通过理性来把握。其次，对于各种形式的道德感（moral sense）理论，康德采取了一种全然不信的态度。在这点上，卢梭的自由概念对康德产生了很大影响。在卢梭看来，现代人本质上被一种情感所占据，即他所说的“社会上创造出来的自爱”（*amour-propre*）。卢梭对这种情感做了一番分析并进而认为，只要我们诉诸任何一种情感（feeling）、以之为道德动机，我们的自由或自主性就会受到威胁。需要注意的是，卢梭的这一思想看起来有点似是而非。卢梭声称，正是这种自爱产生了人所体验到的一切堕落的和竞争性的激情。这个主张大概是正确的，因为按照卢梭的说法，在自然状态中，人如何为自己只是取决于他对自己的意识，就此而论，自然状态中的人只为自己而存在；但是，随着那种社会化的自爱的出现，人开始重视自己，于是就有了希望得到他人重视的欲望，因此很关心他人对自己的看法。[1] 但是，卢梭的主张似乎意味着，一个人对自我有所意识，却对他人没有意识，或者没有让其他人对自己有所意识。这个说法是不是具有连贯的意义，这一点是不清楚的。更严

[1] 参见 Jean-Jacques Rousseau, *Discourse on the Origin and Foundation of Inequality among Men*, in Rousseau, *The Discourses and Other Early Political Writings*, edited by Victor Gourevitch (Cambridge: Cambridge University Press, 1997)。

重的是，当卢梭把生活在他人眼中鉴定为“腐化的”意识的一个构成要素时，他并没有把不同程度的依赖性区分开来。于是卢梭就认为，关心其他人对自己的看法无异于完全放弃一个人的自我判断，因此我们只能在被其他人完全决定和完全的自我决定之间做选择，在一种无限制的依赖性和一种无限制的独立性之间做选择。这种观点显然是错误的，因为至少还有一个选择：对其他人的看法的适当关注是以一个人对自己的判断为中介的，因此，即便一个人顾忌其他人对自己的看法，他也可以是自己的判官。此外，卢梭固然认为现代人已经不再只为自己而存在，而是开始关心他们在其他人眼中的存在，并将对其他人的某种依赖看作其身份的一个构成要素；但是，这个主张很不符合他自己在《论人类不平等之起源》中提出的另一个主张：同情或怜悯，作为人天然具有的善的根基，也是后来的一切社会美德的基础。对于卢梭观点中的这些复杂性，康德并未加以深究，反而直接认为所有来自情感的行动在某种程度上都是“由感性冲动规定的”（pathologisch）。由此不难明白康德为何认为道德动机也只能在理性中来寻求，而这种看法也很符合他对道德的理解：道德表现为我们必须无条件地加以服从的责任或义务。然而，虽然康德断言道德法则只能先验地引自理性的概念，并坚持将道德形而上学与经验人类学区分开来（参见《基础》4: 390 和 4: 411），但是我们无须纠结于他的字面说法，因为他对道德形而上学的建构实际上与他对人类条件的观察和理解不可分离，事实上还依赖于那种观察和理解。[1] 例如，不可完全社会化的社会性，作为康德的伦理思想和政治学说的一个根本起点，本身就是一个经验观察，即便是一个高度普遍的经验观察，因为

[1] 在这里我们无须详细阐明这一点。艾伦·伍德已经详细表明康德对人性的理解如何对其实践哲学的建构做出重要贡献。参见 Allen Wood (1991),“Unsociable Sociability: The Anthropological Basis of Kantian Ethics”, *Philosophical Topics* 19 (1): 325-351; Allen Wood, *Kant's Ethical Thought* (Cambridge: Cambridge University Press, 1999), 第二部分。

其根据就在于实际的人类条件。因此，为了更恰当地理解康德的伦理思想，我们首先需要实现一种转变——从抽象的理性行动者的概念转变到实际的人类行动者的概念。正如我们即将看到的，这种转变对于重建他的道德动机理论具有重要意义。

如前所述，若不努力把道德动机与对人类条件的考虑联系起来，就很难说明道德动机的可能性。康德声称以经验为条件的实践理性不是纯粹的，因为这种理性只是按照行动的感性诱因来发展实践原则，例如它可能发展出这样一个原则：必须为过冬做好准备，因为饥饿和寒冷是我们想要避免的不利感觉和有害条件。从非康德的观点来看，我们不太容易理解避免饥饿和寒冷的欲望为什么必定是一种“外在于”我们的冲动。不管怎样，康德确实相信纯粹实践理性是真正存在的，并认为这种理性必须满足两个条件。首先，在决定如何行动时，它所诉求的根据来自其自身的结构，而不能来自任何其他东西。特别是，甚至在它对存在的结构或者人类行动的根本倾向具有任何认识之前，它必定就能为决定行动的道德正确性提供根据。其次，它必须同时对意志的“正确行为”施加某种约束。康德之所以这样认为，是因为在他看来，假若理性只知道正确的东西，而不同时成为后者的支配力量的根据，那么它就只是我们得以知道正确事物的官能，而不是后者的根源。换言之，理性的自主性意味着它既是义务的**根源**又是我们服从义务的**动机**。不过，在思考纯粹理性如何能够自发地产生道德动机的过程中，康德的思想经历了一个发展历程。在早期阶段，康德并不相信理性本来就有产生行动的力量，反倒持有一些本质上类似于道德感理论的思想。[1]例如，在《伦理学演讲》中，他写道：

[1] 参见 Beck 1960, pp. 213-216; Keith Ward, *The Development of Kant's View of Ethics* (Oxford: Basil Blackwell, 1972), pp. 21-33, 52-68。

> 道德情感就是接受道德判断的影响的能力。我的知性可以判断某个对象是道德上好的，但这无须意味着我将履行我判断为道德上好的那个行动：从知性到行为仍然需要一番痛苦的挣扎。要是这个判断激发我采取了那个行为，它就会是道德情感；但是心灵竟然有一种进行判断的动机力量，这是一件很不可思议的事情。知性显然能够做出判断，但是，把一种强制性力量给予知性的判断，让它成为能够激发意志采取行动的一个诱因——这就是点石成金了。[1]

康德曾经试图对道德感（*sensus moralis*）提出了一种通神论（theosophy）解释（通神论是一种试图按照对上帝之本质的神秘洞察来探究或猜测灵魂之本质的宗教学说）。不过，他很快就达到了这样一个想法：从我们的认知官能的自发性中、用一种完全确定的方式引出善的观念也必定是可能的。这种尝试涉及把理性处理为一种具有活动性的东西，而不是处理为一种逻辑形式。自发性学说实际上包含了对道德动机实施一种演绎的两种可能性（参见 Henrich 1994: 106-107）。我们能够对善产生一种快乐感，而在康德看来，我们具有这种快乐感，或是因为我们对具有内在冲突的感性动机实施了一种安排，或是因为对善的追求让我们感觉到了自由，而在我们的纯粹思想中，自由也构成了那种具有自发性的理性的本质。然而，第一种尝试并未取得成功，因为它不能合理地解决如下问题：善良意志，若本身不对某个其他东西产生兴趣，那么在面对感性倾向的反对时如何能够变成有效的？我们不仅

[1] Kant, *Lectures on Ethics* (translated by Louis Infield, Indianapolis: Hackett Publishing Company, 1963), pp. 44-45. 参见《纯粹理性批判》A812-813/B840-841。这部演讲在康德生前并未出版，不过，有些学者认为，这部演讲表达了康德伦理思想发展的中间阶段，因此对于理解他的成熟的伦理思想意义重大。参见 Ward 1972, pp. 67-68。

需要说明理性如何能够产生一个兴趣去化解欲望之间的冲突，更重要的是，我们也需要说明理性如何能够对击败我们的感性动机（当它们与善相对立时）产生兴趣。第二种尝试也失败了，却是出于一个不同的理由：既然思想本身并不包含让自己得到实现的要求，也没有与实在发生真正的对立，就不能把它的自发性与意志克服和限制感性倾向的自由混淆起来。康德对这个问题的思考以两个相互关联的学说而告终：一个学说就是前面讨论过的那个观点，即道德意识必须被看作理性的一个事实；另一个学说就是我们现在要讨论的观点，即对道德法则的尊重（以下简称"尊重"）就是善良意志的唯一动机。

康德认为，尊重不是一种道德趋向（predisposition to morality），而是道德本身，因为它就是对道德意识的恰当表达。康德现在似乎认为，理性就道德法则的自我施加所做出的判断差不多就等同于我们对感性倾向受到限制的意识，因为二者都是在道德意识中被统一起来的。不过，即使这一点已经变得比较清楚，有一个关键问题仍然引起了激烈的讨论，那就是：尊重是如何作为一种情感而突现出来的，对于道德动机又具有什么含义？[1]在这里我将不详细处理这个争论。我想指出的是，只要我们注意到康德**在逻辑上**将其道德形而上学与道德心理学分离开来，[2]我们就可以看到这个争论比双方所设想的还要复杂，也可以看到它如何能够对我们理解道德选择具有重要意义。

[1] 很多批评者一致地否认如下主张：康德本来就应该假设（或者甚至已经假设）道德情感在道德行动中是具有动机作用的。但是，也有一些批评者认为这种解释是错误的，例如，参见 Alexander Broadie and Elizabeth M. Pybus (1975),"Kant's Concept of 'Respect'", *Kant-Studien* 63: 58-64; Richard McCarty (1994), "Motivation and Moral Choice in Kant's Theory of Rational Agency", *Kant-Studien* 85: 15-31。关于论述这种解释的文献，参见后一篇文章中的第一个注释。

[2] 我强调这种分离只是逻辑上的，是因为康德其实并不否认道德形而上学能够与道德心理学在认识论上或者甚至在辩护上发生联系。

简单地说，这个解释上的争论是这样产生的。康德认为，我们既可以出于对道德法则的尊重而履行责任所要求的行动，也可以出于其他动机而履行一个**符合责任要求**的行动，例如，某人之所以履行做父亲的职责，是因为他害怕其他人在这方面对他进行指责。康德最终相信道德价值（moral worth）只能被赋予前一种行动而不是后一种行动。他甚至认为，即使人们出于某种自然的倾向或情感（例如出于父母对孩子的爱）而履行符合责任的行动，这种行动依然没有道德价值，因为在他看来，一切来自感性本质的东西，例如自然的倾向或情感，若被用作服从道德要求的动机，不仅在来源上是不可靠的（参见《基础》4: 425；《道德形而上学》6: 383-384），甚至也有可能是自我挫败或自我毁灭的。[1] 康德之所以持有这种看似古怪的观点，是因为他相信道德法则必须具有普遍有效性，对道德法则的服从必须是无条件的。因此，如果存在着道德动机的话，它就只能来自对道德法则的尊重。责任就是出于对道德法则的尊重而行动的必然性。但是，假若对道德权威的**理性**认识本身就能激发我们采取行动，尤其是，假若道德情感的根据就像他所说的那样只能在于那种认识，他为何还要努力引入道德情感的概念？

答案也许就在于康德对实际的人类行动者的描绘。康德认为，尊重本来就是道德动机对我们感性的影响，而不是一种分离的或独立的动机。尊重是一种特殊的快乐感：只要一个人认识到自己是道德法则的作者、能够具有满足其要求的行动理由，对道德法则的尊重就可以在他那里产生一种愉悦感。康德进一步认为，这种情感有积极的方面和消极的方面（参见《实践理性批判》5: 74-76，5: 78-79）。就道德法则（或者更恰当地说，道德意识）限制和贬低了对立的感性倾向而论，

---

[1] 例如，参见 Kant, *Lectures on Ethics*, p. 193。

它在行为主体那里会产生一种由于具有感性本质而具有的痛苦感受。这种感受不是直接来自意志本身做出的决定，而是由于行为主体当前的某个感性欲望遭受挫败而自然而然地产生的。另一方面，通过揭示我们挫败感性欲望的能力（实际上，通过揭露一切自我满足或自我欺骗），那种感受也揭示了纯粹实践理性这种更加高级的能力在我们这里的存在，因此产生了一种对纯粹实践理性进行回应的积极情感。康德认为，对感性倾向的限制是作为道德行动者的知性自由的一种无法理解的效应而出现在感性之中的：当我们觉得感性受到贬低的时候，知性自由就得以展现出来，而且只能在这种体验中展现出来。因此，对感性的限制就意味着理性的膨胀和提升，这种膨胀和提升恰好是"对理性的因果性的一种积极促进"（5: 75）。因此，在康德看来，尊重的情感就来自于我们对如下事实的意识或体验：在道德选择中我们的感性倾向受到了约束或限制。

然而，假若我们还没有认为道德行动能够产生某种感性快乐，那么如下说法就显得有点古怪了：在道德选择中，我们既有一种受挫感，同时又有一种升华感。就算那种快乐是来自我们的理性考虑，它也是我们的道德经验的一个本质部分。如果这种感受是由道德意识产生出来的，那么它就是内在于道德实践的。另一方面，如果没有任何行动能够在合适条件下激发这种感性效应，那么它们是否表达了我们所说的"道德"就值得询问了。换句话说，假若确实存在康德所说的这种道德情感，它就不可能只是道德行动的一种附带效应，而且也是严格意义上的道德行动的一个本质要素。因此，只要尊重是作为一种情感在感性本质中出现的，我们就可以合理地假设：尊重感，作为一种情感，必定在道德动机中发挥了某种作用。康德在诱因（Triebfedern）和动机（Bewegungsgrunden）之间所做的区分或许为这个主张提供了一些支持。康德认为，对于**有限的**理性行动者来说，理性就其本质来说并不必然符合客观法则，因此这样一个行动者的意志就有了两种决定根据：诱因是**主观的**决定根据，动机是**客观的**决定根据（参见《基础》4: 427，《实践理性批判》5: 72）。尽管尊重感完全是由理性所导致的，“并不足以评判行动，而且肯定不足以作为客观的道德法则本身的根据”，但它可以“使道德法则成为其准则的一个诱因”（5: 76）。这就是说，康德很可能已经认为，对于有限的理性行动者来说，为了使道德法则成为其意志的准则，就总是需要一个诱因作为主观的决定根据。尽管这样一个诱因不是直接由有限的理性行动者对道德法则的主观兴趣所产生的，但它至少与这样一个兴趣具有密切联系。事实上，康德很明确地认为，诱因、兴趣和准则之类的概念“只适用于有限的存在者”，因为“它们都预设了一个存在者在本质上的局限性，这种局限性就在于，这样一个存在者的选择的主观构成本身不符合实践理性的客观法则”（5: 79）。

不过，道德情感的重要性并不仅仅在于，它与我们可以对道德法则产生的兴趣具有内在联系。我们大概都不会否认，道德是植根于某些理性考虑中，甚至休谟也会接受这一点，但是，休谟对“事实”与“价值”之关系的论述应该提醒我们注意到，那些考虑的对象**根本上说**必定是关于人类情感的事实。说我们应当按照道德要求来行动，这本质上就是说，我们应当以这样一种方式来行动，以至于我们恰当地表示了自己的态度，恰当地回应了其他人对我们的态度。但是，既然道德原则是对我们的情感的**反思性**表示，我们有可能并不总是用**应当**表达态度的方式来表达态度。因此，从一个休谟式的观点来看，康德所说的理性不过是一种驱使我们按照道德规则来行动的激情。而在一个普遍缺乏正确的反应态度的社会中，按照道德规则来行动是最难的，如果说不是根本上不可能的。康德也许正确地看到，某些“自然的”道德情感，例如仁爱和慈善，只是在把我们的责任表达出来的时候才有道德价值。然而，即使责任的概念可以表达我们在理智上对道德的理性根据的理解，通常只有通过不平等的现实存在，这些道德情感才变得可能和必要（参见《基础》4: 398）。因此它们并不只是具有工具性的价值，也可以具有内在价值，因为如果让那些道德情感变得可能的条件，就像康德乐于承认的那样，实际上也是让道德变得必要的条件，那么那些情感就不仅是道德的直接表现形式，而且，只要恰当地加以解释，也是人类道德的根源。

现在我们可以转到康德对道德情感的正面论述。康德已经表明，对于有限的理性行动者来说，为了激发作为选择能力的意志去服从道德法则，就总是需要某个诱因，正如他后来所说："对选择的每一个决定都是从对一个可能行动的表达入手而最终达到一个行为，其中介就是［行动者］由于对该行动或者其结果产生兴趣而具有的快乐感或不快乐感。"（《道德形而上学》6: 399）既然康德能够对理性能动性和理性行动持有一个统一的说法，我们不妨认为这个主张对于道德行动来说也是真的。实际上，甚至早在《道德形而上学基础》中这一点就已经变得很清楚，因为康德写道："为了使一个在感性上受到影响的理性存在者意愿理性本身规定应当做的事情，就得明白无误地要求这样一个存在者的理性有能力在责任的落实中**诱发一种快乐感或愉悦感**，因此就要求一种理性的因果性，以便理性能够按照其原则来决定感性。"（《基础》4: 460）不过，只有通过认识到按照责任来行动的最高价值，理性才能在感性中"诱发一种快乐感"。在写给马尔库斯·赫尔茨的一封信中，康德更明确地写道："道德的最高根据万万不可只是从快乐的东西中来寻求，但是它必定本身就是一种在最高的程度上令人快乐的东西，因为它不是一个纯粹思辨的思想，而是必须具有动机力量。因此，虽然道德的最高根据是知性的，但它必须与意志的基本源泉［即快乐感和不快乐感］具有直接联系。"（《通信集》10:

145）不过，在道德行动的情形中，那种快乐感之所以被称为“知性的”，大概因为它是来自我们对道德法则的至高无上性的认识。[1] 尽管康德很强调道德情感的“知性”特征，但是，就这种特殊的感情和非道德情感与作为选择能力的意志之间的关系而论，它们并不是不同的。假如我们既可以从理论的或者心理的观点来看待作为选择能力的意志，又可以从道德的观点来看待它，[2] 那么，从前一个观点来看，它总是受到最强的欲望所影响，而从后一个观点来看，就可以认为它将自己最强的欲望作为自由的意愿活动来实现。因此，一切欲望和情感，就它们与作为选择能力的意志之间的关系而论，似乎都是同样的。道德情感只是在来源或根据上不同于非道德情感。对于作为选择能力的意志来说，在对可能的行动方案进行慎思的过程中，只有当它承认道德法则是判断其一切决定的必要标准时，道德情感才会在它当中激发起来。既然选择是由作为选择能力的意志做出的，那么，只有当道德情感作为这种意志的一个效应而出现时，道德行动才会产生。用康德的话说，只有当这种意志“将道德情感并入其准则中”时（《单纯理性限度内的宗教》6: 27），它的那种使得道德法则成为行动的一个充分诱因的能力才能得到实现。康德确实把道德情感处理为一种附带现象，也就是说，把它看作是对道德法则的至高无上性的知性认识的一个结果。但是，在康德的有关文本中有充分的证据表明，不论是在道德动机的产生中，还是在对美德的说明中，通过与那种知性认识相互作用，这种感情都发挥了极其重要的作用。例如，在《道德形而上学》

[1] 不过，康德之所以把道德感情称为知性认识的结果，只是因为他截然分明地把感性和理性区分开来，并认为道德的根据只能在理性中来寻求。但是，如果前面的论证是可靠的，那么能够与道德发生联系的理性并不是康德所谓的“纯粹实践理性”。

[2] 参见 John Silber (1960),“The Ethical Significance of Kant's *Religion*”, in Kant, *Religion within the Limits of Reason Alone*, p. cvii。

中，康德反复强调说，道德情感不仅具有内在价值，也是我们应当尽力培养的东西。[1]

前文已经表明，康德能够持有一个**统一的**理性能动性理论，我们现在可以用一种完全符合这个理论的方式来阐明这一点。当我们试图从感性动机中进行选择时，我们觉得自己的选择受到了限制，而在康德看来，道德意识就是对这个事实的意识，或者说是在其中显示出来的。这表明，道德法则对我们追求幸福（在这里被理解为感性欲望的最大满足）施加了一个条件，并且使我们意识到，只有当人们已经普遍地遵守道德法则时，幸福才是合理地可设想的和可实现的。康德就是用这种方式提出他对最高的善和道德希望的思考。[2] 但是，正是因为我们已经认识到了这一点，我们作为理性存在者在按照道德法则来行动时，才会具有一种快乐感。这种快乐感当然不是天生就有的，因此只是在这个意义上才有一个“知性”起源。实际上，我们只是逐渐认识到了如下事实：在我们所生活的世界中，假若没有什么对感性欲望的满足施加了限制，幸福就无望得到实现。用休谟的话说，按照道德法则来行动的动机是“人为的”，却不是不自然的。道德行动的真正可能性不仅依赖于我们对人类状况的认识和理解，也取决于我们内心深处的某些情感与这种认识和理解相契合。在一个并非理想的社会中，对于我们这种并非完全理性的存在者来说，道德行动并不总是可能的。一个非理想的社会其实也是使道德实践变得必要的社会，而道德美德就是在这样一个社会中持久稳固地关心道德的一个标志。在强调

---

[1] 对这个思想的一些详细说明，参见 Paul Guyer, *Kant and the Experience of Freedom* (Cambridge: Cambridge University Press, 1993), pp. 335-393; Justin Oakley, *Morality and the Emotions* (New York: Routledge, 1992), pp. 93-114; Nancy Sherman, *Making a Necessity of Virtue* (New York: Cambridge University Press, 1997), 特别是第四章。

[2] 亨利希从不同的角度提出了一个类似说明，见 Dieter Henrich, *Aesthetic Judgment and the Moral Image of the World* (Stanford: Stanford University Press, 1992), pp. 3-29。

我们总是应该按照道德法则来行动时，康德大概是在说，即使我们对于最终如何获得幸福一无所知，按照道德法则来行动仍是我们对幸福的那种无法抵制的渴望能够得到合理实现的唯一方式。

总的来说，尽管康德在其伦理研究中把道德形而上学与道德经验的现象学和经验人类学在逻辑上分离开来，但这种分离实际上是不合理的，因为不论是在道德动机中，还是在对道德规范的反思认同中，道德情感都起到了一个重要作用。道德情感对康德来说其实是人性中的一种原始倾向（《道德形而上学》6: 400）。但是，假若道德情感在促进我们履行责任方面根本就没有任何作用，我们也没有理由培养和强化那种感情。康德正确地认识到，我们天生具有的情感既不是道德原则的唯一根据，也不是遵守道德原则的唯一动机。但是，在责任原则的引导下，我们具有那些情感的自然倾向可以被用来支持和强化道德动机。通过简要地考察一下道德判断的本质，我们就可以阐明这个思想。如果按照道德法则来行动的要求仍然是一种纯粹形式的要求，它就不能为行动提供具体指导。为了引导行动，就得有某种东西把道德的形式法则与具体行动联系起来。康德原来是按照准则的概念来设想这种联系，但是道德判断的概念是对这种联系最恰当的表达。道德判断不仅涉及抽象的道德规则，更重要的是涉及行动者对自己处境的知觉，以至于他所知觉到的就是一个具有合适的道德特征的世界。[1]一般来说，道德行动是立足于道德判断，而不是立足于抽象的规则。但是，道德判断关系到判断某个规则适合于某个特定情境，因此涉及恰当地利用一个人的道德经验，后者不可能仅仅在于遵循规则，因为具有道德经验至少意味着能够鉴定情境在道德上突出的特点。具有道德

[1] 关于这种观点，参见 John McDowell (1978), “Virtue and Reason”, reprinted in McDowell 1998, pp. 50-76; Barbara Herman, “The Practice of Moral Judgment”, in Herman 1993, pp. 73-93。

经验可以是**如何**遵循规则的问题，但肯定不是按照某个机械程序来遵循规则。

在这里，我们所关心的是情感在这种鉴定中的作用。仁爱、同情和感激这些自然出现的情感表达了一种道德上值得赞赏的态度。这些情感未必按照一种不偏不倚的方式发挥作用，不过，在康德所说的“不完全责任”（促进他人幸福的责任）的情形中，它们是严格意义上的道德情感。[1] 康德也明确指出，我们需要培养和发展自然的感受性（例如我们的才能和情感能力），把它们作为美德的一部分，用它们来支持按照责任的原则来行动的能力。情感，作为一种关注模式，能够帮助我们追溯和挑选环境中在道德上突出的特点，由此帮助我们确定如何恰当地履行道德上所要求的或可允许的行动。于是我们就不奇怪，为什么对他人的同情有助于强化我们的道德动机。另一方面，为了恰当地帮助他人，就需要对我们在特定情形中应当做什么或者如何做具有正确认识，而情感对于获得这种认识来说是必要的。此外，即使道德回应是植根于我们的理性本质，但在已经培养了情感能力的行动者那里，它得到了最好的发展。若没有情感能力，我们就不可能**恰如其分**地帮助有所需求的人，因此也不能令人满意地履行道德职责，因为对某种动机的培养本身就涉及发展这样一种意识：在某个特定情形中，从这样一个动机来行动是合适的。与没有恰当的情感能力的行动者相比，具有这种能力的行动者无疑能够更好地把握到有关情境。因此，回应其他人的情感和需要的能力，对于改进道德判断和强化道德动机来说，就是实质上必要的。事实上，对感性本质的积极转变在很大程度上依赖于理性活动对情感和倾向的影响。如果自然的情感和倾向能

[1] 例如，就仁爱是一个不完全的责任而论，康德很明确地指出，人们之间的亲近程度可以是决定是否要履行这个责任的一个相关因素。参见 Kant, *The Metaphysics of Morals*, 6: 452，亦参见他在 6: 393 中对自我牺牲的限度提出的看法。

够用一种恰当地回应道德要求的方式得到转变，那么我们就没有理由认为，道德选择不可能得到那些情感和倾向的支持。康德实际上相信选择是以情感作为中介而被决定的，并且将这样一个情感理解为我们由于认识到了能够实现或不能实现某个目标而易于感到快乐或不快乐的趋向。因此，这样一个情感本身就是我们的理性本质和感性本质相互作用的结果，正如他所说：

> 道德情感是那种只是因为意识到我们的行动符合或者违背责任的法则而感到快乐或者不快乐的趋向。对选择的每一个决定都是从对一个可能行动的表达入手，最终通过快乐感或者不快乐感而达到一个行为，而那种感受就来自对那个行动或其结果所产生的兴趣。在这里，这种**情感**状态（内感官受到影响的方式）要么是由感性冲动来规定的，要么是道德的——前者是先于对道德法则的表达而具有的情感，后者是只能从对道德法则的表达中得来的情感。（《道德形而上学》6: 399）

对道德法则的尊重之所以被称为一种情感，是因为尊重在积极的意义上来自于我们对如下事实的认识：我们有能力依靠理性来克服自我欺骗。就此而论，那种尊重道德法则的情感可以被“自然化”，而且必须被“自然化”，以便与自然地出现在我们这里的情感和倾向相契合。正如康德后来意识到的，若没有情感，责任就没有“内在价值”（6: 485），而且，若不怀着慈善的情感来履行责任，“一个自身就圆满的美丽的道德整体”（6: 458）就会从世界上消失。考虑到这一点，下面这个说法就不是不恰当的：道德情感就是我们为了促进道德进步的目的而必须在人类共同体中设法创造出来的东西。

本章试图揭开康德伦理学的形而上学伪装，以此对其主要思想提出一个基本的理性重建。我特别关注康德的理性能动性理论及其对道德必然性的论述，因为它们提供了一个很好的起点，让我们可以深入理解理性和感性、自我和自然之间的关系。我的重建有三个主要特点。首先，它表明了我们如何能够对道德动机提出一个合理说明，却无须求助于康德的超验观念论。当然，这样说并不意味着我想要否认超验观念论的理论价值，因为在我看来，超验观念论确实表达了理性用来思考世界（包括我们自己）的一种方式。就像休谟的自然主义一样，康德的超验观念论本身就是对理性之可能性的一种预设，表达了理性为了运作而必须设定的一些东西。但是，康德试图以理性的理论使用为类比来论证理性的绝对自发性的努力，在我看来并不成功。如果道德确实具有某种必然性，那么那种必然性是实践性的而不是理论性的。甚至理性在试图对自身的可能性提出一种**理论**说明时也触及到了其限度。康德认为道德意识是“不可阐明的”，但是这个事实仅仅表明，我们不可能站在道德观点的外面来合理地辩护那个观点。如果道德必须被看作**人类**行动者的一个本质特性，那么我们也必须认为人性本身就包含了规范性的来源。后面这个说法最好是从人类的情感方面来加以说明。其次，尽管康德对道德的辩护好像是立足于超验自由的观念，而后者蕴涵了道德自主性概念，但是，不论是这种辩护本身，还是康德对道德动机的说明，都只有通过诉诸一个伦理共同体的思想和最高善的概念才能得到合理理解。这个说法的一个含义是，康德对道德的辩护本质上是共同体导向的。没有任何理由假设康德首先是按照自我利益的理性演算的思想来设想道德动机，即使他可以承认在道德和幸福之间具有某种紧密联系（实际上，他认为二者事实上都是“理性的观念”）。这一点对于我们设想道德行动者的同一性具有一些重要含义。最终，我也试图表明，康德在其哲学体系中提出的一些“二元”区分并不具有特别合理的根据。尤其是，仅仅为了论证道德的先验必然性而将感性和理性绝对分离开来是一种极不合理的做法。在康德对道德形而上学的设想和建构中，他其实在很大程度上依靠和利用经验人类学。因此我们可以认为，康德意义上的理性本身就是从某些规范考虑中建构出来的，而我们之所以具有这样的考虑，是因为我们逐渐认识到，作为生活在社会世界中的个体，我们需要约束和限制自己的感性欲望和感性冲动。道德塑造了我们的人性，使我们意识到自我尊重和社会合作的重要性。[1] 如果对康德的这种解释是正确的，那么我们就可以认为，康德实际上加入休谟而提出了这一主张：只有在自我和自然的那种不可分离的联系中，而且只有通过这种联系，一种**规范**理性的可能性和重要性才能得到合理的探究和说明。

[1] 这个思想在《人类历史的思辨起源》中得到了最明确的表示。康德之所以没有在其道德形而上学中充分地强调这一点，主要原因应归于他所提出的那种启蒙运动的理性概念。按照这个概念，一个人若不经过他人的引导就不能使用自己的理智，他就是一个在思想上和道德上都依赖于他人的人，并不具有自主的人格。然而，康德可能还没有充分认识到，理性自主性在人类的社会条件中有其根源，而且只有通过后者才能得到恰当理解。关于这个理性概念，参见 Kant, An Answer to the Question: What is Enlightenment? in *Practical Philosophy*, pp. 11-22。

第四章 休谟主义、欲望与实践承诺

只要道德不是人类生活中的“原始”事实，例如，只要我们不接受道德是上帝制定出来并施加于人类的观点，我们就需要说明道德是如何从人性的基本特征和人类特有的生活条件中产生出来的，也需要表明我们有什么理由接受和遵循道德的要求。这两项任务可以分别称为说明道德的起源和为道德提供实践辩护，二者是不可分离的：从理论上说，为道德提供一个实践辩护在很大程度上就在于说明道德的本质、起源及其在人类生活中的地位。

在当代伦理理论中，大致有三种辩护道德的主要方式：霍布斯式的方式、休谟式的方式以及康德式的方式。第一种方式从自我利益的概念出发，试图把道德理解为人类个体为了理性地追求自我利益而必须遵从的基本规则。第二种方式从某些基本的人类情感出发，试图表明道德是如何作为社会生活之可能性的一个条件而凸现出来的。第三种方式以自由或自主性的观念为中介，试图把道德理解为纯粹实践理性的一项必然要求。这三种方式都可以将道德理解为某种意义上的实践必然性（或者这种必然性的结果），但对人性有着不同的预设，因此也会对道德的本质和限度提出不同的看法，而它们对于理解道德要求的合理性具有一些规范含义。霍布斯式的道德概念（以及与此相关的契约论的道德观念）被认为对道德或道德要求的范围提出了过于狭窄的理解，例如很难说明某些与“理性的”自我利益没有直接关联的道德义务，特别是慈善和关爱的义务。另一方面，为了表明道德根据和道德动机都必定来自纯粹实践理性，康德主义者就得首先说明理性本身如何具有规范权威。康德主义者并非原则上不能处理这个问题，但是，正如我们已经看到的，他们不能仅仅通过诉诸与理论理性的类比（例如通过声称道德要求就类似于逻辑规则对思想和推理所施加的要求）来解决这个问题。此外，如果理性确实具有它被认为具有的规范权威，那么它是与道德一道被构成的，也就是说，其规范权威在很大程度上就在于对道德要求的实践承诺。因此，就像康德自己在《实践理性批判》中所表明的，规范理性和道德在这个意义上是“互惠的”(reciprocal)。这样，康德主义者至少需要说明他们如何能够避免在把道德从理性中“推演出来”时所涉及的那种循环。相比较，休谟式的方式显得更加合理。从这种观点来看，道德要求大致可以被理解为对人类生活中某些具有实践必然性的东西进行反思认同的结果，因此在面对人类生活中某些更加根本的东西时，其本身就受制于进一步的理性批评。换句话说，我们没有必要像传统的康德主义者那样，把欲望置于理性的对立面并由此来设想理性的权威，反而应该认为理性和欲望在人类生活中有着错综复杂的关系，特别是，理性权威的根据或许需要在人类欲望的复杂动力学中来寻求。

本章旨在初步阐明这一点。我将从一种休谟式的动机理论出发，然后表明为什么接受这种理论不会导致一种关于实践理性（或者，对道德的实践辩护）的怀疑论。本章大致分为五个部分。第一部分主要围绕工具合理性原则来澄清对休谟主义的某些误解并对这个原则的基础地位提出一个说明。第二部分旨在反驳乔纳森·丹西提出的纯粹认知主义，以便进一步捍卫休谟式的动机理论。第三部分把注意力转向克莉斯汀·科斯格尔就工具合理性原则对休谟主义的批评。我将试图表明，即便承认工具合理性原则就像她所说的那样“无法独立存在”，这也不会削弱该原则在理性能动性中的基础地位。在第四部分，通过借助于约翰·麦道尔对知觉信念的分析以及芭芭拉·赫尔曼对欲望和理性之间关系的论述，我将简要表明，如何可能在休谟的实践合理性概念和一种适度地“自然化”的康德式解释之间实现一种调和。在第五部分，我将简要地说明，对动机和实践理性的一种休谟式的探讨如何能够得到经验证据的支持，尽管这种支持不是决定性的。总的来说，本章试图表明，放弃对实践理性的一种康德式的、基础主义的探讨，转而采纳一种以实践承诺为核心的语境主义探讨，也许是值得向往的。不论是对规范伦理学还是对政治哲学，这种探讨都有一些值得进一步探究的重要含义。

一 / 休谟主义及其批评者

休谟主义可以被理解为两个相关论点的组合：其一，欲望提供了行动的**本质**动机[1]；其二，工具合理性原则在实践推理中占据了一个基础地位。[2] 假若我们把“动机性理由”（motivating reasons，即激发行动者采取行动的理由）定义如下，我们就不难看出这两个论点之间的内在联系：

[1] 在这里，我之所以特别强调“欲望提供了行动的**本质**动机”，是因为我不想否认理性考虑也可以成为我们采取行动的动机。但是，作为动机的理性考虑必须以某种方式与行动者的欲望（或者与广义上的欲望本质上相似的东西）发生联系。详见下文。

[2] 这是对休谟主义的一种普遍描绘，例如，参见 Donald C. Hubin (1990), “What's Special about Humeanism”, *Nous* 33 (1): 30-45。在这里，值得指出的是，我对休谟主义的理解与一些作者有所不同，因为我试图说明和维护工具合理性原则在实践推理中的基础地位，而科斯格尔这样的康德主义者则否认这一点。

(MR) 一个行动者有一个动机性理由做 X，当且仅当存在着某个目的或目标 Y，以至于行动者欲求 Y，并相信通过做 X 他就会获得 Y。

为了理解这个定义，让我引入一个基本预设：不管一个行动的理由是什么[1]，作为行动理由的东西必须能够说明行动的实际发生，即表明行动者为什么采取了他实际上采取的行动。只有在解决这个问题后，才能有意义地谈论某个行动是否合理。直观上说，所谓“行动”，就是通过行使自己的能动性而获得我们想获得的某个目标，不管一个目标一开始是如何产生的，例如，是直接来自我们作为理性动物而感觉到的某个需要，还是来自某些有意识的思想或考虑。我们对某些东西有所欲求，这不仅是我们作为理性动物的一个本质方面，也是我们的能动性的自然表现。欲求某个东西的状态就是通常所说的“欲望”。作为一个专门的哲学术语，“欲望”不仅是指我们作为动物而感受到的基本需求，例如与身体需要相关的本能欲望，在广泛的意义上也包括能够对我们产生动机影响的东西，例如唐纳德·戴维森所说的“赞成态度”或者伯纳德·威廉斯归于主观动机集合的那些东西（参见本书第一章）。[2] 为了便于讨论，我们将把前一个意义上的欲望称为“狭义上的欲望”(narrow desires)，把后一个意义上的欲望称为“广义上的欲望”(broad desires)。假若我们可以用这种方式来理解“欲望”，我们就不难理解欲望为何能够具有动机效应。不过，说欲望是**本质上的**动机状态

[1] “什么东西构成了一个行动的理由”本身是一个很有争议的问题，对休谟主义的诸多重要批评都集中于这个问题。因此，在引入这个预设时我暂时不讨论这个问题，后面再加以处理。

[2] 当然，这种理解会导致后面要讨论的一个问题，即我们是因为持有某些理由或考虑而具有某个欲望。

并不是说欲望本身就足以激发行动，因为只有当我们已经知道（或者充分合理地相信）如何满足一个欲望时，我们才会采取相应行动（或者具有采取相应行动的动机）。这样一项知识或信念涉及如何满足欲望（或如何获得欲望的对象），可以被称为"目的 – 手段信念"。动机状态就是由欲望和相关的目的 – 手段信念构成的。

如果行动者**承诺**要实现某个欲望，而且没有受制于意志软弱或精神沮丧之类的心理状况，那么他也会由此承诺为了满足该欲望而必须采取的行动。这种传递是由工具合理性原则来保证的：只要行动者**承诺**要满足某个欲望（或承诺要追求作为欲望对象的目标），他也会承诺要采取作为必要手段的行动。我在这里使用"承诺"这个概念，是为了强调行动者对工具合理性的认识。因此，"承诺要满足某个欲望"这个说法并不意味着，行动者之所以决定满足这个欲望，是因为他明确意识到自己有充分的理由满足它。他可以有这样一个理由，但也可以是因为这个欲望在目前的强度而决定满足它。也就是说，这里所说的"承诺"只是意味着行动者**决意**满足某个欲望，或是因为他直接感受到了该欲望的强度，或是因为他认识到自己欲求的对象在某个方面值得向往，或是因为其他考虑，例如认识到满足某个欲望对于实现某个更大的目标是必要的。这个补充说明旨在避免对休谟主义的一个不必要的误解。这种误解往往出现在康德主义者那里。[1] 他们认为，假若我们只是在欲望的"驱使"下行动，我们就说不上展现了理性能动性：我们之所以能够是理性的，本质上是因为我们可以把某些考虑看作理由并按照这种**认识**来行动。按照这种说法，假若某人是受某个欲望的"驱使"而做了某事，却又说不出为何这样做，那么他的行动就是不可理

[1] 例如，参见 Christine Korsgaard, "The Normativity of Instrumental Reason", in Garrett Cullity and Berys Gaut (eds.), *Ethics and Practical Reason* (Oxford: Clarendon Press, 1997), pp. 215-254。

喻的，因而在这个意义上是无理性的（non-rational）。如果“理性行动”被理解为行动者可以发现或寻求理由来加以说明的行动，那么我们的一些作为在上述意义上确实是“无理性的”。但是，需要注意的是，对这种情形的解释可以是复杂的。首先，某些身体欲望（例如饥渴）具有普通人无法理解或说明的生物学根源，这样一个欲望可以自发地导致行动者采取相应行动。行动者或许无法说明他为何具有这个欲望以及为何如此行动，但这并不意味着他的行为是无根无由的（比如说，生物学家可以对此提出一个合理说明）。其次，在采取一个行动时，行动者或许并未明确意识到他如此行动的理由，不过，这也不意味着他不可能对自己的行为提出一个事后说明，而且其中所涉及的理由确实是他当时采取行动的理由。我们会因为恐惧而自发地采取某个行动或做出某种反应，例如在深林中漫步时突然间转身逃走，或者本能地对大蜘蛛心生厌恶。我们自己或许不知道为何会这样做，但是进化心理学家也许可以说明我们的行为。因此，我们自己无法诉诸明确的理由来说明的行为不一定是无理性的。尽管休谟主义者倾向于从自然主义的角度来说明规范理由（不依赖于我们偶然具有的欲望而具有约束力的理由）的本质和来源，但他们无须否认在很多情况下我们都是**出于理由**而行动。康德主义者和休谟主义者之间的争论主要关系到如下问题：欲望能否成为行动理由的一个构成要素？

经过以上澄清，我们就可以看到，康德主义者对休谟主义提出的一个主要批评为什么在某些方面是令人误解的。科斯格尔认为，休谟主义者（或者一般地说，经验主义者）只能对工具合理性原则提出这样一种解释：如果你**打算**追求某个目的，那么你就有理由采取获得该目的之手段（Korsgaard 1997: 223）。这似乎是对工具合理性原则的一个恰当理解，因为如果做 X 对于实现或促进你所持有的某个目的 Y 是必要的，那么你显然有一个初步的理由做 X。这样一个理由之所以是“初步的”，是因为它或许不是你做 X 的**决定性**理由，比如说，你可能持有与Y冲突的目标，或者发现Y的实现不符合你所承诺的某个道德要求。不过，一般来说，通过工具合理性原则，对实现某个目的的承诺就传递到对必要手段的承诺：只要你承诺实现某个目的，工具合理性原则就向你提供了采取必要手段的一个理由。就此而论，工具合理性原则向我们提供了一种规范引导，正如道德原则在某些条件下也会向我们提供规范引导。然而，科斯格尔论证说，在这个解释下，工具合理性原则并不具有规范地位，因为这个解释意味着，只要行动，就没有任何人会违背工具合理性原则，另一方面，假若一个原则无论如何都不会被违背，那它就不可能是规范的。科斯格尔的论证逻辑有点难以理解。她似乎认为一个原则的**规范**地位至少部分地在于它可能被违背。为何如此呢？答案也许是：假若一个原则无论如何都不会被违背，它也不可能约束人们的行为。这种解释似乎得出了对“规范性”的一种理解：具有规范地位的东西也必须具有约束力。即便如此，一个原则有可能会被违背也只是它具有规范地位的一个**必要**条件。物理规律对物体所能采取的运动方式施加了约束；但是，如果物理规律根本上存在而且在某种意义上永恒地存在，那么，甚至当不存在任何物理对象来违背物理规律的时候，它们依然具有约束力。实际上，即使科斯格尔正确地断言“一个原则的规范地位就在于它可能受到违背”，她从来就没有明确指出这里所说的“可能”要在什么意义上来理解。如果一个人**决定**追求某个目的 Y，并认为自己能够实现 X（在这里，X 是获得 Y 的唯一手段），那么，只要 Y 仍然是他承诺要追求的目的，他就会采取 X。目的和手段在本体论上可以具有错综复杂的联系，例如可以是因果的、功能的或者甚至是构成性的。但是，只要我们认识到某个手段对于实现某个目的是必要的，只要这个手段在某种意义上是我们所能得到的唯一手段，采取这个手段来实现我们欲求的目的其实表达了一种形式的实践必然性。工具合理性原则只不过是用一种一般的方式来阐明这种实践必然性。就此而论，只要人们必须寻求手段来实现目的，只要手段是他们有能力采取的，他们就说不上会违背工具合理性原则，因为这个原则本来就蕴涵在我们对目的与手段之关系的理解中。这也是为什么康德认为工具合理性原则（即他所说的“假言命令”）是分析性的。只要我们已经承诺要追求某个目的，我们就不可能违背工具合理性原则。然而，这并不意味着这个原则对我们没有规范的约束力，尽管我们会**觉得**它对我们的约束不如（比如说）道德规范对我们所施加的约束。它能够约束我们，正是因为它表达了一种形式的实践必然性，即采取必要手段来实现目的的必然性。当然，一个人可以欲求某个目的，但在经过慎思后发现自己此时没有能力实现这个目的，或者发现实现这个目的会与自己承诺要实现的生活计划相矛盾，因此就放弃追求那个目的。但是，在这种情况下，他显然没有违背工具合理性原则。甚至在意志软弱或者精神沮丧的情形中，工具合理性原则也说不上就遭到了违背，因为这种情形意味着行动者已经放弃追求他原来欲求的目标。当然，某些形式的意志软弱可以是实践上不合理的，但这种不合理性并非来自工具合理性的失败。

实际上，我们对工具合理性原则的这种理解（显然是休谟主义者能够接受的）与科斯格尔推荐的那种康德式的理解并无本质差别。按照康德式的解释：“不管谁意愿目的，就理性对其行动具有决定性的影响而论，他也意愿对于其行动来说必不可少而且有能力采取的手段。”[1]不过，我们无须像科斯格尔所说的那样把“意愿一个目的”理解为一种自我立法（giving oneself a law）。如果我们确实希望将意愿和一般

[1] Kant, *Groundwork for Metaphysics of Morals*, edited by Mary Gregor (Cambridge: Cambridge University Press, 1998), 4: 417.

而论的欲望区分开来，那么我们不妨认为，意愿一个目的就是在某些考虑下承诺要实现一个目的。如果行动者承诺要实现一个目的，那么，在康德指出的那个限定条件下，不去采取实现目的的必要手段显然是不合理的——承诺要实现某个目的而不去采取自己能够采取的必要手段，这是一种实践意义上的自相矛盾。这种自相矛盾何以可能发生呢？如前所述，如果行动者已经放弃追求自己原来要追求的目的，或是因为他发现自己此时没有能力采取必要的手段，或是因为追求这个目的不符合他的某些更重要的考虑，抑或同时出于这两个方面的原因，那么他还没有违背工具合理性原则。另一方面，如果他已经承诺要实现某个目的，却采取了错误的手段，或者甚至弄错了自己欲望的对象，那么他的失败实际上并不是**实践**合理性的失败。假若他本来就能对欲望的对象或者实现某个目的的手段持有正确信念，却在这方面出了错，那么，只要经过反思他仍然承认自己想要实现那个目的，他的错误就是来自**认知上**的缺陷，因此也说不上是实践合理性的失败。进一步说，如果意志软弱的标准情形可以被理解为行动者因为受到欲望的诱惑而采取了与自己深思熟虑的判断相对立的行动，那么，当他确实采取了这样一个行动时，他违背的是审慎合理性（prudential rationality）的要求，而不是工具合理性的要求。我们确实很难发现严格地违背工具合理性原则的情形。这个结果不应该让我们感到惊讶，因为工具合理性原则就是我们的能动性的最根本的构成条件：不管我们的欲望来源如何，只要我们决定满足自己的欲望，我们就得遵循工具合理性原则。与道德要求相比，工具合理性原则确实显得不是特别“规范”。但是，这个事实恰好表明它在人类能动性的构成中占据了一个基础地位。它所具有的这种地位并非一个哲学上特别“深奥”的事实（尽管可能是一个需要从进化的角度来说明的事实），因为其根源或根据就在于这样一个基本事实：生命有机体已经逐渐学会寻求适当手段来满足自己的基本需求。如果满足自己的基本需求在某种意义上说是自然的或正当的，那么工具合理性原则也可以被认为向我们提供了寻求必要手段来满足欲望或者实现目的的一个理由。休谟主义者只是强调工具合理性在人类能动性中的基础地位，他们无须声称它穷尽了实践合理性的全部要求。[1]

经过以上澄清，我们就可以来考察一个关于行动理由的争论。如果某个东西是我们采取某个行动的一个理由，那么它必须以某种方式说明行动，例如表明该行动是如何发生的。回答这个问题的最自然的方式就是假设行动的理由在某种意义上也是行动的原因，也就是说，如果行动者确实采取了一个行动，那么，由**作为心理状态**的欲望和信念所构成的那个动机状态，在能够激发一个行动的意义上，也是行动的原因。这个主张在对因果关系的反事实（counterfactual）解释下显然是正确的：假若没有一对恰当地互相关联的欲望和信念，某个行动就不会发生，那么该欲望和信念的恰当组合就可以被看作行动的原因。不过，我们现在需要理解的是一个反过来表述的主张：激发一个行动的东西（即行动的原因）也为行动提供了理性说明，在这个意义上构成了行动的理由。直观上说，这个主张应当是合理的：如果一个行动的理由就是能够说明其发生的东西，那么通过诉诸有关的欲望和信念的**命题内容**，我们就能说明行动者为什么采取了他实际上采取的行动。假设我最近一直在紧张工作，因此就想放松一下。我确信去看一场期待已久的电影能让我放松，于是就去看当晚八点的那场，这也是这部电影在本地放映的最后一个场次。我的行动显然是由那个欲望和相关的信念引起的，而通过引用那个欲望和信念的命题内容，我的行

[1] 科斯格尔会进一步争辩说，除非我们已经具有对目的进行评价的其他规范原则，否则就不能说行动者有理由采取作为必要手段的行动，因此工具合理性原则就不可能有一个独立地位。为了便于论证，我将在本章第三节处理她的这一批评。

动就获得了一种可理解性，在这个意义上得到了一种理性说明。实际上，这样一个说明只不过是前面对动机性理由（MR）所提出的那种理解的一个实例或应用。因此，至少在最简单的情形中，例如在不存在冲突的行动目标的情形中，激发一个行动的东西也为它提供了一个理性说明。[1] 然而，休谟主义的反对者也许会说：

> 当我们问一个人有什么理由采取某个行动时，我们不是在问他是如何被激发起来行动的，而是在问他的行动是否恰当或正当；我们可以这样问，因为即使一个人确实有**动机**采取某个行动，他其实根本就没有**理由**采取他实际上所采取的行动；因此，就算你们休谟主义者可以把激发行动者采取某个行动的东西称为“理由”，你们所说的理由并没有为行动提供辩护。

批评者是在质疑对行动的理由的休谟式理解。如何理解“理由”，特别是，如何理解“行动的理由”，这是一个目前仍无定论的复杂问题，因此我在这里也不拟做全面处理。[2] 不过，这些批评者显然是在要求**辩护性**理由（justifying reasons），而我们至少可以针对这一点提出两个简要评论。首先，辩护性理由未必就是行动者实际上采取行动的理由（即动机性理由）。不管我是否明确意识到自己确实有理由（在辩护性理由

[1] 当然，我们可以进一步追问作为本质上的动机要素的欲望如何也可以作为行动的本质原因而发挥作用。必须承认，这是一个复杂的问题，不仅关系到如何理解因果性和因果说明，也关系到如何理解对行动的两种说明（诉诸原因的说明和诉诸理由的说明）之间的关系。在后面我会对这个问题进行分析。

[2] 一些相关的讨论，参见 Rüdiger Bittner, *Doing Things for Reasons* (Oxford: Oxford University Press, 2001); David Sobel and Steven Wall (eds.), *Reasons for Action* (Cambridge: Cambridge University Press, 2009); Alan H. Goldman, *Reasons from Within: Desires and Values* (Oxford: Oxford University Press, 2009); Maria Alvarez, *Kinds of Reasons: An Essay in the Philosophy of Action* (Oxford: Oxford University Press, 2010)。

的意义上）去看电影，我采取那个行动，确实是因为我感觉到的精神压力让我直接有了放松的欲望，而我相信去看电影有助于放松。假设我从个人经验中认识到，对我自己来说，在看电影和缓解精神压力之间存在着可靠联系。那么，在没有其他竞争考虑的情况下（比如说，那天晚上没有更重要的事情需要我去做），我采取那个行动的理由就为我的行动提供了辩护。在说明一个行动的实际发生时，需要引用的是动机性理由，而这样一个理由在某些条件下也可以是辩护性的（例如在刚才描述的那种情形中）。其次，值得注意的是，对辩护性理由的诉求往往出现在**对比说明**的情形中。假设你预先知道当晚八点我应该出现在机场，因为我已经答应去接一个朋友；而在此时，你在电影院大厅撞见了我，于是你就可以合理地问我："你有什么理由来看电影?"如果我提不出强有力的理由来向你说明为什么我没去机场接朋友，却来看电影，那么我实际上采取的行动就受制于合理的批评。但是，不管我有没有理由辩护我**实际上**采取的行动，一个辩护性理由未必就是我实际上行动的理由。相比较，实际上激发我采取行动的理由在某些条件下可以是辩护性的。当然，动机性理由能不能辩护相应的行动取决于很多因素，例如，对实现目的的手段是否持有正确信念，有没有弄错欲望的对象，在具有冲突欲望的情况下采取行动的时候是否违背了审慎合理性的要求，所采取的行动是否对他人产生了道德上可评价的影响，等等。换句话说，充分意义上的辩护不仅取决于行动者自觉地接受与理性能动性相关的要求，也要求他具有适度的道德敏感性。然而，我们无须为了接受这些要求而拒斥休谟式的行动理由概念，不仅因为这个概念以及与之密切相关的工具合理性原则表达了人的理性能动性的根本方面，而且也因为它们为说明"更加"规范的东西（例如人类道德）提供了一个自然的起点。就像休谟明确地认识到的，在这里我们只需补充一个关于人类存在者的基本主张：一个人是在面对他人、在与他人的关系中来开展自己的生活，而为了让一种人类特有的生活变得可能，人就得学会发展和培养共同生活所要求的美德。

二 反对纯粹认知主义

伦理学的理论研究不仅要说明道德规范性的来源，也要试图理解道德动机在人类生活中的可能性。实际上，在我看来，我们应该从后者入手来探究前者。这是休谟主义的一个优势。不过，为了扫清这条进路的障碍，我们需要再次考察康德主义者或理性主义者对休谟式动机理论的批评。批评者有一个很自然的忧虑：如果道德要求就是（或者必须被理解为）独立于我们的欲望而有效的绝对命令，那么，只要我们对行动的理由或动机采取一种休谟式的理解，我们就不能对道德提出理性辩护，反而会导致一种关于道德辩护的怀疑论。[1] 这样一个论证据说是这样的 [2]：

（1）一个命令是绝对的，当且仅当一个人有理由独立于自己的欲望而遵循它。

[1] 这个忧虑以及由此而引发的争论已经成为实践理性领域中的一个核心问题，并产生了大量文献。例如，参见 Philipps Foot (1972), "Morality as a System of Hypothetical Imperatives", *Philosophical Review* 81: 205-315; John McDowell, "Are Moral Requirements Hypothetical Imperatives", reprinted in McDowell, *Mind, Value and Reality* (Cambridge, MA: Harvard University Press, 1998), pp. 77-94; Christine Korsgaard (1986), "Skepticism about Practical Reason", reprinted in Kieran Setiya and Hille Paakkunainen (eds.), *Internal Reasons: Contemporary Readings* (Cambridge, MA: The MIT Press, 2012), pp. 51-72。

[2] 参见 James Dreier, "Humean Doubts about the Practical Justification of Morality", in Garrett Cullity and Berys Gaut (eds.), *Ethics and Practical Reason* (Oxford: Clarendon Press, 1997), pp. 81-100，特别是 91 页。

(2) 一个人有理由做某事 X 取决于存在着某个 Y，以至于他欲求做 Y，并相信通过做 Y 他就会获得 X。

(3) 因此，一个人可能具有的任何理由都取决于他的某个欲望。

(4) 因此，不存在绝对命令。

(5) 道德能够得到辩护，仅当它是由绝对命令组成的。

(6) 因此，道德得不到辩护。

这个论证的第一个前提体现了对“绝对命令”的理解，第二个前提来自休谟式的行动理由概念，第三个前提是从这两个前提中得出的一个中间结论。进一步说，如果“绝对命令”就是指不依赖于我们的欲望而能够产生动机影响的东西，如果这种东西必须包含我们的欲望作为其构成要素，那么似乎就没有绝对命令，由此就得到了（4）。第五个前提来自理性主义者对道德的理解。然而，我们实际上不太清楚应该如何理解这个前提，例如，不是很清楚道德辩护为什么取决于将道德要求设想为绝对命令。我们可以认为道德在人类生活中具有某种形式的实践必然性（例如作为人类社会合作的必要条件），因此在这个意义上为道德提供一个辩护，但在这样做的时候无须把它设想为绝对的。康德主义者习惯于将道德设想为与我们的欲望和爱好相对立，并认为当二者发生冲突时，后者必须让位于前者。在这个意义上，道德被认为对我们的欲望和爱好具有“理性权威”。我们确实可以说明道德为何具有这种权威并由此对道德提供一个辩护，但是，这样一个辩护要求把道德要求设想为绝对命令，这一点仍是不清楚的。不管怎样，只要我们接受第五个前提，我们似乎就可以得到最终的结论，即（6）。

尽管詹姆斯·德雷尔提出了这个论证，他自己并不认为该论证是有效的，因为在他看来，前三个前提中的“理由”概念并不具有单一的含义：如果与道德辩护相关的理由是合理性的规范理由（normative reasons of rationality)，那么第一个前提中所说的“理由”就不能被理解为动机性理由，但第二个前提中所说的“理由”显然是指动机性理由。然而，在我看来，不管这个论证是否有效，仅仅说合理性的规范理由不同于动机性理由并不是消解这个论证的合理方式，因为这种做法取决于两个假定：第一，道德可以按照合理性原则来加以说明或辩护；第二，在规范性理由和动机性理由之间不存在（或者不可能存在）任何可理解的联系。第一个假定显然是一个康德式的假定，因为康德认为道德的理据和动机都只能来自纯粹实践理性。不过，只要我们不打算成为康德主义者，我们就可以拒斥这个假定。在这里我将不讨论这个问题。我的目的是要表明，在试图说明道德规范的**来源**时，我们不应该截然分明地把所谓的“规范性理由”和“动机性理由”区分开来。这种做法不符合伦理自然主义的基本精神。人类道德归根到底是从人类生活的某种需要中产生出来的，因此就应当服务于这种需要。假若一个道德不是具有正常思维能力和动机条件的人类行动者所能普遍接受的，那么它就不是一种可以恰当地应用于**人类**生活的道德。当然，既然道德要求和个人利益之间总有可能存在张力，那么也就不能合理地指望人们总是有自然的欲望去服从道德要求；不过，适当的道德教育和理性反思应该能够让人们逐渐认识到服从道德要求的理由。反思认同可以成为学会服从道德要求的一种重要方式，但这不可能只是在于纯粹的理论认知，而是，唯有通过实际行动我们才有可能成为有美德的人，就像亚里士多德已经充分论证的那样。[1] 因此，从道德动机的形成和道德品格发展的观点来看，我们或许不应该接受上述第二个假定。我们同样不应该接受理性主义者惯常采取的一种做法，即试图通过对实践理由采取一种认知主义的理解来抵制

[1] 对这个思想的一个有影响的解说，参见 M. F. Burnyeat, “Aristotle on Learning to be Good”, in A. K. Rorty (ed.), *Essays on Aristotle's Ethics* (Berkeley, CA: University of California Press, 1980), pp. 69-92。

或消除道德怀疑论。这种做法不仅过于简单化，因而未能充分正视人类道德动机的复杂性，而且也不符合一种合理的伦理自然主义。为了进一步捍卫休谟主义，我们就需要拒斥这种立场。限于篇幅，在这里我只讨论乔纳森·丹西所说的“纯粹认知主义”，这种观点认为行动的理由完全是由信念构成的。[1]

托马斯·内格尔区分了受激发的欲望（motivated desires）和未受激发的欲望（unmotivated desires），这个区分可以被方便地看作休谟主义者和反休谟主义者之间争论的一个逻辑起点。内格尔观察到，一些欲望“完全是突如其来地刺激我们”，而很多其他欲望是“由决定和慎思产生的”[2]，也就是说，是我们出于某些考虑而具有的。内格尔进一步认为，即使我们具有或者感觉到了这样一个欲望，它在激发我们采取行动方面也不发挥任何作用，也就是说，它不是动机的构成要素。当某些考虑激发我们采取行动时，这样一个欲望仅仅是那个事实的一个“逻辑后果”，而不是那些考虑在激发行动方面发挥作用的一个因果条件。内格尔的意思是说，如果行动者是**因为**某些考虑而采取行动（在这里，“因为”要在因果产生的意义上来理解），那么就可以恰当地把一个欲望赋予他，但是这个欲望本身并不是动机的构成要素。因为如果行动本来就是由某些考虑激发起来的，可以用这些考虑来加以说明，那么，即使具有一个欲望是那些考虑的“逻辑”后果，这样一个欲望在动机或行动中也没有发挥任何**说明**作用。

内格尔的观点显然存在着某种模糊性，因而需要加以澄清。比如说，如果一个受激发的欲望既没有动机作用也没有说明作用，那么在什

[1] 参见 Jonathan Dancy, *Moral Reasons* (Oxford: Basil Blackwell, 1993), 特别是第二章；Jonathan Dancy, *Practical Reality* (Oxford: Oxford University Press, 2000), 特别是第二章到第四章。需要指出的是，丹西最终并不认可这一观点（大概因为其心理主义嫌疑，即认为只有心理状态才能激发行动），转而认为行动的理由不是关于心理状态的事实，而是关于境况的事实。

[2] Thomas Nagel, *The Possibility of Altruism* (Princeton: Princeton University Press, 1978), p. 29.

么意义上把它赋予行动者是合适的？当然，按照内格尔的说法，行动者是因为有了某些考虑而具有这样一个欲望，因此，如果他确实是以这种方式具有一个欲望，那么把这个欲望“赋予”他当然是合适的。然而，如果这样一个欲望本质上并不像一个人在阳光下的身影，而是他实实在在地具有的一个心理状态，那么它看来就不仅仅是具有了某些考虑的一个“逻辑”后果。当然，**如果**具有某些考虑本身就足以**直接**导致行动者采取行动，那么我们大概可以说他是因为具有了那些考虑而处于一个动机状态（例如**想要**采取某个行动），因此具有一个想要按照那些考虑来行动的动机。对内格尔来说，有这样一个动机就等于进入了受激发的状态，于是，说行动者有一个欲望按照那些考虑来行动大概也是合适的。内格尔似乎将这个意义上的欲望直接等同于受到某些考虑激发的状态。我们无须否认这样一个欲望的产生与具有某些考虑有关，但难以理解的是，它仅仅是具有那些考虑的一个“逻辑”后果。设想两个行动者持有同一个道德信念，例如“拯救因饥荒而即将饿死的人是道德上正确的”这一信念。他们或是在现场亲眼看见了灾民的悲惨状况，或是在电视上看到了相关的报道。不过，其中一个行动者采取了救助行为，另一个则没有。如何说明这个差别呢？休谟主义者会自然地认为，前者除了具有那个道德信念外，也有帮助灾民的一般欲望，例如普遍同情并非因为自己的过错而受苦受难的人们（尽管这样一个欲望或情感态度并不一定明确地出现在其慎思中），而后者缺乏这样一个欲望或态度。[1] 如果二者

[1] 实际上，近来对儿童的道德发展以及心理变态者（psychopaths）的经验研究表明，儿童可以有道德反应甚至可以做出道德判断，尽管他们还不具有正常的理性能力，相比较，心理变态者可以保留很好的理性推理能力，但普遍缺乏休谟在广泛意义上所说的情感，而且不可能有正常的道德反应。关于前一点，参见 D. Premack and A. J. Premack, “Moral Belief: Form Versus Content”, in L. A. Hirschfeld and S. A. Gelman (eds.), *Mapping the Mind: Domain Specificity in Cognition and Culture* (Cambridge: Cambridge University Press, 2004), pp. 149-168。关于后一点，参见 R. D. Hare, *Without Conscience: The Disturbing World of the Psychopaths among Us* (New York: Pocket Books, 1993)。

都诚实地持有上述信念、都不缺乏基本的认知和推理能力，那么两人在动机上的差别大概就在于其背景动机条件：前者有相应的道德欲望，例如在普遍的同情心和对人类痛苦的深切感受下激发起来的欲望，后者尽管具有正常的认知和推理能力，甚至具有按照自己认识到的道德要求来行动的倾向，但这个动机倾向或是不能有效地发挥作用（例如因为精神沮丧），或是被另一个非道德的欲望击败了（例如因为广泛意义上的意志软弱），又或是因为他已经在道德上变得完全麻木。如果这种解释是合理的，那么它至少表明：假若一个行动者确实有欲望按照某些考虑来行动，这样一个欲望就不可能是在**纯粹认知**的意义上具有那些考虑的结果。我**猜测**实际情况是：某些考虑之所以能够具有动机效应，主要是因为行动者已经有**接受**它们的动机倾向。[1]

然而，反休谟主义者不愿接受这种解释，因为它具有这样一个含义：某个特定的欲望，不管是明确地出现在行动者对行动的慎思中，还是隐含地处于其背景动机条件中，本质上仍然是动机的一个构成要素。休谟主义者认为信念和欲望是具有不同的适应方向（direction of fit）的精神状态，在动机或行动的产生中具有不同的功能作用。作为一种认知状态，一个信念似乎是要设法适应世界：假若它不能适应世界，缺陷就在于它自己，而不在于世界。例如，假设我相信某个命题（比如“希拉里·克林顿是现任美国总统”），而事实表明并非如此，

[1] 我说“猜测”，是因为在这里我无法进一步论证这一点。不过，熟悉威廉斯的内在理由概念的读者很容易看出，我的猜测很接近这个概念：理由或考虑的动机效应取决于它们与行动者已有的动机背景的联系，尽管这种联系无须是有意识的慎思的结果。此外，按照佩蒂特和史密斯的说法，在有动机采取行动的情形中，即使一个欲望无须明确地出现在用来支持行动的考虑中，但动机仍取决于在行动者的背景动机条件中存在着某个相关的欲望。见 Michael Smith and Philip Pettit (1990),“Backgrounding Desire”, *Philosophical Review* 99: 565-592。

那么我就不应该继续持有这个信念。相比较，欲望是要努力让世界适应自己：假如我通过行使自己的能动性让世界发生了某些变化，但仍未得到我所欲求的目标，那么我仍然可以继续持有那个欲望。信念表达了我们与世界的认知关系，其目标是要获得关于世界的真理，而欲望表达了我们与世界的另一种不同关系，即通过**改变**世界中的状态来获得我们欲求的东西。因此，欲望表达了我们能动性的一个本质方面。当然，“适应方向”的概念可能只是一个比喻说法，但它在直观上说明了为什么欲望能够在动机的产生中具有一种支配作用：欲望就像一种推动力，而信念只是传递这种推动力的渠道。例如，一旦我们认识到某个行动是实现某个目的的必要手段，目标欲望（即我们想要满足的欲望）的动机力量就会传递到对那个行动的欲望。具有一个信念只是意味着认知主体倾向于断言作为其内容的那个命题是真的（或者很可能是真的）。但是，一般来说，即使我相信某件事情是真的（或者很可能是真的），这个事实本身（或者甚至处于认识到这个事实的状态）并不导致我采取一个行动，除非我对自己相信的事情也有一个**独立**兴趣。比如说，假设我相信存在着地外生命，并对其可能性持有浓厚兴趣。于是，只要我相信成为天体物理学家可以让我深入探究地外生命的可能性，我可能就会产生攻读天体物理学的动机。如果具有道德信念只是处于某种一般而论的认知状态，那么就不难理解道德信念本身为什么没有独立的动机作用。当然，具有道德信念或许不只是处于这样一种状态。在这种情况下，道德信念本身如何能够独立于任何欲望而具有动机作用就需要加以说明。

反休谟主义者如何回应这个挑战呢？丹西的纯粹认知主义开始于一个直观上合理的思想：在很多情形中，我们是出于某些考虑而决定采取一个行动。我很想在美丽的深秋放下手头的工作出去旅行，特别是在目前这种毫无成效的情况下。不过，我已经答应去参加一个会议，我也知道参会者会对我的论文抱有某种期望，于是我又再次坐回桌前。从我的直接感受来看，我很不想工作，但是某些考虑导致我采取了对立的行动。假如我确实是在这些考虑的激发下采取行动，那么，在丹西看来，这件事大概就只有两种可能的解释：其一，欲望在我的动机中没有发挥任何作用；其二，如果我被认为"仍想"工作，那么具有这样一个欲望只是意味着我处于受到那些考虑激发的状态。就像内格尔所说，当某些考虑激发我采取行动时，就可以恰当地认为我有了一个按照那些考虑来行动的欲望（Dancy 2000: 89）。我们不妨再次假设，能够激发行动的东西也必须能够说明其发生的原因，因此这种东西就必须是我的内在心理状态的对象或内容。为了有利于反休谟主义者的论证，我们不妨把这种认知状态称为"信念"。于是，在上述例子中，就可以认为我有如下两个信念：第一，只要答应参会，就应该提交会议论文；第二，参会者应该尽量不辜负与会同行的期望。这样，即使我具有不想修改论文的强烈欲望，但是，因为持有那些信念，我最终抵制了那个欲望，继续工作。那么，我**只是**在那些信念的激发下继续工作吗？为了更有效地探究这个问题，让我首先阐明丹西对待休谟主义的态度。丹西声称纯粹认知主义在如下四个方面能够同意休谟主义（Dancy 2000: 90）：

（1）一个具有动机作用的完备状态完全是由行动者的心理状态构成的。

（2）信念和欲望具有不同的适应方向。

（3）欲望也许在其自身的现象学上是一种"独立存在"。一个欲望不是具有动机作用的信念的逻辑"影子"（比如说仅仅在于那些信念对行动者产生了动机影响这一事实），而是在那些信念发挥动机作用的时候一道出现的一个不同的心理状态。

（4）没有欲望就不可能有动机。

不过，丹西强调纯粹认知主义在一个根本的方面不同于休谟主义：在纯粹认知主义这里，具有动机作用的状态（motivating state）完全是由信念（或者具有从心灵到世界的适应方向的认知状态）构成的。然而，如果信念本身无须借助于**任何**欲望就能产生动机作用，那么丹西何以能够接受休谟主义的主张，特别是第三个和第四个主张？更具体地说，假如信念本身就足以产生或构成行动的动机，丹西似乎也无须声称“没有欲望就不可能有动机”。另一方面，如果他必须接受那个主张并承认欲望能够独立存在，那么他如何能够声称具有动机作用的状态完全是由信念构成的？换句话说，假若信念本身足以产生行动的动机，我们似乎就没有必要引入欲望并将它看作一种“独立存在”。因此，纯粹认知主义似乎是不一致的。在进一步阐明这一点之前，我们首先来看看丹西的观点。

丹西认为，纯粹认知主义“承认在存在着动机的地方就会有欲望。但它将欲望理解为受激发的状态，而不是具有动机作用之事物的某个要素”（Dancy 2000: 85）。这个说法立即产生了一个问题：受激发的欲望究竟是一种在心理上真实存在而且具有动机效应的独立存在，抑或只是一种根本就没有动机作用、却可以产生某种现象经验的东西？也许，当我们在某些考虑的激发下打算采取某个行动时，我们也有一种日常被描绘为“欲望”的感受，比如说，当我出于某些考虑决定去看朋友时，我也觉得自己**想去**看朋友，但是这个意义上的欲望并不具有独立的动机作用，只是在某些考虑的激发下随之而来的一种状态，例如内格尔所说的逻辑“影子”。实际上，丹西对欲望的理解并非本质上不同于内格尔对“受激发的欲望”提出的说法：处于欲望状态就是处于被某些考虑所激发的状态，或者简单地说，“欲求就是受激发”

(to desire is just to be motivated)(Dancy 2000: 14)。[1] 但是,如果某些考虑已经足以激发行动者采取行动并因此为行动提供了一个说明,那么,按照丹西的观点,即便存在着一个受激发的欲望,它也不可能具有动机作用。倘若如此,这样一个欲望在什么意义上还能是一个独立存在?毋宁说,它更像我们在阳光下的身影,其“存在”完全取决于我们的身体以及光照条件。不过,也许丹西所说的是,尽管某些考虑**倾向于**让行动者采取行动,但是,假若没有**按照**那些考虑来行动的欲望,也就不可能有行动的动机(别忘了,他同意“没有欲望就不可能有动机”这一休谟式的主张)。就此而论,欲望表达了我们对“以某种方式行动”的**确认**并因此而具有动机效应。也许欲望正是在这个意义上成了一种独立存在。若是这样,欲望具有的独立地位也不可能**只是**来自据说可以潜在地产生动机倾向的考虑。下面这个类比或许有助于说明这一点。玻璃杯有易碎的倾向,但是,只是在某些条件下(例如从一定高度摔到坚硬的地面时),玻璃杯实际上才会破碎。同样,即使某些考虑倾向于产生动机效应,它们也只是在适当的条件下才会产生动机效应,例如通过被行动者动机背景中的某些要素所接受并与之发生作用。因此,欲望可以是受到某些考虑激发的结果,但是,那些考虑能否成功地激发一个欲望,取决于它们与行动者的动机背景之间的联系。

这种理解很好地说明了前面提到的一个事实:即使两个行动者在某个特定时刻持有同样的信念或考虑,但是,当其中的一个行动者有

[1] 从现象学的角度来看,这句话大概没有什么问题,因为欲求做某事确实是处于被激发起来做某事的状态。然而,二者未必完全是等价的,例如,也许我们是先有某个欲望,然后才有做某事的动机,因此就处于被激发起来做出行动的状态。此外,我们也需要想想为什么不是任何类型的考虑都能“激发”我们做出行动。某些考虑(例如道德考虑)之所以能够激发我们,或许是因为我们首先**在乎**那些考虑,或者**在乎**做一个有道德的人。

动机采取某个行动时，另一个却没有类似的动机。因此，如果丹西承认“没有欲望就不可能有动机”，并认为甚至受激发的欲望也能具有独立地位（也就是说，某些考虑是通过与行动者的动机背景相联系而诱发一个欲望，并因此产生动机影响），那么纯粹认知主义其实已经**预设**了休谟主义的一个核心主张：动机是由欲望和信念构成的。纯粹的事实信念，若不与欲望相结合，显然不足以产生行动的动机。举个例子，我可以合理地相信今晚温度会降到零度以下，但是，假若我全然不在乎自己的身体健康，我可能就不会采取晚上出门时穿羽绒服的行动。反过来说，正是因为我欲求自己的身体健康，所以，一旦我有了那个信念，我就会采取相应的行动。丹西或许认为每个正常人都有维护身体健康的欲望，因此在这个行动的说明中无须提到这样一个欲望。但是，对于休谟主义者来说，这样一个欲望在行动的产生和说明中是必不可少的。即使它无须**明确地**出现在行动者对自己行动的说明中，但也必须出现在其动机背景中。因此，就动机而论，不可能有“纯粹的”认知主义。

丹西的某些其他论述本身实际上就暗示了纯粹认知主义的不一致。如前所述，纯粹认知主义立足于一个貌似合理的直观认识：在很多情况下我们是出于某些考虑而采取行动。丹西更明确地指出，“行动者是按照某些考虑把行动看作是值得向往的、明智的或者被要求的，通过把这些考虑展示出来，就总是可以获得对行动（至少是意向行动）的说明”(Dancy 2000: 136)。然而，在其他地方，丹西却否认行动能够用这种方式（即通过展示某些考虑）得到说明：“某些欲望当然是无法说明的。但是，如果它们不可能得到说明，那么我们在这种欲望的激发下采取的行动也就得不到说明。如果我们说不出自己为什么想这样做，那么‘我们想这样做’这个事实也不会对行动的说明提供什么东西。那个事实只是意味着我们是被不可思议地激发起来去做不可思议的事情”（Dancy 2000: 85-86）。丹西为何转而承认未受激发的欲望的存在，这一点并不是很清楚。他或许想表明这种欲望本身不可能为它们引起的行动提供理性说明，因此好像是要为纯粹认知主义提供某些支持。然而，休谟主义者从不认为欲望**本身**提供了意向行动的动机，更不用说对意向行动做出说明了。实际上，即使一个欲望从行动者自己的观点来看是“不可说明的”，这也不一定意味着，在从这样一个欲望来行动的时候，行动者是在做“不可思议”的事情。我们的一些欲望具有内在的生物根源。当这样一个欲望自发地“驱使”我们采取行动时，我们自己可能无法提出明确的理由来说明为什么这样行动。但是，这并不意味着这种行动是根本上不可理解的——只要这样一个行动不是偶然发生的事件，生物学家、心理学家或者神经科学家就可以对它提出某种说明（例如因果说明或进化说明等等），而一旦我们具有了相关知识，我们也可以用一种事后说明的方式来理解我们当时采取的行动。不管怎样，如果确实存在着这种不是由我们明确地（或者有意识地）持有的信念或考虑来激发的行动，那就表明纯粹认知主义至少不是对人类行动之动机的完整描述。

那么，丹西何以坚持认为信念本身就能产生动机呢？在提出这个问题时，我不是在否认，对于**已经具有恰当的动机结构**的行动者来说，道德信念之类的规范信念可以产生动机影响，尽管这种信念如何能够具有动机影响，这一点本身需要得到说明。我想追问的是，如果持有一个信念 p（这里 p 指的是一个命题，例如“今年经济增长率不会比去年更高”或者“太阳黑子活动目前进入活跃阶段”）只是倾向于有正面的证据断言 p，那么处于这样一个“纯粹的”认知状态如何可能对我们产生动机影响？丹西指出，受激发的状态本身需要得到说明，而这样一个说明必须按照具有动机效应之事物的本质特点来提出。如果我们认为信念本身不足以产生动机（尽管目的－手段信念可以是动机的一个构成要素），那么休谟主义者就会自然地认为，这样一个说明必须按照某个进一步的欲望来提出。例如，当有关信念只是一个阐述目的与手段之关系的事实信念时，本质上的动机要素就是作为目标欲望的那个欲望，或者是隐含在动机背景中的某个欲望。然而，丹西拒斥了这个观点，转而认为具有动机效应的东西只能是信念（假若它根本上是一种心理状态的话）。他进一步认为两个信念加在一起就足以产生动机：一个信念关系到事情究竟如何，另一个信念涉及"假若行动要成功地得到实行，事情将会如何"（Dancy 2000: 13）。第二种信念当然就是目的－手段信念，但是，丹西对第一种信念提出的说法格外含糊。这样一个信念好像与行动者的处境有关，但是，如果它只是关系到处境的**评价上中立**（或者评价上无关）的特点，那它显然不可能构成行动的动机要素。不管行动者对其处境的认知是以知觉的形式还是以信念的形式来表达，假若它根本就不包含对其中某些**值得欲求**（desirable）之特点的认识以及对其价值的承诺，它就不可能产生动机效应。很难设想一个有美德的人和一个完全没有道德感的人在面对"同一个"境况（例如客观上被描述为"饥荒"的境况）时会"看到"同样的东西。假若前者因为自己的道德知觉而采取了相应的行动，那不可能是因为他在认知上与后者处于同样状态。实际上，丹西自己指出，"如若动机最终要得到说明，它是按照具有动机作用的东西(的假定)本质来说明的"（Dancy 2000: 85）。具有动机作用的东西不可能是一般而论的信念。

丹西很可能认为某些特殊的信念能够对我们产生动机影响，例如"做 X 是值得欲求的 / 道德上正确的 / 道德上所要求的"之类的信念。但是这种说法掩盖了一些需要进一步阐明的东西，而一旦得以阐明，其结果就会表明对动机的"纯粹"认知主义理解是错误的。假若我认识到 X 在某个方面是值得欲求的，那么一般来说 X 就对我有了某种吸引力：作为一种可以潜在地对我产生动机影响的东西，它在我的动机系统中保留下来。举个例子，按照我对作曲家和演奏家的偏好，拥有一套布伦德尔演奏的贝多芬钢琴奏鸣曲全集对我来说是一件值得欲求的事情。我有一个获得那套光碟的动机倾向。某一天，我碰巧路过一家音像制品商店，看见橱窗中的促销广告，那套光碟赫然在列。这个知觉让我具有了丹西此前所说的第二个信念，但是，若没有和我已经潜在地具有的动机倾向相结合，我就不会采取买下那套光碟的行动。那个动机倾向是（或者只是）一个信念吗？不错，我确实可以说“我**相信**拥有那套光碟对我来说是值得欲求的”。但是，在这里，我使用“相信”这个概念，只是为了强调我有理由或证据确认自己已经具有的某个动机倾向，正如我对广告的知觉让我产生了一个目的－手段信念。以某种方式认识到或确认自己有某个动机倾向是一回事，具有或形成某个动机倾向是另一回事。对某些事实的认识可以向我提供采取某个行动的（初步）理由；即便如此，我也未必就会有如此行动的动机，而且在这样做时未必是实践上不合理的或无理性的（参见本书第一章的相关论述）。

实际上，如果相信 p 仅仅意味着，倾向于肯定性地断言 p，而与此相应的能力（知觉、记忆、推理等）本身并不涉及评价性态度，那么信念本身就不太可能对我们产生动机影响。如前所述，假若一个人完全缺乏道德敏感性，他就不太可能把一个要求采取道德行动的情境“识别为”道德上相关的。他之所以失败，显然并不是（或者不仅仅是）因为他没有证据断言他所面对的情境具有（或者没有）道德上相关的特点，而是因为他缺乏为了认识到那些特点所需要的道德情感或道德态度。他的失败可以受到合理的批评，但这不是通过让他相信自己所面对的情境确实具有道德上相关的特点来实现的，因为，只要他并不具有把他所“看到”的特点接受为**道德上相关**的特点的动机条件和实践承诺，他大概也不能形成一个用规范信念的形式（例如“做 X 是道德上正确的”）来表达的判断。换句话说，一个评价性信念之所以能够对我们产生动机影响，并不是因为它正好是一个信念（或者正好具有作为一个信念的地位），而是因为我们对其命题内容已经有了一种能够对我们产生动机影响的实践承诺。例如，不管我们对“道德上正确”这个概念采取什么实质性的理解，我们已经认识到，用这个概念来描述的东西能够对实践生活产生重大影响。我们可能是通过知觉经验发现在某个特定情境中“做 X 是道德上正确的”，并由此而形成了相应的信念。但是这样一个信念所具有的动机力量显然不是来自纯粹的认知能力——毋宁说，具有道德敏感性的行动者的“知觉”已经包含评价性态度或判断。因此，假若由此形成的信念能够对我们具有动机影响，其影响必定就在于如下事实：我们已经通过某个观点而认识到某个境况、某件事情或者某个事态在某种意义上具有值得欲求的特点并因此对这些特点有了实践承诺，而这种承诺之所以可能，是因为我们已经具有了合适的动机背景条件。对 X 具有一个实践承诺并不只是在于有理由或证据肯定性地断言 X（或者某个相关的命题），就宛如形成一个理性信念，更重要的是在于具有某些能够产生动机效应的实践态度。当休谟说动机并不是来自冷静的理性计算，而是来自心灵中具有感性和情感的方面时，他是在表达一个类似的思想。

丹西或许会反驳说，隐含在动机背景中、为了完整地说明一个行动而需要诉求的欲望可能也是受激发的欲望，是我们因为具有了某些**信念**或**考虑**而具有的欲望。按照丹西的正面提议，行动实际上是由一个具有评价内容的信念和一个目的－手段信念激发起来的。这个说法意味着评价性信念是本质上具有动机作用的要素，欲望在行动的产生中没有发挥任何功能作用。然而，评价性信念，**作为信念**，如何具有动机效应呢？如果信念只不过是一种具有从心灵到世界的适应方向的精神状态，那么，相信某件事情值得欲求就仅仅意味着，认知主体在其认知视野内有充分的理由断言，在世界中存在某个事态或性质，它具有“在某个方面或在某种意义上值得欲求”这一特点。但是，认知主体之所以能够认识到那个事态或性质具有这样一个特点，是因为他已经采取了某个评价性观点或者具有了某种评价性态度。此外，假若这种认识确实对他产生了动机影响，那是因为他已经以某种方式把他对那个特点的确认与其动机背景联系起来。举个简单的例子，假设我认为宇宙中的恒星数目是偶数在某种意义上是一件“好事”。现在，天文学研究表明宇宙中的恒星数目很有可能是偶数，因此我可以被认为合理地持有一个相应的评价性信念。但是，很难看到这个信念**本身**如何能够激发我采取某个行动，除非在我自己的背景动机中，我已经对所有与偶数有关的东西产生了兴趣。实际上，正如休谟自己意识到的，为了不致在动机上陷入无穷后退，就必须假设动机或行动在根本上取决于我们已经具有了某些原初的或自然的欲望，不管是霍布斯所说的自我保存的欲望，即我们通常所说的追求个人幸福的欲望，还是休谟和康德都认识到的那种与他人交往的欲望。承认这些欲望在我们的动机系统乃至主观构成中具有一个**基础**地位，不仅是休谟主义的一个根本标志，也是它的一个相对优势。

因此，看来我们没有理由认为，**作为纯粹认知状态**的信念本身能够产生动机或引起行动。考虑一个与审慎（prudence）有关的信念。假设我相信及时去医院看牙对我来说是值得欲求的。这个信念**貌似**可以说明我为何具有去医院看牙的欲望。我们需要考虑的是，它本身是否足以激发我采取去医院的行动。对于这个信念的形成，我们大概可以提出两种解释。首先，它可能是归纳概括的结果：我观察到，对于我所知道的每一个严重牙疼的人，他们都一致认为最好是及时去医院治疗；就此而论，对于他们每个人来说，去医院看牙都是值得欲求的；

此时此刻我牙疼很厉害，因此我相信去医院看牙对我来说也是值得欲求的。如果我的信念就是这样形成的，那么它大概**说明**了我去医院看牙的欲望，无论我是不是真有这样一个欲望。但是，这个信念似乎是用一种类似于证据支持的方式来说明那个欲望：如果“做 X 是值得欲求的”这个一般信念能够说明做 X 的欲望，那么，只要我接受了这种说明上的联系，“去医院看牙对我来说值得欲求”这一特定信念也能说明我去医院看牙的欲望。这就类似于如下情形：只要我相信某个命题 p，也相信“p 支持 q”，那么，在我最终相信 q 的时候，前两个信念就对最后那个信念提供了证据支持。但是，最后那个信念无须是由前两个信念**引起**的。同样，“做 X 对我来说是值得欲求的”这个信念能够**说明**我对做 X 的欲望，但不一定**引起**我具有那个欲望。其次，如果“去医院看牙对我来说值得欲求”这一信念确实在我实际上采取的行动中发挥了某种作用，那么我们就需要仔细看看它是如何发挥作用的。我相信去医院看牙对我来说值得欲求，很可能是因为牙疼令我痛苦不堪，而我想要结束痛苦（当然，也有可能是因为我认识到若不终止牙疼，我的健康就会受到很大危害，而我在乎自己的健康），我进一步相信及时去医院治疗是结束痛苦的唯一有效方式。因此，从根本上说，我最终形成的欲望乃是（因果地）来自我要终止牙疼的欲望。后面这个直接的欲望，加上相关的目的－手段信念，不仅说明了我采取相应行动的动机，也说明了我何以相信去医院治疗对我来说是值得欲求的。因此，若没有某个出现在动机背景中的欲望，我也不可能具有一个**能够对我产生动机影响**的评价性信念。评价性信念**貌似**具有的动机效应实际上是通过动机背景条件来发挥作用的。

我相信，只要适当地加以改进，类似的分析也适用于道德信念。我们可以考虑“无辜伤害他人在道德上是错的”这一信念。作为一种认知状态，信念旨在获得真理。因此，若把这个信念解释为“有充分的理由或证据断言‘无辜伤害他人在道德上是错的’这个命题是真的”，就很难看到它如何能够具有动机效应。之所以如此是因为，即便我们称为“道德信念”的那种东西能够产生动机影响，那也不可能只是由于行动者有充分的理由把某个道德信念看成是真的[1]，而是由于那个信念命题内容**本身就是规范的**。例如，如果“无辜伤害他人在道德上是错的”这一信念确实对我产生了动机影响，那不可能只是因为我用一种纯粹认知的方式认识到了那个命题（正如假若我已经有了颜色和水果的概念，在适当的光照条件下，我的知觉经验就会让我具有“桌上有一只红苹果”这一信念），更重要的是因为我对“在道德上是错的”这个概念的规范地位有了一种实践承诺。简而言之，“X 在道德上是错的”这个说法并不只是在陈述我们通过纯粹的认知手段认识到的事情，甚至也不意味着我们在认知上有充分的理由确认 X 具有“在道德上是错的”这一特点，更重要的是在表达一种能够对我们产生动机效应的实践态度，尽管认知对于我们具有这种态度来说，也是必不可少的。[2]

[1] 当然，除非行动者对于“是真的”这件事本身也有一个实践承诺，例如认为凡是真理都**值得追求并承诺**这样做。

[2] 实际上，这个观点为理解和说明丹西为了论证其观点而不断提及的意志软弱和倦怠（accidie）的情形提供了一个合理的起点。这些情形不仅没有为丹西的纯粹认知主义提供支持，反而构成了对其观点的一个有力反驳。意志软弱的人和能够自制的人实际上能够分享对好生活的同一个认识，他们的差别恰恰在于：在面对强有力的感性欲望的诱惑时，前者不能坚持他对自己认识的承诺，而后者能够通过这种承诺抵制诱惑，尽管为此也需要经过一番努力。而按照丹西自己对“怠倦”的理解，“遭受倦怠的人就是这样一些人：他们一时间并不在乎正常情况下自己认为有很好的理由去做的事情。……情绪沮丧可能是倦怠的一个原因。情绪沮丧者并没有因为沮丧就丧失了相关信念；他们只是对这些信念无动于衷”(Dancy 1993: 5)。如果怠倦的人是因为其意动系统（conative system）而不是认知系统方面的原因而没有被他们原本具有的理由激发起来行动，那么怠倦的可能性显然就在于行动者不能坚持自己对行动理由的认识（可以用信念的形式表达出来）和承诺，而且这种失败不一定是实践上不合理的或非理性的。意动系统或动机系统与认知系统（其中包括对善或价值的认识）的脱节是理解这两种情形的一个关键。

三 工具合理性原则与欲望的评价

到目前为止，我试图澄清和捍卫休谟式的动机理论。当一个欲望和与之恰当地相关联的目的－手段信念成功地激发行动时，在能够说明该行动为何发生的意义上，它们就构成了如此行动的一个理由，即前面所说的“动机性理由”。另一方面，只要这样一个理由能够满足伯纳德·威廉斯所说的“程序合理性原则”的要求，它也可以为行动提供基本的辩护。[1] 然而，某些康德主义者仍坚持认为，欲望本身不可能具有任何实践辩护作用，或者说，若要具有这种作用，欲望就必须由理性承诺构成（Korsgaard 1997）。我承认在欲望和实践意义上的承诺之间应该存在着某种联系，尽管这些康德主义者也并未阐明这种联系。不过，与他们不同，我并不认为由此就必须拒斥对工具合理性原则的休谟式解释。康德主义者之所以这样认为，是因为他们担心对休谟式动机理论的接受会导致所谓的“关于实践理性的怀疑论”。例如，科斯格尔认为，除非我们已经具有对目的进行评价的其他规范原则，否则就不能说行动者**有理由**采取作为必要手段的行动，因此，工具合理性原则不可能具有独立存在的地位。她的主张确实是可理解的：假若某人没有理由欲求某个目标，他怎么可能还有理由采取作为必要手段的行动？然而，这个问题的合理地位及其含义本身并不足以得出科斯格尔想要引出的结论。一个行动在什么意义上是实践上合理的，这是一

[1] 参见 Bernard Williams, *Moral Luck* (Cambridge: Cambridge University Press, 1981)，103 页及以下，亦可参见本书第一章。威廉斯对行动合理性的理解大体上就是休谟的理解：如果行动者对其欲望对象持有错误信念（比如说错误地相信实际上并不存在的对象），或者对如何实现一个目的持有错误信念，那么其行动就是不合理的。不过，威廉斯强调内在理由必须与行动者的主观动机集合在慎思上相联系，并认为慎思并不限于目的－手段推理。因此，我们也可以认为，对于行动者来说，在进行慎思的时候，在自己的认知视野内具有一个融贯的主观动机集合，对于行动的合理性来说也是必要的。

个复杂的问题，不仅取决于如何回答“行动者**有什么理由**行动”这一问题，也取决于行动者的动机结构以及有关的认知条件。例如，说行动者有理由采取作为必要手段的行动，并不是说其行动在总体上来讲就是合理的。他通过某个行动来实现的目的有可能不符合特定的道德原则，甚至有可能不满足审慎合理性的要求。但是，这不一定导致我们否认工具合理性原则的基础地位。下面我将试图表明：第一，工具合理性原则不是不能得出对目的或欲望的评价[1]，尽管这种评价仍然很有限；第二，假如规范理由本身能够或者应该得到一个自然主义的说明，工具合理性原则所设置的合理性要求或许就能成为这种说明的一个基本起点。

大体上说，对手段的慎思，甚或对手段的尝试性采纳，可以导致我们发现自己打算追求的目标或是不可实现的，或是与我们所接受的其他目的相冲突。在这种情况下，我们就需要恰当地修改目标系统，因而需要修改我们的欲望系统。按照工具合理性原则，只要我确实欲求一个目标，就我有能力获得它而论，在没有冲突欲望的情况下，我也应当欲求获得它的必要手段，否则我就是工具上不合理的。这当中确实有一种动机力量的传递：在适当条件下，对目标的欲求会导致对必要手段的欲求。但是这种传递显然不是用一种液压机式的方式发挥作用的，因为其根据就在于对工具合理性原则的承认和接受，因此是一种理性认识和实践承诺的结果。进一步说，假如我承诺要实现一个目标，在上述条件下，我也倾向于采取作为必要手段的行动。我在欲望系统的融贯性上所经受的压力会导致我修改相关的目的－手段信念，而对目的－手段关系的反思也会导致我恰当地修改欲望系统。因

[1] 史密斯对此提出了一个详细论述，见 Michael Smith (2004), “Instrumental Desires, Instrumental Rationality”, *Supplement to the Proceedings of the Aristotelian Society* 78: 93-109。

此，只要可以合理地评价目的－手段信念，我们就可以合理地评价相关的目标欲望。“原初的”欲望在休谟看来或许是不可评价的，但是，只要我们发现所有相关的工具欲望（对满足目标欲望的可能手段的欲望）都连续不断地遭受挫败，我们就可以放弃我们打算满足的欲望，因为继续保持这个欲望不符合整个欲望系统的最大融贯性要求，因此在这个意义上就是不合理的或无理性的。

不仅如此，休谟还允许我们从另一个角度来评价欲望，甚至是非工具性的欲望。[1] 休谟认为，趋善避恶是人性的一个本质特点，也是一个能够对意志产生影响的形式原则（在幸福是一个形式原则的同样意义上）。一般来说，人总是按照自己对善恶的具体理解来行动，因此，只要他们将审慎认同为一种善，他们就倾向于按照审慎的要求来行动，就需要冷静地思考自己即将采取的行动或打算满足的欲望是否符合审慎的要求。在休谟这里，对善的一般欲望是一种不同于理性的东西，因此不应该将二者的运作混为一谈：前者可以对意志产生影响，理性本身则不能直接影响意志。按照这种理解，假若一个人已知地和自愿地采取了与自己所认同的最佳利益相对立的行为，那么他就是“不审慎的”，或者在某些情况下是不自制的，但并不是“不合理的”或“无理性的”。他的失败是在美德或品格方面的失败，而不是在理性方面的失败，因为他既不缺乏按照工具合理性原则来行动的能力，也不缺乏理性慎思的能力。品格上的失败对休谟来说并不是理性的失败，但是，一个人确实可以从自己的品格来决定是否要满足或抵制某个欲望。实际上，我们之所以需要培养和发展强健而稳固的道德品格，并不只是为了纯粹的道德认知，更重要的是为了培养和不断重塑能够与

[1] 参见休谟《人性论》第二卷第三部分第三节（“论意志的有影响的动机”）第三段。科斯格尔承认这一点，见 Korsgaard 1997, pp. 225-234；亦参见 Korsgaard (1986/2012),“Skepticism about Practical Reason”, pp. 60-62。

我们的道德承诺保持一致并相互促进的欲望。

科斯格尔声称，工具合理性原则不可能独立存在，因为我们需要其他合理性原则（特别是道德原则）来评价非工具性的欲望；但是，工具合理性原则本身并非不能得出对欲望的评价。由此看来，康德主义者和休谟主义者之间的争论必定涉及这样一个问题：用**合理性的语言**来评价非工具性的欲望，这在什么意义上是可理解的或者甚至是必要的？科斯格尔之类的康德主义者实际上想要强调对非工具性欲望进行**道德**评价的必要性。但是，按照道德要求来行动究竟是不是一个实践合理性问题，这是一个到目前为止仍然没有定论的争论。因此，在这里我就不再一般地讨论刚才提出的问题。我只想重点表明，就算我们可以有意义地用其他形式的合理性原则来评价非工具性的欲望，与这些原则相比，工具合理性原则也依然占据了一个基础地位。只要我们希望行动，我们就得满足这个原则的要求，但是，实际上采取行动就是我们的理性能动性的最低要求。在这个意义上，只要我们是行动者，工具合理性原则就是我们的能动性的**本质的**构成要素。另一方面，作为生活在**社会世界**中的行动者，我们也得承认，一个行动是否成功，在很大程度上取决于我们能否面对他人、面对自己的生活状况来反思自己的行为。因此，在适当的条件下，我们不仅可以反思性地认同其他形式的理性要求，而且在必要时也可以“创造”新的理性生活规范。[1]这是我们作为理性动物的一个本质方面。只要行动，我们就会满足工具合理性的要求。我们可能因为持有错误的目的－手段信念，或因为把并不存在的东西当作欲望的对象，而不能成功地实施行动。如果这种错误不是我们在自己的认知视野内所能发现或纠正的，

[1] 生活在社会世界中的可能性意味着我们能够对他人的正当需求和期望保持合适的敏感性，而在休谟这里，这个要求就体现在一个“合情合理的个性”的概念中，即便不是体现在他所利用的那种前康德式的“理性”概念中。

那么相应行动的失败也就说不上是没有满足工具合理性的要求。我们也可能因为其他缘由而放弃追求某个预定目标，例如在经过认真尝试后发现自己能力不足，或者发现那个目标与我们更加看重的东西有所冲突。在这种情况下，放弃预定的目标反而是实践上合理的，因为我们的理性能动性本质上是时间上扩展的，即我们可以按照实时的信息和反思来调整和修改我们的行动方案。[1] 另一方面，假若我们是因为意志不够坚定而放弃预定目标，那么我们的失败与其说是工具合理性的失败，不如说是品格上的失败。如前所述，对目的－手段信念的反思能够导致我们修改欲望系统并对特定的欲望做出评价，相比较而论，完全违背工具理性原则的情形实际上很罕见。这也是这个原则之基础地位的一个体现——它很可能就像休谟所说的那样已经植根于人性之中。

当然，康德主义者不会满足于这种理解，因为他们强调说，我们无法独立于对**欲望本身**的理性评估来评价行动的实践合理性：如果一个欲望本身就是不合理的，那么就不能认为相应的行动是合理的，即使行动者满足了工具合理性的要求。举个例子，希特勒屠杀犹太人的行为怎么能够是实践上合理的呢，即使在这样做时他卓越地满足了工具合理性的要求？但是，我们真的打算只是用实践合理性的语言来评价这种灭绝人性的行为吗？为什么不说那种行径是残忍的或不人道的呢？从道德的起源及其在人类生活中所要发挥的功能来看，道德显然不仅仅是实践合理性问题（除非我们已经用一种**规定性**的方式将道德界定为某种形式的实践合理性）。康德主义者之所以倾向于用合理性的语言来描述道德，主要是因为他们试图把理性的权威提升到一种至高

[1] 对时间上扩展的能动性及其与理性慎思之间关系的强调，见 Michael Bratman, *Structures of Agency* (Oxford: Oxford University Press, 2007)。

无上的地位，以此来彰显“理性”对于“欲望”的支配。然而，甚至在某些未能回应理性考虑的情形中，在“实践合理性”的某种直观意义上，一个人也无须是实践上不合理的。为了看清这一点，我们不妨考虑科斯格尔的如下说法：

> 似乎有大量的东西能够干扰某个理性考虑的动机影响。愤怒、激情、沮丧、分心、悲伤、身体疾病或精神疾病都能引起我们无理性地行动，也就是说，未能在动机上回应我们可得到的理性考虑。（Korsgaard 1986/2012: 59）

这个说法显然取决于科斯格尔对情感的特定理解，例如认为一切情感因素都是对理性的干扰。然而，假若我们接受了对人类情感的其他论述，例如一种亚里士多德式的或斯多亚式的观点，我们就无须认为情感或情感反应**无论如何**都是不合理的或非理性的。[1] 实际上，即使一个人由于沮丧或悲伤而不能回应他一度承认的理性考虑，他也未必是实践上不合理的，这不仅是因为他可能有（回顾式的）理由来说明为什么未能回应特定的理性考虑，由此而为他的不能回应提供一个辩护，而且也因为某些形式的沮丧或悲伤本身就是对人类生活状况的一种合理回应。最终，如果一个人由于身体或精神方面的疾病而不能回应某个理性考虑，那么，只要这样一种疾病既不是他本人所意愿的，也不是他能够自主地控制的，我们也就无须认为他的不能回应是一种实践无理性的表现。若是这样，那为什么我们**必须**用实践合理性的语言来

[1] 有学者已经论证说，在无须否认情感具有动机效应的情况下，可以对情感的本质和起源提出一种认知的解释，而且，情感本身就表达了一种价值判断。例如，参见 Martha Nussbaum, *Upheavals of Thought: The Intelligence of Emotions* (Cambridge: Cambridge University Press, 2003)。

评价一切行动和品行呢？在这里我将不尝试完整地回答这个问题，不过，科斯格尔对休谟所说的“冷静的激情”的评论暗示了部分答案。她说：

> 只要这个冷静且一般的激情仍然保持它对具体激情的支配地位，一个人就会审慎地行动。正是在这个目的的影响下，我们用一个可能的满足来衡量另一个可能的满足，试图决定哪一个有益于较大的善。但是，如果对善的一般欲望不再继续占据主导地位，那么做有助于促进较大的善的事情所要求的动机和理由就消失了。（Korsgaard 1986/2012: 60）

这就是说，如果休谟所说的“冷静的激情”不过是个欲望，那就无法指望它能够可靠地击败一个与审慎的合理性不相一致的欲望。休谟用“欲望”来称呼这个激情的做法或许是个错误，但是，在其哲学体系中，这是一个可理解的错误，因为对他来说，唯有广泛意义上的欲望才具有本质上的动机效应，而与审慎相联系的那个“冷静”的激情是能够对意志产生影响的东西。该激情确有可能在特定场合下不能占据支配地位，但是这对于科斯格尔所说的理性也是真的，因为在澄清对内在主义要求（在这里指的是如下要求：道德动机应当是内在于道德判断的）的误解时，她明确指出，这个要求“并不要求理性考虑总是成功地激发我们，而是仅仅要求：就我们是理性的而论，理性考虑总是成功地激发我们”(Korsgaard 1986/2012: 60)。

这不是一个不可理解的主张，但是它掩盖了一些亟须进一步阐明的重要问题。**按照定义**，理性行动者当然就是按照理性考虑来行动（或者至少总是回应理性考虑）的行动者。然而，为了让这个说法变得具有**实质性**意义，就需要对“理性”这个概念本身提出一个独立界定，否则就无法具体地判断一个人是不是有理性的，否则就会得出一些有悖于直观的判断。在上述例子中，由于精神沮丧而未能回应特定理性考虑的人必定是无理性的或不合理的吗？对这个问题的答案显然是否定的。就像康德那样，科斯格尔试图借助于与理论理性的类比，用普遍性、充分性、无时间性以及非个人性之类的特点来表征或界定“理性”（Korsgaard 1986/2012: 61）；但是，在实践推理上满足这些要求、但仍然未能回应某个理性考虑的人必定是实践上不合理的吗？或者，反过来说，如果一个人能够回应自己所生活的社会中被认为是合情合理的考虑，但其实践推理并不满足上述特点，那么他就必定是不合理的或无理性的吗？我提出这些问题，并不是为了明确地回答它们，而是要暗示对它们的回答至少是有争议的，而且这种争议本身就具有规范含义。假如希特勒是因为其种族主义偏见而屠杀犹太人，而他自己也没有威廉斯意义上的内在理由来纠正或消除这种偏见，那么我们倒宁愿用其他的评价语言来评判其行为。我们或许认为，希特勒的根本问题在于他不能对我们大多数人视作道德理由的东西做出实践承诺；但是，不能做出这种承诺并不是实践推理的失败，而是因为他的动机系统缺乏做出这种承诺的根本依据——他看不到按照我们所说的道德理由来行动的要旨。

我已经暗示，我们的理性本质就在于对某些根本原则的认识和承诺。我这样说是为了强调实践理性的**构成性**特征：我们不可能先于我们对某些根本原则的认识和承诺而具有我们称为“理性”的那种东西，尽管只要我们已经承诺和采纳这样的原则并按照它们去行动，由此构成的理性也可以进一步发展自身，并有可能取得一种相对自主或独立的地位，因此相对于我们心理结构中的其他要素（例如日常意义上的欲望）而具有某种权威。但是，从理论探究的角度来看，我们首先想知道，对这些原则的认识和承诺是如何可能的。在工具合理性原则的情形中，这个问题不难回答——休谟自己提供了一个在我看来最可理解的回答。首先，不妨承认，我们寻求满足自己欲望的倾向是内在于人性的，甚至是一切动物共有的一个本质特点。正是由于我们的本性具有这个原始特征，对目的的欲望才可以传递到对实现目的之必要手段的欲望。对于我们来说，实际上，对于一切寻求欲望满足的动物来说，这并不是一个哲学上特别深奥的事实。在很多情形中，我们的目的－手段信念在广泛的意义上是因果信念，因此，只要对特定的因果关系有了恰当的认识和反思，我们就会逐渐形成"手段"以及"正确手段"的概念。随着我们的欲望系统变得更加复杂以及工具性欲望的出现，我们对目的－手段关系的推理也会变得更为复杂，例如可以涵盖威廉斯归于"准休谟式的模型"这个说法下的那些实践推理（Williams 1981: 104）。当我们发现自己试图采取的行动未能满足某个目标欲望时，我们可能就会去反思自己对这一行动所做的慎思或推理。正是通过这种反思，我们对工具合理性原则有了明确的表述和承诺：假若我们**确实想**满足自己的欲望，我们就得接受这个原则并对目的－手段关系以及有关欲望具有正确信念。在这里，我使用"确实想"这一说法，而不是"承诺要"这样一个康德式的说法，是因为寻求满足欲望的倾向实际上是人性中的一个原初特征，无须在哲学上（如果说不是在生物学上）加以进一步的说明或论证。相反，对人类能动性的任何进一步的要求或理解都必须把这个特征当作一个说明上的出发点。类似地，与意志软弱的某些有争议的情形相比，我们之所以认为，已知地并自愿地采取一个与自己的最佳利益（或者对这样一个利益的深思熟虑的判断）相对立的行动是实践上不合理的，主要是因为我们对这样一项利益有着实践承诺，而这样一种承诺很可能是按照上述方式、从我们对与此相关的目标（例如个人健康或幸福）的欲望中发展出来的。相比较，对于一个行动者来说，在未能按照某个道德规则去行动时，用"实践上不合理或无理性"之类的说法来指责他是否恰当，取决于他是否认为自己有理由、因此有相应的欲望承诺要服从那个规则。如果我们不是在谈论**一般而论**的道德，而是在谈论社会中某个具体的道德规则，那么我们大概无须用实践合理性的语言来谈论一个人在服从某个规则上的失败——这种失败未必像科斯格尔所说的那样意味着一个人因此“不再是人”[1]：**根本的道德意识**可能是我们的实践同一性的一个构成要素，但是一个社会所约定的道德规则无须具有这个特殊地位，因为对这样一个规则（或者对它在特定情况下的应用）的怀疑无须成为实践合理性失败的一个标志，反而有可能是实践合理性的一个体现，因为对特定的道德规则及其可应用性的反思恰好是人类理性能力的一个本质方面。

四 欲望、理由和承诺

当科斯格尔试图将合理性的语言提升到某个最高地位时，她大概想强调理性对于日常所说的欲望或激情具有绝对权威。但是，即便她所设想的理性能够具有这种地位，对于个别行动者来说，它之所以具有这种地位，也是通过承诺社会生活中已经存在的规范理由和原则。实际上，我们有理由认为具有规范权威的理性本身就是由这种承诺构成的。只要这个意义上的理性已经作为一种精神能力存在于我们的心理机制中，它就在其中占据一个独特的地位。但是，为了正视我们在慎思和选择活动中体验到的各种复杂性，我们也不得不说，这个意义上的理性对规范理由和原则的承诺与我们心理机制中的其他要素不可分离，而且在一定程度上受到了后者的影响。如果规范理性就是用我所暗示的那种方式被构

[1] 参见 Christine Korsgaard, *The Sources of Normativity* (Cambridge: Cambridge University Press, 1996), 特别是第四个演讲。

成的（当然，在某种意义上也是一种“自我构成”），那么对其权威进行固化就不仅是危险的（例如在如下意义上：这样做严重地妨碍了理性能力的自我改进），而且也没有忠实地反映和公正地对待我们进行慎思、做出选择、具有承诺的经验。在认为只有理性承诺才能构成辩护的根据时，科斯格尔或许是正确的。但是，她之所以断然否认欲望本身能够为行动提供辩护，根本上是因为她将欲望设想为我们消极地感受到的、前理性的状态。现在我想表明，一个合理的康德主义不应该像她那样将欲望和理性承诺绝对分离开来或者甚至对立起来。[1]

休谟主义的核心就在于将广义上的欲望设想为本质上具有动机效应的东西。因此，从休谟式的观点来看，我们也需要从欲望的“逻辑”或动力学中来寻求规范性的来源，来寻求对规范理由和规范原则进行反思认同的动机。一个不一致或不融贯的欲望系统会对我们产生很大压力，要求我们去审视自己究竟在哪里出了错。这是关于人类心理的一个基本事实。假若欲望本身并不具有接受理性考虑的倾向，我们就无望消除在欲望系统内部存在的张力或冲突。当这种张力或冲突发展到极限时，欲望系统就会崩溃，我们就会冒险丧失能动性的一个本质方面。不过，尽管某些欲望确实是以一种前反思的方式（即不是通过有意识的慎思活动）到达我们这里的，并非所有欲望都具有这个特点，

[1] 我的分析得益于如下论述：Barbara Herman, “Making Room for Character”, in Stephen Engstrom and Jennifer Whiting (eds.), *Aristotle, Kant, and the Stoics: Rethinking Happiness and Duty* (Cambridge: Cambridge University Press, 1996), pp. 26-62; Paul Hurley (2001), “A Kantian Rationale for Desire-based Justification”, *Philosophical Imprint* Vol. 1, No. 2。值得指出的是，科斯格尔其实意识到了与我下面要发展的思想很相宜的一个观点：“正是出于这个缘故[即：合理性是人类行动者能够具有的一种状况，但不是我们已经处于的一种状况]，某些以理性的观念为核心的伦理理论最好被认为确立了品格的理想。按照这样一种观点，一个具有良好品格的人就是这样的：他用一种适当的方式来回应自己可获取的理由，他的动机结构是为了理性的接受性而组织起来的，因此理由就可以按照恰当的力量和必然性来发挥动机作用。”（Korsgaard 1986/2012: 62-63）

正如赫尔曼所指出的：

> 成熟的人类行动者的欲望，除了包含一个对象的观念外，往往也包含对象之价值的观念，因为对象的价值是由它与其他有价值之事物的适应及其自身的满足来决定的，因此自身就与……实践理性的原则保持一致。我们可以说，如此设想的欲望已被置于理性的范围内，或者本身已被理性化，或者，就行动者的欲望系统已经逐渐用一种回应理性的方式发展出来而论，他至少在这些方面有了理性行动者的特征。（Herman 1996: 48）

按照麦道尔对知觉经验和知觉信念的论述[1]，我们可以类似地说明欲望（甚至前反思的欲望）为什么往往涉及理性承诺的某个方面。塞拉斯认为，如果只有具有概念内容的东西才能为信念提供辩护，那么，就知觉经验能够为知觉信念提供辩护而论，就必须假设知觉经验至少已经被部分地概念化。[2] 麦道尔的论述就是以这个思想作为出发点。在这里，关键的问题显然在于说明知觉经验如何可能已经被概念化。按照麦道尔的分析，尽管知觉经验中呈现出来的感觉是以一种前概念的、前理性的方式被给予认知主体的，因此其本身不可能担当辩护作用，但对其内容的理性承诺能够产生信念。这种承诺的可能性就在于，我们可以按照我们已经具有的概念能力对知觉经验的内容进行理性操作。不过，为此我们就得假设知觉经验本身已经具有易于接受理性操作的倾向。换句话说，

[1] 参见John McDowell, *Having the World in View* (Cambridge, MA: Harvard University Press, 2009)，第一部分。

[2] 参见 Wilfrid Sellars (1956),"Empiricism and Philosophy of Mind"，reprinted in Sellars, *Science, Perception and Reality* (London: Routledge, 1963), pp. 127-196; Wilfrid Sellars, *Science and Metaphysics: Variations on Kantian Themes* (London: Routledge, 1968)。

对于正常的认知主体来说，当我们具有知觉经验的时候，我们实际上已经是在一个理由空间中具有知觉经验，因此就能对其内容做出判断。当然，知觉本身可能出错，而在对一个单一的知觉经验的内容进行判断时，我们也有可能出错。但是，正是因为我们的整个认知活动是在一个理由空间中来运作的，我们就可以按照自己已经具有的其他信念来纠正这样一个判断。在实践领域中，欲望的地位就类似于知觉信念在理论领域中的地位：成熟的人类行动者具有的欲望，用赫尔曼的话来说，已经是由塑造其知觉领域或慎思领域的理性原则来“规范化”的欲望。因此，尽管欲望可以是一种前理性的状态，但是对于成熟的人类行动者来说，欲望能够具有接受理性考虑和理性批评的倾向。这并不难理解，因为具有一个欲望本质上涉及体验到其内容在某个方面是好的或值得欲求的，并因此将其目标看作意向行动的合适对象。

赫尔曼之所以对欲望提出这种理解，是为了表明，合理的康德主义者无须采纳那种把欲望与理性对立起来的模型。在她看来，假若我们采纳了这个模型，我们就无法合理地说明道德品格的发展：我们的欲望之所以能够回应理性考虑和理性要求，就是因为它们已经以某种方式“分有理性”，就像亚里士多德所说的那样。“我们的发展原本就是回应理性的，而不是遵循理性的，这是一个关于**具有欲望**的理性存在者之本质的主张。”（Herman 1996: 42）因此，结合前面的论述，我们就可以认为，只要接受了对欲望的这种理解，就无须把一种合理的休谟主义和一种合理的康德主义对立起来。[1] 休谟主义的吸引力就在于：它充分认识到

[1] 在这里，就伦理学而论，所谓“合理的休谟主义”，我主要指的是以休谟自己的思想和威廉斯的内在理由概念为主线发展出来的一种观点；所谓“合理的康德主义”，我主要是指赫尔曼（以及其他的一些康德学者例如 Allen Wood）在本文引用的这篇文章以及其他著作中发展起来的一种康德式的伦理学，例如 Barbara Herman, *The Practice of Moral Judgment* (Cambridge, MA: Harvard University Press, 1996); Barbara Herman, *Moral Literacy* (Cambridge, MA: Harvard University Press, 2007)。

并在理论上尊重欲望及其动力学在人的能动性之中的本质地位。不过，至少在休谟那里，这仅仅是这种观点的起点，因为他实际上试图表明，规范的东西（其中包括康德意义上的理性）如何能够通过对社会观点的承认和接受，从我们原初的、具有欲望和激情的感性本质中发展出来。在休谟这里，工具合理性之所以能够在**构成**我们的理性能动性方面占据基础地位，不仅因为它本来就是人类行动的内在要求（只要行动，就必须遵守这个原则），而且也是因为：只要我们与他人一道生活，这个原则就可以成为进一步反思的起点。甚至可以说，在休谟这里，与他人共同生活的愿望就是规范意义上的理性的一个基础和来源。共同生活要求我们接受和遵循某些根本原则，而在对这种原则的反思认同和修改中，我们也在不断改进和重塑我们原来具有的欲望乃至我们的品格。我们对理性原则进行反思认同的动机就存在于我们本来就有的欲望系统中，但是，我们无须认为那个系统具有一种完全抵制外部世界的冲击和理性影响的地位，这不仅是因为它自身就包含了休谟所说的“冷静的激情”，包含了一种在合适条件下可以让我们承认和接受他所说的“一般观点”的动机和根据，而且也因为，若没有正确的认知信念，欲望就不可能成功地寻求自身的满足。但是，只要一个人已经生活在社会世界中，正确的目的－手段信念就不仅涉及事实问题，而且也涉及规范理由和考虑。当然，休谟主义者仍然可以坚持认为，与这些理由和考虑相关的要求并非在任何情况下都是“绝对命令”并具有无条件的有效性。休谟主义本质上强调人是包嵌在世界中的存在，因此，当它所倡导的那种实践反思具有强烈的语境主义特征时，它也能够提供思想资源来抵抗将任何权威抬高到一种至高无上的地位的做法。[1]

[1] 参见普莱斯最近对实践推理提出的语境主义论述：A. W. Price, *Contextuality in Practical Reason* (Oxford: Clarendon Press, 2008)。

五　对休谟式动机理论的经验支持

以上我想表明的是，如果我们试图对规范性的来源提出任何**实质性**的说明，那么将理性与欲望绝对地分离开来，甚或认为二者必然是对立的，都是不可取的。现在我将为这一主张寻求某些经验支持。休谟主义的核心就在于强调我们的感性和欲望的“先在性”，然后试图说明理性及其权威是如何在感性和欲望的基础上被**构成的**。尽管休谟是在一种前康德的意义上来使用“理性”这一概念，但他并不否认即使这个意义上的理性也有引导行动的作用，例如通过形成正确信念，通过反思我们在目的－手段信念上的失败。因此，休谟主义者无须否认认知在动机中的重要作用[1]，但仍然强调欲望和欲望的能力是动机的**本质**构成要素。现在我们不妨假设动机取决于欲望之能力以及对欲望对象的认知：通过知觉或信念之类的认知渠道，我们认识到某个对象具有某些特点，但是，不论是将这些特点作为在某种意义上是值得欲求的（或者在某个描述下是好的）来接受，还是这种认识实际上所能产生的动机效应，都取决于行动者的欲望能力，而行动者的动机背景条件就是这种能力的主要部分。假如我们的理性思维能力和按照规范理由来行动的能力确实需要得到说明，那么我们最好认为，欲望的能力在某种意义上是“原初的”，比如说，是我们作为生命有机体与其他动物所共有的。

在论述欲望和动机时，亚里士多德所发展的一个观点很接近我们在这里要倡导的观点：在亚里士多德看来，动机是我们本性中具有意愿能力的那个部分的活动——正是因为我们具有这种能力，欲望的**对象**才会

[1]　参见本书第二章的相关论述。

通过我们对它的**知觉**而对我们产生动机影响。[1] 而且，即便知觉经验的内容可以为（知觉）信念的形成提供可靠引导，但为了说明动物运动的可能性，或者说，为了对行动提供一个统一说明，亚里士多德并不认为信念对于动机来说是本质的。动物可以按照它们对环境中某些特点的知觉来行动，但无须**相信**它们所知觉到的对象确实具有那些特点，比如说，如果兔子已经学会（不管是通过实际经验，还是通过进化方面的遗传，抑或通过二者）躲避毒蛇，那么，当一只兔子知觉到毒蛇被认为具有的某些特点时，它就会逃避，即使它面前并不存在真实的毒蛇，只是一条有声控装置的玩具蛇。不管对真理的兴趣是不是进化的直接产物，无理性的动物仍然需要恰当地回应周围环境的特点才有可能幸存下来。它们对环境的知觉是有选择性的，这种选择能力与其欲望系统的功能（或者正常的功能运作）之间必定具有某种联系。换句话说，它们对外部环境的知觉可能已经包含了某些对其生存来说格外重要的东西。就此而论，这种知觉可以被认为已经具有了评价含义。但是，为了合理地说明动物的知觉经验的这一特点，我们就必须考虑它们的欲望系统的本质。假若无理性的动物能够被其知觉内容所激发，假若人类（尽管是作为理性动物）的动机能力也是以类似的方式发展起来的，那么我们大概也可以认为，当我们把信念理解为一种具有从心灵到世界的适应方向的精神状态时，非工具性的信念（也就是说，不是关于目的－手段关系的信念）很可能就不是动机的本质构成要素。换句话说，如果这样一个信念能够对我们产生动机效力，那是因为其内容已经是一个具有评价含义或规范含

[1] 参见 Giles Pearson, "Aristotle and Scanlon on Desire and Motivation", in Michael Pakaluk and Giles Pearson (eds.), *Moral Psychology and Human Action in Aristotle* (Oxford: Oxford University Press, 2011), pp. 95-117。更详细的讨论，见 Giles Pearson, *Aristotle on Desire* (Cambridge: Cambridge University Press, 2012)；亦可参见 Jessica Moss, *Aristotle on the Apparent Good: Perception, Phantasia, Thought, and Desire* (Oxford: Oxford University Press, 2012)。

义的命题。而在这种情况下，动机效应是来自我们对其命题内容的实践承诺，作为精神状态的信念只是向我们提供了一种认知渠道。

有了这些初步评论，我们就可以看到，为什么认知神经科学的新近发展能够为休谟式的动机理论提供某些支持。[1] 神经科学家发现，在大脑深处有一对释放多巴胺的结构，即所谓的“腹侧被盖区”(ventral tegmental area) 和“黑质致密部”(substantia nigra pars compacta)。在生命有机体对奖励的期望中，它们发挥了关键作用。从日常观点来看，奖励和惩罚可以采取多种多样的形式，例如，得到甜食、受到赞扬、获得金钱、重要成就得到承认等；另一方面，惩罚可以是身体上的，也可以是言语上的（例如予以公开谴责）。奖励和惩罚可以对情感、行为和动机产生影响，例如，一般来说，得到奖励令人高兴，受到惩罚则令人不快；得到奖励的人会面带微笑，受到惩罚的人会情绪低落；人们会争取获得奖励、避免受到惩罚，等等。因此，在一种广泛的意义上就可以认为，作为生命有机体（尽管是一种很特殊的生命有机体），人类也欲求奖励、厌恶惩罚（在这里，厌恶可以被理解为一种负面的或否定性的欲望）。因此，按照所谓的“欲望的奖励学说”，奖励实际上构成了欲望的真正本质，因为无论是欲望的动机效应，还是欲望满足与快乐之间的联系（以及欲望受挫与痛苦的联系），据说都可以从认知神经科学所界定的奖励概念及其运行机制中得到说明。按照这种理解，对某个东西 P 具有一个内在的正面欲望，就是利用在知觉上

[1] 限于篇幅，在这里我将不考察认知神经科学方面的有关文献，以下分析主要依据如下著作中的相关论述：Timothy Schroeder, *Three Faces of Desire* (Oxford: Oxford University Press, 2004), pp. 48-69。正如作者自己指出的，德雷斯克实际上已经对欲望在目标制向运动（goal-directed movement）中的作用提出了一种类似理解，见 Fred Dretske, *Explaining Behavior: Reasons in a World of Causes* (Cambridge, MA: The MIT Press, 1988)。

或认知上表征 P 的能力而将 P 设定为一个奖励。[1]

详细论述这个学说不是我的任务，我只想简要地表明这样一个学说如何能够支持一种休谟式的动机理论。神经科学的研究表明，在人脑的上述两个功能区域中，多巴胺的释放不仅与有机体感受到的快乐以及对奖励的期望相联系，更重要的是，它也和一种强化学习（enforcement learning）相联系。当有机体从环境中接受一种未预料到的刺激（直观上被理解为一种奖励，例如甜食）时，那两个区域中的神经元就会以高于基线速率（baseline rates）的水平迅速激活，而当一个预测到的奖励实际上没有得到实现时，那两个区域的活动性就会立即下降。神经元对外部环境中的刺激进行回应，而这种回应能够在知觉和运动能力、观念联想以及行为倾向上引起变化，这样就构成了一种强化学习。从那两个区域中释放出来的电化学信号不仅能够影响大脑的短期操作，也可以影响其长期倾向，而在我们人类这样的有机体中，这种影响会影响我们的感受，修改我们采取行动、进行思考和具有经验的倾向。在这种影响下，我们就倾向于提高获得奖励和避免惩罚的概率。有三个主要证据表明，腹侧被盖区和黑质致密部可以被看作是大脑的奖励系统的输出结构。第一，它们的主要神经元延伸到大脑的几乎每一个主要结构，其中包括整个大脑皮质和很多子皮质结构，这些结构都有多巴胺的受体。第二，那两个大脑区域释放多巴胺的模式就是为了传递关于奖励的信息而需要的模式，这种信息作为学习信号是有用的，而且能够在神经层次上引起有用的变化。第三，在那两个区域中释放出来的多巴胺可以改变神经连接的强度，因此可以重新组织神经结构以及通过它们来实现的心理结构。

[1] 在这里，“内在欲望”指的是这样一个欲望：它是对某个目的本身的欲望，而不是对获得该目的之手段的欲望。

回到我们目前最为关心的内容：欲望的奖励学说与休谟式的动机理论的关联。按照这个学说，欲望是通过奖励和惩罚信号而激发我们的。在神经生理层次上，这个机制的运行首先取决于大脑中负责认知的那个部分对世界中的某些特点进行表征（representation）。这些表征的输出汇聚在负责运动的前额皮质，而前额皮质接着刺激负责处理运动的低层次结构。不过，这些刺激本身并不导致运动，只是产生了运动的各种可能性。在特定运动发生之前，对世界的表征必须将其输出发送到其他两个目的地，即大脑中的纹状体和奖励系统。奖励系统利用这种输出来决定环境是否包含某个比预期奖励更好或更坏的奖励，也就是说，决定有机体的内在欲望如何更好地得到满足。此外，按照奖励学说，关于外部环境中的具体状况的信息以及关于奖励的信息都是关于欲望满足的信息，这两种信息汇聚在对运动进行管理的纹状体中；通过利用这种输出以及现有的内在连接（intrinsic connections），纹状体就可以决定要把哪个可能的运动从不间断的抑制中释放出来。在运动信号被释放出来之后，皮质运动中心就会对身体发布命令，运动于是就产生了。因此，如果欲望本质上就在于奖励，那么欲望就会通过决定一个奖励是什么而激发我们运动。此外，通过强化学习，欲望也获得了通过习惯而影响运动的机会。如果对奖励系统及其与运动间关系的这一论述是正确的，那就意味着：对环境中某些特点的表征，尽管是运动或行动的一个必不可少的初始阶段，但它们具有的动机力量并不是独立于奖励信号的动机力量而发挥作用的，反而是以后者为中介。奖励系统能够对知觉表征（或者认知信念之类的东西）进行选择，决定要产生哪一个运动或行动。因此，认知神经科学对运动或行动的论述似乎支持一个休谟式的主张：欲望是动机和行动的本质构成要素。它大概也能支持威廉斯的内在理由模型：能够激发行动的东西必须与行动者现有的动机条件具有可靠联系。在这里我们只需指出（正如威廉斯自己明确意识到的），行动者现有的动机是可以随着他与外部世界的相互作用而发生变化的。实际上，强化学习机制很可能为这种变化如何可能发生提供了一个科学说明。

总的来说，休谟主义的吸引力本质上就在于：它试图按照人性中某些原始的要素和人类生活条件来说明规范的东西是何以可能的。动物行为学、认知神经科学、进化生物学和进化心理学等方面的研究表明，当无理性的动物按照欲望来行动时，它们的行动并不是没有认知方面的贡献作为基础，即使它们可能没有明确地意识到那种贡献及其来源。从自然主义的观点来看，欲望本身并不是没有其存在的合理根据。当然，与动物行为相比，人类行动显得更加复杂。这种复杂性不仅在于人类生活形式的多样性，也在于我们有时候会在实践合理性的要求上面临冲突。即便如此，在我看来仍然没有**先验的**理由来断言道德理性必须占据绝对支配的地位，或者像科斯格尔所说的那样构成了人的实践同一性的核心要素。既然我们必须学会正视人类生活的复杂性，我们也就必须学会从一种整体论的观点来看待**人类现实生活中**发生的动机和决策。休谟主义的相对优势就在于，当它能够对规范性提供一种说明时，它并不诉求任何超验的或超自然的东西。在这个意义上，休谟主义或许提供了一种更富有人性的元哲学。

第五章　道德实在论与道德真理

如何理解道德规范性的来源对于如何设想道德要求的本质和限度及其与道德动机的关系具有至关重要的意义。道德实在论者往往通过设想一种不依赖于人的感性和情感而存在的道德实在来说明道德所能具有的权威和客观性的根据。这种做法有两个重大缺陷：第一，它无法令人满意地说明道德动机；第二，它在很大程度上忽视或无视人类道德生活的复杂性。本章试图在一种休谟式的伦理自然主义的基础上对道德规范性的本质和来源提出一些思考，然后从一种投射主义的形而上学来阐明道德客观性，以便表明为什么某些形式的道德实在论和道德理性主义是不可接受的。

本章分为五个部分：第一部分旨在澄清和说明道德辩护问题；第二部分通过考察克里普克对维特根斯坦的“遵循规则”概念的解释，以表明为什么应该从一种内在的观点来设想道德规范性；第三部分通过考察道德话语的一些本质特点来澄清伦理领域中的主观性和客观性概念；第四部分旨在表明在什么意义上道德概念是依赖于人类响应的，因此拒斥对道德话语的一种实在论解释；最后，我将简要地说明我的探讨对伦理相对主义的含义。

一 / 道德辩护问题

道德辩护的首要目的在于表明我们有什么理由接受某个道德规范并以此来行动。一般来说，道德辩护必须回答两个挑战：怀疑论挑战和相对主义挑战。道德实在论往往被设想为回应这两个挑战的一种方式。这种方式看似很自然，但在一些关键环节上是不能令人满意的。正如前面的某些章节已经表明的，一种经过充分发展的休谟式的自然主义实际上能够对付怀疑论挑战。大致说来，休谟式的自然主义乃是通过揭示怀疑论的限度来回答怀疑论的挑战：怀疑论不能被合理地扩展到这样一些东西——若没有这些东西，我们的认知事业和评价事业不仅会变得完全不可能，也会变得全然不可理解，即使这些东西既不是由理性来保证的，也不是理性可以证明的。一般来说，怀疑论是在哲学反思的角度上被激发起来的，而休谟已经表明，理论性的哲学反思不仅不能为反对怀疑论提供任何担保，其本身的有效性也必须取决于日常的经验思维。正是在后面这个层次上，而且正是通过这样一个层次，批判性反思的伪装完全被自然所抑制和制服，或者更确切地说，它们之所以能够被抑制和制服，是因为我们对某些信念有着一种不可避免的自然承诺。休谟的自然主义的本质特征就在于如下主张：人类知识的真正源泉，严格地说，不是在我们的经验或推理中，而是在我们与世界的关系中，因为不论是推理的恰当性还是经验的可理解性都依赖于对某些能力、态度和信念的预设，而我们之所以具有这些能力、态度和信念，归根到底是因为与世界的本质联系。休谟的自然主义于是就将理性主义者对理性与自然之关系的论述颠倒过来：理性，若离开了自然已经赋予我们的某些自然信念和倾向，离开了我们与自然的关系，就不可能获得其真正力量。一方面通过论证对道德原则进行反思认同的可能性，另一方面通过揭示怀疑论挑战的“内在”特征[1]，休谟的自然主义就可以应对怀疑论挑战。在这里需要注意的是，休谟的自然主义本质上是认识论的而不是形而上学的。这种自然主义特别关心说明知识和价值（或者规范主张）的来源，不过，除了强调“自然”并不完全等同于物理科学所研究的东西，对于作为一个总体的实在的本质，它所言不多。大概正是由于休谟的自然主义本质上是认识论的和说明性的，而不是形而上学的，诺尔曼·肯普·史密斯那部论述休谟哲学的重要著作在出版之际并未得到应有的关注[2]，因为当时的哲学世界仍被逻辑实证主义所占据，而后者的一个本质特征就是它对实在的本质所做的那种形而上学承诺。[3] 尽管说明性的自然主义也必须谈论为了进行说明而需要设定的实体和性质，但它并不试图用一种**还原主义的**方式来理解这些实体和性质。实际上，说明性的自然主义认为，在设想说明的统一性时，我们无须用一种同质的标准来

---

[1] 通过表明不可能存在全面的非道德主义者（global amoralist）（完全因为精神能力的缺陷而无法具有道德意识的人不能算作非道德主义者），我已经把怀疑论者对道德提出的一切挑战处理为一种内在挑战，即在某个道德观点或道德框架内部提出的挑战。这个思想类似于罗纳德·德沃金近来在一篇文章中提出的观点，尽管我并不完全同意他对道德客观性的理解。参见 Ronald Dworkin (1996), “Objectivity and Truth: You'd better Believe It”, *Philosophy and Public Affairs* 25: 87-139。

[2] Norman Kemp Smith (1941), *The Philosophy of David Hume* (London: Palgrave Macmillan, 2005). 这部著作的重要性就在于它复兴了对休谟哲学的自然主义解释。

[3] 关于这一点，参见 H. O. Mounce, *Hume's Naturalism* (New York: Routledge, 1999), pp. 5-14。在蒙斯看来，休谟的《人性论》可以被看作是对科学的自然主义的一种批评。科学的自然主义，作为一个关于总体实在之本质的学说，将“自然”定义为属于物理科学的范畴的东西。因此，科学的自然主义者认为，实在的总体原则上可以通过科学研究而得以揭示。但是，休谟的自然主义认为知识的源泉不是在我们的经验和推理中，而是在我们与世界的联系中，因此否认了这一主张。按照这种解释，休谟的自然主义不仅不同于、根本上也不符合科学的自然主义，因为它将后者对理性与自然之关系的理解颠倒过来。假若这种解释是正确的，它就说明了哈普顿对自然主义的批评为什么不能应用于休谟，因为这种批评所针对的其实是科学的自然主义。参见 Jean Hampton, *The Authority of Reason* (Cambridge: Cambridge University Press, 1998)，第一章。

理解一切说明词汇。这种自然主义于是就将自己与还原性的或者“科学的”自然主义区分开来。

休谟伦理学在两个主要意义上是自然主义的。首先，它认为，为了理解伦理学，或者甚至为了理解一切具有规范性的东西，我们无须求助于任何超越自然的东西。当休谟把道德性质处理为人的情感或感性在适当条件下的投射时，这些情感或感性是真实的和自成一体的，无法还原为任何“更加自然”的东西。休谟式的伦理自然主义并不寻求将评价性谓词（valuational predicates）看作一种适于被还原为摩尔意义上的自然主义谓词（即属于自然科学研究题材的谓词）的东西。[1]对于休谟来说，道德语言不仅具有自己特定的内容，而且在它所渴望达到的目标上也是认知的。道德语言具有前一个特征，是因为道德情感或道德判断是一种特殊的事实，即关于人类情感的事实；道德语言具有后一个特征，是因为我们可以有意义地谈论对这些事实的认知存取（epistemic access），谈论我们得以做出恰当的道德判断的理想化条件或标准条件。其次，休谟伦理学在另一个重要的意义上也是自然主义的：对于休谟来说，道德的来源要在人性内部来加以寻求。休谟试图按照某些在从说明的角度来说更加基本的美德（例如仁慈、仁爱、友谊和公共精神）来表明严格意义上的伦理价值或伦理性质（例如忠诚、正义、诚实和正直）的可能性。他的伦理学的自然主义特征也就体现在它将伦理活动放在调整、改进、权衡和拒斥不同的情感和态度的领域中。因此，按照一种休谟式的自然主义伦理学，我们只需在日常的情感和态度中来寻求伦理价值的根据。

然而，有些理论家已经对这种伦理学提出了两个主要指责。第

[1] 关于摩尔对“自然主义谓词”的定义，参见 G. E. Moore, *Principia Ethica* (Cambridge: Cambridge University Press, revised edition, 1993), p. 92。

一个指责大概是说，伦理自然主义不足以说明规范性，或者甚至含糊其词。我们很容易表明，说明道德话语的认知特点和语义特点对休谟主义者来说并不构成任何严重挑战。例如，尽管休谟认为道德性质在根本上和本质上是来源于我们的情感和态度，他对道德判断的分析不仅允许、而且实际上要求理性对道德性质及其关系具有认知存取。此外，只要道德性质被设想为人的情感和态度在合适条件下的投射，我们就可以看到道德话语如何能够具有一些明显的语义特点。比如说，在“不正确的”投射条件下做出的评价性判断有可能是错误的。然而，按照某些批评者的说法，道德话语的第三个特点——所谓的道德评价或道德判断的规范性——对伦理自然主义构成了一个严重威胁，特别是在休谟式的伦理自然主义这里，因为这种自然主义通常被认为表达了一种非认知主义的观点。如何理解规范性本身是一个有争议的问题，以下我将考察对规范性的一些不同论述。为了便于论证，我们不妨首先假设，说某个东西是规范的，就是说它不依赖于任何特定个体的欲望、倾向和态度而具有某种约束力。由此来看，上述指责大概就是这样产生的。如果休谟式的伦理自然主义采纳了一种“投射主义”（projectivism）的形而上学，将道德性质处理为我们的情感和态度的投射，那么，假如道德判断本身就是我们的欲望、倾向和态度的投射（或者与这些东西相联系），它们如何能够对欲望、倾向和态度本身具有某种约束力？相比较而论，按照批评者的说法，假若道德义务被设想为某种从“外面”施加于我们的东西，它们就可以充当对我们的欲望、倾向和态度的约束。

与此密切相关的是第二个指责。如果道德性质已经被设想为我们的情感和态度的投射，那么我们好像就不得不认为道德主张的有效性是相对的，也就是说，是相对于我们把某个伦理姿态投射出来的那套情感和态度而论的。此外，我们之所以能够反思性地认同某个道德并通过集体慎思来改进其理性可接受性，根本上说是因为我们已经认识到，具有相关的伦理美德一般来说有助于促进个人幸福（在这里，个人幸福需要被理解为一个人的理性欲望的满足）。然而，我们对好生活的看法很大程度上是由我们在其中成长和所归属的共同体确立起来的。在这里我不想先验地否认我们也许可以从外在于某个共同体的观点来评价其道德标准。然而我们也可以合理地假设，道德敏感性首先是在与我们具有紧密联系的共同体中形成的。因此，休谟式的伦理自然主义意味着，并不存在处于任何某个情感和态度系统之外的伦理真理，即使人们能够以某种方式扩展和扩大这样一个系统，比如说，假若我们已经认识到分享人类共同命运的重要性，我们有可能就会打破原来与我们具有自然联系的那个系统的边界。确实没有理由怀疑这种可能性，因为作为**人类**存在者，我们不仅具有共同的人性，而且也生活在某些共同的人类条件下。妨碍这种可能性得到实现的因素往往是政治上的，而不是伦理或道德上的。[1]不管怎样，看来休谟式的伦理自然主义因其对投射主义的承诺而容易受到相对主义的感染。实际上，如果人的情感和态度是可以随着时间和地点而变化的，那么休谟式的伦理学好像就不得不是相对主义的，尽管可能是在“相对主义”这个概念的一种很普遍的意义上。

然而，我们仍然有很强的理由将投射主义接受为一种休谟式的伦理自然主义的形而上学。为了明白何以如此，我们需要简要地考察其他理论家对道德性质之本质的看法。在这里，我们不妨假设一个恰当的元伦理学必须能够说明道德经验现象学的一些本质特点。其中两个特点特别值得关注。第一，道德判断往往具有引导行动的职能：假若一个道德行

[1] 值得顺便指出的是，世界主义的伦理关怀之所以难以实现，主要是因为任何一个国家都倾向于认为自身的国家利益占据优先性，不管这种观点是不是可以得到辩护。当然，如果归属感在我们对“好生活”的设想中确实具有某种重要性，问题就会变得更加复杂。

动者诚实地判断做某事是道德上正确的，那么，在其余条件等同的情况下，他就在动机上倾向于采取相应行动。不过，我们需要把这个主张与所谓“道德要求的至上性”论点区分开来，这个论点大概是说，当一个道德要求与其他类型的要求发生冲突时，它必须推翻后者。第二，一般来说，道德主张的有效性确实不依赖于我们偶然具有的欲望、情感和态度。我想论证的是，与一些主要的取舍相比，投射主义能够更令人满意地协调这两个特点。为了便于论证，我将把注意力放在两个可供取舍的观点上：其一是康奈尔大学的一些哲学家提出和发展的一种道德实在论（以下简称“康奈尔学派道德实在论”）[1]；其二是托马斯·内格尔力推的一种道德理性主义。[2]

为了对道德提出辩护，很多理论家倾向于论证说，道德性质就像物理性质一样是“真实的”：它们就存在于世界之中。但是，我不认为这是一种辩护道德的合理方式。康奈尔学派道德实在论和内格尔的道德理性主义都试图把道德定位在某种不依赖于人类情感或人类感性而存在的实在中。这两种观点进行这种尝试的动机有所不同，不过，就它们都试图通过设定一种独立的“道德实在”来理解道德客观性的根据而论，它们本质上是相似的。很不幸，它们寻求这种理解的方式往往语焉不详，或者经不起进一步的推敲，以至于我们很难相信它们抓住了关于道德客观性的全部真理。内格尔一开始就警告说，主观主义和相对主义（他所要攻击的主要目标）显示了一种思想怠惰，因为主观主义者和相对主义者都只是终止于“人类思想的那种显然是很鲁莽的自负，往往将人类思想的内容瓦解为其根据”（Nagel 1998: 7）。但

[1] Richard N. Boyd, “How to Be a Moral Realist”, in Geoffrey Sayre-McCord (ed.), *Essays on Moral Realism* (Ithaca: Cornell University Press, 1988), pp. 181-228; Nicholas L. Sturgeon, “Moral Explanation”, in Geoffrey Sayre-McCord (ed.) 1988, pp. 229-255.

[2] Thomas Nagel, *The Last Word* (New York: Oxford University Press, 1998).

是他所采取的那种做法——把理性设定为客观性的根据，却没有首先询问（或者进一步探究）人类理性是如何可能的，又具有什么样的限度——同样表示了一种思想怠惰。让我首先考虑康奈尔学派道德实在论。这种实在论者认为，存在着一种由道德主张来描述的具有**内在**规范性的实体或事实。这就等于说，存在着这样一种东西，它具有某些行动据认为所具有的那种内在的或绝对的“要付诸实施”的性质，但是这种性质并不依赖于我们的情感和态度。这种观点确实很怪异，因为正如约翰·麦凯早就表明的[1]，一旦我们接受了它，我们就很难设想某些东西怎么能够用一种与我们毫无关系的方式对我们产生约束力。康奈尔学派实在论者意识到了麦凯提出的困难，于是，为了努力辩护道德客观性，他们并没有直接设定规范实体的存在，而是假设在某个道德性质和一组自然性质之间存在着某些内在联系，这种联系所发生的方式就类似于（比如说）热与分子运动相联系的方式。为了避免摩尔的未决问题论证（open question argument）所产生的异议，康奈尔学派实在论者可以假设道德性质和自然性质之间不是一种严格同一关系，而是一种随附关系。即便如此，我们仍然不清楚他们如何确立道德性质的规范地位，因为即使他们已经成功地表明了道德性质在他们所指定的意义上是客观的，他们仍需要提出额外的论证来确立道德性质的规范性。很不幸，他们未能提供这样的论证。

我刚才提出的论点可以简要阐明如下。首先，假设一个道德性质总是随附在某些自然性质之上，这并不是不合理的。举个例子，残忍是在道德上是错的，因为它不仅会导致身体伤害，也会导致情感伤害。伤害的效应确实可以用一种自然主义方式来描述。然而，若不首先进入某个道德框架或者参与某个道德实践，就很难把这些效应鉴定

[1] J. L. Mackie, *Ethics: Inventing Right and Wrong* (London: Penguin, 1977).

为（或者重新鉴定为）将残忍行为的**道德**错误指示出来的效应。即使一个人能够知觉到某个残忍的行动所产生的效应（只是在物理上加以描述），但是，如果他还不知道“残忍”的道德含义，他仍然无法将那个用**评价上中立**的语言来描述的行动鉴定为一个**残忍的**行动。此外，为了把一个特定状况的性质鉴定为或判断为道德上相关的，一个人就需要预先具有一个道德观点。我们似乎不能认为，一个道德观点可以还原为一些仅用物理科学的术语就能完备地描述的东西。其次，必须注意的是，道德语境是一种具有道德含义的语境。假若所谓“自然的东西”只不过是自然科学的题材或潜在题材，那么一种还原的自然主义就无望取得成功。自然科学所使用的概念术语在其应用上并不限于只是占据某个局部观点的东西。如果自然科学旨在用这种概念术语对世界上所发生的事情提出一个完备说明[1]，那么，通过对一切局部观点进行抽象，它就将自己与伦理学区分开来。但是，对于伦理学来说，观点的局部特征很关键，因为这样的特征表示了一个行动者自己的实践慎思立场，即使局部的观点在某些条件下可以收敛。一个行动者自己的实践慎思立场就是这样一个立场：他从这样一个立场看到了某些东西对他显示出来的意义，通过这样一个立场与其他人打交道。然而，为了从事这些活动，行动者就得理解有关的人类实践。评价性语境本质上是由某些态度和回应构成的，其特征也是通过后者独特地显现出来的。假若还原不考虑这样的态度和回应，它也就遗漏了伦理学。这就类似于唐纳德·戴维森用来论证精神属性之不可还原性的理由。[2] 戴维

[1] 自然科学在方法论上和认识论上是否就是由伯纳德·威廉斯所说的“世界的绝对概念”来表征的，这是一个有争议的问题。不过，这个争论与目前的分析无关。

[2] Donald Davidson (1970), “Mental Events”, reprinted in Davidson, *Essays on Actions and Events* (Oxford: Clarendon Press, 1980), pp. 207-228; Donald Davidson (1973), “Radical Interpretation”, reprinted in Davidson, *Inquiries into Truth and Interpretation* (Oxford: Clarendon Press, 1984), pp. 125-140.

森认为，如果说明需要利用唯有从某个以人类为中心的观点才能看到要旨的概念，那么还原性的物理主义就使我们对命题态度和行为的根本解释（radical interpretation）变得不可能。同样，如果一个规范理论甚至并不探究“道德心理学问题，或者与动机、意义和认识论有关的问题”[1]，那么它就不能被认为是合理地可接受的。

由此不难理解，康奈尔学派哲学家所提出的那种道德实在论，作为对道德客观性和道德规范性的一种探讨，为什么会失败。相比较而言，为了看到内格尔所推崇的那种理性主义探讨为什么也面临同样问题，就需要付出一点努力了。按照我对内格尔的理解，他的本质主张是：我们能够“超越”（getting outside）思想之基本形式的程度是有限的。所谓“超越”，内格尔指的是占据任何一个其本身不是由理性来提供的观点（相对于我们作为思想者的地位而论），例如由生物学、心理学、社会学、经济学、政治学之类的学科来提供的观点。对于内格尔来说，理性似乎旨在发现某种普遍的有效性，这种有效性甚至不是从我们的“共同的意见和公认的实践”中通过反思抽象出来的（Nagel 1998: 3），就好像理性自身就具有一种自我导向的能力，不仅不依赖于任何人类个体的那种嵌入世界之中并在其中体现出来的存在，而且还先于这样一种存在。然而，我们根本就不清楚理性如何具有内格尔赋予它的这种神秘能力。实际上，内格尔对其论点的论证完全立足于他对**推理的形式特点**的分析，而一旦明白了这一点，我们就可以看到他的论证并不支持他想得到的结论。为此，让我们首先将注意力放到其论证的主要结构上。

有一些哲学家相信人类理性的范围是有限度的。虽然内格尔仍然

[1] Simon Blackburn, “Errors and the Phenomenology of Value”, in Blackburn, *Essays in Quasi-Realism* (New York: Oxford University Press, 1993), pp. 149-165，引文在 190-191 页。

把康德看作属于这些哲学家的阵营，但是他也相信，某种类似于康德的先验演绎的东西，即对我们的思想结构的单纯分析，能够揭示关于理性之本质的一些重要事实。内格尔认为这样一种分析首先会表明相对主义是自我挫败的："若不在某个地方用理性来表述和支持我们对自己的一些理性主张所提出的批评，就无法从事这种批评。"（Nagel 1998: 15）如果批评总是一项理性事业，那么批评当然总是涉及行使推理。进一步说，如果我们正是用理性来行使推理，那么，当内格尔断言在某个地方必定会涉及理性时，他当然是正确的。内格尔乐于承认他是在按照一种笛卡尔－弗雷格的路线来设想他对理性的理解，而这条路线就类似于说自我的观念在"我思"的概念中必然会显示出来。确实，当一个人按照某些其他主张来批评自己的某些主张时，只要这种批评是一种批评，也就是说，不是一种仅按照他的任意偏好来提出的东西，他就不能荒谬地否认他不是在采用理性。但是，这本身不足以确立内格尔想要获得的一个很强的结论：理性的客观有效性并不依赖于**任何**观点。无须否认理性能够具有某种程度的客观有效性，但它不可能是内格尔所谓的"无源之见"（the view from nowhere）。

需要立即指出的是，我不是在否认：在我们思想的层序结构中，为了批评其他思想而需要利用的那些思想，可以比前者具有更大的普遍性。假若理性反思和批评要变得真正可能，我们就必须同意，这样一个过程会逐渐导致客观性上的进步。我所要反对的是：我们能够从事这种反思和批评，却不需要首先有某个观点。我们甚至可以同意不同观点在某些条件下可以收敛，正如生活在同一个伦理框架中的人们尽管有不同意见，这些意见在某些条件下也是可以收敛的。内格尔可能正确地认为，"如果我们让自己那些假定的理性信念受制于外在的诊断和批评，那么这样一个过程在某个地方必然会受到某种形式的一阶推理实践的制约"（Nagel 1998: 15-16）。但是这个主张不足以表明我们的一阶推理实践是先验地给予的，也就是说，在内格尔所谓的“来自于外面”的东西中没有根源，因为总可以设想的是，现在被视为一阶推理实践的东西可以随着进一步的研究而受到询问。比如说，我们可以问，为什么二值逻辑系统在量子力学的情形中并不成立。即使我们能够同意理性确实对我们具有权威，但没有好的理由假设这种权威的有效性是先验的，也就是说，是全然不依赖于世界向我们显现出来的方式。对于人类来说，合理性至少是一个进化上偶然的事实，即使我们无须就此否认（正如我将要论证的），不论是在科学领域中还是在伦理王国中，我们都能指定一个客观性概念。但是，我与内格尔的分歧是实质性的，因为这种分歧涉及规范性的确立和辩护能够合法地采取的方式。在我看来，理性的权威绝不是特有的，也不是来自对理性的形式结构所采取的那种纯粹形式的分析。

我们不能信任这样一种分析，其中的一个主要理由是这样的。我们似乎不能荒谬地假设，个体能够独立于和先于他对生活条件和其他人之存在的认识而看到理性对他具有规范权威。即便理性被认为因其本质而寻求无条件的辩护，也需要说明它是如何被启动来寻求这种辩护的。假设理性先验地具有寻求无条件辩护的能力，那么这种做法不仅是在神秘化理性，也是在教条化理性。为了说明理性的权威，内格尔自己假设在人类心灵和各种规范结构之间存在着一种“柏拉图式的和谐”。然而，这样一种论述显然缺乏充分的说明能力：如果这种和谐就像内格尔似乎假设的那样是“固定于”世界之中的，那么就得首先说明人类心灵如何能够对它具有一种感受性。如果人类心灵中并不存在接受这些规范结构的倾向，那么后者如何能够对前者产生影响？另一方面，如果我们认为理性就其权威而论并没有自足的或者自成一体的源泉，那么我们就得准备承认理性总是能够“从外面”接受批评。因此，至少就辩护的根源而论，在“内部的东西”和“外部的东西”之间并不存在可以先验地划出的界限。这与内格尔提出的一个合理主张并不矛盾：在任何特定场合，我们总是能够用规范的原则来判断个别实践。问题只是在于，为了在规范性问题上成为一个自然主义者，就需要承认我们用来判定个别实践的原则既可以是有条件的，又可以是可错的。例如，我们必须为理解如下说法留下余地：欧几里得几何，正如后来的事实所表明的那样，对于真实的物理空间来说在严格意义上并不成立，尽管它对我们来说好像是自明的。如果可以对逻辑或数学提出这样的看法，那么在伦理和宗教之类的实践问题上就更可以提出类似看法了。在实践慎思中，确实有某种东西占据了一种具有特权的地位，但是，这并不像内格尔所说的那样意味着那种东西与（比如说）历史或者人类学的根据之间没有任何谱系上的联系。没有理由否认我们确实能够逐渐分享某些价值，例如内格尔提到的平等机会的价值（Nagel 1998: 103 页及以下）。这样一个价值在某个社会中或许原来并不存在，但是，只要那个社会逐渐具有了一种能够满足自由主义社会之基本条件的结构，或者，只要它开始认识到这个价值的重要性，它确实就可以在其社会实践中信奉和采纳那个价值。这是一个自然主义的观点，因为它假设价值是随附在某种形式的社会结构上，并随着这种结构而突现出来。然而，当内格尔声称平等机会的价值不论是在历史上还是在文化上都是无条件的，在这个时候他就错了。后面我会对此提出一些说明，目前我们仍然需要对道德辩护提出一些正面论述，以便表明康奈尔学派道德实在论和内格尔的道德理性主义加上直觉主义，作为一种探讨道德辩护的策略，为什么是不恰当的。

在我看来，一个合理的辩护策略必须在根本上将内格尔对理性的理解颠倒过来，这种理解就体现在其结论性评论中：“假若我们从根本上进行思想，我们就必须将自己（不管是个别地还是集体地）看作服从于理性的秩序，而不是创造了理性的秩序。”（Nagel 1998: 143）在这里，内格尔是在试图通过假设一种**自成一体**的理性秩序来论证道德客观性并合法化道德权威。然而，这是一个很糟糕的策略。首先，我们可以承认，规则或规范实际上并不依赖于任何特定个体的欲望和习性而具有权威或有效性，在这个意义上它们具有某种程度的客观性，但是下面这个说法就不对了：构成规则或规范之基础的理性秩序根本上不是来自人类感性和情感。一个规则或规范的客观权威就在于：它之所以适用于我，是因为我**必须**参加与之有关的社会实践并回应其典型特点。这里所说的“必须”要被理解为某种形式的实践必然性：对于生活在社会世界中并承诺要以某种方式生活的人类个体来说，回应和参与某些基本的社会实践是一个必然的要求。不过，为了把这个主张与对康德绝对命令的一种流行解释区分开来，也必须强调的是，我这样做并非与我理性地认同的目的无关。对社会实践中的基本规范的回应是我们的客观性概念的一个主要来源。而且，正如以下第三节即将表明的，我们最好把伦理领域中的客观性理解为对某些稳定和稳固的经验模式的回应。此外，需要强调的是，一个道德秩序的创立既是一项集体事业又是一项历史任务，并不是任何个别的理性本身就能确立的。不过，如果这样一个秩序对于我们过一种经过理性认同的生活来说是实践上必然的，那么，只要一个人承诺了这样一种生活方式，他就必须服从这个秩序。[1] 其次，尽管内格尔论证说，在任何理论推理或实践推理中我们都总是在使用理性，但不清楚的是，他如何能够将理性的**实质性**权威从这个论证中推导出来。作为一位柏拉图式的理性主义者，内格尔好像倾向于认为，理性形成和做出规范承诺的能力是先验的，而不是一种需要经历某个发展历程或进化过程的东

[1] 也许有人会认为政治秩序也具有这个特点，但是，下文我将表明伦理秩序**本质上**不同于政治秩序，因为它要求对“好生活”的某种理解，而这种生活中的某些要素是人类能够共同分享的，因此，即便任何现实的伦理生活总是包嵌在特定的共同体或传统中，这并不会导致一种极端的相对主义。

西。毋庸置疑，只要理性得以形成，它可能就会具有一种自主的秩序。但是，对理性之运作的这种现象学描述本身并不足以说明理性的秩序是如何可能的，而在探究理性的规范权威时，这是一个必须说明的重大问题，不管我们是不是需要给出一种自然主义说明。我们必须拒斥这种将道德客观性建立在一种柏拉图式的理性概念之上的尝试，至少因为这种尝试具有某些不可接受的规范含义。例如，一旦理性的权威被认为是自成一体的，它也很容易被赋予一种免于受到质疑和批评的特权。然而，这似乎不是我们实际上对理性权威的感受，因为即使理性的自我批评被认为本身就依赖于理性，批评的源泉也必须在其他地方、而不是在那个受到批评的理性（在这里指对某些给定规则或规范的接受或承诺）那里来加以寻求。

在我看来，就道德权威和道德客观性而言，对于内格尔和康奈尔学派道德实在论者所采取的那种探讨，我们所能采取的一种合理取舍就是一种经验主义探讨（在“经验主义”这个术语的严格意义上）。前面那种探讨试图通过设定一种柏拉图式的理性秩序来说明道德权威和道德客观性，但又拒绝进一步说明这种理性秩序是如何可能的。相比较而言，经验主义探讨将致力于容纳和阐明我们道德经验的某些主要特点，例如道德概念和道德主张原则上是可争议的。实际上，我们可以合理地假设，一个可以接受的认识论必须首先忠实地描述一个特定的现象领域，然后努力说明其特点。这种立足于经验主义的探讨不一定会使我们丧失对确定性或客观性的感受，关键是要用一种充分符合道德经验现象学的方式来恰当地理解这种感受。例如，我们必须能够说明道德判断的实践性如何符合如下要求：作为理性行动者，我们可以回应自己可能没有满足的道德判断标准。然而，一旦道德实在（假若确实有的话）被认为不依赖于我们的感性和情感，就很难看到它如何能够对我们提出任何实践主张。在道德判断的客观性和实践性之间存在着一种明显的张力，而一个可接受的道德认识论必须能够合理地协调这种张力，也必须能够说明一个重要事实——即使道德主张本质上是可争议的，它们在适当条件下也可以收敛到某些与人类生活的实践需要相关的根本事实。

我相信，只要将关于道德性质的投射主义与一种经验主义认识论恰当地结合起来，就可以对道德经验现象学提出一种更好的说明。经验主义认识论的基本精神就体现在休谟提出和发展的那种自然主义中，就此而论，这种认识论拒斥一种基础主义的辩护策略，用一种在纽拉特比喻中体现出来的对知识、真理和客观性的理解来取而代之。这个比喻有两个本质含义。第一，它表明，在对知识、真理和客观性的探讨中，我们所能诉诸的事实不是从一个“中立的”观点可以得到的。我们需要对伦理学做出一个基本预设，即我们必须从某个伦理框架内部入手来说明或辩护伦理规范的有效性。第二，某个伦理规范（或者相关的品格特征）是否可以被理性地接受，不仅取决于它与特定的伦理框架相融贯的程度，也取决于在我们生活中发挥作用的有关经验事实。此外，这种认识论不仅拒斥了所谓“分析／综合”的区分，也拒斥了事实与价值（或者说因果的东西和规范的东西）之间的区分。因此它就有了两个主要含义：第一，我们不仅应该、而且也能够对人类生活的评价性方面寻求一种自然主义说明（这种说明无须是还原性的）；第二，我们不能把经验设想为完全是非概念性的，而是，经验就类似于浸透了某些背景信念的知觉判断。一个经验之所以被称为“经验”，仅仅因为它是用一种强制性的、原始的、无须有意识地加以选择的方式作用于我们。最终，这种认识论可以按照对某些东西进行回应的思想来设想真理和客观性。不过，与前两个主张相比，最后这个主张隐含了更多的复杂性，我们在第三节中会加以详细讨论。不过，为了澄清这种经验主义探讨为什么不会导致我们否认规范的东西和非规范的东西之间的界限，为了认识到我们应该如何设想这种界限，我需要简要地讨论一下克里普克对维特根斯坦的“遵循规则”(rule-following)概念提出的解释。[1]

二 遵循规则与规范性的来源

在目前的语境中，我提出这项议程，是因为内格尔认为，对维特根斯坦的一种实在论解释会支持他那种柏拉图式的理性概念和道德实在概念。[2] 然而，我相信事实恰好相反：维特根斯坦对遵循规则和私人语言的论述，至少按照克里普克的解释，不会得出对规范性的一种强实在论的解释，而是导致了一种自然主义的理解。内格尔在这个问题上的核心主张是，“我们不能用对语言实践的一种自然主义描述来说明理性，因为使语言成为推理之载体的那些考虑不允许任何自然主义的、心理的或社会学的分析”(Nagel 1998：38)。内格尔其实并未对这个主张提出任何详细论证。假如我们能够在其文本中发现一个论证，那么它大概是立足

[1] 以下讨论不是要对维特根斯坦的论证提出一种替代性解释，因为当前的目的是要表明遵循规则的规范性究竟在于何处。此外，克里普克对维特根斯坦的解释是否确实表达了维特根斯坦本人的观点，这是一个有争议的问题，在这里我将假设他对维特根斯坦的解释是正确的。关于克里普克的解释，见 Saul Kripke, *Wittgenstein on Rules and Private Language* (Cambridge, MA: Harvard University Press, 1982)。对克里普克的解释有很多讨论，例如 John McDowell (1984), “Wittgenstein on Following a Rule”, reprinted in McDowell (1998), *Mind, Value and Reality*, pp.221-262; David Pears, *The False Prison: A Study of the Development of Wittgenstein's Philosophy*, 2 vols (Oxford: Oxford University Press, 1988)。对维特根斯坦的论证的另一种解释，见 Crispin Wright, *Wittgenstein on the Foundations of Mathematics* (London: Duckworth, 1980)。对遵循规则和意义之规范性的一般讨论，参见 Alexander Miller and Crispin Wrights (eds.), *Rule-Following and Meaning* (McGill-Queen's University Press, 2002)。

[2] 实在论解释主要由戴蒙德所倡导，见 Cora Diamond, *The Realist Spirit* (Cambridge, MA: MIT Press, 1991)。

于如下断言："由于语言是为了回应思想和交流而发展起来的，因此就会将它所要表达的东西的特征反映出来"（Nagel 1998: 38）。然而，我们不清楚内格尔如何能够利用这个主张来支持其做法，即否认语言和语言实践能够得到一种自然主义说明。内格尔有可能是在说，既然语言的结构决定了思想和交流所能采取的方式，那就不能通过诉诸隐含在语言中的东西（例如用法、意图和约定）来说明语言本身。他说："我不想否认语言是一种约定系统，也不想否认语言用法上的正确性必须符合语言共同体的用法。我所否认的是，语言使我们能够表达或甚至能够具有的思想之有效性取决于这些约定和用法。"（Nagel 1998: 39-40）撇开语言和思想之间的复杂关系不论，假若语言确实以某种方式表达了思想，那么内格尔的意思大概是说，不管我们通过约定使用什么样的符号系统来表达思想，思想的有效性并不在于这些约定，而是取决于思想是否真实地表达了实在。但是这个说法未免过于简单，因为人类的思想活动必然是以语言为中介的（在人类的情形中，我们似乎无法设想无语言的思想），因此思想的有效性不可能**仅仅**取决于思想与其所要表达的实在之间的**直接**联系。即便任何特定的语言系统都是约定的，我们也需要去追究这种约定是如何可能的，又如何复杂化了思想与实在的关系。不管怎样，就语言实践的规范性而言，事实也许不像内格尔所说的那样："我们不可能通过把思想看作是自然史的名目来理解思想"（Nagel 1998: 53），除非我们对人类自然史采取一种格外简单化的理解。当然，没有任何**个体主义**的事实能够说明意义是如何可能的，但是这并不意味着意义的可能性无法得到任何说明。问题只是在于需要恰当地理解理性化说明的限度，因为这样一种理解或许并不表明柏拉图式的意义图景是该领域中唯一的游戏。不过，为了看到这一点，我们需要进一步考察维特根斯坦对遵循规则的论述（在克里普克的解释下）。

按照克里普克的解释，维特根斯坦对遵循规则的论证导致了一种关于意义的“怀疑论悖论”，因为这个论证似乎表明：没有什么关于我（语言使用的主体）的事实——不管是行为上的，还是倾向性的，抑或是经验性的——能够决定（比如说）“加”（plus）这个词在我这里的意义。但是我们不可能合理地认为，这个论证意味着维特根斯坦因此就会把意义处理为一种柏拉图式的实体，一种自成一体、无法还原的东西，因为柏拉图式的语言和语言理解理论本来就是维特根斯坦所要攻击并在《哲学研究》中加以拒斥的。[1] 维特根斯坦的论证，正如内格尔正确地看到的，当然表明规范的东西和非规范的东西之间是有差距的。但是这并不意味着，为了理解这种差距，就必须把维特根斯坦拉回那种柏拉图式的语言和语言理解图景，因为按照克里普克的解释，维特根斯坦实际上是要借助“怀疑论悖论”来表明，意义只不过是“我们对语词所做出的**使用**”（Wittgenstein 1958: § 138）。但是，按照约定的观点（这种观点后来成为维特根斯坦所要攻击的对象），“当我们听到或说出一个词的时候，我们就理解了其意义；我们在一瞬间就把握到了它，我们以这种方式所把握到的确实就是某种与‘用法’不同的东西，后者是在时间上扩展的！”（Wittgenstein 1958: § 138）约定的观点意味着，在理解一个词的意义时，我们是在寻求一种具有三个特点的东西：第一，它可以出现在心灵面前，并在一瞬间就被把握到，也就是说，它可以孤立存在；第二，它能充当未来行为的向导；第三，它能为这些行为的正确性设立一个标准。于是，约定的观点就对“规则”提出了这样一种理解：规则一方面充当了一种向导，引导个体在自己将要做的事情或者将要说出来的话上做出决定；另一方面又是辩护或断言他所做的事情或者说出来的话的一个基础。假若这个观点正确，我们就

---

[1] 维特根斯坦确实把《哲学研究》中发展起来的那种语言理论看作他早期在《逻辑哲学论》中提出的实在论语言图景的取舍。关于维特根斯坦如何拒斥了柏拉图式的语言图景，参见 Pears 1988，第二卷第 17 章。

得到了如下主张：规则具有一种认知优先性，因为一条规则充当了一个标准，可以被用来评价其应用的正确性。我们对一条规则的应用是可以评价的，这个事实似乎意味着正确性标准不依赖于应用。

约定的观点暗示了这一思想：必定存在着某种东西，它一方面能够履行这种指定的作用，另一方面又不同于其实际用法。然而，在克里普克看来，维特根斯坦想要表明的是，这样一个思想纯属幻觉。维特根斯坦据说通过所谓的“无穷后退论证”（典型地体现在《哲学研究》第141节和第198节中）表明，没有任何东西能够满足上面提到的第一点，同时又能履行第二点中提出的任务。之所以如此，是因为：当语言使用者认为某个图像给出了一个词的意义时，这样一个图像能够具有不同的或多重的应用。因此，“［对一条规则的］任何解释仍然与它所要解释的东西一起悬在空中，不能向后者提供任何支持”（Wittgenstein 1958: §198）。不过，确切地说，这种后退不是由那种反复出现的解释产生的，而是由一个柏拉图式的假定产生的，即：充当向导的那种东西能够在心灵面前出现，并且可以从任何用法的语境和历史中被孤立出来。通过继续引入所谓的“解释悖论”（这个悖论仍然是立足于无穷后退论证，但与后者相比具有更极端的含义），维特根斯坦进一步推进其论证。维特根斯坦将这个悖论描述如下：“没有任何行动方案是可以用一条规则来决定的，因为每一个行动方案都可以设法与规则相符。答案是：如果一切东西都可以设法与规则相符，那么一切东西也都可以设法与规则相冲突。所以在这里就既不会有相符又不会有冲突。”（Wittgenstein 1958: §201）这个论证具有更极端的含义，因为如果它是可靠的，它就表明，对规则所采取的那种实在论解释——那种曾被认为对规范性提出了最佳说明的解释——事实上并没有为规范性留下余地。因此，在那种“客观化”意义的应用中，没有什么东西可以被用来决定任何行动是不是符合一条规则。克里普克在休谟的意义上把这个悖论刻画为“怀疑论的”，因为从常识的观点来看，这个论证所确立的结论显然是不可接受的。

就像休谟一样，克里普克试图对这个悖论提出一种“怀疑论”解决。他的解决方案大致分为三个阶段。首先，对一个怀疑论问题的“怀疑论”解决的起点是“承认怀疑论者的否定性断言是不可回答的”（Kripke 1982: 66），因此，我们必须假设（或者认为维特根斯坦是在假设），对于语言使用者来说，没有什么关于他的事实决定了他意指的是什么。对于克里普克来说，这意味着必须修改我们对“意义”的直观理解，用辩护条件之类的概念来取代真值条件的概念。其次，如果我们已经决定按照可断言性（assertability）条件来构造一个意义理论，那么，在将这样一个理论构造出来后，我们就可以把它应用于我们对意义的断言。克里普克认为：“可断言性条件允许一个个体说，在某个特定场合，他应该用这种方式而不是那种方式来遵循规则，因此，根本上说，他做自己倾向于做的事情。”（Kripke 1982: 88）然而，克里普克最终认为这种说法并不完整，因为在我们对“遵循规则”的日常理解下，我们可以区分两种类型的个体。一种个体认为他是在遵循一条规则，尽管实际上并非如此；另一种个体正确地遵循了一条规则。在克里普克看来，遵循规则的规范性要求我们把一个个体做出的断言看作是可以公共地检查的。因此，对怀疑论挑战的解决“就取决于这一思想：声称自己是在遵循一条规则的每一个人都是可以由其他人来检查的”（Kripke 1982: 101）。为了判断一个人有没有资格被一个语言共同体所接受，我们按照我们对某些陈述的用法来确认它们，但是这种确认是有条件的，这些条件必须首先得到理解。最后，语言共同体所分享的判断是一种“原始”事实，不能进一步加以询问，否则就会产生循环。换句话说，按照克里普克的观点，遵循规则的规范性是由语言共同体中一种相互制定政策的关系来保证的。只要我做自己倾向于做的事情，只要我倾向于做的事情确实符合我所生活的共同体中任何其他人倾向于做的事情，那么，当我断言我正确地遵循了一条规则时，我就得到了辩护。

克里普克笔下的维特根斯坦是否就是维特根斯坦自己，这是一个有争议的问题。例如，约翰·麦道尔（McDowell 1984）论证说，将“怀疑论悖论”赋予维特根斯坦并不可靠，因为维特根斯坦自己并不认同克里普克在构造其论证时所采用的那种推理。此外，菲利浦·佩蒂特论证说[1]，对这个怀疑论挑战的解决无须在休谟的意义上是怀疑论的。不过，佩蒂特自己对这个挑战的回答并非根本上不同于克里普克的怀疑论解决，因为它仍然立足于如下思想：对于一个行动者来说，一组有限的例子是可以**例示**一条确定的规则的，而在这个规则和行动者的倾向之间的合适联系，可以用一种后验的方式由行动者在有利条件下对那个规则的不断重复的回应模式确立起来。不过，在这里我将不加入这个争论，因为即使克里普克的解释不是对维特根斯坦的忠实表达，他所发展的那种共同体观点，不仅在他所提出的“怀疑论”解决中占据中心地位，而且对于我们阐明规范性的来源也很重要。在克里普克的解释下，对“怀疑论悖论”的那种维特根斯坦式的论证关键地立足于这一主张：没有任何关于我的事实能够表明我是不是正确地遵循了一条规则。然而，正如布莱克本所论证的[2]，诉诸共同体可能并没有带来更大的进步，因为如果没有什么关于我的事实能够被用来判定我对一条规则的运用是否正确，那么怀疑论忧虑同样可以扩展到共同体的情形。我对“加”这个词的运用被判断为正确的，只是因为共同体确认或认同了这种运用。相对

[1] Philip Pettit (1990), “The Reality of Rule-Following”, *Mind* 99: 1-20.

[2] Simon Blackburn (1985), “The Individual Strikes Back”, reprinted in Blackburn 1993, pp. 213-228.

于任何个别情形来说，那个代表共同体的**我们**对这种运用具有辩护条件。共同体能够确认我对一条规则的运用，只是因为其中每一个有能力的成员都知道遵守一条规则对我来说究竟意味着什么。但是，假若一个共同体的成员都不用这种方式来彼此看待，那又该如何呢？因此，如果**按照个体的倾向**对遵循规则所提出的说明不能应对怀疑论挑战，那么按照一个共同体的倾向提出的说明也不能应对这个挑战。布莱克本由此认为，我们不能通过诉诸共同体来说明遵循规则的规范性。

然而，正如布莱克本自己观察到的，上述困境之所以出现，只是因为共同体会对规则的运用做出判断，而这件事情就是这样一个判断的真值条件或辩护条件的一部分。在判断一条规则的运用是否正确时，如果存在着某种我们可以诉诸、而在共同体做出判断时并不是固有的东西，那么上述困境就可以得到解决。这就类似于为了区分两种情形而必须从外面输入某些东西：一种情形是一个人认为自己是在遵循一条规则，另一种情形是他确实正确地遵循了一条规则。对一个人是否正确地遵循了一条规则的判断不应该仅仅取决于共同体所达成的协议，因为正确的或恰当的判断也要求**存在**某种一致，而不只是要求每个人都应该按照自己的判断是不是符合其他人的判断来辩护自己的判断（或者任何其他人的判断）。需要强调的是，这个解决方案并不会导致我们设定任何柏拉图式的实在的存在，因为在形成一个正式的共同体来维护和调节规范承诺之前，我们实际上能够对我们如何具有规范承诺提出一种自然主义和投射主义的说明。在某种意义上说，我们之所以要求一个共同体的存在，不是为了制定有关行动和判断的方针，而是为了维持一种已被清楚地表达出来的结构，因为我们的理解和判断都是在这种结构中产生的，而且，唯有按照这样一种结构，我们才能辨别自己在理解和判断上发生的错误和过失。为了充分地看到休谟式的自然主义如何有助于我们理解规范性的本质，我们不妨给出一些必要的说明。[1]

克里普克笔下的怀疑论者不断追问构成“加”这个词的意义的事实，与此类似，在休谟那里，那个喜欢发问的人也想知道“不得不”归还借款这一事实究竟在于什么——“我有什么理由或动机要归还那笔钱?”[2] 对这个问题的一个明显回答是，他应该出于“对正义的尊重”而还钱。但是，不论是对休谟还是对维特根斯坦来说，事情并非到此就结束了。因为如果我们可以认为“对正义的尊重”这一说法抓住了一种义务感，那么我们同样可以问：构成义务的那些事实在于什么?休谟的回答简单来说是这样的。首先，他认为义务的观念绝不可能是由孤立的个人意愿行为产生出来的。这样说毫无意义：我们能够独立于我们与其他人的任何联系而把一个义务施加于自己。这个观点实际上类似于克里普克的怀疑论悖论的一个方面，即：没有任何关于我的事实构成了“加”这个词在我这里的意义。休谟已经认识到，在每个人都只能依靠和动用自己个人资源的状态中，道德义务是不可能存在的。于是他就推断说，道德义务只能发源于社会约定。不过，休谟从来就不试图按照契约的概念来说明这种约定的本质，因为在他看来，如果说有什么约定构成了一个义务（例如许诺的义务）的根据，那么这种约定实际上是来自一种协同性的和互惠性的行为模式，而后者

[1] 在这里我并不声称我的尝试具有任何原创性，因为很多理论家已经注意到维特根斯坦和休谟之间有一种本质的相似性，安斯库姆大概最早注意到了维特根斯坦对规则的论述和休谟对道德的探讨之间的相似性。参见 G. E. M. Anscombe (1969), “On Promising and Its Justice, and Whether It Need Be Respected in *foro interno*”, and (1978) “Rules, Rights and Promises”, both reprinted in Anscombe, *Ethics, Politics and Religion: The Collected Papers, Vol. III* (Oxford: Blackwell, 1981)。其他一些理论家也按照这两位哲学家对自然主义的承诺来说明他们之间的相似性，例如参见 Pears 1988, 507 页以下以及 Peter Strawson, *Scepticism and Naturalism: Some Varieties* (London: Methuen, 1985)，15-22 页。

[2] David Hume, *A Treatise of Human Nature*, edited by L. A. Selby-Bigge (Oxford: Clarendon Press, 1978), p. 479.

是在两个相互关联的基础上自然而然地形成的：一个基础是我们的利益，另一个基础是对其他人的行为和反应构造合理期望的归纳能力。一旦这种约定已经以这种方式确立起来，它就产生了有关的道德义务。因此，我们遵守自己对别人做出的许诺，是因为我们已经获得了遵守它的一个道德义务。这样一个约定因此就独特地创造出了一种在社会上构造出来的新关系，就此而论，它确实在现象学层面上产生了一种变化。但是，在休谟看来，遵守这个约定的那种道德感是从一个完全自然的过程中涌现出来的，尽管有关的情感也由此而获得了新的光彩。当然，休谟不是没有意识到，这种新的光彩可能会遮掩我们的根本利益以及我们从自己立场做出的计算，就好像我们完全可以出于一种责任感而行动（参见 Hume 1978: 523）。

因此，从休谟的观点来看，遵守许诺的义务完全是来自某些自然地确立起来的社会行为模式。没有理由假设这样一个义务必须独立于和先于这种模式而存在，因为唯有通过参与这些行为模式所构成的社会实践，我们作为个体才能获得遵守许诺的倾向。同样，唯有通过学会以恰当的方式来回应构成这样一个实践的东西，我们作为个体才能检查自己的行为倾向是否正确。同样的说法对于维特根斯坦来说也成立：经过训练而进入某个社会实践就是我们学会遵循一条规则的方式。[1] 正是因为意义本质上是社会性的，任何孤立的精神状态（抑或解释或准则）都不能被合理地设定为客观化的和约束性的意义。因此，逃避“怀疑论”悖论的唯一方式就在于认识到，“有一种方式把握一条规则，但这种方式不是一个解释，而是在我们称为‘遵守规则’和

[1] 在这点上，内格尔可能会提出这样一个异议：通过训练而进入一个社会实践的可能性已经预设了有关规则的存在，甚至意味着我们可以对规则采取一种实在论解释。但是，通过对规则的形成提出一种投射主义解释，休谟主义者可以应对这个异议。具体说明见下一节。

'违背规则'的那种活动中显示出来的"(Wittgenstein 1958: §201)。在经过训练进入遵循规则的实践后，我当然可以提出一些理由来说明我是不是在正确地遵循一条规则。然而，正如维特根斯坦告诉我们的，"我的理由不久就会用完，于是我就会无理由地行动"(Wittgenstein 1958: §211)。不过，"如果我穷尽了辩护，因此达到了岩基"，那么，当我声称"这就是我所做的事情"时，我并不是没有辩护的（参见 Wittgenstein 1958: §217)。我们只需注意，这种辩护不是通过任何理性化的论证来达到的，而是在如下事实中显示出来的：我所做的事情符合我作为共同体成员而感受到的最深的实践必然性。于是，通过看看我的行为是不是充分符合共同体中流行的某个规律，是不是在行动和判断的一致性中得到了表示，我就可以判断我是不是正确地遵循了一条规则。然而，这种做法的可能性和有效性取决于如下事实：必须已经存在着某些根本的自然倾向，社会上有意识地确立起来的约定、规则或规范是从这些倾向中逐渐成形的，而且，我们不能对这些倾向提出进一步的说明而不"用尽了理由"。实际上，这个维特根斯坦式的观点也表达了对休谟的一个主张的一种理解，即"只有一种必然性，……人们日常在道德必然性和自然必然性之间所做的区分在自然中是没有根据的"(Hume 1978: 171)。这个主张不仅具有方法论上的意义，也可以具有一些规范含义。那些自然的倾向，作为人类自然史的产物，并不受制于任何理性论辩，因为它们实际上是这种论辩的**根基**。

我们可以对这个重要主张提出三个评论。有些作者指责说，行动和规则之间的关系本质上是内在的，而克里普克提出的共同体观点却使得这种关系变成外在的。[1] 这种指责是错误的，因为即使规则可以被

[1] 例如，参见 G. P. Baker and P. M. S. Hacker, *Skepticism, Rules, and Language* (Oxford: Blackwell, 1984)。

认为是实践上必然的，但没有理由认为它们具有先验必然性。可想而知，要是人类的自然史已经是另外的样子，我们所具有的或者所选择的规则可能就会不同于我们现在使用的规则。不过，这个事实与如下主张并不矛盾：既然人类的自然史就是它实际上的那个样子，随之而产生的一切规则对于任何一个个体来说都是实践上必然的和客观上有效的。[1] 此外，如果我们没有理由认为大多数规则都是“天赋的”（即使我们可以把获得语法规则的能力看作是天赋的），那么将行动和规则之间的联系看作一种至多是后验上必然的联系看来就更合理。通过使每一个个体都感觉到遵循规则的实践必然性，就可以在心理上将这种联系确立起来，即使有关规则在一阶的意义上已经是实践上必然的。然而，值得指出的是，对遵循规则之必然性的这种反思认同不仅是心理上必要的，在规范的意义上也是必要的，因为就规则的产生和发展而论，即使规则可以被认为是植根于某些自然倾向中，它们有可能不会因为这些倾向的存在就变得必然。在它们的形成过程中，某些历史上偶然的因素可能起到了一定作用。因此我们有可能不再遵循我们曾经遵循的规则。这个事实也提供了一些理由来说明：在对规则的认知存取中为什么我们可以出错。行动和规则之间的联系至多只有一种后验必然性，而且，假若这种必然性只是在某些有利条件下才有效，我们就必须假设那些条件并不总是**提前**就能被认识到或被鉴定出来的（参见 Pettit 1990: 11-14）。换言之，这种联系之所以必须被处理为至多只是后验的，就是因为甚至那种基础实践就像维特根斯坦所说的那样也只是植根于“人类的共同行为”（Wittgenstein 1958: § 206）。必须承认，有

[1] 关于这一点，参见乔纳森·利尔对所谓的“他心性”（other-mindedness）的讨论：Jonathan Lear (1983), “Ethics, Mathematics and Relativism”, *Mind* 92: 38-60; Jonathan Lear (1986), “Transcendental Anthropology”, reprinted in Lear, *Open Minded* (Cambridge: Harvard University Press, 1998), pp. 247-281。

时候我们无法**用理性**来说明事物何以就是它们显现出来的样子。在如下评论中，维特根斯坦很明确地表明了自己在这个问题上的态度：

> 石里克认为神学伦理学包含了对上帝之本质的两种看法。按照［他所说的］那种更加肤浅的解释，善之所以是好的，是因为上帝意愿善；按照［他所说的］那种更加深刻的解释，上帝之所以意愿善，是因为它是好的。但我认为第一种看法更加深刻：善就是上帝所命令的东西。因为这种看法切断了对"善为什么是好的"这一问题寻求任何进一步说明的途径，而第二种看法其实就是那种很肤浅的理性主义看法，它［错误地］认为我们还能对"什么是善"这一问题提供某个基础。[1]

在维特根斯坦看来，若不将遵循规则的实践视为一种社会实践，规范性的思想以及我们在其中将正确的东西和不正确的东西区分开来的那种结构就没有立足点。因此我们必须假设，不论是规则本身还是规则的运用，就其正确性而论，都取决于一种集体性的和历史性的慎思。正是因为这个缘故，我们不能在所谓"内在的东西"和"外在的东西"之间划出先验的、截然分明的界限。这就是我要提出的第二个评论。我们对道德真理的慎思是内在于我们所生活的共同体的实践的，我们无法从一个"中立的"观点来断言一个道德主张是不是真的，因为不管一个人是接受还是拒斥一个道德主张，他能够这样做的根据就在于他已经承诺参与相关的道德实践。

由此我们可以提出第三个评论：只要我们试图诉诸共同体观点来把握遵循规则的本质，我们就会把一种相对主义的要素引入规范话语

[1] Ludwig Wittgenstein (1965), "Wittgenstein's Lecture on Ethics", *Philosophical Review* 74 (1): 3-16，引文在第 15 页。

的领域中。必须记住，规范性起源于两个要求：首先，必须存在可以把标准创造出来的协议；其次，在一个共同体中，必须存在对标准进行恰当维护的行为。规范性不会出现在自然状态中，也不会出现在一个孤立个体的情形中，即便在这两种情形中都有可能出现有规律的行为模式。只有当我们已经开始通过**明确的约定**来确认或否认一个个体的行动或行为倾向时，规范性才会产生。在社会互动尚未变得必要并被引入之前，我们没有资源说明意义、理解和遵循规则之类活动的规范性，正如休谟所说，“一个人，若不了解社会，就永远不会进入与其他人签约的状态，即使他们能够凭借直观而察觉到其他人的意图”(Hume 1978: 516)。因此，遵循规则的必然性，正如维特根斯坦所说，就在于培养或确立一个人的第二本性（Wittgenstein 1958: §238）。规范性的概念只有相对于这样一个共同体来说才有意义：这个共同体已经有权威判断其成员的行为，而且它提出的判断原则上能够得到所有成员的理性确认。即使一个共同体的边界可以发生变化也可以加以扩展，但是，只要一个人尚未获得必要的第二本性，他就没有能力或意图遵循一条规则。也许他最终能够认识到自己有理由培养第二本性（或者，假若他已经有了第二本性的话，把它转变到另一个状态），但是这一点是没有保证的。这个事实揭示了规范判断的复杂性。相对主义往往被认为是从对一种休谟式的主观主义的承诺中产生出来的。但是，相对主义未必不符合我们对道德真理和道德客观性的某种理解。为了看到这一点，我们需要更详细地考察休谟式的主观主义及其实践含义。

三 / 主观性与客观性

人们通常认为，道德对我们来说具有客观上有效的权威，也就是说，不管我们偶然具有什么样的欲望或倾向，道德都支配我们要以某种方式行动。为了说明这种客观有效性，道德实在论者通常假设存在着一个独立的道德秩序或道德实在。然而，很难看到这种做法如何能够解决规范性问题，因为如果一个道德秩序被认为是先验地独立于我们而存在的，那么它如何能够影响我们的意志就需要得到说明。将道德权威建立在（比如说）神学秩序之上的道德理论并非是不可理解的。而是，任何可以被合理地接受的道德理论都必须满足一个要求：必须能够合理地说明道德如何能够激发我们的实际关切。道德实在论者显然不能只是通过假设在一个独立的道德秩序和人类意志之间存在着某种前定和谐来解决规范性问题。通过将道德实在论者所假设的那种说明方向颠倒过来，我们似乎可以更合理地探究这个问题。换句话说，我们首先需要对“道德如何能够对我们产生实践上的影响”提出一个直观上合理和理论上连贯的说明，然后再来探究道德会具有怎样的客观性。我们应该把我们对道德客观性的理解建立在道德的实践性要求之上。事实上，关于道德实在论的争论基本上是在两派理论家之间展开的。其中一派是坚定的认知主义者，另一派理论家对非认知主义持友好态度，同时又试图为道德真理、道德信念以及道德性质留下余地。前面我已经建议说，我们应该把一种休谟式的投射主义看作对一种柏拉图式的道德实在论的取舍。现在我想进一步表明，这种投射主义如何能够容纳通常被认为只属于道德实在论话语领域的一些特点，例如道德信念、道德真理以及道德客观性。在这方面，有些理论家已经做出了一些探索。[1] 但是，我即将给出的论述在一些关键方面不同于他们的论述（实际上补充了他们的论述），因为在提出这样一个论述

[1] 例如参见 Simon Blackburn, *Spreading the Word* (New York: Oxford University Press, 1984)，第六章。

时，我主要关心如下问题：道德话语如何具有看似实在论的特点？通过对投射本身提出一种原因学或谱系论的说明，我们如何能够合理地说明这个事实？在这里，关键的问题是：即使道德经验的现象学确实使我们倾向于对道德话语采取一种实在论解释，但这件事情本身需要得到一个说明。我想表明，假若我们希望对道德经验提出一种具有最大融贯性的理解，我们所提出的说明将是一种投射主义的说明。

在目前的语境中，我们无须详细介绍实在论及其各种表述，只需把注意力放到佩蒂特对“实在论”的表征上[1]，因为他对某些概念的响应依赖性（response-dependence）及其对实在论的含义的分析与我想要提出的观点具有密切联系。在佩蒂特看来，关于任何话语领域的实在论涉及三个论点。第一个是所谓的“描述性论点”：一个话语的参与者必然会设定某些独特的实体。第二个是所谓的“客观主义论点”：所设定的实体不仅确实存在，而且其存在不依赖于人们断言和相信有关事物的倾向。实在论者通常按照某个东西与人类心灵的独立性来思考其实在性：“是真实的”就意味着在因果的、构成性的或者（特别是）认知的意义上“独立于人类心灵”。[2] 按照这个思想来表征“实在论”是一种很普遍的做法。例如，克里斯平·怀特试图通过对比道德实在论和科学实在论来理解道德实在论：“科学实在论者认为，真正的科学进步是按照理论表达一个实在的程度来衡量的，这样一个实在本质上与我们的本性无关，或者与我们用来理解有关话语的标准无关，但是，在道德领域，并不存在任何类似于这个思想并可以捍卫的东西。”[3] 第

[1] 参见 Philip Pettit (1991), “Realism and Response-Dependence”, *Mind* 100: 587-623，特别是588-595页。

[2] 参见 Bruce W. Brower (1993), “Dispositional Ethical Realism”, *Ethics* 103: 221-249，特别是238-246页。

[3] Crispin Wright, *Truth and Objectivity* (Cambridge: Harvard University Press, 1992), p. 200.

三个是所谓的“宇宙中心论论点”(cosmocentric thesis):在一个话语的任何一个实质性命题和所有实质性命题上,该话语的参与者可能会犯错误或者全然无知。在这里,一个“实质性”命题是这样的:对它的接受或拒斥可以充当一个标准,用来判断一个参与者究竟是不是给定话语的合适参与者——也就是说,实质性命题起到了设定标准的作用。因此,第三个论点经常被认为等同于如下主张:了解一个话语领域中所设定的实体,就相当于发现它们而不是将它们创造出来。实在论者试图用这个论点来反对人类中心论(anthropocentrism),就此而论,他们是在主张真理不以任何方式依赖于任何实际的或可能的人类观点。

彼特·莱尔顿同样认为,实在论的动机本质上来自某些关于说明的考虑。按照他的说法,只要我们假设某些实体和性质构成的一个领域 D 是独立于经验的,那么,实在论者对待某个研究领域的态度至少就具有三种有趣的说明潜力。[1] 首先,对于在经验中出现的模式,D 原则上可以支持对它们所提出的一种非循环的说明,因此我们就可以得到某个单一的“说明秩序”的概念。其次,D 原则上可以支持不以任何一种经验为中介的说明;这个特点,加上第一个特点,就确立了 D 所具有的那种“宇宙论角色”(cosmological role)的深度。最后,这两种说明潜力使我们可以清楚地看到,按照 D 的实体和性质提出的说明如何能够通过所谓的“态度检验”(Attitude Test)。[2] 按照这种检验,在我们所提出的说明中,假如我们只用**对 D 的态度**的指称以及某些不属于 D 的事实来取代对那些实体和性质的指称,我们就会丢失真正的

[1] 参见 Peter Railton, “Subject-ive and Objective”, in Brad Hooker(ed.), *Truth in Ethics* (London: Blackwell, 1996), pp. 51-68,特别是 55 页及以下。

[2] 这个检验原先由哈曼提出,见 Gilbert Harman, *The Nature of Morality* (Oxford: Oxford University Press, 1977)。

说明信息。实在论者由此认为，我们必须接受宇宙中心论论点，因为它表达了我们对严肃研究的承诺。换句话说，这个论点意味着，在研究中，我们永远没有理由从无知和错误的边界上撤退。然而，如果实在论者把我们对实在的表达视为“无源之见”，那么，至少在伦理领域中，就没有理由接受这种极端的客观主义立场，因为这种立场在道德动机问题上面临巨大困难，此外，即使科学领域中关于说明的考虑要求我们采纳一种实在论态度，但是，对道德性质和道德事实的一种投射主义解释也同样能够采纳和支持这种考虑，因此这种考虑就不可能构成对实在论立场的一个独立论证。

我们不难表明道德话语如何能够具有（或者如何被赋予了）准实在论的特点。之所以把这些特点称为“准实在论的”，是因为道德话语在我看来实际上并不具有实在论者想要赋予它的那些特点。它显示出来的某些特点，例如在真值上是可断言的，在某种意义上可以被看作是客观的，要按照投射主义的思路来加以阐明。约翰·麦凯在某种程度上正确地认为这些特点要按照“错误论”（error theory）来理解。不过，我们无须认为“客观性”和“真理”之类的概念只应用于“事实－价值”这一区分的左边。如果这些概念本质上是认识论的概念，那么它们就只能按照我们在认知上设想和达到它们的方式来加以理解。道德话语对描述主义论点的承诺是最醒目的。日常的伦理实践好像确实要求我们相信“绝对命令”这样的东西。这种命令内在地规定每一个道德行动者应当做的事情，不管他具有什么样的欲望和倾向。因此，日常的伦理实践好像要求我们承诺一个客观价值的王国。然而，如果我们可以进一步追问价值和规范何以具有一种被认为不依赖于我们的欲望和倾向的有效性，那么我们对客观价值的承诺就需要一个说明。通过考察我们最终是如何具有道德承诺的，我们就可以提出这样一个说明。每当我们决定如何行动时，我们能够（而且经常需要）从当下的欲望和倾向中退后几步，对它们再次审视。这个事实当中并没有什么特别神秘的东西，因为通过假设确实有一些实践合理性原则制约着欲望的理性满足，它就可以得到说明。然而，这个事实只是表达了道德经验现象学的某个方面。从发生学的观点来看，我们有理由假设，大多数实践合理性原则是在我们对欲望寻求理性实现的过程中自然地涌现出来的。[1] 在休谟的意义上，这种寻求是由某些自然必然性来推动的，因此可以被认为是自然的。从来源上说，道德仅仅是在一个方面不同于审慎（prudence）：对道德规范的承诺本质上是以对他人的关切为导向的。在休谟看来，人为美德之所以不同于自然美德，只是因为前者涉及约定的要素，虽然一个约定本身也有某些“自然的东西”作为根据。道德义务有一个自然的基础，但是它们在如下意义上是“必须”的：不管我们具有什么偶然的欲望和倾向，我们都觉得自己受到了道德义务的约束，必须以某种方式行动。

在休谟看来，这种义务感来自我们明确地或不言而喻地对他人做出的承诺。因此，即使推动我们进入道德状况、让我们觉得受到约束的东西是某些类型的实践必然性，即使我们能够对后者提出一种自然主义说明，但是，在道德状况中受到约束这一事实不能被认为就是产生道德约束的基础。理由在于，某种状况之所以能够成为一个严格意义上的道德状况，是因为在其产生过程中，它明确地或不言而喻涉及了对他人的承诺。休谟伦理学之所以是自然主义的，就是因为休谟认为，我们如何能够具有这种承诺是可以用一种自然主义的方式来加以说明的。换句话说，在某些自然必然性的推动下，我们必然要进入道

[1] 这是对合理性、合作与进化的关系感兴趣的理论家们所要探究的一个问题。例如，参见 R. Axelrod, *The Evolution of Cooperation* (New York: Basic Books, 1984); Robert Nozick, *The Nature of Rationality* (Princeton: Princeton University Press, 1993)。也见本书下一章中的相关论述。

德状况，这是人类自然史的一个事实。从发生学的观点来看，道德条件显然不是由任何**个别的**意志来决定的，而是某些复杂的社会互动的产物。在这个意义上说，一个行动者并不是**完全**出于自己的选择而进入一个道德状况。[1] 因此，我们无须用道德实在论者所设想的那种方式来理解客观主义论点，特别是，无须用所谓的“宇宙中心论论点”来表示这个论点，因为按照我对道德客观性的理解，我们只需要实践必然性的概念，而只有按照人类中心论的观点我们才能充分合理地理解这个概念，正如我将要阐明的。在这一点上我很赞同伯纳德·威廉斯的观点（Williams 1996）：真理的概念之所以重要，只是因为它与“真理的**价值**”的思想以及实际上与真诚（truthfulness）的概念相联系。假设一个人相信自己儿子已经幸免于一场车祸，不管其信念是不是真的，如果我们说“‘他的信念是真的’是件好事”，那么，那是一件好事，只是因为生命本身具有价值。同样，如果我们强调必须存在着真的伦理信念，那么我们大概是在如下意义上这样说的：具有这种信念（或者相信这种信念所表达的东西）将有助于促进（比如说）一种繁盛的人类生活。伦理学中的“真理”概念，如此来理解，就超越了“极简主义”（minimalism）的真理概念。[2] 但是，如果在对伦理真理的任何实质性理解中我们都必须抛弃极简主义的真理概念，那么，只要文化变异尚未被理解为对某个根本的、普遍主义的道德理论的表面适应，就很难看到我们如何能够在伦理学中具有一个按照强的实在论立场来表征的真理概念。

---

[1] 不过，无须就此否认一个个体可以选择不进入一个道德状况，有时候一个行动者甚至有理由不进入一个道德状况。也正是由于这一缘故，我们对道德客观性的理解不同于道德实在论者的理解。

[2] 极简主义的真理概念被定义如下：一个陈述是真值上可评价的，只有当它出现在一个话语领域中，而对这个话语领域来说，存在着对其构成要素的恰当使用和不恰当使用进行判断的公认标准。

现在，如果道德可以被理解为一种特殊的实践必然性，那么道德判断（例如这样一个判断：对某人实施肉体上的或精神上的折磨在道德上是错的）在如下意义上也可以被认为是客观的：道德判断的有效性并不依赖于我们具有的特定欲望、态度和信念。道德判断具有这一特点，是因为人类生活本质上有一个规范的方面，而要是人类仍然生活在（比如说）自然状态中，人类生活就绝不会具有这个方面。但是，如果从自然状态到一个多少是文明化的状态的转变可以用一种休谟式的自然主义来说明，而不是用一种明确的契约论方式来说明，那么我们就有理由认为规范性并不是自成一体的。很不幸，道德实在论者往往只是满足于所谓的“规范事实”和“规范性质”的表面特点（现象学上显示出来的特点），而没有（或者说不愿意）对规范性提出一种谱系论的或发生学的说明。然而，这样一种说明确实很重要，因为它可以让我们看到，我们进入某些类型的状况这件事情为什么并不取决于个别意志的选择。当然，在是否要进入某个状况这件事情上，我们或许是可以做出选择的。但是，一旦我们做出了选择，也就是说，一旦我们已经决定进入某个特定状况，我们就受到了某些与之相联系、具有实践必然性的规范的制约。休谟正是用这种方式来说明我们如何具有因果性的观念。他进一步论证说，心灵倾向于把我们受到某些规范所决定或制约的印象投射到世界中，就好像那些规范本来就是外在于我们的。甚至在面对我们明确地觉得对我们具有约束力的规范时，我们还是能够**任意地**行使选择和表达意见，而只有相对于这个事实，才能恰当地理解客观性概念。此外，正如上一节中所指出的，在一个具有规范实践的共同体中，如果从来就不可能有违背规范这样的事情发生，规范性的概念也就丧失了意义。因此，假如我们必须把客观性概念理解为一个认识论概念而不是一个形而上学概念，我们也必须认为，这个概念与主体（具有心灵和观点并能形成思想、意图以及其他态度的存在者）的存在和经验具有实质性的联系。更确切地说，客观性概念只是表达了在我们的主观观点中可以共同分享的东西。

康奈尔学派实在论者和内格尔肯定不会满足于对客观性的这种理解，因为他们可以反问：我们的主观观点之所以变得可能并有可能收敛，难道不是因为已经存在着某种其他东西吗？当然，我们确实可以假设，我们的主观性，就其可能性而言，取决于某些原来外在于它的东西。例如，自然主义者必须承认，我们之所以具有意识或意识经验，根本上说是因为我们是嵌入世界中的存在者，在这种存在和我们对世界的回应之间存在着错综复杂的相互作用。因此，自然主义者也可以同意实在论者的一个说法：在伦理领域中可能已经存在一种能够让伦理意见发生收敛的东西。但是，就这种东西的本质以及收敛所发生的方式而论，自然主义者和实在论者可以有分歧。我仍不确信伦理研究本质上不同于经验科学中的研究。[1] 但是，在这个问题上我选择站在威廉斯这一边——也就是说，我相信，只要我们不是在把“绝对实在”的概念与“道德实在性”或“道德权威”的概念混为一谈，而是把它理解为可以用来解决一切道德分歧并为一种普遍主义伦理学提供基础的东西，那么这样一个概念在伦理学中确实是不可得到的。之所以如此，是因为道德的实践性要求并没有为一种形而上学的客观性概念留下任何余地。但是，解除这样一个概念并不是要否认道德的实在性或真实性，也不是要为道德怀疑论敞开大门。为了阐明这一点，我们需要把对“绝对实在”这个概念的实质性解释和形式解释区分开来。

[1] 威廉斯一度认为这两种研究本质上是不同的。但有一些学者更激进地认为，甚至科学研究也并不具有实在论者所标榜的那种客观性。例如参见 Christopher Hookway, “Fallibilism and Objectivity: Science and Ethics”, in J. E. J. Altham and Ross Harrison (eds.), *World, Mind, and Ethics: Essays in the Ethical Philosophy of Bernard Williams* (Cambridge: Cambridge University Press, 1995), pp. 46-67。

例如，考虑如下命题：每个理性行动者都必须这样来行动，以至于他能够按照与其他理性行动者的行动相容的方式尽可能好地生活下去。这个命题可以被认为在形式的意义上阐明了伦理学的绝对实在性，但是它所表达的那个事实或愿望无法在实质上保证一切道德分歧都可以在其基础上得到解决。然而，在威廉斯看来，一个“绝对实在”的概念本质上就是这样一个概念：它为跨过不同伦理观点的一切道德意见的收敛提供了基础。在这个意义上，“绝对实在”的概念必须是一个实质性概念。实在论者倾向于把“道德实在”设想为某种在世界中已经存在、为一种普遍主义伦理学提供根据的东西。然而，这是一个错误，因为道德的真正本质确实没有为一个形而上学的客观性概念留下余地。道德实在，假若有的话，并不是被先验地给予的，其根源反而在于人类在对“好生活”的不断寻求和认识中逐渐确立的各种理想和期望。但是，在“什么样的生活是好生活”这个问题上，生活在不同条件下的人们往往持有不同看法，尽管这并不意味着他们无法认识到人类生活所能分享的一些价值。

问题于是就变成：当我们将道德的根源置于人的感性和情感之中时，我们如何能够理解道德客观性或道德实在性？在我看来，除了通过修改对“客观性”和“主观性”的那种约定俗成的看法外，没有合理的办法解决这个问题。[1] 对“客观的东西”和“主观的东西”的那种约定理解认为二者是根本上对立的和实质上不相容的。“主观性”往往被定义为一个人在思想、感情和判断上的任意性，而“客观性”则通常被认为与普遍性、不变性、相对于心灵的独立性之类的东西具有本

[1] 大卫·威金斯提出了一个类似的建议，见 David Wiggins(1996), “Objectivity and Subjectivity in Ethics, with Two Postscripts on Truth”, in Brad Hooker (ed.), *Truth in Ethics*, pp. 35-50。这个建议可以追溯到其早期著作，例如 David Wiggins (1998b), “A Sensible Subjectivism?” reprinted in Wiggins (1998), pp. 185-214。

质联系。当然，认为这种比较一无是处并不公正，因为即使我们的欲望不是随心所欲地具有的[1]，但是，与社会生活中已经确立起来的集体行为模式相比，任何一个人的欲望都显示出了某种任意性。不过，即使这种比较抓住了一些现象学特点，它也（至少部分地）歪曲了主观性和客观性之间的真实关系。例如，它忽视了主观性在我们对“外部”世界的理解中所做出的贡献。然而，从休谟式自然主义的观点来看，我们必须假设，我们对世界的经验是一系列复杂的相互作用的产物，其中一方是我们对世界的比较直接的知觉，另一方是我们以某种方式回应它的倾向。而在休谟看来，倾向本身必须理解为自然赠予我们的一个原则（参见 Hume 1978: 27, 287, 368）。休谟一方面声称构成我们的主观性的那些原则在自然秩序中具有一个基础，另一方面又特别强调说，自然本身并没有**直接**产生自豪与仁慈、爱和恨之类的激情；而是，为了产生这些激情，自然就“必须求助于其他原因的合作”(Hume 1978: 287)。因此我们可以合理地断言，对于休谟来说，将主观性和客观性截然区分开来并没有什么意义。有些理论家认为，知识来自于经验，而且，经验若要变得可能，就必须存在着某种绝对“与料”(given)。但是，休谟信奉和实践的那种经验主义并**不是**由这样一个苍白的主张来表征的。毋宁说，其经验主义的真正要旨就典型地体现在他对因果关系的论述中，由如下主张来定义：关系不是来自于事物的本质，而是来自自然的隐秘力量和人性的原则之间的相互作用。[2] 因此我们可以认为，对于休谟来说，**心灵与世界是彼此制作出来的**，这个

[1] 换句话说，我们的意动（voluntary）本质并不是被任意决定的，而是与我们的生物机能有关，或者与我们在一个共同体中所占据的角色有关，抑或与二者都有关。冲突就其本质而论是社会性的（至少我相信如此），而社会规范是在个体相互作用的模式中逐渐突现出来的。

[2] 对这一点的详细说明，参见 Gilles Deleuze, *Empiricism and Subjectivity: An Essay on Hume's Theory of Human Nature* (New York: Columbia University Press, 1991)，108 页及以下。

说法符合其自然主义的基本精神。

那么，这个思想如何支持那种对待世界的实在论态度呢？它也许会支持普特南所谓的“内在实在论”[1]，但肯定不支持那种承诺了宇宙中心论论点的实在论。我们确实相信道德在如下意义上是真实的：道德主张的有效性并不取决于我们偶然具有的任何欲望和倾向。但是，道德实在论者将这个观点推向极端，认为道德主张的有效性也不取决于一般而论的人类情感和感性，而这种做法必定是个错误。休谟确实认为，我们倾向于把什么关系看作是因果的或道德的，这并不是一个与自然秩序无关或者不依赖于自然秩序的问题。但是他强调说，对这个问题的回答也取决于人性的构成和结构。例如，考虑“在肉体上或精神上折磨别人在道德上是错的”这个判断。必须承认，我们做出这个判断的根据确实涉及一些“事实”因素。折磨别人是道德上不可接受的，大概是因为这样做会给具有感受能力的存在者带来痛苦。但是，我们可以遭受身体痛苦，只有当（或者只是因为）我们已经在物理上被如此构成，以至于物理伤害不仅会引起身体疼痛，也会危害我们得以恰当地发挥机能的能力。更重要的是，这种痛苦可以是精神上的或心理上的：如果一个人受到折磨，并相信其他人没有理由折磨他，那么他就会觉得自己在心理上受到了伤害。更确切地说，他之所以会在心理上感到痛苦，是因为他相信折磨以一种行为方式体现了一个事实——其他人在没有正当理由的情况下就通过使用物理手段来处置一个被认为本身具有尊严的存在者。上述判断的**道德含义**正是来自这个事实，或者更具体地说来自如下思想：我们已经以某种方式被赋予了一种平等的地位，因此，除非存在着强有力的理由，否则任何人都不能被剥夺这种地位。若不首先具有这样一个思想，就很难设想我

[1] Hilary Putnam, *Realism with a Human Face* (Cambridge, MA: Harvard University Press, 1990).

们怎么能够理解“被操纵”或“被处置”之类的说法及其伦理含义。人类共同体的大多数成员都会把折磨他人看作道德上不可接受的。但是，只是相对于人性的实际构成来说，“折磨他人在道德上是错的”这一陈述才是真的，因为可以设想的是，某种其他类型的存在者并不具有这种主观构成，因而无法用我们做出道德判断的那种方式来做出判断。例如，既没有感受性、也没有形成社会情感或反应态度的机器人也许并不认为，我们**用物理主义语言**描述为“折磨”的那种行为**对它们来说**在道德上是错的。

从上述例子中我想引出两个教训。首先，我们必须同意，道德主张的有效性并不依赖于是否要服从它们的欲望，在这个意义上道德主张是客观的。但是，我们必须把这个观点与“一个人是否有理由不服从某个特定的道德主张”这一问题区分开来。此外，到目前为止应该很清楚，具有实践含义的规范主张一般来说并不具有无条件的有效性，因此客观性在程度上是有差别的。其次，看来并不存在**道德上中立**的、可以将我们视为道德判断之部分根据的“事实”鉴定出来的概念框架。例如，一个产生了大规模异化和功能紊乱的社会秩序可以被判断为是不公正的。[1]但是，像“异化”和“功能失调”这样的概念显然预设了一些只有通过某个道德观点才能恰当地把握的东西。至少，为了理解这些概念，我们就必须对什么样的人类实践算作“正常的”人类实践具有某些想法。后面这种判断将不得不是规范的，即使它可以在一种目的论的人性概念下得到理解。在判断一个社会秩序是否产生了异化和功能紊乱时，我们用来进行判断的事实是可以用一种自然主义的方式鉴定出来的，但并不是用那种不依赖于评价或评价上中立的语言鉴定出来的。在下一节中我会

[1] 这个例子来自莱尔顿，参见 Railton 1996，65 页。我举这个例子，是为了批评他在道德实在论上的见解。

详细阐明这一点。现在我们需要回到这个问题：我们目前对主观性和客观性的讨论与投射主义或准实在论到底具有什么关系？

前面已经提到，实在论的首要动机来自说明上的考虑。实在论者倾向于相信，通过设定独立存在的实体和性质，就可以对经验研究的显著特点提出最佳说明。例如，实在论者声称，经验资料上的收敛为实在论的世界图景提供了最佳说明，而这种收敛接着又为我们相信那种实体和性质的存在提供了一种非循环的说明。然而，道德性质和道德概念具有明显的响应依赖性——它们的可理解性依赖于我们的主观态度。如果说道德性质的知觉模型[1]有任何用处的话，至少就在于它用一种比较令人满意和有趣的方式揭示了道德性质的响应依赖性，即使道德性质和第二性质在某些方面仍不相似，例如道德知识在某种程度上是推理性的，而知觉知识往往不具有这个特点。道德性质和道德概念的响应依赖性似乎也表明，道德说明完全不同于经验科学中的说明。例如，哈曼论证说，在说明道德判断时，我们无须求助于任何独立的道德性质，只需诉诸我们的态度（Harman 1977: 3-10)。哈曼的观点在休谟的道德主观主义中有其来源，例如在休谟论述“蓄意谋杀”的那段话中（Hume 1978: 468-469)。不过，休谟的道德主观主义为道德客观性留下了充分余地，至少因为他并没有直截了当地将美德和恶习鉴定为我们**实际上**所具有的认可或不认可的感受。相反，不论是休谟自己对这个类比的借用还是他对道德判断的论述都表明：他把美德和恶习与我们**在适当条件下将会得出**的确认感和不确认感联系起来。但是，如果道德事实就像休谟所认为的那样只是关于我们的情感和感性的事实，那么我们怎么能够认为它们好像

[1] 这个模型在于通过类比所谓的“第二性质”来设想道德性质，第二性质（例如颜色）指的是依赖于认知主体的主观构成的性质。这个模型得到了一些理论家的捍卫，也受到了一些批评，例如参见 Simon Blackburn, “Errors and the Phenomenology of Value”, in Blackburn 1993, pp. 149-165。

又不依赖于我们的情感或态度呢?

前面我已经试图按照投射和实践必然性的思想来说明上述可能性。在我看来,这种说明不仅允许、而且实际上要求一个道德客观性的概念,只要我们把这个概念看作人类中心论的而不是所谓"宇宙中心论的"。它所蕴涵的那种见解是否算作一种实在论基本上取决于如何设想实在的概念。投射主义者和实在论者都可以同意实在的概念应该在认识论上而不是在形而上学上来加以设想。这样一来,哪一种见解更值得偏爱,就取决于比较它们各自在说明上所具有的优点。就此而论,我将提出两个议程。第一个议程是前面提到的"态度检验"。第二个议程关系到一个事实:我们日常用来进行道德思考的具体原则是本质上可争议的(essentially contestable)。例如,在性道德、个人自由的价值、动物的道德资格、自杀与安乐死之类的伦理问题上,人们往往持有冲突的观念。而且,似乎没有很好的理由认为这些冲突只是因为人们在认知上有缺陷而发生的,即使道德认知和道德判断的能力确实可以影响人们对一些道德分歧的解决。让我首先考虑第一个议程。

莱尔顿已经论证说,道德实在论无须使自己不相容于对人的主观性的承诺。他的论证主要立足于一个被认为是很明显的观点,即"关于任何领域的实在论的本质取决于该领域自身的本质"(Railton 1996: 57)。我同意这个观点,但是在我看来,莱尔顿按照这个观点对实在论的论证利用了他对"事实"概念的一种不合法的界定。莱尔顿确实正确地认识到,即使我们的信念与人的主观性具有某些本质联系,还是可以对我们的信念采取一种实在论态度。这一认识甚至从休谟的观点来看也是完全合理的,因为在休谟看来,信念乃是植根于心灵与世界的交往中。正是因为这一缘故,即使一个信念的说明作用总是以主体为中介,但我们赋予和解释信念的框架,正如莱尔顿自己认识到的,必须能够反映事实对我们的信念状态的影响。莱尔顿声称这意味着信念话语通过了态度检验,其理由是：要是我们所提出的说明避免提到那些处于“相信”这种精神状态之外的性质，说明信息就会丢失。然而，在提出这个主张时，莱尔顿似乎已经把信念的个体化条件与辩护条件混淆起来。为了用我们具有某些信念这一事实来说明我们是如何成功地（或者未能成功地）履行某个行动，我们确实必须诉诸一些在主体的精神状态之外的性质。任何人都不会否认对行动的第一人称说明总是涉及援引信念的内容，不管是在狭窄的意义上还是在宽泛的意义上来加以理解，比如说，是按照 *de re* 模态还是按照 *de dicto* 模态来加以理解。[1] 但是，即使我们需要按照某些性质来个体化一个信念，这并不意味着行动根本上不是通过诉诸我们的态度来说明的。当然，如果只有通过利用命题态度的词汇，我们才能充分理解世界的因果历史，那么我们就有理由相信命题态度本身是真实的。[2] 然而，假若莱尔顿认为，在说明行动时，我们必须用某些“更根本的”事实和性质来取代命题态度，那么他就是在对命题态度的实在性提出一种不可接受的怀疑论。当然，道德的实在性并不是通过声称“存在着某些不依赖于我们的态度的道德事实和道德性质”就能得到证明的，反而

---

[1] 这两种模态的区分是在思想或信念赋予（attribution）的语境中做出的。语言哲学家已经试图从句法、语义和形而上学三个方面来阐明这个区分。例如，对于“张三相信某人在那里要抓他”这个语句，可以提出两种解释。按照第一种解释（*de dicto* 解释），“某人”没有特指的对象，张三只是患了妄想症，因此相信确实有一个人在那里要抓他，但是，对于那个人究竟是谁，他并不必然具有任何信念——他只是相信“在那里要抓他”这个谓词得到了满足。按照第二种解释（*de re* 解释），“某人”是有特指对象的，即把某个特定个体挑选出来——张三心目中有这样一个人，并相信那个人在那里要抓他。从语义的角度来说，假若一个语句允许维护真值的替代，它在语义上就是一个 *de dicto* 语句，否则就是一个 *de re* 语句。从形而上学的角度来说，如果一个思想或信念直接把一个性质赋予某个对象，那么这种赋予相对于那个对象来说就是 *de re* 的，否则就是 *de dicto* 的，也就是说，它要么只是间接地提到那个对象，要么不依赖于那个对象。在按照 *de dicto* 模态来解释一个信念时，它被认为具有狭窄意义上的内容；在按照 *de re* 模态来解释一个信念时，它被认为具有宽泛意义上的内容。

[2] 幸运的是，这将为自然主义提供一些支持，因为自然主义者认为心灵本身是世界的产物，即使自然主义者无须按照一种还原的物理主义来理解心灵。

是体现在如下事实中：我们可以对自己具有的特定欲望和倾向持有一种反思性的态度。若是这样，莱尔顿在信念实在论和道德实在论之间做出的类比，实际上并不支持他想要提出的主张——如果我们是按照道德信念和道德态度、而不是按照道德事实和道德性质来说明道德行动，那么说明信息就会丢失。

莱尔顿提出的类比之所以无助于实现其目的，还有另一个理由，该理由关系到他对道德性质的界定。莱尔顿认为，通过诉诸“大规模的异化和不满”和“一场要求改革的运动”之类的描述，就可以说明种族隔离的不正义。这个说法**本身**并没有什么问题；问题只是在于（正如前面提到的）这种描述中所涉及的概念并不是评价上中立的。它们不仅不属于所谓的“原始事实”，而且本身就具有评价含义。将种族隔离看作是不公正的，这种做法已经涉及某种实质性的道德理解，而我们几乎没有希望把这种理解还原为一种道德上中立的或者“纯粹事实性”的东西[1]，因为异化的概念至少与一些关于平等和权利的思想相联系。比如说，我觉得自己受到异化，是因为我相信我已经被赋予与其他人一样的平等资格，我有同样的权利像其他人那样过一种好生活。当然，我们不是不可以认为确实有一些事实构成了道德理解的基础，但是它们是关于我们的情感、感性和态度的事实，或者说表示了我们在适当条件下能够具有的情感、感性和态度。只要它们已经以这样一种方式被投射到世界中，从个人的观点来看**在认识论上**不依赖于我们的思想和欲望，我们就可以形成和具有关于它们的信念。然而，一种合理的自然主义将只是提出这一主张：我们在社会生活中发现的那种

[1] 此处不展开讨论这一点，部分原因在于前面的分析已经暗示过了，部分原因在于它就是威金斯在批评莱尔顿的那种还原的自然主义时已经论证的核心观点。参见 John Haldane and Crispin Wright (eds.), *Reality, Representation and Projection* (New York: Oxford University Press, 1993)，279-336 页。

规范性与人性和人类状况具有本质联系，既不需要也不能用单纯的物理事实和物理规律来说明。对于这样一个自然主义者来说，人类条件使得某些类型的人类制度（包括道德）变得必然，正如它们在休谟的意义上让人为美德变得必然，而道德就随附在人类情感以及关于那些制度的事实上。不过，为了成为合理的自然主义者，一个理论家也必须承认，人的感性在那些制度的确立上发挥了一个重要作用。因此，这样一个自然主义者就可以不对如下问题表态：是否存在着一组可以用来解决一切实质性的道德分歧的、固定的道德事实和道德性质。[1] 以下我将表明这种态度至少可以在一定程度上得到辩护。

四　实在论、响应依赖性与道德真理

按照以上讨论，道德可以在两个意义上被认为是客观的。首先，道德是客观的，因为道德规范所产生的方式并不依赖于任何特定个体的意志，即使它们仍然是从人们在某些条件下的相互作用和集体慎思中产生出来的，而这个观点符合投射主义立场。其次，道德是客观的，因为道德观念所产生的条件在某种意义上类似于我们的因果性观念得以产生的条件：二者都是人性的主观构成和人类条件的必然结果。我们可以利用这个客观性概念来回答如下问题：道德主张为什么会独立于我们的特定欲望和倾向而具有有效性？不过，需要注意的是，我并未声称道德规范得以产生的条件可以与人类的情感和感性分

[1] 应该把这里提到的问题与如下问题区分开来：是否存在着一种可以用来解决道德分歧的决策程序。在很多情形中，我们利用一种后果主义的决策程序来解决价值冲突问题，但是这种可能性要求有关价值是可通约的。然而，即使在每一个特定的情形中都可以用某个高阶价值来解决冲突，但这些价值本身或许是不可通约的。

离开来。实际上，如果我们不得不从一个内在于人性的观点来说明道德的实践性要求，那么道德规范的根源必定就在于我们的情感和感性。对道德规范的这种探讨可以被称为“内在主义探讨”，正是这种探讨使得道德概念变成了一种并非同质的东西：对于我们能够用同样的道德词语来描述的东西，不仅不同的伦理观点或伦理框架可能会提出不同的理解，同一个伦理观点或伦理框架在不同的条件下或者针对不同的情景也会得出不同的道德判断。[1] 之所以如此，是因为道德概念在下面要阐明的意义上具有一种**响应依赖性**，而如果道德主张确实是本质上可争议的，那么这个特征就可以（甚或必须）从这种依赖性中得到说明。如果道德概念是响应依赖的，那么，为了对道德客观性提出一种可靠的理解，我们就得假设道德真理是相对于某个伦理框架而论的，与道德规范相关的实践活动也是在这样一个框架中展开的。在这里，我们并没有说道德真理是相对于人性而论的，主要是因为我们没有**先验的**理由认为人性是始终如一或固定不变的。当然，这并不意味着道德主张不可能在某些条件下收敛。但是，理解这种收敛的唯一合法的方式，在我看来，就是采纳一种关于道德理由的内在主义。在某个共同体或社会中，有些道德规范或许原来并不存在。如果那个共同体或社会逐渐接受了那些道德规范，那必定是因为它在适当条件下经过慎思发现了接受那些规范的理由和动机。

实在论者经常认为，为了合理地理解人们在有关意见上的收敛，就必须假设存在着某个独立的实在——正是因为这样一种实在的存在，那些意见在某些认知上有利的条件下才会发生收敛。按照威金斯的说法，真理的一个“标志”就在于：如果 X 是真的，那么 X 在有利条件下就会

[1] 休谟明确意识到了这个现象，并试图按照道德语言的本质来加以说明。参见 David Hume (1777), “Of the Standard of Taste”, in David Hume, *Essays: Moral, Political and Literary* (Liberty Fund, 1985), pp. 226-252。.

支配收敛，而为了对收敛的存在提出一个最佳说明，我们就得假设X实际上是真的。[1] 道德实在论者认为，假若为了对道德信念的收敛提出一个最佳说明，就必须援引与相关信念的内容相对应的事实，那么道德实在论就得到了决定性的支持。然而，正如怀特已经有力地表明的[2]，这个思想是成问题的。怀特提出了两个与目前的分析有关的论证来支持其主张。第一个论证涉及对语句的真值条件的一种理解。有些理论家认为，只有当一个语句满足了某些句法标准时，它才是真值上可评价的（truth-assessable）。这些标准包括：一个语句，作为一个用来进行断言的语句，能够有意义地嵌入否定句和条件句之类的句法构造中，能够出现在命题态度的语境中，其使用受制于某些公认的担保（warrant）标准。然而，怀特论证说，并非只有"是真的"这个谓词才能满足这些句法约束，因为实际上有很多谓词都可以满足这种约束。此外，为了理解"真理"这个概念，我们并不需要把担保标准与"真理"的传统概念联系起来（按照这个概念，一个命题之所以是真的，是因为它与某个事实或事态相对应）。而是，我们也可以这样来理解"真理"的概念：如果X符合一个特定话语的断言规范（assertoric norms），那么X就是真的。[3] 于是，在考察一个特定信念是否为真时，我们并不需要提出这样一种解释：它是真的，是因为世界对具有恰当敏感性的主体施加了某些影响。我们可以这样来解释：它是真的，是因为我们接受了一套对断言和信念进行担保的

[1] David Wiggins (1998a), "Truth, and Truth as Predicated of Moral Judgment", in Wiggins 1998, pp. 139-184，引文分别出现在147页和151页。

[2] Crispin Wright, *Truth and Objectivity* (Cambridge: Harvard University Press, 1992).

[3] 怀特指出，哈特利·菲尔德就是这样来理解数学中的真理概念的。菲尔德认为，如果纯数学陈述要求各种古怪的形而上学对象来保证它们是真的，那么这种陈述实际上是假的；但是，即使它们在这个意义上是假的，那并不妨碍我们理性地认同它们的推理效用，因此我们就只能按照一个纯数学陈述是否符合有关的推理规则来判断它是不是真的。参见 Hartry Field, *Science Without Numbers* (Oxford: Blackwell, 1980); Hartry Field, *Realism, Mathematics and Modality* (Oxford: Blackwell, 1989)。

规范，而那个信念符合这套规范。实在论者往往认为，我们首先确保一套先于（或者至少不依赖于）我们的话语实践（discursive practice）的真理，然后再努力按照这套真理来调节这种实践。但是，在怀特看来，正确的做法是要将依赖性方向颠倒过来：存在着什么真理将只是取决于在话语实践中已经得到接受和采纳的规范。这个主张显然是有争议的，但下面我会表明它至少可以在伦理领域中得到辩护。怀特的第二个论证所说的是，除非实在论者能够表明，用来说明信念收敛的事实，也可以用来说明其他的非认知状态，否则他们所要求的那种独立性就得不到保证。[1]但是道德信念并不满足这个条件。道德实在论者能够赋予"道德事实"的唯一说明作用，只是针对人们的道德信念以及他们因为具有了那些信念而从事的活动。上一节讨论莱尔顿的观点时，我已经讨论过这一点。

怀特和威金斯之间的争论很复杂，涉及语言哲学和形而上学中的一些根本问题。[2]在这里我们无须详细处理这个争论。我介绍怀特的论证，主要是为了表明，他对"真理"的一般分析基本上符合我试图论证的一个观点：只有按照一个涉及规范的产生和承诺的实践，而且只有相对于这样一个实践，才能恰当地理解"道德真理"和"道德客观性"的概念。这一点在我看来无论如何都是正确的，尽管我对"道德真理"的看法既不同于怀特想要论证的那种极简主义的真理概念，也不同于阿兰·吉伯德的"表示主义"（expressivism）理论。[3]麦凯认

[1] 对"宇宙论角色"的讨论，参见 Wright 1992, pp. 191-199。

[2] 关于怀特对威金斯的回答，参见 Wright 1992, pp. 183-189。在后来出版的一部文集中，怀特也回应了其他理论家对其观点提出的批评，见 Crispin Wright, *Saving the Differences* (Cambridge, MA: Harvard University Press, 2003)。

[3] Alan Gibbard, *Wise Choice, Apt Feeling: A Theory of Normative Judgment* (Oxford: Clarendon Press, 1990). 表示主义是伦理学中的一种反实在论主张，其大概意思是说，并不存在道德语句所描述或表达的事实，也不存在道德术语所指称的性质或关系，道德语言的功能不是描述性的，而是要表示我们的情感或态度。

识到道德话语确实具有一个实在论的话语所需要的一切语义特点，例如，一个道德陈述可以具有真正的断言内容，字面上也可以被解释为真的或假的。然而，在他看来，如果我们试图用实在论者所设想的方式来探究所谓的“道德真理”，我们必定会失败，因为为了用这种方式来说明道德真理，我们就得假设存在着一种形而上学上怪异的性质，即那种本来就具有规范力量的性质。麦凯由此认为，实际上并不存在一种使得道德陈述为真的道德性质或道德事实（Mackie 1977: 38-41）。他正确地认识到**世界本身**不适合于将真理赋予道德主张或道德判断。不过，麦凯并未进一步说明何以如此，反而直接断言我们对“道德真理”的谈论完全是个错误。另一方面，表示主义者则认为，尽管道德话语貌似具有断言内容，但其深层句法是不同的：道德话语所提供的媒介并不是要描绘事实，而是要表示态度。因此，表示主义者认为，不论是道德实在论，还是麦凯的那种与之相对立的错误论，都犯了一个错误——它们都错误地认为道德陈述具有真值，或者是真值上可评价的。然而，表示主义者似乎忽视了一个重要事实，即道德话语在很大程度上是磨炼出来的。一个道德主张是可接受的，并不是因为我们觉得接受它是一件令人愉快的事情，而是因为它经过了一些精致复杂的标准的评价并从中幸存下来。这些标准充当了我们评价特定的道德判断和道德论证的基础，因此道德话语不可能只是我们用来表示态度的媒介。退一步说，即使道德话语就像表示主义者所说的那样只是表示我们对某个规则或某种秩序的认同，我们仍然需要说明规则或秩序本身是如何确立起来的，又是如何得到认同的。仅仅用这种非认知主义的方式来理解道德话语并不足以完成这项任务。

不管我们如何设想规范性的来源，对规范的承诺确实涉及设定一种实在论的**态度**，即前面所说的描述主义论点，因为规范一旦形成，就可以对我们的思想、态度和行为具有约束力，并构成我们的实践合理性的一部分，从而具有一种实在论特征。正是因为这一缘故，在日常道德话语中，我们经常认为，我们接受一个道德主张的根据实际上就是我们把它看作是真的根据。然而，在怀特看来，承认道德陈述是真值上可评价的并不等于承认实在论。那么，如何用一种并不承诺实在论之核心论点的方式来说明道德陈述是真值上可评价的呢？恰当地回答这个问题首先要求注意两个相关事实。第一，在我们日常用来进行道德思考的实质性原则中，有很多原则是本质上可争议的；第二，我们不可能合理地认为，道德分歧之所以存在，只是因为人们在思想上混乱、对有关事实无知或持有绝对的偏见。在很多根本的道德问题上，人们之所以发生分歧，并不是因为他们在认知上有缺陷，也不是因为不满足某些道德上中立的实践合理性要求。此外，也需要注意（正如上一节中所论证的），对道德分歧的细节的最佳说明是通过诉诸有关的道德信念来完成的，而不是通过诉诸实在论者所假设的那种“道德事实”或“道德事态”来完成的。实质性的道德原则确实可以通过我们的努力而得到改进和发展，但是，只有在我们已经承诺的道德观点内部，我们才能做到这件事情，因为我们的道德感性所能做出的任何进步都只能被理解为对某个反思平衡状态的逼近，而这样一个状态是通过行使那些感性来评价的。

因此，在怀特看来，假若确实存在道德真理这样的东西，就只能用他所说的“超可断言性”（superassertibility）概念来加以表征。这个概念是从日常的可断言性概念中构造出来的一种东西。日常的可断言性是相对于一个信息状态而论的：只有在一个特定的信息语境中，我们才能把一个特定陈述评价为可断言的或不可断言的。相比较，超可断言性概念是一个绝对概念：如果一个陈述在某个信息状态中是可断言的，然后，不论如何扩展或改进这个状态，那个陈述仍然是可断言的，那么它就是超可断言的。值得注意的是，超可断言性概念不同于实用主义的真理概念：实用主义者（例如皮尔士）把真理设想为在研究的理想极限（其中包含了一切相关信息）上可以断言或得到辩护的东西，而超可断言性则没有假设这种神秘的理想极限的概念——它被设想为一种在无限延续的、理想的研究状况下连续得到的可断言性，而不是在结束这样一项研究之时所得到的可断言性。这样，一旦道德真理被理解为一种超可断言性，一个道德上为真的东西就是这样一种东西：它能够在道德上得到辩护，此后，不管如何改进和扩展有关的研究题材，它仍然保持自己所得到的辩护。换句话说，一个道德陈述在这个意义上是真的，是因为从规范某个道德实践的标准来看，它具有一种长期的和稳定的可辩护性。当然，我们无须就此认为，一旦用这种方式来理解“道德真理”的概念，道德进步就会变得不可能。道德思想的逐渐改进和道德意见的逐渐收敛可以在某些标准的支配下达到某种稳定状态，但是，这些标准本身也是这种改进的结果。同样，在道德思维中，在某些根本问题上，例如在“什么东西是道德上重要的”“它们具有多大的重要性”之类的问题上，如果我们的思想和看法能够达到某种程度的一致，那么，也正是因为我们已经承诺了某个道德观点，我们才有可能达到一致。换句话说，道德真理的可能性就在于那种按照内在主义模型来进行的集体慎思。道德规范不是一种**从外面**被给予我们的东西，而是我们在适当条件下对人性和人类生活状况进行理性回应的结果，因此，如果确实存在道德真理，那么它们就只能来自这种理性回应在适当条件下的收敛。

我相信怀特的观点恰当地把握了我们对“道德真理”的深思熟虑的理解。不过，为了进一步看清这一点，我们不妨将这种理解与实在论的真理概念做个简要比较。传统实在论的核心要旨是，真理就在于与独立的外在事态相对应，或者精确地表达了这种事态。为了让这个思想变得充分可理解，实在论者就需要进一步阐明“对应”“表达”和“事实”这些概念。在这里我将不争辩实在论者是否能够对这些概念提出合理的说明；我想说的是，至少在伦理领域的情形中，这个传统的真理概念并不是充分可理解的。在这里我只提出两个理由。首先，按照这种真理概念，使得一个命题或一个陈述为真的东西是那种独立于我们而存在的外在事态——正是因为一个命题或陈述对应于或者表达了这样一个事态，它才是真的。然而，即便在某种意义上确实存在道德事实或道德事态之类的东西，这种东西显然也不是独立于人类感性和情感而存在的。[1]因此，我们也不能合理地认为，那种事实或事态，假若确实得到了表达，是以一种不依赖于我们的感性和情感的方式表达出来的。另一方面，如果我们对那种事实或事态的表达确实依赖于我们的感性和情感，那么至少就不太清楚它们在什么意义上是独立于我们而存在的。其次，按照这种实在论的真理概念，在某个话语领域中，什么东西是真的，这一点是不依赖于我们的知识视野的，因此，从事负责任的实践就是要进入认知功能的一种表达方式中，就好像用照相机忠实地表达或反映“独立的”实在的某个片段。因此，如果我们对同一个场景得出了全然不同的照片，那么，按照实在论的观点，那是因为照相机的某个功能出了问题，或者是因为我们使用它的方式出了错。换句话说，在实在论者看来，如果我们对实在的某个片段的表达发生了冲突，那是因为我们在认知上是有缺陷的，或是因为我们用来“表达”实在的仪器（或者我们使用它的方式）出了错，或是二者兼有。同样，如果道德分歧被认为是因为我们对“道德实在”的错误表达而产生的，那么看来就要用我们在认知上的缺陷或者在实践合理性上的失败来说明道德分歧。然而，正如前面所说，根本的道德分歧似乎不是用这种方式来合理地说明的。

[1] 除非我们不合理地假设上帝创造或制定了这样的事实或事态。但是，在这种情况下，道德动机问题就变成了一个很难处理的问题，成为一切神命论道德理论面临的一个困境。

相比较而论，超可断言性概念是一个内在于语言游戏的概念：我们把在一个话语内部磨炼出来的任何东西投射出去，结果就得到了一些具有超可断言性的东西。在按照超可断言性来设想真理时，我们并不需要按照实在论的真理概念来理解一个话语何以具有真值上可评价的内容。一个陈述在目前的意义上是真的，就在于它符合在道德共同体中已经确立起来、而且事实表明具有长期稳定性的标准。当然，有关的标准或许不是不可修改或者不可改进的，因为它们本身就是在一个共同体中磨炼出来的。道德思维可以用罗尔斯所说的“反思平衡”方法逐渐得到改进，而在这种改进中，不同的道德立场有可能会发生收敛。因此无须否认道德思维本身有一种内在的动力学，在某些条件下可以在不同的观点之间达到收敛。我们只需强调，道德意见上的差异或分歧，并不像道德实在论者所说的那样，是因为人们的认知缺陷或实践合理性的失败而产生的。当然，这种差异或分歧可以是因为某种道德缺陷而产生的，但是这种缺陷不仅不能还原为认知缺陷，而且也只有从一个已经得到承诺的道德观点才能被认识到。所以，当我们按照超可断言性概念来理解道德真理时，我们不仅不需要接受极端的道德相对主义和某种形式的道德虚无主义，而且还可以更好地理解道德差异或道德分歧的可能性及其在人类生活中的意义。例如，我们无须认为人们在道德意见上的差异或分歧是不能批评或不值得批评的——按照超可断言性概念来理解道德真理无须强制我们接受一种在道德上毫无限制或者无条件的“宽容”。

不过，为了充分地认识到这一点，我们就必须进一步审视真理和规范承诺之间的关系。威金斯也拒斥了一个与传统真理概念相似的思想：仅仅通过诉诸某种“在那里存在”的东西，就可以合理地说明我们有可能在某个题材上达到的收敛。作为一种取舍，他提出了如下观点。假设我们需要说明我们在“7+5=12”这个命题上所达到的一致，那么，与这项任务唯一相称的说明就是：除了“7+5=12”这个事实外，没有什么其他东西需要我们思考了。然而，有人或许会继续追问：**为什么**“7+5=12”呢？我们不能认为在提出这样一个问题时他必定是不合理的或者理智上不健全的，因为他可能不满足于怀特给出的回答：“7+5=12，是因为数学话语的规范就是这样，以至于我们可以根据这些规范来结论性地断言 7+5=12”。这个人可以合法地提出他所提出的问题，因为在这种情形中，他也许不是在问我们对“7+5=12”的信念是如何由数学话语的规范来决定的，而是在问那些规范本身是如何确立起来的。同样，一个人或许不满足于这样一个说法：“我相信‘滥杀无辜在道德上是错的’这个陈述是真的，因为它符合一个道德话语的规范”。在提出这种问题时，他是在追问一些与那些规范的深层基础有关的问题，例如，那些规范本身是如何确立起来的，又如何得到说明或辩护。在这样做的时候，他是合理的吗？

为了回答这个问题，我们需要区分两种情形。首先，如果一个人在有关问题上具有充分信息，并处于认知上有利的地位，那么，在经过一番理性慎思后，他可能会推断说，除了与一个陈述或命题相对应的事实外，确实没有什么其他东西需要思考了。在这种情况下，我们大概可以认为他确实相信那个陈述或命题。如果每一个处于类似状况的人都能达到类似的结论，那么他们的思想就收敛到了那个结论。进一步，如果我们发现没有进一步的理由来询问这样一个结论的理性可接受性，或者询问那些与我们对它的断言有关的规范的理性可接受性，那么它就有了一种实践意义上的必然性。实际上，它所具有的那种实践必然性就是由那些规范来界定的。如果我们可以按照信念上的收敛来表征一个“真理”，我们就可以把这个真理说成是“规范限定的”(norm-bounded)。在维特根斯坦的意义上，那些相关的规范就是构成某个规范实践的事实，因此就不能进一步质问它们的地位，否则就无法理解与之相关的话语。其次，在某些情形中我们发现，在“事实”这个术语的基本意义上，我们的信念的可信性确实取决于某些事实。于是我们就会自然地假设，在这种情形中，存在着一个支配信念收敛的独立实在。比如说，假设我们发现，每一个具有基本物理学知识的人都相信任何没有支撑的物体必然会下落，那么我们就可以合理地假设该信念的收敛是由实在的某个片段来保证的。进一步，假如我们发现我们所能得到的任何理性根据都不能动摇那个信念，我们就可以把它确立为一个自然规律。在这种情况下，收敛确实要求伯纳德·威廉斯所说的“绝对实在”的概念。

道德实在论者主要是从第二种情形中来寻求对其观点的支持。现在的问题是：究竟有没有理由假设伦理领域中也存在一种与绝对实在的概念相似的东西？如果“道德实在”的概念不应被混淆于道德生活的真实性和普遍性的思想，那么伦理领域中看来就没有“绝对的伦理实在”这样的东西。在这里必须记住，在伦理领域中，“绝对的伦理实在”是这样一个概念：这种实在的本质与我们的本性毫无关系（不管我们是在考虑第一本性还是第二本性）。实际上，我并不确信绝对实在的概念甚至在物理科学的领域中也能有意义，因为如果我们本来就是自然界的产物，是在与世界的交往中认识到我们所生活的世界的，那么世界对于我们的可理解性看来也与我们作为人类存在者的本性和观点有关。[1] 当然，这一点可能是有争议的。不过，在伦理领域中，有一件事情似乎也很明显：甚至在具有完美认知能力的人类存在者当中，仍有可能存在道德分歧。倘若如此，伦理学至少在某些方面不同于物

---

[1] 一些理论家甚至怀疑绝对概念在自然科学中是可得到的，例如参见 Hookway 1995。普特南对这个概念提出了一个更强的批评，参见 Putnam 1990, pp. 162-178。威廉斯在回应批评者的时候论证说，我们不应该认为世界的绝对概念表达了一种前康德式的形而上学实在论，相反，它是被设计来传达“世界导向的收敛”这个思想，而后者其实可以与形而上学实在论分离开来。参见 Bernard Williams, “Replies”, in J. E. J. Altham and Ross Harrison (eds.) (1995), pp. 185-224，特别是 209 页。

理科学。科学研究可以依靠世界的“绝对”概念来形成对事实的判断，说明对实在的不同视角如何能够收敛，相比较而论，那个概念在伦理研究中是得不到的。另一方面，如果我们可以合理地认为我们是自然界的产物，那么好像我们也必须假设，我们的道德感性，不管多么多样化，必定以某种方式与我们的本性相联系。于是问题就变成：在什么程度上我们的本性是由“大自然”来塑造或形成的，在什么程度上不是？[1] 为了更好地回答这个问题，我们必须回过头来考察两个相关问题：第一，道德概念为什么会被认为具有一种响应依赖性？第二，这种依赖性如何影响我们理解和评价道德实在论和反实在论之间的争论？

有些性质，例如审美性质，好像与主体及其回应事物的方式具有某种联系，而另一些性质，例如形状和质量，似乎不具有这一特征。因此，我们似乎不能认为前一种性质完全属于世界本身、可以孤立于它们对主体的影响来加以考虑，而且，它们大概也不会出现在对世界的一种完全客观的、不依赖于人类观点的描述中。若把一个被认为是美丽的东西与它对主体的影响完全孤立开来加以看待，我们大概就不会发现美。当然，我们确实可以发现某些东西充当了美的基础，例如形态、结构和质地，但是这些性质本身似乎也不构成我们称为“美”的那种东西。如果美不是要在这些性质中来发现，那么它是什么呢？对这个问题有两个可能回答。按照一种极端的观点，美并不存在，我们对“美”的谈论完全是立足于一个错误。按照一种不太极端的观点，美是因为主体及其经验事物的方式而被引入世界中的。换句话说，美是主体经验事物的方式在世界中的**投射**。然而，这种观点似乎产

[1] 在这里，“大自然”这个说法指的是将人类产生出来、但还没有严重地受到有意识的人类活动重塑的事物的总体。这显然是一种理想化的说法，但有益于理论探讨。

生了一种很强的反实在论姿态，因为它好像具有这样的含义：美与有关的对象几乎没有什么联系，只是从某种存在者的主观观点中显示出来的——美是在主观性的感染下出现的，因此并不真实。然而，我们日常认为，即使美与我们的主观性具有某些联系，而且也不同于形状和质量之类的客观性质，它似乎也是一种真实现象。那么，如何把美看似具有的那种实在性与其主体相关性协调起来呢？按照投射主义观点，美看似具有的那种实在性只是我们在主观上经验事物的方式在世界中的投射。在审美经验的情形中，这个结论显然是可接受的，但是在其他领域中（例如道德价值的领域中）就不是很合理了。道德价值似乎同样与主体相关，而我们却倾向于认为它们是真实的。为了协调这两种直观，马克·约翰斯顿引入了"响应依赖性"这一概念，试图用它来解决一个问题：既然某个特定题材在概念上确实依赖于我们的主观响应，这种依赖怎么能够允许一种相对于特定题材而论的局部实在论？[1]

约翰斯顿暗示说，我们应该按照传统的第二性质模型来理解价值。第二性质是这样一种性质：一个对象是否具有这种性质，不仅取决于它本身所具有的某些第一性质，也取决于一个主体在适当条件下释放出某种响应的倾向（参见 McDowell 1998: 133-141）。按照这个观点，第二性质是一种涉及主体的倾向性质，比如说，一个对象 X 是红色的，当且仅当，对于任何一个主体 S 来说，要是 S 具有正常的知觉

[1] Michael Smith, David Lewis and Mark Johnston (1989), "Dispositional Theories of Value", *Proceedings of the Aristotelian Society*, supplementary volume 63: 89-174. 约翰斯顿的探讨主要起源于他对麦克尔·达米特的语义反实在论和希拉里·普特南的内在实在论的不满。约翰斯顿认为，这两种观点都没有令人满意地解决真理与理想的认知条件的依赖性问题。当然，他所提出的观点或许早在罗德里克·弗思的"理想观察者"理论中就有其根源。参见 Roderick Firth (1952), "Ethical Absolutism and the Ideal Observer", *Philosophy and Phenomenological Research* 12: 317-345。

能力并在正常的知觉条件下面对X，S就会把X经验为红色的。约翰斯顿认为，我们也可以对道德谓词提出同样的分析，例如，一个行动（或者一个品格特性）X是道德上正确的，当且仅当，对于任何一个主体S来说，若S是一个道德上适当的主体，若S审视了X所出现的情境和后果，并接受了一切道德上相关的考虑，S就会判断X是道德上正确的。在某些条件下就会产生某种响应的概念当然就是倾向的概念，而响应依赖性的思想就来自对第二性质的这种分析（按照倾向来进行的分析）：说某个东西是"响应依赖的"就是说，在某些条件下，它倾向于在一个主体那里产生某种响应（在这里，响应本质上涉及某种精神活动）。约翰斯顿自己并不认为道德概念实际上是响应依赖的，他只是暗示我们应该按照在某些条件下在主体那里引起或产生某种响应的倾向来说明价值。不过，其他一些理论家确实试图按照"响应依赖性"来说明道德概念或道德性质。

显然，为了详细说明"响应依赖性"这个概念，我们就需要说明其中所涉及的三个要素（响应、主体和条件），而其中每一个东西都可以用很不相同的方式来指定。比如说，响应可以是认知上的（例如采取判断的形式），也可以是现象性的（例如采取色彩经验的形式）。主体和条件可以是理想化的或正常的，也可以是非理想化的或实际的。在对这个概念的讨论中，一个核心问题是：当我们使用双向条件句来阐明这个概念的时候，这种条件句是否对知觉谓词或道德谓词给出了一种恰当的（例如，并非循环的）概念分析？抑或这种双向条件句是否可以被理解为先验的？[1]在这里我们不必解答这个复杂问题，因为我的目的是要理解响应依赖性的本质。约翰斯顿和佩蒂特都声称响应

[1] 关于这个问题，参见Smith, Lewis and Johnston 1989，也见Frank Jackson and Philip Pettit (2002), "Response-Dependence without Tears", *Philosophical Issues* 12: 97-117。

依赖性的思想要应用于概念，而不是应用于概念所要断言的东西。换句话说，说一个概念是响应依赖的，是要对它提出一个断言，而不是对它所要断言的东西（例如某个对象、性质或者操作）提出一个断言(Johnston 1989: 141; Pettit 1991: 609)。响应依赖性是一种概念上的依赖性，而不是一种本体论上的依赖性。然而，只要用这种方式来理解这个思想，就很容易产生一些混乱和困惑。首先，某些概念，例如“基因”或“中微子”，是理论概念而不是直接的观察概念。为了理解这些概念，主体就得具有某些理论上的背景知识或背景信念。换句话说，若不具有背景知识或背景信念，在面对这样一个概念被假设要指称的东西时，主体就不会做出恰当的响应。因此，我们并不清楚这些概念在什么意义上是（或者不是）响应依赖的。其次，甚至对于某些第一性质，例如“是方形的”这一性质，我们仍然可以给出一种倾向分析，即使无须按照倾向的概念来分析它们。[1] 因此，为了恰当地理解“响应依赖性”这一思想，就必须更精确地说明主体在具有响应依赖性的概念中究竟发挥了什么作用。颜色概念被认为是响应依赖的，因为我们的色彩经验部分地依赖于我们在认知上被构造出来的方式。可以设想的是，如果某个物种的认知构成不同于我们的，那么对于我们在主观上经验为红色的东西，那个物种的正常成员可能就会做出完全不同的响应。因此，说一个概念是响应依赖的至少是在说，我们对它所断言的对象进行回应的方式依赖于我们的主观构成，即使那个对象的存在不依赖于我们。在这里，我们可以认为主观构成是生物学上被决定的（物种相对的），或者文化上被决定的（文化相对的），抑或二者。

对“响应依赖性”的这种理解抓住了我们对这个概念最重要的直观

[1] 例如参见 Crispin Wright (1988),“Moral Values, Projection and Secondary Qualities”, *Proceedings of the Aristotelian Society*, supplementary volume 62: 1-26。

认识。首先，说“一个概念所要断言的对象在概念上（但不是在存在上）依赖于我们”就是说，我们的主观构成与我们概念化那个对象的方式有关。与第二性质相联系的那些概念典型地阐明了这一点。视觉经验的范畴化确实与我们的视觉系统被构造出来的方式具有某些联系，即使我们用什么词项来指称一种特定的视觉经验可以取决于人为的约定。但是，即使我们的知觉经验（例如把某个对象知觉为红色的经验）是随附在那个对象的微观结构和有关的光照条件上，我们的主观构成对这个经验的产生做出了一种独特的贡献。对于一个具有正常知觉系统的人类主体来说，色彩可以具有某些自主的含义，而这种含义在一个天生的盲人那里并不存在。很不幸，在试图阐明响应依赖性的本质时，一些理论家往往忽视了这个重要事实。其次，这种理解也合理地说明了响应依赖性概念被认为具有的一个规定性特征。在佩蒂特看来，如果一个概念是响应依赖的，那么其指称就是以一种使我们的响应在某些条件下变得“具有特权”（privileged）的方式被决定的：我们的响应不能或者不会使我们陷入无知或错误。换句话说，响应依赖的概念表达了一种有特权的存取方式—— 一种排除了无知或错误的方式。这个观点被认为与宇宙中心论论点相对立，后者大概是说，我们可能不知道一个特定话语的所有实质性命题，或者在这些命题上可能会出错。然而，如果响应依赖的概念确实具有这样一种有特权的存取方式，那显然是因为我们的认知系统已经是这样构成的，以至于我们能够用某种有特权的方式对世界的某些特点做出一种多少是自动的响应。

然而，我并不完全赞同佩蒂特对这种有特权的存取方式及其对实在论之含义的解释。试图利用响应依赖性的思想来处理有关问题的理论家们通常认为，如下说法是先验可知的（或者说表达了一项先验知识）：某个对象是红色的，当且仅当它在正常环境中对正常主体来说看起来是红色的。对于这个说法为什么是先验可知的，理论家们提出了两个可能的说明。第一个说明是佩蒂特自己提出的所谓“习惯中心论”(ethocentric)观点。佩蒂特提出这一观点，原来是为了回答维特根斯坦的遵循规则问题，他对响应依赖性的论述就是从他所提出的回答中发展起来的。在佩蒂特看来，为了解决遵循规则问题，我们首先就得分析某个东西为了成为一个规则而必须满足的要求，然后表明对概念获得的一种响应依赖的说明能够满足这些要求。在他后来的著作中[1]，他把遵循规则问题表述为这样一个问题：一组有限的范例（可以为一个有限的心灵所得到）怎么能够使一个主体把握一个具有潜在无限的应用范围的规则？在佩蒂特对这个问题的回答中，主体的某些响应倾向占据了核心地位。大致说来，即使一组有限的范例原则上都可以符合无限多的不同规则（其中很多规则是那种很古怪的规则，例如古德曼提到的那种有关“grue”的规则），但是，对于一个主体来说，这些范例很好地示范特定的规则，这种可能性就在于主体的响应倾向以及它们在我们最终获得一个概念的方式上所发挥的作用。具体地说，我们可以通过一些概念来获得另一些概念，例如通过明确的定义和说明等等。但是，为了避免陷入循环，概念不可能都是用这种方式来获得的。必须存在着一类可以用其他方式(比如说实指或者某种类似的东西)来获得的基本概念。这些基本概念无须对每一个人来说都是同样的，甚至也无须对处于不同时间的一个个体来说都是同样的。例如，具有正常视觉的人们可以通过实指来获得颜色概念，而天生的盲人就只能通过其他概念来获得颜色概念。佩蒂特认为，为了获得基本概念，我们首先就得具有一些简单的外推倾向（注意到样本之间的某种突出的相似性，并按照这种相似性设法从那些样本中进行外推）。例如，假若

[1] 其中大多数文章收集在如下文集中：Philip Pettit, *Rules, Reasons and Norms* (Oxford: Oxford University Press, 2005)。

我们把“红色的”看作一个基本概念，那么，对于这样一个概念来说，我们首先注意到某些物体（成熟的西红柿、血液、救火车等）都向我们呈现出来的一个共同特征，而当我们把这些物体向一个初学者指出来，并用“红色的”这个术语来称呼它们时，那个初学者最终就会把这个概念与向他突出地呈现出来的那个共同要素联系起来，他对新事例的反应就在于将该术语运用到与他原来看到的样本相似的事物。当然，对于这种相似性究竟在于什么，初学者可能没有任何想法，甚至也不能概念化这一事实：在那些样本之间有一种相似性。他无须意识到那些样本影响他的具体方式，或者无须对他所具有的那种视觉经验具有一个概念。但是，对于概念的获得来说，最重要的是，只要初学者正确地感觉到新事例与他原来看到的样本是相似的，在这个时候，他就会倾向于把那个术语应用于那些新事例。因此，按照“习惯中心论”观点，只要一个人满足了两个条件，就可以认为他逐渐获得了一个概念。第一，他倾向于响应某些对象共同具有的某个突出特点，可以用一种直接实指的方式把那个特点鉴定出来；第二，为了维护那个特点揭示出来的性质在时间上或人际间的持久性，他能够不考虑他的某些响应。这个观点之所以被称为“习惯中心论”，是因为它认为响应的习惯和自我纠正的实践在概念获得过程中占据核心地位。第二个观点是史密斯等人所捍卫和发展的观点，它所说的是，我们是通过一套所谓的“平常见识”（platitudes）而逐渐获得一个概念的，这套见识将那个概念与描述性的性质以及其他东西联系起来，也就是说，它在我们日常的信念网络中给予那个概念一个地位。

我将不对这两个观点本身做出任何评论，因为我的目的是要探究响应依赖性的思想对于实在论和反实在论之争的含义，而这两个观点，作为对我们获得概念之方式的可能说明，可以被认为在这个争论之间保持中立。为了阐明响应依赖性的思想对于这个争论的含义，我将把一个依赖于响应的概念定义如下：一个概念 X 是依赖于响应的，如果对 X 所断言的那种东西的一个事例的认识，在适当条件下**必然**会在主体那里引起某种响应（感觉、情感、动机等）。[1] 为了恰当地理解响应依赖性，我们显然就需要理解该定义中所提到的那种“必然化”的本质。为了便于论证，我将假设一个概念（例如“是红色的”这个概念）已经存在于一个语言共同体中，我想追问的是：共同体中的一个成员如何能够逐渐具有这个概念？根据前面的论述，这个问题不难回答。首先，假若一个个体已经接触到一些红色物体的事例，他就会对类似的新事例做出某些响应，然后就会依靠语言共同体的判断来判定他的哪些响应是正确的或恰当的。他会经历一个自我纠正的过程，结果，通过学会正确地响应事物的某些特点，他就会把“是红色的”这一概念与那些特点联系起来。对于这样一个过程，我们只能说正确性标准是由语言共同体来设定的，此外就不需要多说了。但是，就实在论和反实在论的争论而言，我们需要问的不是“一个信念的真理是如何由一个话语的规范来决定的”，而是“那些规范本身是如何获得的”。同样，在这里，我们需要问的不是“一个个体的响应如何符合共同体的正确性标准”，而是“那些标准本身是如何获得的”。假设在认识到对象的某些特点后，一个个体所能做出的正确响应就是那些值得确认或赞同的响应，那么就会自然地出现两个进一步的问题：第一，究竟是谁来做出这种确认或赞同？第二，应该如何理解“值得”这个说法？

当然，我们可以假设共同体有权威判断任何特定个体在某个情景中做出的响应是否正确或恰当。如果一个共同体已经逐渐把拥有一个概念的标准确立起来，那么，按照佩蒂特的“习惯中心论”观点，只

[1] 在下面，为了便于叙述，有时我会把依赖于响应的概念称为“响应依赖性概念”。

有当参与者已经满足一个条件时，我们（评判者）才能认为他对某个对象（例如一个红色的物体）的某些特点做出的响应就是他把握了“红色”这个概念的一个标志。这个条件就是：他的响应符合我们（评判者）针对拥有那个概念的条件而确立的平常见识。当然，我们可以假设参与者已经以某种方式学会调整和纠正自己的响应，以便满足时间上和人际间的持久性和一致性要求。实际上，一旦我们成功地鉴定出用来判断一个响应的正确性或恰当性的条件，如下说法确实就是先验可知的：在某些条件下，某个对象对于具有正常知觉能力的主体来说看起来是红色的。然而，为了避免让这种双向条件句变得琐碎，就**不应该**把它理解为：某个对象是红色的，当且仅当，在确保红色的东西看起来是红色的条件下，它看起来是红色的。我们应该将它理解为：某个对象是红色的，当且仅当它以某种方式回应了使用“红色”这个概念的人们的感觉和实践。这种理解很像休谟提出的一个观点：为了使道德判断或道德评价成为**主体间**可理解和可交流的，就需要纠正我们的情感。二者是相似的，因为它们都假设规范或标准的确立必然会涉及共同体。因此，即使我们所要响应的对象可以被认为具有一种独立的存在，我们的响应是否正确或恰当，也不是由那些对象本身来决定的。现在的问题是：如果前面对“响应依赖性”提出的理解是正确的，那么它如何影响我们对待实在论和反实在论之争的态度（特别是在有关道德本质的问题上）？

假若只是在某些认知上理想的或正常的条件下，某个对象对具有正常视觉的主体来说才显现为红色的，那么佩蒂特称为“认知谦卑”（epistemic servility）的那种态度看来就是正确的：在寻求某个特定领域中的知识时，我们不得不努力让自己与一个独立的实在保持一致。只要接受了这种态度，我们当然可以认为事实是被发现出来的而不是被创造出来的，即使这种态度在我看来也符合如下主张：只要任何特定个体在对有关事实的认知存取中可能会出错，就可以认为这些事实是从我们的感性中被投射到世界中去的。实际上，甚至可以说，如果我们是**通过约定**而采用（比如说）“红色”这个概念来指称在某些条件下对我们来说显现为红色的物体，那么，即使人类并不存在，对于那些与我们具有同样的主观构成的存在者来说，那些物体仍然会呈现出我们约定地称为“红色”的那种颜色。某个物体之所以“值得”被称为“是红色的”，确实是因为它在某些条件下向我们显现出来的方式。我们对这种呈现方式的把握取决于我们的主观构成，但是，事物用某种方式向我们呈现出来这一事实，按照佩蒂特的说法，是不依赖于我们的。换句话说，这种事物在如下意义上是本体上中立的：“它们可以跨过不同的文化和传统，甚至跨过不同的物种，而具有一种持久的旨趣。”（Pettit 1991: 611）佩蒂特认为，正是由于这个缘故，响应依赖性符合认知谦卑论点和本体论上的中立性论点，因此就打消了我们对实在论的疑虑。

然而，我不确信佩蒂特在这个方面对响应依赖性提出的说明是充分合理的。他的习惯中心论观点确实与前面提到的描述主义论点和客观性论点并不矛盾，因为它并不意味着涉及响应依赖性概念的陈述不是真值上可评价的，或者它们所设定的性质、对象或事态必须被还原为另一个领域中的性质、对象或事态，也不意味着那些性质、对象或事态并不存在，或者甚至不是独立于我们而存在的。然而，正如前面已经论证的，一种投射主义的观点也可以完全容纳或说明这两个论点。因此，佩蒂特对响应依赖性的说明，是否确实像他所说的那样打消了我们对实在论的疑虑，关键取决于它是不是充分符合宇宙中心论论点。佩蒂特将认知谦卑论点和本体论上的中立性论点设想为宇宙中心论论点的两个核心要素。前一个论点意味着，我们是否能够正确地把握事物，这是由我们无法控制的外在因素来决定的；后一个论点意味着，响应依赖性概念所指称或描述的对象或性质，也是那些与我们很不相同的存在者可以存取的，因此与人类观点没有本质联系。[1]假若我们试图在根本上把响应依赖性概念与（比如说）第一性质概念区分开来，我们就必须认为它们以某种方式依赖于我们的主观构成。我们可以设想一种在知觉构造上与人类全然不同的物种，就颜色概念而言，它们所使用的分类系统非常不同于我们的分类系统。例如，它们或许把对我们来说显现为红色的东西称为“绿色的”，或者，在它们的颜色概念中，甚至不存在我们人类所使用的任何一个颜色概念。现在，假设它们关于颜色的信念可以用某种方式被“映射为”我们关于颜色的信念，以至于这两个表面上很不相同的信念系统可以被认为揭示或反映了**同样的**颜色产生机制，那么我们就可以假设存在着某种独立的实在，它构成了这两个信念系统的基础。即便如此，既然同一个实在对人类来说显现为一个样子，对那个物种来说显现为另一个样子，我们就必须认为显现方式本身具有一些重要性。既然我们概念化世界的能力必定是有限的，我们如何概念化世界就必定在**我们**对世界的理解中占据一个核心地位。

在这里，我不是在声称我们在物理科学中使用的概念是其他类型的存在者无法存取的，即使我相信有可能是这样。我想强调的是，至少在伦理领域中，宇宙中心论论点并不成立。因此，**如果**实在论的根本特征就在于它对这个论点的承诺，那么我们就不能对道德性质或道德概念采取一种实在论的理解。如果道德概念本质上是响应依赖性概念，那么，至少在某个点上它们涉及人类感性的贡献。一些响应依赖性概念所指称的性质和某些典型的人类响应之间的联系并不只是一种归纳上的联系。例如，对“残忍”这样一个性质的直接认识总是伴随

[1] 佩蒂特的“本体中立性”概念就类似于怀特所说的“宇宙学角色约束”。

着某种厌恶感；如果一个实在论者认为残忍是一个不依赖于人类响应的性质，那么他大概就不会（或者不应该）指望二者之间存在这种密切联系。此外，某些道德概念，正如我们可以观察到的，在缺乏某种道德敏感性的行动者那里并不存在。当然，道德实在论者或许会说，即便如此，那些行动者还是**应当**具有这些概念。然而，道德实在论者至少没有告诉我们应该如何理解这个“应当”。佩蒂特或许认为，那些行动者不具有这些概念，或者不能对它们做出响应，是因为他们并不处于理想的认知条件下。但是，我怀疑这种回答是否把握到了我们在这个问题上的全部真理。如果道德概念的拥有只是取决于行动者处于理想的认知条件，那么道德分歧充其量也就是一种表面现象——也就是说，绝对不会有“真正的”道德分歧这样的东西。但是这个观点显然是不成熟的，因为它没有充分考虑到道德概念在人类生活中究竟是如何出现、又是如何被运用的。道德概念的产生和运用与人们对某种生活方式之价值的认识和认同具有本质联系。除非一个人已经认识和认同了一种生活方式的价值，否则他就不会真正地把握有关的道德概念并将之应用于自己的行动和生活。我们不是不可以认为缺乏某些道德概念的人**有理由**按照有关的道德判断来行动，但是，他是否能够具有这些理由显然不只是取决于他是否能够处于理想的认知条件，因为道德观念的产生并不在于已经存在着一种本来就独立于人类感性和情感的道德实在，只是要让人们在适当的认知条件下来加以响应。

五 / 相对主义的限度

以上所说的一切并不意味着我否认道德概念和道德主张具有一种相对于特定领域的客观性。我们称为“道德”的那种东西确实存在于每一个典型的人类社会及每一个主要的文化传统中。就道德表达了人类生活中的一种实践必然性而论，道德是客观的。我所反对的是对道德客观性的这样一种理解：道德概念和道德主张在概念上具有一种跨越不同社会、文化或传统的同质性。当然，无须就此认为我们无法**理解**来自另一个社会、文化或传统的“伦理上厚实”（morally thick）的概念。一个人确实可以学会某种外来文化中的某些概念的意义，例如通过翻译和解释，或者通过实际上生活在那个文化中。一般来说，为了把握外来文化中的概念，就需要了解有关的信念系统，因为它构成了使用那些概念的基础。但是，值得注意的是，一个人可以学会了解这样一个信念系统，却不对它做出任何承诺——也就是说，并不认为那些信念实际上充当了生活的向导。另一方面，也有可能的是，一个人可以真正地进入自己原来并不参与或并不具有的一个文化实践中，最终发现自己能够分享其中的一些信念。不管这种转变是如何实现的，看来清楚的是，即使一个人**在理论上**理解了某个外来文化中的概念，这也并不意味着他对有关信念（例如构成了对那些概念的正确使用之基础的信念）做出了实质性的承诺，因为做出这种承诺至少要求加入和参与有关实践。但是，甚至在这种情况下，属于两个不同文化或传统的概念是否能够同质地相互“映射”，这是没有先验保证的。道德承诺比单纯的概念理解要复杂得多，至少因为我们没有先验的理由假设，唯有在一套单一的美德以及对它们的一种单一的解释下，人类才能获得繁盛生活。

不过，只要我们拒斥了那种以宇宙中心论论点为核心的道德实在论，我们似乎也就把某种相对主义的要素引入伦理学领域中。如何理解伦理学中的相对主义是一个格外复杂的问题，在这里可以指出的是，伦理学中的相对主义未必是恶性的。如果一个“**绝对的**伦理实在”的概念在伦理中是得不到的，那么相对主义在这个领域中就变得不可避免。这样一个概念之所以在伦理学中是不可得到的，在我看来，主要是因为伦理探究根本上取决于一种自我理解，而这种理解原则上总是无止境的。此外，假若一个观点超越了我们对人性的全部经验以及我们在此基础上所能做出的一切想象，那么我们就不可能从这样一个观点来理解自己。当然，如果在伦理领域中确实存在着一种绝对的实在，那么这样一种实在就只能是一种使伦理反思变得既必然又可能的东西。这种东西与人类幸福的概念实际上具有某些可理解的联系，因为不管那个概念的具体内容是什么，它确实就是伦理反思的起点和终点。然而，正是由于我们对人类幸福的设想本身就取决于自我理解，因此伦理领域中的那种绝对实在，即便存在，也不可能是一种完全不依赖于人类感性和情感的实在（例如物理科学被认为要探究的那种实在）。只要我们不得不从任何一个**内在于**人性和人类状况的观点来寻求道德理解和道德辩护，相对主义就会作为一个不可避免的结果而出现。然而，也正是因为这个缘故，伦理领域中的相对主义将是一种格外有限的相对主义。这种相对主义出现的方式实际上也暗示了克服它的方式。而且，只要我们能够表明在人性和人类状况中确实有一些共同的东西，这些东西在人类生活中具有某种异乎寻常的重要性，我们就可以表明各种形式的伦理相对主义也能具有一个普遍主义内核。比如说，与我们的身体完整性和基本需要有关的东西可以为某些普遍的道德原则提供一个基础。不过，即便如此，伦理意见或道德主张的可能收敛不可能是用道德实在论者所设想的那种方式来达成的，因为实际上并没有一种不依赖于人类感性、情感和态度而存在的伦理实在。怀特正确地认识到，一个伦理主张是不是真的，取决于它是否符合一个共同体所接受的有关规范。他并未否认我们能够对那些规范本身提出进一步的反思和质疑。在进一步探究一个规范的理性可接受性时，我们并不是毫无根基，或者说，我们的基础并不是完全任意的。因此，即使怀特把伦理真理表征为一种极简主义真理的做法有点令人误解[1]，他实际上并没有完全用这种方式来设想伦理真理：他确实强调说，真理并非像实在论者所说的那样是一种真实的性质，而一个陈述是不是真的，仅仅在于它是否符合有关话语领域中的公认标准。但是，他并非没有对这种标准的来源和根据提出一些说明，尽管他的说明现在看来仍不充分。

[1]　例如，参见《哲学与现象学研究》第54卷第四期专栏中一些理论家对怀特的《真理与客观性》的批评。.

第六章　进化伦理学、自然主义与规范性

道德在人类生活中占据一个至高无上的地位：在某种意义上说，若把因果性比作宇宙的黏合剂，那么道德就可以被看作人类社会的黏合剂——没有道德，人类社会生活就变得不可能，而如果人类个体的生活在某些关键方面取决于社会生活，那么，没有道德，人类个体的生活也会变得不可能。另一方面，不论是在伦理思想史中还是在日常生活中，或者说，不论是在哲学反思中还是就日常生活而论，“为何道德”（why to be moral）这一问题始终困扰着我们，对该问题的探究也就自然地成为道德哲学的一项内容。之所以如此，主要是因为与其他社会规则（例如法律规范、礼仪规则和社会习俗）相比，道德规范至少在现象学上呈现出两个与众不同的特点：第一，道德向我们提出的规范要求被认为是绝对的（categorical），不依赖于个人的欲望和倾向而对我们具有约束力；第二，我们对道德生活的经验不仅涉及独立于（有时候甚至对立于）个人的欲望来评价和选择行为，也包括一种特殊的欲望——要具有正确欲望的那种欲望。

为了说明和理解道德被认为具有的这些本质特征，由此解决“为何道德”这个问题，哲学家们已经尝试了各种可能的方案。例如，一些哲学家试图表明遵守道德规范符合理性的自我利益的要求（霍布斯式的进路），另一些哲学家则认为道德是我们作为理性行动者的身份的

一个本质要求，因此，就我们是理性的且能清楚地思考而论，我们应该服从道德要求（康德式的进路）。然而，到目前为止，这两个典型方案都碰到了很多问题，很难说令人满意地解决了“为何道德”这个问题。相比较，如果我们能够从进化的角度来说明人类道德的起源及其突出特征，那么就不仅解决了一个令人困惑的问题，也可以表明道德如何能够从自然主义的角度得到说明。

从进化的角度来探究人类道德的本质和起源至少需要回答两个问题：首先，为什么人类的道德能力存在？或者用进化的措辞来说，人类的道德能力可能具有什么样的适应作用？其次，这种能力是如何出现的？或者用进化的措辞来说，是什么样的原始道德能力、在什么样的选择环境中大体上说明了道德能力的系统发生学起源和认知起源？这种探究可以被称为“**描述性的进化伦理学**”，它只是要从进化的角度来说明人类的道德能力以及特定的道德规范是如此产生的，但本身并不试图为后者提供一个辩护，例如进一步说明我们为什么**应该**接受道德规范。描述性的进化伦理学试图从关于自然选择的事实来说明人类道德能力的起源，在这个意义上是一种自然主义伦理学。不过，为了看看描述性的进化伦理学是否对我们日常所理解的道德现象提出了一种充分的或完备的说明，也就是说，为了评价与这种伦理学相对应的自然主义对于理解人类道德来说是否恰当，我们就需要将它与元伦理学联系起来。进化伦理学是一个跨学科的研究领域，涉及伦理学、进化生物学、进化心理学、人类学、认知神经科学等，对这个领域本身的探讨超出了作者的能力范围。在这一章中，我将只是以进化伦理学的基本框架为背景，看看进化伦理学是否能够对我们日常所理解的道德规范性和道德客观性提出一个恰当的论述。本章分为五个部分。进化论的故事能够具有什么样的规范伦理学和元伦理学含义，取决于我们如何设想这个故事。因此，在第一部分，我将对进化伦理学的标准观点给出一个简要概述，以便为后面的论述提供一个基础和准备。在这里，所谓“标准观点”，我的意思是说，如果从进化的角度来说明人类道德的起源是可能的，那么那些观点基本上就是该领域中目前公认的观点。在第二部分，我将试图表明应该如何从进化伦理学的角度来理解道德规范性的本质。在第三部分，我将特别针对迈克尔·鲁斯的观点来表明，应该如何理解所谓的“进化揭穿”（evolutionary debunking）论证。第四部分将继续前面的分析，重点论述达尔文式的两难困境对道德实在论提出的挑战，希望以此来揭示实在论立场所蕴涵的一些复杂性。在最后一部分，我将对伦理自然主义的本质和限度提出一个简要说明。

一 / 道德的进化起源：基本图景

进化伦理学主要旨在说明人类的道德感或道德意识（大体上可以理解为做出道德判断的能力）的起源。这预设了有关理论家对“道德”的一种理解，这种理解与我们日常所说的道德之间的关系是我们要探究的主要问题，因为我们需要弄清楚，进化是否以及在多大程度上为我们所体验到的人类道德提供了一个说明。因此，我们首先需要看看进化理论家是如何看待“道德”这个概念的。进化心理学家丹尼斯·克雷布斯将道德行为在形式上分为五类：第一类关系到对合法权威的遵从和不服从；第二类关系到自制与放纵；第三类关系到利他主义与恶意；第四类关系到公正与不公正；第五类关系到诚实与不诚实。[1] 从这个分类框架中不难看出，对于进化理论家来说，我们日常所说的“道德”

[1] Dennis L. Krebs, *The Origins of Morality: An Evolutionary Account* (Oxford: Oxford University Press, 2011), p. 17.

主要是关系到社会生活尤其是社会合作的可能性。[1] 克雷布斯的总结性论述很好地说明了这一点：

> 对于“什么是道德”这一问题，我的回答是由一系列思想构成的，这些思想关系到生活在群体中的人们为了用合作的方式来满足自己需要和发展自己利益而应该如何行动。道德的观念关系到人们有权从与他们发生相互作用的人那里指望什么，又有责任回报什么。道德的观念规定人们应该遵守维护其群体的规则、尊重合法权威、抵制以牺牲他人为代价来满足自己需要的诱惑、帮助他人、以互利的方式来分担负担、报答和行动。道德观念的这一职能是要诱导个体维护社会秩序，而为了这样做，就要约束自己自私的欲望和偏见，维护各种关系，促进群体和谐，用有效的方式来解决利益冲突，有效地处理违背规则的人，并用为所有人造就一种更好的生活的方式来培养人们的兴趣爱好。（Krebs 2011: 27）

这种理解意味着，我们称为“人类道德”的那种东西首先是从人类对社会合作的需要中凸现出来的，道德的首要目的是以各种有效的方式来解决利益的协调和冲突问题。这个说法预设了人类个体本质上是自私的——用理查德·道金斯的话说，所有人都受到了“自私的”基因

[1] 这一分类框架是克雷布斯从我们日常对道德功能的观察中总结出来的。如果克雷布斯的观点是可靠的，那么我们日常对道德的理解其实很接近进化理论家倾向于采取的观点——道德是一种促进人类的基本需要和利益的协调设施。如下典型论著都对“道德”提出了这种理解：Richard D. Alexander, *The Biology of Moral Systems* (New York: Aldine de Gruyter, 1987); Richard Dawkins, *The Selfish Gene* (Oxford: Oxford University Press, 1976); Michael Ruse, *Taking Darwin Seriously* (revised edition, Amherst, NY: Prometheus Books, 1998); Samuel Scheffler, *Human Morality* (Oxford: Oxford University Press, 1992); Robert Wright, *The Moral Animal* (London: Little, Brown & Company, 1994)。

的控制，把繁衍尽可能多的后代（将自己的基因传递给尽可能多的后代）当作我们作为生物有机体的主要目的，尽管这个目的不一定是有机体有意识地持有的，因为进化究其本质而论是一种“盲目的力量”。进化伦理学的主要任务就是要表明，自然选择如何把社会合作的规范产生出来，让人们有动机加以服从并据以行动。对这个问题的回答大致分为三个阶段[1]：首先是要说明原始亲社会行为的进化，然后是说明人类特有的亲社会行为的进化，最后说明人类道德感的进化。具体地说，我们可以从五个逐渐递进的层次来说明人类道德的起源[2]：亲缘选择、互惠性利他主义、间接互惠、群体选择或文化选择、道德情感的进化。[3] 以下我将对这个进化序列给出一个必要说明，以便为随后讨论

[1] Krebs (2011) 的论述结构很好地示范了这一点，也可参见 J. McKenzie Alexander, *The Structural Evolution of Morality* (Cambridge: Cambridge University Press, 2007), Richard Joyce, *The Evolution of Morality* (Cambridge, MA: The MIT Press, 2006)，特别是第一章到第四章。

[2] 约翰·特安对此给出了一个方便的总结，在这里我主要跟从他的说法，不过，我也会参考其他一些作者例如菲利普·基切尔和理查德·乔伊斯的观点。见 John Teehan, *In the Name of God: The Evolutionary Origin of Religious Ethics and Violence* (Oxford: Blackwell, 2010), pp. 21-41; Philip Kitcher, “Biology and Ethics”, in David Copp (ed.), *The Oxford Handbook of Ethical Theory* (Oxford: Oxford University Press, 2006), pp. 163-181; Joyce 2006。尽管一些作者都试图从进化的角度来说明人类道德感的起源和发展，但他们对这个历程提出了略有不同的论述，对进化伦理学对于元伦理学中某些论题的含义也有不同的理解，例如参见：Elliott Sober and David Sloan Wilson, *Undo Others: The Evolution and Psychology of Unselfish Behavior* (Cambridge, MA: Harvard University Press, 1998); S. Bowles and H. Gintis, *A Cooperative Species: Human Reciprocity and Its Evolution* (Princeton, NJ: Princeton University Press, 2011); Philip Kitcher, *The Ethical Project* (Cambridge, MA: Harvard University Press, 2011); Michael Tomasello, *A Natural History of Human Morality* (Cambridge, MA: Harvard University Press, 2016)。

[3] 这个说明模式实际上是由达尔文自己奠定的，例如，参见 Peter J. Richerson and Robert Boyd, “Darwinian Evolutionary Ethics: Between Patriotism and Sympathy”, in Philip Clayton and Jeffrey Schloss (eds.), *Evolution and Ethics* (Grand Rapids, Michigan: William B. Eerdmans Publishing Company, 2004), pp. 50-77, 特别是 50-60 页；Dennis L. Krebs, *The Origins of Morality*, pp. 40-56。达尔文自己实际上相信他的理论不仅没有削弱道德，反而能够说明乃至辩护道德。

道德规范性和伦理自然主义提供一个基础。

很长时间以来，进化理论家一直对生物利他主义（biological altruism）的可能性困惑不解：按照行为生物学家对这个概念的定义，一个有机体 A 用一种利他的方式来对待另一个有机体 B，当且仅当 A 的行为提高了 B 的繁殖成功，却削弱了 A 自身的繁殖成功。[1] 从达尔文式的观点来看，这种利他主义的存在之所以很令人困惑，是因为这种行为倾向显然不利于利他主义个体自身的繁衍：在巨大的生存压力和生存竞争中，如果一个有机体以牺牲自己的繁殖成功为代价来提高其他有机体的繁殖成功，那么它就处于极其不利的地位。威廉·哈密尔顿的亲缘选择（kin selection）模型为解决这个难题提供了关键的一步。[2] 繁殖成功是严格按照从一代传递到下一代的基因数量来测度的，生养子女是让基因传递到下一代的最明显的方法。不过，这并不是唯一的方式，因为当你以某种方式牺牲自己的孩子，如果这样做会让与你具有亲缘关系（与你具有同样基因）的后代以更大的数量幸存下来，那么从遗传的角度来看，你仍然实现了自己的繁殖成功。既然一个基因的成功只是按照它自身有多少副本进入下一代来衡量的，基因传递的载体是你自己的孩子，还是与你具有亲缘关系的那些人的孩子，就是无关紧要的，因为他们其实都是同样基因的载体。通过这种遗传关联，你在他们的繁殖成功上就打下了自己的印记。从进化的观点来看，通过牺牲自己的某些直接利益而让与你具有亲缘关系的人获得更大的好处，这样做实际上也符合你长远的自我利益。例如，如果你自己的孩子在健康方面具有严重缺陷，而你的兄弟姐妹的孩子都很

[1] 对利他主义概念的一个一般说明，见 Niall Scott and Jonathan Seglow, *Altruism* (London: Open University Press, 2007)。

[2] William Hamilton (1964), "The Genetic Evolution of Social Behavior", *Journal of Theoretical Biology* 7: 1-52.

健康，那么，在资源有限的情况下，当你牺牲自己的孩子而让兄弟姐妹的孩子幸存下来时，他们很可能就会把同样的遗传成分成功地传递到下一代。只要一个个体以这种方式留下了尽可能多的具有同样遗传成分的后代，他就算取得了繁殖成功，从基因的观点来看具有哈密尔顿所说的“内含适应度”(inclusive fitness)。因此，哈密尔顿模型至少说明了我们在直系亲属中所观察到的那种利他主义。

动物行为学家认为亲缘选择原则在整个动物界都普遍存在，尤其是，通过利用这个原则，我们就可以对一些常见的人类习性提出一个进化说明。比如说，不管是在做出牺牲和分配奖励上，人们都倾向于偏向自己的家庭成员。之所以如此，是因为：只要个体用强化自己亲属（尤其是近亲）的繁殖成功的方式来行动，他们也就强化了与他们具有同样遗传成分的个体的繁殖成功。这些基因以及以亲缘关系为基础的利他主义倾向，在下一代中就会得到更好的表达。当这个过程一代又一代地发挥作用时，一种关心家人并愿意为之牺牲的根深蒂固的倾向就会进化出来。然而，尽管亲缘选择以这种方式对以家庭为中心的利他主义的发展做出贡献，它在范围上也很有限——那种相关的利他主义很难超出家庭成员的范围，因此亲缘选择模型本身也很难说明人类道德被认为具有的一个特征：即在很多情况下我们对陌生人表现出来的利他主义。不过，按照某些理论家的说法，亲缘选择模型有初步的资源解决这个问题。为了给予家庭成员以特殊的对待，一个个体就必须设法知道其亲戚是谁。大多数动物也许可以通过气味来辨别亲缘关系，但是人类的嗅觉远远没有那么发达，DNA 检测技术对人类祖先来说也是不可得到的。此外，也有理由认为，语言对人类远祖来说也是不可得到的。那么，他们如何辨认自己的亲戚呢？如果遗传关联不是一个可观察的性质，他们如何决定在何时做出牺牲，为谁做出牺牲呢？

在尝试回答这些问题时，我们必须注意到进化是按照一般性、可能性和倾向性来运作的。一种习性被选择出来，是因为它在环境条件所施加的特定约束和可得到的生存资源的情况下最有利于成功繁殖。因此，一个成功的设计和行为策略未必是所有可能选项中最好的：它只是优于在某个特定的生态环境中可得到的其他选项。在没有可观察的性质令人类祖先能够准确地辨认谁是亲戚的情况下，进化可能已经在他们那里发展出一种一般来说会让他们取得繁殖成功的心理倾向，也就是说，只要人类祖先按照这种倾向去行动，为亲戚做出牺牲的可能性可能就会远远大于为非亲戚做出牺牲的可能性。人类祖先被认为是生活在小型社会中，而在这种社会中，长期共同生活的人很可能都是自己亲戚。因此，在无法准确辨认谁是亲戚的情况下，对生活在周围的人采取利他主义行为可能是一个还算满意的策略，尽管不一定是最好的策略。如果我们的祖先花费大多数时间相处的人们碰巧都是亲戚，那么善待后者的倾向就是一种“便宜的”手段，与一个人需要花费很多时间、精力和资源去辨别谁是自己亲戚的情形相比，能够比较可靠地改进一个人的内含适应度。因此，如果自然选择确实具有这种“还算令人满意”的特征，那么以亲缘关系为基础的利他主义就可以扩展到某个较大的范围。

即便如此，这种利他主义在范围上显然极其有限。如果人类社会的发展必然要超越小规模的家庭群体结构，就必须寻求其他方式来说明规模较大的利他主义的可能性。罗伯特·特里弗斯等人试图以“互惠性利他主义”的思想来说明这种扩展是何以可能的。[1] 这种利他主义之所以是“互惠的”，是因为它把期望得到对方回报设定为采取利他行

[1] 参见 Robert Trivers (1971), “The Evolution of Reciprocal Altruism”, *Quarterly Review of Biology* 46: 35-57; Robert Axelrod, *The Evolution of Cooperation* (New York: Basic Books, 1984)。

为的动机。因此，互惠性利他主义行为实际上充当了在长期适应度上的一种投资：此时我牺牲自己的一点时间和精力来帮助你，是为了在未来某个时候也能够得到你的帮助。特里弗斯指出了互惠性利他主义有可能进化出来的三个条件：第一，必须存在着反复出现的利他主义机会；第二，在潜在的利他主义者之间必须有反复的互动；第三，潜在的利他主义者必须能够彼此提供与其付出的代价相当的好处。人类被认为满足了这些条件，而在其他的一些动物例如吸血蝙蝠、长尾黑颚猴、大猩猩、黑猩猩那里，据说也观察到了这种形式的利他主义。

在理论上说，囚徒困境的基本思想对互惠性利他主义提出了一个典型的说明。这种例子实际上也揭示了人类合作的困境，而且对于理解人类道德的起源具有重要含义。在一次性囚徒难题的游戏中，很容易看出背叛是一种占优势的策略：不管对方如何出手，选择背叛都会让你比对方做得更好。因此，理性计算会推荐背叛策略。但是，如果每个人都用这种方式来算计，即都试图采取背叛策略，那么每个人都会落到更糟糕的境地。概括地说，从每个进行理性算计的个体的观点来看，背叛总是最有吸引力的选择：通过背叛，你至少有机会剥削别人对你的帮助，而合作则让你放弃了这样一个机会；而且，通过背叛，你保护自己免受其他人的剥削。因此，合作几乎总是与付出却得不到回报的危险相伴随，而在资源稀缺、时间有限的生存环境中，付出而得不到回报总是会让人付出沉重代价，因此就会降低自己（以及后代）生存的机会。然而，有趣的是，如果每个人都从自己的观点出发采取背叛的思想方式，那么每个人最终都会以落到差不多最糟糕的境地而告终。为了解决这个问题，特里弗斯等人假设，经过多次重复的囚徒困境游戏，所谓的“以牙还牙”的策略就可以凸现出来——一开始是合作，下一轮是用背叛来回应背叛，接下来，只要对方又开始合作，就用合作来回应，在经过无数次的反复后，合作就成为一个相对稳定的状态。多次重复的囚徒困境游戏因此就能说明非亲缘的生物利他主义是如何可能的。按照特里弗斯等人的推测，自然选择可能已经抓住了让个体倾向于进行合作的基因突变，即使这件事情只是很偶然地发生的。如果在某个特定环境中，成本与效益的比率相对稳定，而合作的机会将会反复出现，那么适应的压力就会把一种互惠性利他主义进化出来。进一步说，如果合作性的交易能够有规律地得到维护，那么一种倾向于让一个个体与其他个体进入合作关系的基因突变就有可能进化出来。因此，互惠性利他主义，不管多么有限，毕竟在某种程度上超越了以亲缘关系为基础的利他主义，并提供了一种进化机制来说明协作行为是如何出现的。牺牲我的一些资源而让某个陌生人得到好处的做法之所以行得通，原因就在于：如果我为你做出一点牺牲，那么，在我有需要的时候，我也可以指望你为我而牺牲你的一些资源。人类个体并不是自足的，我们生存繁衍的资源在某个特定时刻都会有所欠缺。在这种情况下，如果你能向我提供一点你的富余资源，而我在你有需要的时候也能向你提供相应的帮助，那么这种形式的合作对我们两人都有好处：一种互助体制将有一种重大的选择优势。特里弗斯指出，在互惠性利他主义的进化需要满足的条件中，最重要的就是：此时为一个陌生人提供好处需要付出的成本，必须在分量上不低于未来会得到的回报。

然而，互惠性利他主义存在两个主要问题。首先，在多次重复的囚徒困境中，“以牙还牙”的策略之所以能够取得成功，是因为采纳该策略的个体在彼此配对的时候做得很好，更加自私的策略相比较而论就做得很差。但是，为了取得这个结果，在全部参与者中就得有一定数量的参与者使用类似的互惠策略，因此一个问题(所谓的“起始问题”)就需要得到说明：一个群体究竟是如何具有了这个数量的互惠性利他主义者，从而使得“以牙还牙”成为一个有益的策略？显然，我们不能规定利他主义策略一开始就很常见，以此来解决我们首先需要回答的那个问题——在一个群体中，一个利他主义策略如何能够得到一个起始的立足点？其次，即使互惠性利他主义确有可能是**进化**的产物[1]，它也不足以支持道德**看似**具有的那种普遍的利他主义特征。[2]例如，人们进行合作和愿意帮助陌生人的倾向好像并不限于要求或指望得到报答的情形——人类合作往往超越了可以对报答持有理性期望的状况。此外，当社会群体的规模变得越来越大时，互惠性利他主义可能就会崩溃，因为这种利他主义的可能性不仅取决于可以合理地预期的报答，也取决于能够用有效的方式来惩罚背叛者，而在一个大规模的社会中，这些条件或预设都不太可能得到满足。[3]因此，为了说明大规模的合作体制是如何发展出来的，就需要寻求其他的因素来说明合作的稳定性，也就是说，不能只是按照**直接的**互惠互利来说明合作的可能性。理查德·亚历山大由此提出了“间接互惠”的思想[4]，其本质要点是：互惠可以是间接的——一个利他主义者所指望的回报不一定要给予他本人，也不一定要由利他主义行为的接受者来支付；即使一个有益于他人的品质在某些具体情形中可能会减损其拥有者的适应度，但是，只要它会鼓励其他人（不管他们是不是特定利他主义行为的受益者）对其拥有者进行奖励，或者劝止其他人不要去惩罚其拥有者，那

[1] 有些理论家对此深表怀疑：在他们看来，为了表明这种利他主义是进化的产物，特里弗斯等人就需要假设有某种配对设施（pairing device）作用于我们的祖先们，强制他们反复无数次地去玩囚徒困境游戏，但这个假定看来很不合理。参见 Kitcher 2006, pp. 168-169。

[2] 我强调“看似”，是因为这种利他主义是否确实存在以及如何可能仍然是一个有争议的问题，而这个问题既牵涉到我们如何理解道德要求的限度，也与我们所要探究的一个核心问题相关：进化生物学和进化心理学是否真的能够对道德的本质和功能提供一个说明？

[3] 不过，正如我们即将看到的，这一缺陷也用某种方式暗示了我们对道德的本质和功能的一种设想。

[4] Richard D. Alexander, *The Biology of Moral Systems* (New York: Aldine de Gruyter, 1987).

么它就会被选择出来。如果一个人具有利他主义倾向，那么，目击或听说过其利他主义行为的人们就倾向于与他合作，用各种形式的奖励（物质利益、提高社会地位、少进行惩罚等）来回报他，甚至惠及其子孙后代。通过履行利他主义行为，不论是为他人而牺牲自己的一些利益，还是成为可靠的合作者，我都是在向自己所属群体的其他成员传达这样一个信息：我愿意用这种方式来对待非亲戚。这样一个信息被认为很有价值，因为在事先无法确切地知道某人是否实际上会回报的情况下，人们往往会选择与倾向于合作和回报的人进行合作。假若我知道你在得到好处的情况下也会合作和回报，我就有理由相信与你合作是一项安全投资。这样，即使我碰巧帮助了某个从不回报的人，一旦其他人知道了这一点并对我赞誉有加，我的社会名誉就会得到提高。当然，在这种情况下我并没有得到直接的回报（那个利他主义行为的受益者并没有报答我），不过，由于我的社会名誉，其他社会成员会加强与我的合作，因此我可能获得的总体效益就会大大提高。总之，如果一个人已经有了利他主义倾向，那么，当他由于这种品质而从其他人那里得到的奖励胜过他因为履行利他主义行为而偶然遭受的不利时，这种品质就可以在群体内部进化出来。对于人类来说，我们可能已经通过进化获得了追踪其他人看待自己的心理资源，而且可能也学会了与其他人相协调，具有检测和记住他们的所作所为的心理资源——特别是当他们欺骗我们（没有回报我们或与我们合作）的时候。有些进化心理学家甚至认为，在我们的心理结构中，有一种专门对背叛合作进行检测的模块。[1]若是这样，一个人参与社会合作的态度及其在合作中的表现就会影响其他人与之进行合作的可能性，从而影响其

[1] 见 Leda Cosmides and John Tooby, “Cognitive Adaption for Social Exchange”, in Jerome H. Barkow, Leda Cosmides, and John Tooby (eds.), *The Adapted Mind: Evolutionary Psychology and the Generation of Culture* (New York: Oxford University Press, 1992), pp. 163-228。

适应度。对社会奖励也可以提出类似的说明：社会生活的可能性在某种程度上取决于社会成员愿意把共同体的善放在自我利益前面，至少有时候会提出这样的要求；愿意这样做并为此而做出很大牺牲的人会得到社会的敬仰和尊敬，他们由此获得的社会地位就可以成为一项有助于促进其内含适应度的资源。最终，一个个体做出的牺牲，即使没有在自己或亲人那里得到回报，也可以促进其内含适应度：如果我们只能在一个社会环境中来追求自己的善，那么我们生活于其中的社会群体的成功也会影响我们成功的机会。按照这种理解，间接互惠提供了一种心理机制，通过这种机制，利他主义行为就可以为个体的内含适应度带来一种净效益。

这种尝试旨在诉诸“间接互惠”的概念来说明**扩展的**利他主义的可能性，然而它也面临一些严重问题。首先，就像在互惠性利他主义的情形中一样，我们也不是很清楚这种形式的利他主义能够扩展多远。名誉和社会奖励很可能只是在小规模的社会中才适用：一旦社会规模过大，欺骗（不对利他主义行为进行回报）的机会也就增加了，而潜在的欺骗者也难以被发现（当然，除非社会愿意不惜一切代价去追踪欺骗者并加以惩罚）。如果人们受到欺骗却发现不了欺骗者，他们参与合作和进行回报的倾向就有可能受到削弱，因为每当一个人为了维护社会合作而牺牲自己的资源（不管是时间、精力，还是实质性的物质资源或者要经受的风险），若得不到相当的回报，他实际上就是在减少自己的适应度，在资源有限的情况下增强竞争对手的适应度。当社会规模变得越来越大时，搭便车而不被逮住的机会就会大大增加。如果这种情况确实存在并能持续下去，得到好处而不加以回报的诱惑也就增加了。可想而知，一个社会越大、越复杂，利他主义的成本和效益就变得越不明显。即使一个人自觉参与社会合作并做出了自己贡献，他可能也不知道谁在合作、谁在欺骗。在这种情况下，欺骗的成本就会降低，合作的成本就会提高，如此一来就会削弱人们参与合作的动机。其次，即使这些问题在一个规模适中的社会中可以得到解决，例如通过设立一种惩罚制度来处理欺骗和搭便车的问题，但惩罚本身可能会对实施惩罚的个体施加很大负担，并产生另一种形式的搭便车问题[1]：惩罚需要付出成本，实施惩罚的人不得不投入时间、精力和资源来追踪搭便车者，并有可能让自己承受风险，于是，自己尽可能不去惩罚违背规则的人、希望其他人去做这件事就变得很有吸引力，这样就会产生二阶搭便车者问题。一阶搭便车者试图不遵守社会规则并从中得到好处，而二阶搭便车者试图不去强化对一阶规则的遵守并由此让自己获益。不管是在哪一个层次上，与自觉遵守规则和强化规则的人相比，成功的搭便车者在某种意义上总是过得更好，对搭便车者来说颇具吸引力的状况因此就有可能攀升为这样一种状况：每个人都试图从社会合作的漏洞中捞取好处却又不受惩罚地脱身而出。如此一来，整个社会合作体制以及有关的规则系统可能迟早就会崩溃。

那么，如何摆脱这种困境？如何才能降低破坏群体合作的因素？一些理论家暗示说，通过引入文化选择方面的考虑，就可以解决这些问题。这个建议的本质要点是：只要人类祖先获得了处理、存储和传递信息的认知装备，具有了引导他们有选择地注意某些刺激的动机系统，通过教学、模仿以及其他形式的社会传递活动，他们就可以从同一个群体的其他成员那里获得信息，以此来调整或修改自己的行为，以达到相互协调的目的。这里所说的信息包括日常意义上的观念、知识、信念、价值、技能以及态度，因此文化在广泛的意义上就可以被

[1] 据我所知，这个问题在如下文献中被首次指出：R. Boyd, J. Gintis, S. Bowles and P. J. Richerson (2003), "The Evolution of Altruistic Punishment", *Proceedings of the National Academy of Science* 100: 3531-3535。

理解为信息在某个物种的成员之间的分享和代际传递。[1] 但是，在一个群体中，这种信息并不是随机地挑选出来的，而是可以采取一些特定的方式，例如，假如我发现在我所生活的群体中，人们都避免对某些个体进行攻击，那么这个事实就很好地向我表明，我也不要去攻击那些个体。于是，无须亲自去尝试是否要去侵犯那些个体（这样做或许会让我付出沉重代价），我就可以获得这个有用的信息。假若某种行为方式得到了广泛实践，这也许就表明它一般来说是成功的，要加以模仿或效法。通过这种学习，一个个体或许就有了更好的生存机会，更有可能在繁殖上取得成功。因此，文化确有可能促进了规模更大的社会合作。不仅如此，在某个特定的环境中，如果同时存在几个群体，为着有限的生存资源而相互竞争，那么文化在群体选择中也会发挥一定作用。如果在某个群体内部存在着强有力的社会合作和社会凝聚力，那么它就有可能在竞争中胜出。

然而，我们有理由怀疑文化传递**本身**果真发挥了加强社会合作乃至扩展利他主义的作用。某个东西（例如一个观念或信念）在文化上得到传递的可能性取决于它在叙事上引人注目、在情感上有吸引力以及具有某种实际好处。[2] 例如，基督教的天堂观念之所以在文化上得到了传递，可能是因为它符合一种似乎能把人间苦难都解释得通的宇宙论：对来世抱有希望的人们会认为他们在情感上能够得到奖励，而这样一种乐观主义讯息也许会让人们在危难之际仍对生活抱有希望，让人们更有可能对有需要的人提供帮助而不是与之相争。尽管这样一个观念可以在文化上得到广泛传播，但我们仍不太清楚它在什么意义上

[1] 参见 Peter J. Richerson and Robert Boyd, *Not by Gene Alone: How Culture Transformed Evolution* (Chicago: The University of Chicago Press, 2005), p. 5。

[2] 参见 Jesse J. Prinz, *The Emotional Construction of Morals* (Oxford: Oxford University Press, 2007), pp. 220-222。

有助于提高或促进一个基督教社会的成员的生活前景，即使这样一个群体由于共同的信念而具有一定程度的社会凝聚力，因此在与其他群体的资源竞争中可以暂时获胜。然而，很难说这样一种文化传递本身就能扩展利他主义行为的界限。实际上，在文化传递中，正如前面所说，人们更可能仿效的是有权有势或者在其他方面取得成功的人物，这些人本身就很突出或醒目，因此，在效法他们时，人们实际上是在用一种在认知上投资较少的方式来提高自己的成功前景。在一个特定群体中，在某个特定时期，通过这样做，人们或许提高了他们生存和繁衍的机会。然而，甚至就同一个群体而论，也很难看出这与利他主义的可能性有什么关系，除非思想观念上的步调一致确实有助于提高人们的内含适应度，然而这是一个需要论证的主张。事实上，假设这样一个群体是一个封闭社会，可供利用的资源也很有限，那么，试图模仿有权有势或者在某个方面取得成功的人不仅加剧了竞争，而且当一个人实际上取得成功时，他可能也在某种程度上"剥夺"了其他人的生存资源（假设对权力的占有或者在其他方面取得成功要求一定的资源）——除非他的成功所依靠的是完全公正的手段，但为此他大概就不得不首先具有公平意识。我的意思是说，若不把某些"准道德的"因素（例如公平和应得的观念）注入通过群体间的文化差异来发挥作用的选择中，我们至少就不清楚那些选择机制是否真的能够扩展群体间的社会合作、增强个体间的利他主义倾向。[1] 当然，这样说并不是要否认文化进化仍有可能是立足于从生物进化过程中产生出来的更基本的认知和情感工具，但是，这些同样的工具可以承载相当不同的文化内容或文化价值，而在以文化为中介的选择中，这一点可能更为重要。

[1] 实际上，反过来我们也可以说，如果利他主义是由互惠来驱动的，那么，在生物学上，我们大概只倾向于帮助那些能够对我们进行回报的人，因此，我们可能有一个进化出来的趋势不去帮助穷者、弱者以及生活在遥远国度的人们。

进化的故事到此为止似乎陷入了一个困境：如果基因机器的本质“使命”就是要保证有机体的生存和繁殖，那么它发展出来维护和促进那项“使命”的载体就不得不服务于这个“目的”。利他主义行为有可能就是基因机器通过自然选择发展出来的一个工具，但是，如果某种一开始具有利他主义特征的习性不再有助于促进有机体的内含适应度，那么在自然选择过程中它大概最终会被淘汰。从进化的观点来看，合作似乎也只是基因机器为了促进个体的内含适应度而发展出来的工具，而一旦合作被发现不再有助于促成这一目的，它也就面临崩溃或解体的危险。于是，从进化的故事中我们可以看到康德贴切地称为“不与人亲近的社会性”（unsociable sociality）的那种现象[1]：在人这里，有两种对立的力量在展开一种微妙的互动——在利他倾向的牵引下，人们会一道行动、开展合作；在自利倾向的推动下，人们可能会分化社会群体、破坏社会合作。然而，如果相对于个体的内含适应度来说，合作只是工具性的，那么，除非合作**总是**有助于促进个体的内含适应度，否则它就会陷入解体或崩溃的危险，因此好像没有“真正的”利他主义。这个观察导致一些理论家认为，当我们从进化的角度来探究人类道德的本质和功能时，进化的故事“揭穿”了道德的假面具。

不过，也有一些理论家认为道德恰好是被进化出来解决这个难题的。[2] 我们已经看到，合作面临的最大障碍就在于：个体总有可能因为受到了诱惑而背叛合作。正如动物行为学研究所表明的，人类祖先或许具有同情性地对待他人、在某些情况下采取利他主义行为的能力，但是，在社会背叛将会带来明显报酬的情形中，这种能力总是脆弱的。[3]

[1] 当然，这种现象在某些其他类型的动物例如黑猩猩那里也很明显。

[2] 我避免说“道德恰好是**为了**解决这个难题而进化出来的”，因为除了那个成功繁殖的目标外，自然选择本身没有任何目的，但这个目标被认为是先于自然选择而存在的。

[3] 例如，弗朗斯·德瓦尔对黑猩猩行为的研究被认为很好地表明了这一点。见 Frans de Waal, *Chimpanzee Politics* (Baltimore: John Hopkins University Press, 1984)。

在黑猩猩社会中，几个黑猩猩之间的小型联盟往往很稳定，但各个联盟之间的社会联系就很容易破裂，而一旦破裂了，就需要投入很大的时间和精力来讲和，而和平又会被再次打破。可想而知，在人类祖先那里，局面不会比此更好，因为人类个体有可能比其他动物更看重利益的得失，或者对此更加敏感——实际上，与其他动物相比，他们也有高级的认知能力来这样做。如果利他行为的可能性确实取决于利他主义者能够以某种方式得到回报，而回报不是利他主义者在采取利他行为的时候就能得到的，或者不是他在这个时候所需要的，那么他就需要从其利他行为的接受者那里得到某种保证——他**肯定**会得到回报。然而，既然欺骗、背叛、搭便车都是难以抵制的诱惑，他如何能够确信自己肯定会得到回报呢？对方或许许诺会回报他，然而根本问题在于：他如何确信对方会兑现对他的承诺呢？当然，对方若不兑现自己的许诺很可能就会受到惩罚，由此付出的代价或许远远大于对方从不兑现许诺中获得的好处。如果这种惩罚总是有效的，那么利他主义者也许就会得到保证，比如说，通过强制性地要求对方兑现许诺，或者在没有兑现承诺的情况下对他进行合理的补偿。惩罚可以是一个有效的策略，但是在规模较大的社会中[1]，惩罚背叛者所要付出的成本可能也很高，而且也会面临前面提到的高阶搭便车者问题。因此，如果人类祖先确实形成了规模较大的群体，而且能够开展合作，那么他们必定已经发展出某种方式来处理背叛、欺骗和搭便车者之类的问题。

按照某种理解，在人类进化中，我们的祖先已经具有的情感资源为解决这类问题提供了一个关键环节。情感并不像当今一些理论家所

[1] 菲利普·基切尔指出，黑猩猩和倭黑猩猩的群体规模分布在 30 只到 140 只之间，在史前时代的大多数时候，原始人的群居规模大概也在这个范围。不过，到了新石器时代早期，群居规模有了很大扩展，而考古发现表明，一些规模较大的智人群体偶尔也会联合起来。参见 Kitcher 2006，183 页注释 21。

认为的那样是“非理性的”，它们不仅具有认知的方面[1]，实际上也是自然选择的产物——“自然选择……把情感塑造出来，用它们来调节生物有机体的生理、心理和行为参量，以便用一种适应的方式来回应环境中的威胁和机会。”[2] 比如说，一个人在受到攻击的时候会感到恐慌，这种情感反应会导致他在生理、心理和行为方面对自己加以调整（尽管不一定是有意识地），以回应他所受到的威胁。因此，有了情感，个体就可以用一种能够对其适应度产生正面影响的方式来回应环境或者其他个体。可想而知，与使用物理惩罚的手段相比，用愤怒、蔑视、厌恶、谴责、责备之类的情感反应来回应欺骗、背叛、搭便车之类的行为，可能是一种更便利的做法（在这里我们需要回想一下名誉和社会奖励之类的措施在“间接互惠”的可能性中的作用），而一旦这些情感反应态度深入人心并得到普遍运用，它们可能也是一种相对有效的手段。例如，如果你欺骗了我，那么对你进行惩罚就是我的利益所在，但是，对一切欺骗行为进行惩罚不一定符合我的个人利益，因为惩罚总是有成本的（这也是为什么在惩罚问题上总会出现二阶搭便车者的问题）。不过，用负面情感反应来回应一切欺骗行为，至少就我能够做到而论，并不需要我付出物质资源方面的成本，只要求我有维护社会合作的意愿。因此，在惩罚制度没有运作或者无法有效运作的地方，情感反应系统至少可以发挥强有力的补充作用。另一方面，既然情感反应是相互的，一个没有兑现许诺的人可能也会有内疚和羞

[1] 这是斯多亚学派早就持有的一个观点。对这个观点的一个当代论证，见 Martha Nussbaum, *Upheavals of Thought: The Intelligence of Emotions* (Cambridge: Cambridge University Press, 2001)。目前也有不少理论家试图按照某种形式的情感主义来说明人类道德及其起源，例如，见 Prinz 2007; Shaun Nichols, *Sentimental Rules: On the Natural Foundations of Moral Judgment* (New York: Oxford University Press, 2004)。

[2] Randolph Nesse, “Evolutionary Explanation of Emotions”, *Human Nature* Vol. 1, No. 3 (1990): 261-289, 转引自 John Teehan (2010), p. 37。

耻之类的情感。因此，一个情感反应系统确有可能已经进化出来，帮助我们应对欺骗、背叛、搭便车者之类的问题。特别值得指出的是，情感承诺是一种能够具有长期稳定效应的东西，一般来说并不受制于对眼前利益的理性计算。例如，通过友谊形成的纽带是以情感承诺为基础的，往往超越了对自我利益的理性计算。[1] 只要我们对友谊有了情感承诺，我们就不会在乎为了朋友而牺牲一些直接的自我利益。不过，忠诚的友谊不仅强化了人们之间的社会联系，在某种程度上有助于促进社会和谐，而且让我们在有需要的时候也会得到朋友的帮助。总的来说，如果我们已经有了这样一种情感反应系统，那么，在适当条件下，只要我们发现有人打破规则，或者对构成社会纽带的互惠合作和相互承诺系统进行威胁，我们就会用负面的情感态度去加以回应；只要我们发现有人支持和维护那个系统，我们就会用正面的情感态度去加以回应。于是我们就可以用这种方式促进社会合作、增强社会凝聚力。倘若如此，似乎就有理由认为道德感或者道德判断能力就是从这种情感系统中凸现出来的。

那么，道德感或者道德判断能力是如何从情感中凸现出来的呢？不管我们此时如何理解道德，对于能够对我们的繁殖成功产生重大影响的行为、内在状态或环境条件，假若我们已经有了情感上的价值标记，我们还需要道德做什么呢？这个问题或许表明，我们所说的"道德"或"道德感"有可能不是适应进化的**直接**产物，而是一种副产物，也就是说，是从那些**本身不是为了获得道德规则**而进化出来的认知/情感能力中产生出来的。[2] 更具体地说，在道德感的凸现中，有五种非

[1] 在某些理论家看来，这一点对于我们理解道德规范的起源和道德判断的本质将具有重要意义。

[2] 关于这种观点，比如说，参见 Francisco J. Ayala, "The Difference of Being Human: Ethical Behavior as an Evolutionary Byproduct", in H. Rolston III (ed.), *Biology, Ethics, and the Origins of Life* (Boston: Jones and Barlett, 1995), pp. 113-136。阿亚拉认为，道德是三种（转下页）

道德能力被认为发挥了关键作用。[1] 第一，最重要的就是前面提到的情感能力：我们需要具有某些指向他人的情感（例如愤怒、蔑视和厌恶）以及某些指向自己的情感（例如羞耻和内疚）。第二，我们需要具有把社会规则明确表达出来的能力，以便规则可以得到理解和交流，因此语言在人类道德的形成中可能就具有一种重要作用。[2] 第三，为了能够把一种道德感发展出来，我们必须能够把我们自己在行为不端的时候习惯于体验到的负面情感转移到不端的行为本身，就好像**行动本身**就具有评价性的性质（例如本身就是错误的，或者本身就值得赞扬）[3]，这样，不管是谁履行了这种行为，我们都可以产生一种倾向于让我们对这种行为具有负面情感的心理表征。一旦有了这种能力，我们就可以对第三方采取相应的情感反应，不管其行为是否与我们直接相关。第四，我们也必须具有记忆能力，以便在僭越社会规则的行为发生后可以追踪僭越者。第五，我们必须有能力把精神状态赋予他人，这样，当别人遭受痛苦时，我们就可以通过移情而感受到其痛苦，并认为遭受痛苦一般来说很糟糕。有了这种能力，我们也可以对规则形成二阶的认识，例如因为自己违背了社会合作规则而感到内疚，这样我们就可以提高按照规则来行动的可能性，即倾向于遵守规则，否则就

（接上页）其他适应性认知能力的偶然结果：预料行为后果的能力，按照是否值得欲求来评价选项的能力，在有关行为选项之间进行选择的能力。这种理解似乎为后果主义的道德理论提供了一个支持。

[1] 在这里我遵从普林茨的说法，见 Prinz 2007, pp. 270-273。

[2] 这会提出一个在这里不能进一步讨论的问题：语言能力是不是具有道德感的一个必要条件？不过，这不会对道德先天论（moral nativism）构成一个挑战，因为人类的语言能力很有可能是天赋的；但是，这个问题确实会影响我们对另一个根本问题的回答：即使我们可以在某些种类的动物那里观察到生物利他主义行为，它们是否具有我们所说的“道德”？更进一步说，动物行为学的研究本身是否足以为理解人类道德提供一个真正可靠的基础？

[3] 这种“投射”会牵涉到错误论和道德实在论之间的争论。

会感到内疚。如果我们也会因为自己没有为违背规则感到内疚而感到内疚，那么感到内疚的倾向就会具有很大的稳定性，遵守社会规则的倾向因此就会变得相对稳定。由此可见，如果在人类进化中确实已经有一种道德感凸现出来，那么具有这种元层次的情感对于道德感的发展就是关键的：只要有了这种情感能力，人们就可以有效地调节彼此的行为，例如，如果一些人并未因为当时做错了事而感到内疚，那么其他人通过负面的情感反应对他们表达出来的谴责或责难或许就可以让他们为此而内疚，从而起到一种反省或抑制的作用（相比较，正面的情感反应则可以发挥推荐或促进的作用）。如果这些情感在社会生活中已经被普遍地内化，那么负面情感的表达在广泛的意义上也可以被理解为一种形式的惩罚。用这种方式来表达惩罚不仅不需要付出多大成本，而且也易于传播。由此我们不难理解情感反应系统在社会生活中的重要性。

对于人类道德感的起源，我们现在可以提出如下简要总结。如果内含适应度就是自然选择的根本目标，那么就不难理解以亲缘关系为基础的利他主义以及互惠且直接的利他主义的可能性。但是，如果内含适应度就是生物意义上的自然选择的根本目标，那么欺骗、背叛、搭便车之类的行为就会成为大规模的社会合作的严重障碍，因此也会让扩展的利他主义变得不可能，最终可能会导致社会合作的解体。若是这样，我们就有理由怀疑人类的道德感或道德能力是**直接**从生物意义上的自然选择中产生出来的。当人类群体生活的规模扩大时，人们就不再只是与家人、亲戚和朋友打交道。在这种情况下，如果集体建筑和耕作之类的群体计划要求合作并取决于合作，就不得不发展出一些机制来保证在合作中没有人能够有效地采取欺骗、背叛、搭便车之类的做法（这些机制不一定是通过有意识的理性计算和刻意规划发展出来的）。一旦人类祖先开始意识到这种类型的行为破坏了社会合作和群体和谐，他们就会逐渐认为这种行为在一种极为重要的意义上是不允许的，应彻底加以杜绝。只要某些行为与“绝对不允许”的思想发生联系，采取这种行为的人也就不再有为自己辩解的余地，相应的判断就传递或表达了所谓的“**绝对**命令”。[1] 另一方面，凡是有助于促进社会合作、增强群体和谐的行为就得到推荐和赞扬，并在一个抽象的意义上被认为是好的或善的。前面提到的情感反应系统就起到了支持和维护这些评价和判断的作用，并演化为我们今天所说的“道德情感”。换句话说，随着社会交往和社会合作规模的扩大，人类祖先逐渐认识到，他们需要用一种能够把“绝对权威”的观念和力量表达出来的方式来制止和惩罚欺骗、背叛、搭便车之类的行为，并把人们对亲朋好友自然地具有的善意扩展到陌生人，也许是为了取得他们信任，以便可以谋求与他们的合作。[2] 总之，一旦人类祖先具有了前面提到的那些能力，道德很可能是为了解决社会合作的不确定性以及有关的社会张力（例如利益的冲突所导致的张力）而发展出来的一种策略。基切尔对人类道德的早期发展提出了如下合理猜测：

> 一个假说：甚至在将人类祖先与其他动物区分开来的那条分界线已经出现、人的心理习性得到了无论什么样的改进后，在黑猩猩和倭黑猩猩的社会生活中出现的张力和不确定性还继续出现在原始人类社会中，而为了应对将那些张力和不确定性产生出来的

[1] 由此我们大概也不难理解为什么进化伦理学家对“道德规范”的说明大多集中于与公平或公正的社会合作有关的规则以及防止这些规则受到严重践踏的措施（其中包括我们通常所说的“道德情感”）。

[2] 当然，即使这条思路能够比较好地说明道德禁令是如何出现的，但它是否能够说明我们对陌生人有时候采取的那种不计回报的利他主义行为，仍然是不清楚的。我的猜测是，即使我们同意道德禁令是在具有适应性的认知 / 情感能力的基础上间接地产生出来的，后面那些行为和动机的产生至少也与文化进化有关。因此总的来说我们不能认为这种广泛意义上的道德是“天赋的”。

> 根本问题，一种制约行为的反思能力就得以发展出来。这个假说取决于两个看似合理的思想。第一，甚至在已经有了一个得到明确表述的规范系统的时候，人与人之间不完备的回应所造成的困难也没有完全消失（这还是保守地说）。第二，对行动的破坏性结果进行预测的能力，加上某种自我约束的能力，很可能缓解了人们之间的有限回应产生冲突和社会张力的频率；对共同存在和共同行动的模式进行讨论和协商的能力同样获得了进一步的优势。简而言之，这些关于猿人进化的事实将我们的祖先置于一种特殊的社会环境中，他们可以处理那种环境，但处理得不好，而一旦他们获得了一种反思性的伦理生活，他们既有的心理倾向就得到了扩展，因此就可以克服原来因为那些倾向的限制而反复出现的问题。[1]

基切尔的论述也清楚地表明，道德是出于扩展性的社会合作的需要而从其他具有适应性的能力和心理特性中产生出来的一种能力。与普林茨的观点相结合，我们就可以看出这种能力要求元层次的认知和情感，因此道德很可能是一种人类独有的现象。

二 / 进化伦理学与道德规范性

以上我们已经对道德的进化起源提出了一种“有利的”重构——“有利”，是因为我们已经假设对人类道德能力的起源提供一种进化说明是可能的，因此忽略了一些对立论证和经验证据。不过，在开始讨

[1] Philip Kitcher, “Is a Naturalized Ethics Possible?” in Frans de Waal, etal. (eds.), *Evolved Morality: The Biology and Philosophy of Human Conscience* (Leiden: Brill, 2014), p. 112.

论进化的故事对元伦理学可能具有的含义之前，需要指出的是：对**非人类动物**的行为研究很可能不支持"它们具有道德"这一断言。在这里，我们需要把生物利他主义（biological altruism）与心理利他主义（psychological altruism）区分开来，或者说把利他主义**行为**和利他主义**动机**区分开来。[1]这个区分之所以重要，是因为"真正的"利他主义——被看作道德的一个本质标志的那种利他主义——不会通过理性算计来预测采取利他主义行为是否对自己有利。换句话说，这种利他主义要求行动者在心理上具有利他主义**动机**，但是，正如一些理论家已经表明的，我们不可能从利他主义行为中推出利他主义动机。[2]为了便于讨论，让我首先引用基切尔对心理利他主义的定义：

> 心理利他主义……在于一种按照自己对其他人的欲望、计划和意图的评估来调整自己的欲望、计划和意图的倾向，这种调整在于让一个人自己的态度更加接近被赋予其他人的态度（在如下意义上更加接近：利他主义者最终具有的欲望、计划和意图含有一种有利于对方获得其欲望、计划和意图的内容）；这种调整必须由对其他人的态度的知觉来说明，而这种说明必须不包含这样的期望：经过调整的态度对于实现自己的**未经**调整的目标将具有工具上的有效性。（Kitcher 2006: 169-170）

按照这种理解，心理利他主义不仅要求比较高级的认知能力和情感能力，例如通过对其他人态度的知觉来调整自己的态度，进而通过移情机制来关心其他人的能力，而且也要求行动者不要用一种工具性的态

[1] 熟悉康德伦理学的读者可以看出，这个区分大致对应于（尽管不是严格等同于）康德在"从道德责任的动机来行动"和"做符合道德规则的行为"之间的区分。

[2] 例如，参见 Sober and Wilson 1998，特别是第二部分。

度来对待自己即将采取的利他行为，例如直接把这种行为看作促进自己利益的手段。心理利他主义是否可能就成为进化理论家必须思考的一个问题。这不是我们在本章中能够详细探讨的问题。不过，我们确实有理由认为，心理利他主义在非人类动物那里并不存在，因为它们好像并不具有这种利他主义所要求的基本能力，例如内在的精神状态和元层次的情感。实际上，心理利他主义似乎也要求行动者具有自我的概念和自我意识能力，而这可能是其他动物所不具有的。[1] 在非人类动物那里，甚至互惠性利他主义也很罕见。[2] 对于我们在非人类动物那里观察到的利他主义行为，实际上存在着多种解释的可能性，这些解释并不需要我们设定利他主义动机。在这个问题上，普林茨提出了三个重要观察（Prinz 2007: 259-263）。第一，灵长类动物可能会出于获得奖励的自私欲望而对彼此做好事，例如，倭黑猩猩为了性交易而向对方提供食物，在这种情况下就没有理由认为其行为是由利他主义动机

---

[1] 在心灵哲学中，这两个问题往往被认为构成了对自然主义的一个严重挑战。因此，如果意识经验和自我意识不能从自然主义的观点得到说明，那么心理上的利他主义对自我的概念和自我意识能力的要求就意味着人类道德也不可能具有一个完整的自然主义说明。在这里我将不探究这个问题。从意识和意识经验的角度来论证反对自然主义的文献有很多，也有一些人试图对自我和个人同一性提出一种非自然主义或者反自然主义的理解，例如，见 Carol Rovane, “A Nonnaturalist Account of Personal Identity”, in Mario de Caro and David Macarthur (eds.), *Naturalism in Question* (Cambridge, MA: Harvard University Press, 2004), pp. 231-258。与我们的讨论相关的另一个问题是：动物是否具有“心灵”，或者是否“知道”其他心灵？这也是目前有争议的问题，有关的讨论，参见 Robert W. Lurz (ed.), *The Philosophy of Animal Minds* (Cambridge: Cambridge University Press, 2009); Robert W. Lurz, *Mindreading Animals* (Cambridge, MA: The MIT Press, 2011)。

[2] 注意，我不是否认互惠性利他主义在动物那里是可能的（包括德瓦尔在内的很多动物行为学家已经在论证支持这一点）。我只想强调，在按照动物行为学的证据来论证利他主义的起源时，我们应该注意多种解释的可能性，因为正如德瓦尔自己承认的，我们毕竟不知道非人类动物是否体验到了“应当”的感受，因此有一种经过内化的“应当”的观念。见 Frans de Waal (2014), “Natural Normativity: The ‘Is’ and “Ought’ of Animal Behavior”, *Behavior* 151: 185-204。

来驱动的。第二，某些看似利他主义的行为可能是因为受到强迫而采取的，例如，为了避免受到暴力攻击，大猩猩可能会允许其同类成员去偷窃。第三，一些表面上的利他主义行为，可能是在具有富余资源的情况下为了博得喜爱而采取的策略，例如，黑猩猩首领为了赢得群体成员的青睐，会把更多的食物分给它们，而这样做未必会遭受严重的个人损失。相比较，一个人甚至在明知得不到回报的情况下也会去帮助别人，实际上往往不考虑是否会得到回报。因此，在解释非人类动物的行为时，假若其他的说明是可行的，就不要把人类才有的动机赋予它们。大猩猩彼此帮忙，可能只是想努力获得盟友、牟取好处或避免受到攻击。它们缺乏利他主义动机，因为它们可能还不具备这种动机所需要的认知能力和情感能力。因此，**如果**人们至少有时候表现出心理利他主义，那么我们大概就可以断言道德可能是人类特有的能力，并不是生物意义上的自然选择的直接结果，而是从其他具有适应性的能力之中间接地产生出来的。现在我们需要考虑的问题是：这个结论对于我们评价进化伦理学有什么含义？为了便于讨论，我将把这个问题分解为两个子问题：第一，进化伦理学能够在多大程度上说明道德经验的现象学？第二，它在什么意义上能够支持我们对道德客观性或实在性的理解？对这两个问题的探究将把我们引向最感兴趣的那个问题：能不能对人类道德给出一种**彻底**自然主义的说明？或者换句话说，在人类生活的领域，自然主义说明是否具有自身的限度？

为了处理第一个子问题，我们首先需要对“道德对人来说意味着什么”这一问题有所了解，也就是说，我们需要弄清楚，从一个日常的（尽管不一定是非反思性的）观点来看，对于我们这样的生物来说，究竟是什么东西使得我们是道德的。按照乔伊斯的说法（Joyce 2006，第二章），对于我们人类来说（也许对于其他生物也是如此），具有道德能力本质上意味着能够做出道德判断和理解禁令。这两个能力之所以是本质的，是因为我们从人类道德中可以观察到的其他核心特点都能够从中得到说明。道德判断不是单纯的行为表现，而是我们对行动、人和制度等采取的态度。道德判断能够对我们产生动机影响。一般来说，如果我们诚实地判断做某事是错误的，我们就会约束自己不要去做那件事；对于已经履行这样一个行动的人，我们会采取责备或谴责之类的负面反应态度，而当我们自己履行了这样一个行动时，我们也会感到内疚或悔恨，并为此而向受害者表示歉意或者给予某种补偿。此外，假如一个人认识到某些事情仅仅因为是错的就不应该去做，那么我们就可以认为他理解了道德禁令。从以上对道德起源的进化说明中，我们不难看出禁令在道德系统中所占据的重要地位，因为按照这种论述，道德一开始是作为一种警示、惩罚和补救的设施而出现的。如果我们做出了“做 X 在道德上是错的”这一判断，那就意味着 X 一般来说是我们不应去做的：不管我们是不是**想要**做那件事情，我们都不应该去做。从道德经验的现象学来看，道德禁令好像并不取决于我们的欲望，也不取决于我们在社会生活中所碰到的其他形式的规范，例如与法律和礼节有关的规则。如果一个人明知故犯地做了一件道德上禁止的事情，例如故意伤害无辜者，那么他就应受惩罚。因此，应得的观念也蕴涵在我们日常对道德判断的理解中：做你明知是道德上禁止的事情意味着对你进行惩罚会得到辩护。乔伊斯认为，不能理解禁令就意味着不能具有道德感。于是，即使一个物种的成员有时候可以对其邻居施以好处（例如在吸血蝙蝠的情形中），或者对其他成员的痛苦表示同情（例如在黑猩猩的情形中），我们也不能由此就认为它们具有**道德**，除非它们也把某些行为看作是**被禁止的**。“被禁止”这个说法意味着“无论如何都不得去做”，因此也暗示了这样一个思想：某些事情仅仅因为在道德上是错的就不应该去做，到此为止！——试图从个别行动者的观点去进一步追问“为什么”，或者试图为自己违背了禁令而辩解，在某种意义上说都是不得要领的，是缺乏道德感的表现。

我们现在达到了对道德规范性的一种理解：道德要求我们做某些事情、禁止我们做某些事情，因此具有一种规定性(prescriptive)的力量。“把慈善基金的捐款挪作私用在道德上是错的”这一陈述显然不同于“把慈善基金的捐款挪作私用现在很普遍”这一陈述。只要我们诚实地做出把第一个陈述当作内容的判断，我们就会受到动机上的影响，或是对采取这种行为的人进行谴责，或是提醒自己不要去做这种事。相比较，当我们做出第二个陈述时，我们只是在描述一个事实，除非我们补充了其他前提，否则我们就不能从这个陈述中得出规定性的结论。[1] 特别值得注意的是，道德规范所具有的规定性力量显然不同于其他类型的规范可能具有的规定性力量。法律规范的有效性似乎也不取决于我们是否想要遵守法律，尽管法律对我们的约束力好像也是有条件的：只要我不再是某个国家的公民，或者不再生活在某个国家，其法律对我好像就没有约束力。不过，只要我们仍然是某个国家的公民或者继续生活在某个国家，法律对我们就有约束力，因此一般而论的法律制度对我们来说好像是不可避免的。在这个意义上，法律制度也可以被认为是人类生活的一种普遍设置——人性和人类生活的某些条件使得法律制度成为必然。道德在直观上说也是不可避免的：不管我们是不是想服从道德要求，甚至不管服从道德要求是否符合我们当下的自我利益，我们都要服从道德要求。但是，道德所具有的那种规范性显然要深于“法律（在上述意义上）是不可避免的”这一事实。与法律不同，道德规范性好像不依赖于外在处罚；与宗教不同，道德规范性好像也不依赖于内在处罚（尽管某些道德情感与内疚相联系）；最终，道德规

[1] 比如说，通过补充一些前提，我们或许可以得出如下推理：第一，把慈善基金捐款挪作私用现在很普遍；第二，这种现象的长期存在将会导致道德腐败；第三，道德腐败不应该存在；结论：因此，我们应该采取措施来制止把慈善基金捐款挪作私用的做法。

范性似乎既不取决于人为设立的规章制度，也不依赖于个人欲望或目标。因此，除了在上述意义上是“不可避免的”之外，道德好像也有一种超越人类约定（human conventions）的权威。这个假设似乎得到了如下事实的支持：道德在各个人类社会都普遍存在。

那么，从进化的角度对道德的起源和功能提出的论述能够说明这种规范性吗？更具体地说，进化的故事能否说明道德何以能够用它被认为具有的那种权威来引导我们的行动和选择？或者用基切尔的话说，道德所具有的那种规范引导功能是如何可能的？[1] 从上一节的论述中，我们可以推测道德权威很可能是通过一个三阶段的过程产生出来的。首先，为了处理社会合作中的不确定性以及社会生活中因利益或观念的冲突而产生的张力[2]，人类祖先逐渐学会把某些制约行为的规则明确地表述出来，并按照这些规则来塑造彼此的愿望、计划和意图，以便缓解破坏利他主义倾向（社会合作的一个基础或条件）的可能性。其次，以某种方式把切实履行这些规则的要求设想为具有绝对的约束力，以阻止进一步侵犯这些规则或者在侵犯后寻求辩解的尝试（在某种意义上，这就类似于霍布斯对绝对主权者的设立）。人们被告知，不管他们是否愿意，某些行为方式都是**被要求的**。最终（或者与此同时），为了进一步强化这种要求的绝对性，可能有一个将它们“投射到”世界中并加以客观化的过程，就好像世界本身就含有具备规范力量的道德事实，它们构成了道德权威的基础或根据。如果我们在上一节中提出的论述是可靠的，那么这种投射就不仅是可理解的，而且被投射

[1] 关于基切尔对这个问题的探究，见 Kitcher 2011，第二章。

[2] 从第一节的论述中已经可以看出，这种不确定性和张力的存在为稳定的社会生活之可能性制造了最为严重的障碍。一个简单的例子或许足以说明这一点：如果我们无法确保我们的生命不会受到致命威胁，因而时时担惊受怕，那么人类生活确实就会像霍布斯所描述的那样“孤独、贫困、卑污、残忍而短寿”（《利维坦》第 13 章）。

出来的那种规范性和权威也是有“事实”根据的——如果社会合作从实践的观点来说是人类生活的一种必然要求，而我们所说的“道德”与社会合作的根本事实相联系，那么道德也具有一种**实践必然性**。换句话说，如果没有某种形式的实践必然性，比如说，如果人类生活并不需要社会合作（设想我们不仅是充分自足的，而且能让我们过上繁盛生活的资源也很充裕，因此绝不会出现竞争资源、心理嫉妒之类的可能性，但是，这显然不是人类生活的常态条件），那么大概也就不会有道德、不会有我们今天所看到的大多数道德规范（例如公平、正义、应得等）和相应的道德情感。因此，只要人类祖先已经进化出了这种规范引导的能力，就不难表明道德为什么会被赋予一种绝对的权威。实际上，道德律令表达了一种高层次的规范要求——对严格服从某些有利于社会合作和社会凝聚力之规则的要求。

以上我已经试图表明，只要恰当地加以理解，进化的故事似乎就可以说明道德经验的现象学。然而，只要进化伦理学表达了一种自然主义观点，就总是存在一个问题：进化伦理学能够在多大程度上说明道德规范性？限于篇幅，在这里我将主要按照乔伊斯所谓的“休谟式的道德自然主义”（Joyce 2006: 190-209）来探究这个问题。这种自然主义被认为有两个基本主张：第一，存在着道德事实，例如“只是为了保全面子而撒谎在道德上是错的”和“希特勒是邪恶的”这两个陈述都被认为表达了道德事实；第二，休谟式的理由学说是真的，也就是说，一个行动者具有什么行动理由取决于他的实际欲望、兴趣、计划和目的，因此，即使两个行动者处于同一环境中，他们也可以有不同的行动理由。[1] 此外，这种伦理学是自然主义的，也是因为它认为

[1] 关于乔伊斯对这个理由学说的详细论证，见 Richard Joyce, *The Myth of Morality* (Cambridge: Cambridge University Press, 2001)，第四章和第五章。

道德事实可以还原到在道德信念的产生中出现的“自然”事实。至少与一种康德式的实践理由概念相比，对行动理由的这种理解显然是自然主义的。然而，在乔伊斯看来，道德思维具有一种独特的实践魅力（practical oomph），可以超越我们的欲望并让我们对欲望的理性算计“保持沉默”。由于具有了这一特征，道德思维就不太容易受到欲望和这种理性算计的诱惑。但是，按照乔伊斯的说法，休谟式的伦理自然主义无法说明道德被认为具有的这一特征，因为这种自然主义完全按照“我们欲求什么、如何获得我们所欲求的东西”来思考行动的理由。但是，如果我们“只是按照我们欲求和需要什么来进行慎思”，那么这种慎思就不足以说明道德的功能，因为“通过为惩罚提供特许、为喜好和厌恶提供辩护，并将个人约束在一个共同的社会决策框架中，我们的实践生活的**道德化**就促成了我们长远利益的满足，并导致了更加有效的集体协商”。因此，“正是……道德规定被认为具有的那种权威和不可避免的特征使之能够履行这些功能。一个缺乏实践影响力（practical clout）的价值系统就不能如此有效地发挥我们给予道德的那些社会作用，因此我们也不能像使用道德那样来使用它”（Joyce 2006: 208）。按照乔伊斯的说法，休谟式的伦理自然主义之所以失败，就是因为其价值系统不包含他所说的那种“实践影响力”。

然而，伦理自然主义本来就不认为这个世界中存在着**不能**按照某些自然事实（包括关系性的自然事实）来说明的规范权威。即使一种休谟式的自然主义将实践理由的根源置于我们的欲望和激情之中，但这并不意味着它原则上不能说明规范理由的可能性。[1] 休谟主义者完全可以同意，道德话语表面上具有一种“让其他类型的考虑或理由保存沉默”的功能，但他可以为这个现象寻求一种所谓的“错误论”（error-theoretic）

[1] 参见本书第二章中的讨论。

解释。实际上，对道德的起源和功能的进化论述预设和利用了休谟式的道德心理学。从这种论述中，我们其实不难理解为什么道德话语被赋予了这样一项功能：如果一种令人满意的人类生活必然要求规模较大的社会合作[1]，如果在**前道德**的生活状态下，大规模的合作由于人性和人类条件的某些特点而必然面临不确定性的威胁，那么人们就需要发明出一种设施来消除或降低不确定性，以便互相得到保证和取得信任。为了让这种设施能够履行其指定职能，人类祖先可能就学会了把某种绝对的权威赋予它，以断然阻止个体出于自我利益的考虑而进行的理性算计，或者不时会发生的意志软弱（经不住诱惑而采取违背合作规则的行为）。假若这样一种论述符合休谟式的伦理自然主义[2]，那么我们就可以看到乔伊斯对伦理自然主义的批评实际上并不成功。

---

[1] 在这里我是在一种比较模糊的意义上来使用“令人满意”这个说法。人类祖先显然并不是从一开始就认识到道德生活是令人向往的，他们只是逐渐学会寻求让生活变得更好（相对于他们以前的生活状况变得更好）的条件，例如开始认识到以家庭或小型部落为核心的合作仍不足以满足生活的基本需要，于是开始寻求与其他家庭或临近部落的合作，然后慢慢扩展到规模较大的合作，比如说开始形成商业社会，因为这样可以获得更多的生活必需品，或者可以让生活变得更加便利。总而言之，在合作的进化以及道德感的产生中，人类个体在任何方面都不是自我充分的这一事实肯定起到了很重要的作用。我相信，休谟对正义的美德是如何产生出来的说明，为理解这一点提供了一个基本模型。如果我们的祖先不曾具有“一种生活形式有可能比另一种生活形式更加满意”的意识，也就不会有道德这样的东西凸现出来。当然，这种意识的**内容**可能永远都不会有很明确的轮廓，因为正如卢梭所说，人类理性的产生也使得他们有了相互攀比的心理，因此也许从不满足于任何既定的生活形式。从这个观点来看，人类对道德的接受实际上不是无条件的，道德的内容（除了那些核心内容外）也可能不是固定不变的。这一点对于我们理解“实然”与“应然”的关系显然具有很重要的意义。

[2] 实际上，休谟在《人性论》中对“正义”这一美德之起源所提出的说明就其精神实质而论是一种进化说明（进化说明是一种特殊的发生学说明，而休谟在《人性论》中对观念起源的探讨本质上采取了发生学的方式）。一些理论家明确地把休谟的自然主义与进化说明的思想联系起来，例如参见 Michael Ruse, “Evolutionary Ethics and Search for Predecessors”, *Social Philosophy and Policy* 8: 59-85; Terry Hoy, *Toward a Naturalistic Political Theory* (London: Praeger, 2000), pp. 25-42。

乔伊斯的批评取决于这样一个核心主张：如果在一个道德话语的规定和人们不得不遵守的理由之间只存在着一种可靠的**偶然**联系，那么这个框架就算不上一个“道德”系统。值得指出的是，自然主义者并不否认（实际上也无须否认）道德要求在如下意义上是绝对的：人们有义务做或者不做某些事情，这不依赖于他们偶然具有的欲望。这个说法抓住了道德权威的一个方面：道德对我们来说是不可避免的。不过，在乔伊斯看来，礼节之类的东西对我们来说也是不可避免的：礼节方面的实践可以让一个人有义务去做某事，即使这样做不会促进他的任何欲望。比如说，礼节可能要求你在跟别人一道用餐的时候不要狼吞虎咽。但是，如果你是一人独自在家中吃饭，你可能就没有**理由**关注这些要求。换句话说，尽管礼节在某种意义上是不可避免的，它并不向我们提供**绝对的**行动理由。然而，道德似乎能够对我们提出绝对的要求：不管我们碰巧具有什么欲望，我们都有理由按照道德的要求去行动。假若一个人是有理性的而且理解了道德（通过道德教育而认识到道德究竟意味着什么），那么看来他就不能一致地说：“我承认道德对我施加了绝对的要求，我只是没有欲望或理由去服从道德的要求。”道德的权威不是用这种方式就可以甩掉的，因为它似乎不依赖于我们碰巧具有的欲望、计划或目标。我们大概应该承认道德的权威要深于其他类型的规范（例如礼节和法律）可能具有的权威。但是，需要特别留心的是，如何理解或解释“道德向我们提供了绝对的行动理由”这一说法。这是一个复杂问题，在这里我只想提出两个相关考虑。

首先，按照所谓的“动机内在主义”（motivational internalism）观点，道德判断的概念本身就蕴涵着以某种方式在道德上行动的动机或倾向。如果一个人对道德的本质和要求已经有了充分的理解，那么，对他来说，做出一个道德判断大概意味着也具有采取相应行动的动机。但是，到目前为止仍然不太清楚二者之间究竟具有什么联系。我们固然可以把这种联系**定义**为概念上必然的[1]：必然地，对于任何一个完全合理且清楚地思考的人来说，只要他诚实地判断他在道德上有理由做某事，他就有动机做那件事，否则他就是实践上不合理的。然而，在试图说明道德权威的本质和来源时，我认为我们应该抵制用这种方式去设想道德判断和道德动机之间的关系。如果这种联系确实存在，但又不能被合理地看作是概念上或逻辑上必然的，那么它很可能是道德教育和道德训练的产物，而不是先验的或者先天就具有的。即使我们认为进化向我们提供了做出道德判断的基本能力，我们也有充分的理由认为道德判断和道德动机之间的联系不是用一种硬性连接的（hard-wired）方式确立起来的。[2] 如果道德判断确实是进化的结果，那么认为道德动机以某种方式伴随着道德判断就是合理的。但是，在人类行动的情形中，二者之间的联系必定是复杂的，不仅因为道德考虑可以与其他考虑（例如关于自我利益的考虑）发生冲突，而且在特定情形中，道德义务之间也会发生冲突。在发生冲突的情况下，如果行动者最终不得不采取某个行动，那么动机就取决于他对所涉及的各个考虑的权衡和排列。此外，如果日常道德确实与人类进化具有某种联系，那么，当行动者认为按照某个道德要求来行动不符合其长远的自我利益时，在这种特定情况下不服从那个特定的道德要求对他来说并不是不合理的。如果道德行动的理由与其他理由并不是绝对分离的，那么我们大概就不能合理地认为道德判断**必定**蕴涵或要求道德动机。

---

[1] 例如用迈克尔·史密斯定义“充分合理”（full rationality）的那种方式。见 Michael Smith, *The Moral Problem* (Oxford: Blackwell, 1994)。

[2] 限于篇幅，在这里我无法详细探究这个问题。如下论著中有一些相关的讨论：Shaun Nichols, “Innateness and Moral Psychology”, in Peter Carruthers, Stephen Laurence and Stephen Stich (eds.), *The Innate Mind: Structure and Content* (Oxford: Oxford University Press, 2005), pp. 353-370; Walter Sinnott-Armstrong (ed.), *Moral Psychology:Volume 1: The Evolution of Morality: Adaptations and Innateness* (Cambridge, MA: MIT Press, 2008), pp. 367-440。

其次，就算我们认为道德不依赖于我们的欲望而向我们提供了行动的理由，仍然存在这样一个问题：在一个更高的层次上说，那是否意味着我们总有理由按照道德要求来行动？请注意，我不是在否认道德一般来说确实向我们提供了行动的理由，我所追问的是：是否**在任何条件下**我们都有理由按照某个**特定的**道德要求来行动？明显的是，即使我们承认道德一般来说向我们提供了行动的理由，这也不意味着无论如何人们都有**动机**按照道德要求来行动。我们可能因为意志软弱或精神沮丧而缺乏道德动机，冷漠的社会环境也可能会让我们失去采取道德行动的动机。这是我们在日常生活中经常观察到的一个现象。关键的问题是，当一个人认识到采取某个道德行动的理由却又没有行动的动机时，我们能不能认为他**必定**是实践上不合理的——也就是说，没有动机按照自己认识到的道德理由来行动是不是实践合理性的失败？假设一个人正好处于极度精神沮丧的状态（他刚刚得知他全家乘坐的那趟航班失事了），因此对于眼前向他乞讨的人无动于衷。在这种情况下，他没有动机去做他认为自己有道德理由做的事情。除非我们对实践合理性采取一种极不合理的观点，比如说认为一切情绪或情感对行为的影响都是不合理的，否则我们就不能把他在这种情况下缺乏动机理解为实践合理性的失败。实际上，如果我们接受了"'应当'蕴涵'能够'"这一原则，我们就可以明白何以如此。按照这个原则，甚至就道德行动而论，一个人有理由做的事情应当是他在自己能力的限度之内所能做的事情。在这里，能力的概念除了包含采取或执行特定行动的能力外，也包含有关的心理能力。如果我们对理性能动性的理解必须受制于这个原则[1]，那么甚至道

[1] 实际上，我们可以进一步论证说，这个要求本身也可能是来自于某些高层次的、具有道德含义的考虑，正如伯纳德·威廉斯的某些文章所暗示的，例如，Bernard Williams, "Moral Incapacity", in Williams, *Making Sense of Humanity* (Cambridge: Cambridge University Press, 1995), pp. 46-55。

德行动的理由也是相对于行动的具体情境以及行动者的执行能力和心理条件而论的。我们可以接受行动的理由具有这种意义上的相对性而无须否认道德的理性权威——一般来说，道德的规范权威并不取决于我们偶然具有的欲望或目标。之所以如此，是因为道德理由在如下意义上仍然可以被认为是绝对的：在要求采取某个道德行动的情境中，如果行动者具备了采取这个行动的能力和心理条件，那么他就有理由以恰当的方式采取行动。举个例子，按照彼得·辛格的说法，在要求帮助的情境中，如果一个人在自身不会遭受重大损失的情况下就能提供帮助，那么他就应该提供帮助，并在这个意义上有理由采取相应行动。[1]

为了深化讨论，我们可以简要地考察一下戴维·科普提出的一个相关论点：道德并不具有所谓的“权威规范性”（authoritative normativity），而这种规范性也不能用一种自然主义的方式来理解。[2] 科普所说的权威规范性实际上相当于乔伊斯所说的道德的实践影响力，二者都试图抓住“道德对我们具有客观权威”这一思想。科普认为我们可以对“道德的客观权威”提出两种可能解释（不一定是相互排斥的）：其一，道德理由是任何理性行动者在其慎思中都会加以考虑的理由——就他认识到了那些理由而且是理性的而论；其二，对于一个理性行动者来说，只要他清楚地思考而且理解了道德的本质，他必定会认识到道德所提供的理由不被任何其他理由所推翻。[3] 第二种解释被认为强于第一种解释：即使一个理性的人认为道德向他提供了他需要加以考虑的理由，他可能会认为也存在着其他权威性的理由，而这些理由可能会推

[1] Peter Singer (1972), “Famine, Affluence, and Morality”, *Philosophy and Public Affairs* 3: 229-243.

[2] David Copp (2004), “Moral Naturalism and Three Grades of Normativity”, reprinted in David Copp, *Morality in a Natural World* (Cambridge: Cambridge University Press, 2007), pp. 249-283.

[3] 参见 David Copp (2007), p. 262。然而，这个说法显然是含糊的：“不被其他理由所推翻”究竟是指“**实际上**不被其他理由所推翻”，还是指“**不应该**被其他理由所推翻”？前者显然是假的，但若是后者，科普就需要补充说明为什么是这样。

翻来自道德的理由，但是，第二种解释阻止了他去进一步追问“为何道德”这一问题。不过，科普认为第二种解释是不可接受的，他的核心要点是：如果理性的人总有可能对道德表示出犹豫不决的态度，那就表明道德没有权威规范性。[1] 为了说明这一点，科普引用了《理想国》中著名的古格斯的例子：

> 既然古格斯是理性的，他就可以发现他有动机去做他理解为自己责任的事情，但他可能仍想知道他**为什么**应该履行自己的责任。然而，如果道德具有客观的权威，那么这里的想法就是：如果古格斯理解了道德考虑的本质，如果他是理性的并清楚地思考，那么他就会认识到其计划的不公正（wrongness）向他提供了一个不要加以落实的**权威**理由。此外，如果他是理性的并清楚地思考，如果他理解了道德考虑的本质，“是不是要道德”这个问题对他来说看来就不是一个现实问题。……古格斯还是能够提出“这些权威理由对我来说究竟是什么”这个问题。（Copp 2007: 263）[2]

古格斯徘徊在他对道德责任的承认和自我利益的诱惑之间，于是就从**实践的观点**提出了“为何道德”这一问题[3]，因此对“是不是要道德”表现出一种犹豫不决的态度。科普认为，既然古格斯（或者我们）能够具有这样的态度，这个事实就表明：没有理由认为道德具有客观的

[1] 科普对这个观点的论证实际上也是不清楚的或者至少是不充分的：即使我们观察到很多人倾向于对“道德”表现出犹豫不决的态度，我们也不能由此断言道德**不应该**具有科普所说的权威规范性。

[2] 参见 Copp 2007, pp. 279-280。关于科普对古格斯的例子及其含义的详细分析，见 Copp 2007, pp. 284-308。

[3] 我强调“从实践的观点”，是因为科普承认我们（作为从事伦理反思的理论家）完全可以合法地从理论上提出“为何道德”这一问题。

权威（在上述第二种解释的意义上）。

然而，科普的分析至多只是表明道德**事实上**（也就是说，从纯粹**描述的**观点来看）没有这样的权威，而不是道德不能或者不应该有这样的权威。在我看来，科普的论证至少有两个缺陷。第一，科普对“理性的人”中“理性的”这一概念的使用是有歧义的。科普说，“如果古格斯理解了道德考虑的本质，如果他是理性的并清楚地思考，那么他就会认识到其计划的不公正向他提供了一个不要加以落实的**权威**理由”。然而，要是古格斯已经诚实地断言道德向他提供了这种权威理由，他大概就不会采取把国王杀死并霸占王后的行为，正如科普所承认的。之所以如此，是因为他对道德已经有了承诺，因此正是对道德要求的理性承诺阻止他采取那项行动。在这种情况下，道德理由对他来说仍然具有权威。另一方面，如果在“是不是要道德”这个问题上他仍然犹豫不决，那就意味着引导他去慎思的理性不是道德理性，而是一种深谋远虑的合理性（prudential rationality）：他是在思考采取那项行动是否符合自己对长远利益的考虑，因此才有了那种犹豫不决的态度。在这种情况下，我们可以认为他仍然没有真正地理解道德考虑的本质。第二，即使“理性的人”这一说法中的“理性的”并不是指深谋远虑的合理性，科普可能已经把某个特定道德的内容（例如社会上流行的传统道德）和一般而论的道德混淆起来。一般而论的道德是我们在进化故事中鉴定出来的一种思想观念，它被赋予了一种绝对权威，以便协调人们遵守规则的行为。只要我们做出了这个区分，就不难理解在后一个意义上具有道德意识的人们为什么也可以针对**特定的**道德要求而提出“为何道德”这一问题。我们此前对道德感的起源所提出的进化论述为理解这一点提供了基础。我们或许认为某个心理习性或某种行为方式因为具有适应性而是“好的”，并由此认为我们应该（甚至道德上应该）具有那个心理习性或采纳那种行为方式。不过，在这样做时，我们也需要把适应（adaptation）和适应性（adaptiveness）区分开来。[1] 具有适应性的东西不一定是一种适应，而适应过程也不一定具有适应性。例如，如果定期体检有助于提高人们生存和繁殖的机会，那么这种做法是有适应性的，但不能由此断言心灵有一种“定期体检”的适应机制——定期体检是一种通过学习获得的行为方式。另一方面，某种心理适应机制产生出来的行为也未必就是适应性的。自然选择至多只是告诉我们，在那种机制进化出来的环境中，与其他竞争机制相比，平均来看它倾向于产生更有适应性的行为。然而，一旦环境发生了变化，它有可能就不会产生适应性行为了。因此，在人类祖先的进化历史中，即使某些心理习性或行为倾向由于具有适应性而与道德要求的概念发生了联系，但在当今的环境中，它们的规范地位可以合理地受到怀疑或质疑。不过，这一可能性并没有削弱如下思想：在进化故事揭示出来的那个意义上，一般而论或者抽象地看的道德仍然具有这个故事赋予它的那种绝对权威（尽管有可能只是在麦凯的错误论的意义上）。科普的论证并没有成功地表明道德不具有这种权威。

现在我们可以回到乔伊斯反对伦理自然主义的论证。乔伊斯认为休谟式的伦理自然主义认同了行动理由的相对性论点。[2] 但是，正如我们已经看到的，这个事实本身并不足以表明这种自然主义所表达的规范框架说不上是“真正的‘道德’系统”。乔伊斯实际上想说的是，在休谟式的伦理自然主义这里，即使在道德规定和服从它们的理由之间存在着可靠联系，这种联系也只是**偶然的**，因此相应的规范框架就说不上是一种“真正的”道德系统。但是，为了达到这个结论，乔伊斯

[1] 参见 Scott M. James, *An Introduction to Evolutionary Ethics* (Oxford: Blackwell, 2011), pp. 21-22。

[2] 这并不会导致伦理相对主义，尽管在这里我无法论证这一点。

就必须假设这种联系在某种意义上是“必然的”。那么，在什么意义上是必然的呢？乔伊斯并没有直接回答这个问题。他用来反对伦理自然主义的论证似乎只是立足于两个主张。第一，日常的道德话语预设了存在着客观的道德理由，正是这种理由使得道德上必须做的（morally obligatory）行动变得不可避免。第二，伦理自然主义意味着人们服从道德要求的理由取决于人们偶然具有的欲望，道德要求和服从它们的理由之间的联系于是就变成了“偶然的”。而在乔伊斯看来，“一种只是偶然地与人们的理由相联系的道德在某些重要的方面就像礼节制度”（Joyce 2006: 202），不可能抓住道德被认为具有的客观权威。但是，即使关于行动理由的相对性论点是真的，它也不会导致我们接受这个结论，因为甚至对于具体的道德要求来说，对它们的正确认识和理解也会产生相对于行动的环境和行动者的能力而论的绝对理由。实际上，从进化伦理学的观点来看，不难理解人类祖先为什么会把（或者甚至应该把）一种绝对的权威赋予道德——只要他们认为这样做是出于前面所说的实践必然性的需要。因此，如果从进化的角度对道德感和道德能力的起源提出的说明确实是一种自然主义说明，那么甚至从进化伦理学自身的观点来看，道德的权威也不像乔伊斯所说的那样“取决于行动者偶然具有的精神状态”（Joyce 2006: 206）。即使道德是人性和人类条件的产物，而我们具有什么样的人性、生活在怎样的条件下在某种意义上说确实是偶然的（例如在如下意义上：自由主义在欧洲的产生是特定历史条件的产物），但是，道德是在人类生活的某种实践需要下产生出来的，因此就具有了一种实践意义上的必然性。另一方面，只要道德已经产生出来并且确实具有进化的故事赋予它的职能，那种实践需要就会迫使具有反思能力的个体把对道德考虑的认识与相应的行为倾向联系起来。

道德的客观性是一个特别令人困惑的问题。乔伊斯对伦理自然主义的质疑实际上是相对于对道德客观性的某种理解提出来的，因此，为了公正地对待他反对伦理自然主义的论证，我们就必须考察进化伦理学的兴起所导致的一个热点问题：对道德起源的进化探讨是否要求我们在根本上否认我们在日常生活中赋予道德的那种客观性或实在性？

三 进化揭穿论证

乔伊斯的观点属于一种类型的进化揭穿论证，这种论证的核心要点是：如果进化论就道德起源所讲述的故事是正确的，那么道德实际上就不是我们在日常生活中所设想的那个样子。这种论证的不同倡导者会以略有不同的方式来设想这种"揭穿"。例如，按照乔伊斯的观点，道德本质上具有一种绝对的权威和约束力，但是，如果进化表明道德实际上并不具有这个特征，比如说，如果实际上并不存在服从道德规则的所谓"客观的"理由，那么我们日常对道德的理解就是一种系统的错误。但是，即使绝对命令的思想从进化的观点来看毫无根据，它仍然是进化上有用的，因此我们可以把道德看作是一种"有用的虚构"。[1] 作为最早系统地探究进化生物学和进化心理学之伦理学含义的哲学家，迈克尔·鲁斯同样认为"道德只不过是我们的基因欺骗我们的一种集体幻觉"[2]，因为我们原本假设人类道德感有一种更深的来源，道德义务也不依赖于关于人类自身历史的任何偶然事实，但进化的故事表明我们所具有的这些信念实际上是假的。按照他们的观

[1] 关于乔伊斯对这个思想的详细论述，见 Joyce 2001，第六章至第八章。

[2] Michael Ruse, "The Significance of Evolution", in Peter Singer (ed.), *A Companion to Ethics* (Oxford: Blackwell, 1991), pp. 500-510，引文在 506 页。

点，对道德起源的进化论述产生了一种元伦理的反实在论，在某种意义上揭穿了道德的假面具，例如使得道德的客观基础变得多余，因此在这个意义上破坏了道德的基础，或者迫使我们对道德采取一种虚构主义态度。[1]

不难理解进化的故事为什么会让我们产生一种“揭穿真相”的感觉。在我们还不知道这个故事的时候，我们倾向于认为存在着真正的利他主义，而且把它看作道德的一个本质特征。但是，如果我们接受了对这个故事的某种理解，我们现在就可以看到，所谓的“真正的利他主义”实际上只是经过伪装的基因自私（genetic selfishness），是有机体为了促进其内含适应度而采取的策略。甚至当我们有时对其他成员提供帮助的时候，也是为了获得相应的回报，或甚至希望获得超出付出的回报。我们表面上具有的各种道德情感也有可能是基因自私的产物。如果我完全是为了自己的长远利益而采取表面上看似利他主义的行为，甚至是在基因机器的控制下这样做，那么我们日常所理解的道德就是一个幻觉，因为甚至互惠性利他主义其实也不是“真正的”利他主义。我们或许在生物学上被迫相信道德主张是客观的和真的，但是，如果人类道德就像进化的故事所表明的那样在人性和人类条件中有其基础，那么那个信念就是假的。换句话说，只要我们认识到了人类道德在生物学上的起源，我们就无须费心设定所谓的“道德事实”来说明道德现象。一些理论家由此认为，进化的故事反驳了道德实在论，或者说反驳了“存在着客观的道德”这一观点。进化揭穿论证提供了一个新的视角让我们重新思考某些传统问题，例如对道德客观性的传统理解，或者伦理自然主义的真正可能性，因此就在元伦理学和

[1] Joyce 2001, 2006；Michael Ruse and E. O. Wilson (1986), “Moral Philosophy as Applied Science”, *Philosophy* 61: 173-192.

道德心理学中激发了热烈的争议和讨论。不过，为了公正地处理进化揭穿论证提出的挑战，我们需要进一步表明进化的故事为什么会具有所谓的“揭穿真相”的含义——特别是，我们需要弄清楚这种论证所要挑战的究竟是一种什么样的道德实在论。以下我将依据鲁斯的观点来阐明这些问题，不仅因为他对自己的某些主张的阐述很容易引起误解，因此有必要加以澄清，也因为我大体上赞成他对进化伦理学的解释，但并不认为他的解释会像一些批评者所说的那样导致道德怀疑论。

进化揭穿论证的思想根源显然可以追溯到约翰·麦凯所谓的“错误论”，特别是他对“客观价值”的界定。[1] 因此，为了恰当地理解这种论证，我们就需要对麦凯的观点有一个基本理解。在麦凯看来，日常的道德判断包含了一个客观性主张，即认为存在着客观的道德价值。所谓“客观的价值”，麦凯指的是一种不依赖于我们的情感或态度、本身就具有规定性的东西（Mackie 1977: 35）。正是因为道德价值被认为具有这种内在的规定性，当我们诚实地做出一个道德判断（就某件事情或某个行动的道德性质做出判断）的时候，这个判断本身应该就能对我们产生动机影响。例如，假如我判断折磨动物来取乐在道德上是错的，那么我就会抑制自己去做这样的事情；或者，假如我判断帮助溺水的小孩是道德上正确的，而且自己有能力做到，那么我就倾

[1] 参见 John Mackie, *Ethics: Inventing Right and Wrong* (London: Penguin, 1977), pp. 30-49。麦凯的“错误论”的基本观念似乎可以追溯到休谟——休谟试图通过分析观念的起源来确定我们能不能“合法地”持有一个观念，或者在实际上并不存在一个观念所指称的对象的情况下表明我们为什么会有这有一个观念，例如“实体”的观念；特别值得注意的是，休谟明确地认为我们关于“因果性”的观念是一种主观投射的结果，这似乎暗示了麦凯的“错误论”的基本思想。对麦凯的观点以及“错误论”的进一步讨论，见 Richard Joyce and Simon Kirchin (eds.), *A World without Values: Essays on John Mackie's Error Theory* (Springer, 2010); Jonas Olson, *Moral Error Theory: History, Critique, Defense* (Oxford: Oxford University Press, 2014)。

向于采取相应行动。这就是说，只要我们诚实地做出一个涉及客观价值的判断，这个判断必然会对我们产生动机影响，就好像那个价值自身就含有规定我们要以某种方式行动的性质，不管我们是不是想这样做。因此，从道德经验的现象学的角度来看，日常道德显然承诺了客观价值的存在。然而，麦凯提出了两个论证来表明这是一个错误。“从相对性出发的论证”（argument from relativity）试图表明不可能存在客观价值，因为不论是在一个社会的不同时期，还是在不同社会中，在道德准则上都存在广泛的分歧或变异。麦凯认为，这种分歧或变异更有可能是由不同的生活方式造成的，而不是因为人们在认知客观价值时出了错。“从奇特性出发的论证”（argument from queerness）试图对客观价值的存在提出一种归谬论证：如果客观价值是一种自身就具有规定性、而且在根本上不同于宇宙中任何其他事物的东西（不管是一种实体、一种性质，还是一种关系），那么其存在就需要一种特殊的能力（例如所谓的“道德直观”）来加以把握，但是，没有理由认为我们具有这样的能力。为了看到这一点，我们可以考虑一下究竟应该如何设想所谓的道德事实和自然事实之间的联系。假设“折磨动物来取乐是道德上错误的”是一个道德事实，“某种行为是一种有意的残忍”是（或者表达了）一个自然事实。麦凯合理地认为，这两个事实之间的关系不可能是一种逻辑上或语义上必然的联系。但它们也不只是碰巧一道出现。因此，我们或许认为，某个行动在道德上是错的，是因为它是一种有意的残忍。但是，我们如何设想由“因为”这个概念来表达的关系呢？我们可能只是看到这种行动在社会上受到了人们的普遍谴责，但是我们并没有在世界中看到那个“因为”。那么，我们具有一种特殊的能力或官能，能够同时“看到”构成那种残忍行为的特点、那种道德上的错误以及它们之间的神秘联系吗？我们显然并不具有这样的能力或官能。因此，从形而上学的角度来看，那种自身就具有规定性和动机力量的东西是“神秘的”。另一方面，如果我们认为一个行动是因为具有了某些自然性质而具有某个道德性质（不管我们如何具体地理解二者之间的关系），那么我们就已经采取了一种伦理自然主义立场，而这意味着否认存在着自成一体的、客观的道德价值。

麦凯的论证不是无懈可击的。不过，假若我们接受了他的论证，那就意味着日常道德在假设存在着客观价值这一点上犯了一个错误。那么，这个错误是如何发生的呢？道德判断之所以能够具有动机效应，似乎是因为我们的道德判断总是与评价、偏好、选择、推荐、拒斥、谴责这样的活动相联系。而如果这些活动就像麦凯所说的那样“就是人类活动”，那么似乎就“没有必要寻求先于和逻辑上独立于所有这些活动的价值”（Mackie 1977: 31）来说明道德判断及其动机效应。因此，如果我们在日常生活中确实相信（即使是“错误地”相信）客观价值，那么这个客观性主张就需要得到一个说明。实际上，假若我们相信行动的理由取决于我们具有的欲望、目的和目标，那么我们就不太可能相信客观价值的存在。不过，既然哲学传统和日常道德都相信价值的客观性，我们就需要对这个幻觉是如何产生的提出一个说明。麦凯试图用他所说的“客观化过程”（objectification）来说明这一点。对于麦凯来说，客观化并没有一个单一的来源——人们可以出于各种目的而将价值客观化。理性主义哲学家可以用客观性概念来强化他们自己对道德要求之绝对性的强调。普通人可以用“客观上正确的”或“客观上错误的”这一概念来描述他们在一切相似的情形中都推荐或谴责的行动，以便促使其他人对他们提到的行动也采取同样的态度——他们试图借助于客观性概念来投射他们的情感和态度，或者用麦凯自己的话说，“道德态度本身至少在某种程度上具有社会起源：社会上确立的——以及社会上必要的——行为模式对个体施加了压力，每个个体都倾向于内化这些压力，参与要求自己和他人要具有这些行为模式”（Mackie 1977: 42-43）。就像我们在尼采或者存在主义那里所发现的那样，否定存在着客观价值可能会让人们产生一种“没有什么东西重要”的思想方式，因此可能就会导致对实践生活采取一种虚无主义态度——反过来说，只要人们相信客观价值的存在，他们可能就更容易满足社会生活提出的某些需要和要求。此外，在西方社会中，将对错与上帝的命令联系起来的传统做法也倾向于将价值客观化，如果人们由此而相信伦理学是一种律法系统，那么，即使人们不再相信上帝就是立法者，人们可能也会继续相信客观价值。总的来说，按照麦凯的论述，价值的客观化似乎与社会生活的某些目的或需要具有错综复杂的联系，因此在某种意义上说好像是可理解的（或者说不是无意义的）。因此，尽管麦凯接受了一种主观主义价值观，认为价值并不是独立于进行价值认知和回应的人们的态度而存在的，但他明显地按照休谟所说的“心灵将自身扩展到外部对象的倾向”来设想价值的客观化（Mackie 1977: 43）。假若我们的因果性概念就是这种投射的典型例子，那么麦凯所说的客观化实际上并不是毫无根据的。

进化揭穿论证的倡导者本质上继承了麦凯的错误论的基本思想，不过，与麦凯不同的是，他们将价值的主观来源和进化的故事结合起来，以此来明确反对某种形式的道德实在论。鲁斯可能最早地阐述了进化揭穿论证的核心观念，但是，也许是为了强调进化的故事对元伦理学所具有的“革命性”含义，他使用了一些很容易招致误解的语言来表述其观点和论证，例如，他写道：

> 达尔文主义者论证说，（从生物学的观点来看）道德完全不发挥作用，除非我们相信它是客观的。达尔文式的理论表明，道德事实上取决于我们的（主观）感受；但是它也表明我们具有（而且必定具有）客观性的幻觉。（Ruse 1998: 253）

如前所述，鲁斯认为道德在某种意义上对我们来说是一种“集体幻觉”。然而，正如我们即将看到的，即使进化的故事表明道德并不具有它在传统上被认为具有的那种客观性，这也不意味着道德对我们来说不是真实的或实在的。鲁斯事实上要表明，他所提到的那两个主张都是真的：从进化的角度来看，一方面，道德并不具有它在传统上被赋予的那种客观性，另一方面，我们也倾向于具有客观性的信念。然而，一些评论者对鲁斯的批评在很大程度上立足于对其观点的误解[1]，比如说认为鲁斯只有两个可能的取舍：或是认为道德在实在论的意义上完全不依赖于我们，或是认为道德根本上是虚幻的。然而，正如我将试图表明的，鲁斯只是在一种强健的道德实在论的意义上认为道德客观性对我们来说是一个“幻觉”——这就是说，只要我们采取了这种实在论立场，进化的故事就会表明道德并不具有这个意义上的客观性。但是，即使道德并不具有这个意义上的客观性，道德规范的约束力仍然并不取决于个体偶然具有的欲望。实际上，鲁斯认为进化的故事向我们表明了这一点。为了对鲁斯的观点提出一个公正的解释，以便恰当地探究进化的故事能够具有的元伦理学含义，我们首先需要了解其观点的要旨。[2]

鲁斯从进化的角度对伦理学所做的探讨并非本质上不同于本章第一部分提出的简要重构。鲁斯认为，自然选择作为进化之核心机制

[1] 例如，在我看来，如下两个批评都是立足于对鲁斯的观点的某种误解：Williams A. Rottschaefer and David Martinsen (1991),“Really Taking Darwin Seriously: An Alternative to Michael Ruse's Darwinian Metaethics”, *Biology and Philosophy* 5: 149-173; Peter G. Woolcock (1993),“Ruse's Darwinian Meta-Ethics: A Critique”, *Biology and Philosophy* 8: 423-439。

[2] 以下对鲁斯的观点的介绍主要立足于 Ruse and Wilson 1986，不过，必要时我也会参考他的一些相关论著，例如：Ruse 1993; Ruse 1998; Michael Ruse,“Is Darwinian Metaethics Possible?” in Giovanni Boniolo and Gabriele de Anna (eds.), *Evolutionary Ethics and Contemporary Ethics* (Cambridge: Cambridge University Press, 2006), pp. 13-26。

的观点在进化生物学中已经得到一致认同。鲁斯所要强调的是，自然选择不仅在人性的塑造和发展中发挥了主要作用，人类道德能力和道德意识的发展也是因为自然选择而变得必要和可能。尽管自然选择在抽象的意义上意味着不同形式基因之间的竞争，但生存和繁衍不一定要用纯粹竞争的方式来实现——在适当的环境条件下，避免捕食者、采取更有效的养育方式、与周边同伴进行合作，都可以同样好地促进生存和繁衍。这个事实使得以亲缘选择和间接互惠为基础的利他主义变得可能。在列举了一些例子来表明基因如何影响有机体的行为习性后，鲁斯特别指出，“尽管基因和行为之间的联系在人类这里更加多样，其中涉及的认知和决策过程也更加复杂，但总体仍然是由在人类基因组的引导下精确地组装起来的细胞机制来管理的”(Ruse and Wilson 1986: 177-178)。说基因机制在某种程度上构成了人类行为的基础或者为人类行为的变异施加了约束，并不是说任何习性总体上都受到了单一基因的控制，也不是要否认人类行为会因为环境因素或文化进化而具有某种灵活性和可变性：“就我们所知，没有任何基因型支配了一个单一的行为，排除了反思以及对同一种行为的其他取舍进行选择的能力”(Ruse and Wilson 1986: 180)。换句话说，鲁斯并不接受一种简单的还原主义观点，他甚至也不认为大脑在严格意义上是由基因所决定的，比如说，每一种重要的精神能力都是以硬件连接的方式在大脑中预先被固定好的。实际上，按照鲁斯对进化生物学的解释，人类精神活动并不是直接受到了基因的控制，而是受到了表观遗传规则（epigenetic rules）的影响。这种规则植根于“从基因导向思想和行动的生理过程中”，因此实际上是一种能够在基因上表现出来的自然选择的结果，它们让个体有了采纳某种（或某些）形式的行为而不是其他形式的行为的倾向。鲁斯用两个典型例子来说明这种规则对人类行为倾向的影响。第一个例子关系到人类对颜色的知觉。我们可以在视觉上看到光在强度上的变化，而且可以把这种变化看作是渐变的或连续的；相比较，即使光波渐进地发生变化，我们在视觉上也不会把那种变化知觉为连续的。人们会因为染色体的变异而变成色盲或者在对波长的知觉上发生偏差。进一步的研究表明，尽管文化差别可以影响人们对颜色词汇的使用，但是人们对颜色的知觉和分类基本上是一致的。第二个例子涉及近亲繁殖。一般来说，人们对于近亲之间的性行为有着自动的厌恶或者“本能的”反感，基本上每一个社会都有关于这种乱伦的禁忌。从进化生物学的观点来看，近亲之间的性行为降低了遗传适应性，经过自然选择后就导致了青少年敏感期的进化，而在性成熟时期体验到的那种抑制进一步导致了反对乱伦的禁令。正式的乱伦禁忌是对那种自动抑制的文化强化，由此我们就看到了基因和文化的共同进化，特别是，文化所能采取的形态以及发生变化的程度都受到表观遗传规则的限制。实际上，进化生物学的研究进一步表明，人类更加复杂的精神发展，例如语言习得、逻辑推理以及数学推理，在某种程度上都受到了表观遗传规则的影响。[1] 由此我们大概可以认为，人类的一切精神活动都是由表观遗传规则来塑造的，并受到了这种规则的约束。人类道德大体上也是用类似的方式发展出来的：“全体基因通过突变和选择，在成千上万年的时间里在一种广泛地具有社会性的存在者中演化出来；它们规定了人类特有的精神发展的表观遗传规则；在这些规则的影响下，从文化可以设想和可以得到的选择中就做出了某些选择，最终，通过协议和神圣化，那些选择再次被精简和硬化。”（Ruse and Wilson 1986: 180-181）因此，假若人类道德感的发展所需要的情感和能力确实是自然选择的结果，那么我们也有理由认为

[1] 例如，参见 C. J. Lumsden and E. O. Wilson, *Gene, Mind, and Culture* (Cambridge, MA: Harvard University Press , 1981)。

人类道德受到了类似的约束。鲁斯由此断言，“越来越多的关于基因和文化共同进化的证据反驳了如下假说：道德完全是文化的产物”（Ruse and Wilson 1986: 185）。

表观遗传规则实际上表达了人类个体对其生活环境中某些常规特点的回应，经过自然选择，其中一些规则就以基因突变的方式确定下来；但是，人类进化并未终止，一些规则仍然在形成中，而其他一些规则在人类与环境的进一步互动中也许会发生某些变更。不管怎样，尽管鲁斯反对简单化的还原主义，他也很明确地强调文化能够对我们以及我们的行为习性产生的影响受到了表观遗传规则的限制。从进化生物学的观点以及人类总体上作为一个物种的角度来看，我们的生物本性以及我们本质的生活条件在一定程度上决定了我们所能具有的人性，而我们所能具有的人性又在一定程度上决定了我们所能具有的道德。因此，在鲁斯看来，“道德彻头彻尾是植根于偶然的人性之中”，“并不存在真正客观的外在的伦理前提”（Ruse and Wilson 1986: 186）。这个对于哲学具有根本重要性的结论实际上是我们可以从进化生物学的研究成果中得出的，不过，鲁斯对这个结论提出了进一步的补充说明。首先，与人类道德相联系的那些情感和能力实际上是精神发展的表观遗传规则的产物，“这些规则接着又是物种的遗传历史的特有产物，就此而论是由自然选择所需的特定条件形成的”（Ruse and Wilson 1986: 186），因此不同类型的物种会因为具有不同的表观遗传规则而具有不同的道德——假若除了人类之外的其他物种（或者外星人）有可能具有道德的话。实际上，假若人类是从某种其他的动物演化而来的，而不是从生活在非洲大草原上的、食肉的两足猿人演化而来的，那么他们很有可能就会把今天的人类认为是自然的或正确的行为看作是不自然的或错误的。如果我们所说的“道德”归根结底是从自然选择的过程中产生出来的适应机制，或者至少与这样的机制相联系，如果不同的物种面临完全不同的自然选择压力，因此很可能就会具有不同的适应机制，那么道德就是物种相对的——“一个物种的伦理准则不能被转变为另一个物种的伦理准则。在个别物种的特定本质之外并不存在抽象的伦理准则”（Ruse and Wilson 1986: 186）。其次，我们好像也不能通过设想某种终极准则的存在来维护“真正客观的道德”这一观念，不仅因为（就像麦凯所说的那样）我们并不具有一种能够对“终极的道德实在”进行理智直观的官能或能力，而且因为我们实际上无法脱离自己的本性来设想，什么东西对我们来说是好的或正确的，什么东西对我们来说是坏的或错误的。就算有一个不依赖于所有物种的本性和生存环境而存在的“真正客观的”道德，我们也有理由怀疑它就是自然选择最终要我们去追踪和对应的目标。“假设进化将会搜寻出真正的道德，这种想法恰好是要回到斯宾塞式的渐进论。对于达尔文主义者来说，行之有效的东西才算数。要是进化将我们带到另一条路上，我们可能就会把我们现在认为是可怕的东西看作是道德的，反之亦然。这不是传统的客观主义者所能接受的一个结论。”（Ruse 1998: 254）实际上，达尔文早就提出了类似说法：

> 首先需要提出的是，我不想认为，任何严格意义上的社会动物，若其思想能力变得就像人那样活跃和高度发达，就会获得与我们完全一样的道德感。各种动物都具有某种审美感，尽管它们赞美很不相同的对象，同样，它们可能都有一种关于对错的感受，尽管这种感受会将它们引向很不相同的行为准则。用一个极端的例子来说，如果人是在与蜜蜂完全一样的条件下被养育出来的，那么几乎无可置疑的是，未婚女性就会像工蜂那样认为将自己兄弟杀死是一项神圣职责，做母亲的就会尽力杀死自己多产的女儿；没有谁会想到要去干涉。……这个进程是应当加以遵循的，

> 其他的则不然；这种做法是正确的，而其他的则不然。[1]

鲁斯就道德客观性提出的说法，正如我们即将看到的，就是围绕进化揭穿论证所展开的争论的一个核心来源。在处理这个问题之前，值得指出的是，鲁斯自己意识到客观性信念实际上是日常道德话语的一个基本承诺："道德主张的独特性就在于它们是规定性的；它们向我们提出了以各种方式帮助他人以及与他人合作的义务。此外，道德被认为超越了纯粹的个人意愿或欲望。'杀人是错的'所传递的含义不只是'我不喜欢杀人'。因此，道德陈述被认为具有客观的所指，不管它是一位至高无上的存在者的意志，还是可以通过直观而知觉到的永恒真理"（Ruse 1998: 178）。鲁斯希望表明这个信念从进化的观点来看实际上是幻觉。然而，他对这一点的论述容易使人误解。正如我们即将看到的，一方面，鲁斯实际上只想否认道德在后面所说的"强健实在论"的意义上是客观的；另一方面，他也认为普通人对道德客观性的信念在某种程度上可以按照道德被指望要发挥的功能来加以解释，因此这个信念实际上可以得到一个进化说明：

> 如果人在基因的欺骗下认为存在着一种公正无私的客观道德约束着他们，那么他们就会更好地行使职责。我们帮助其他人，因为这样做是"正确的"，因为我们知道他们在思想上不得不在同等程度上报答我们。达尔文式的进化论所表明的是，对于"正确的"这个概念的这种感受，以及对于"错误的"这个概念的相应感受——我们认为高于个人欲望而且似乎超越了生物学的那种感受——在根本上说其实是生物过程所导致的。（Ruse 1998: 179）

---

[1] Charles Darwin (1871), *The Descent of Man* (Princeton: Princeton University Press, 1981), pp. 73-74.

鲁斯并未详细说明进化如何让我们具有了道德客观性的信念[1]，但他确实给出一些暗示。道德客观性信念可能与心理利他主义的产生具有某种联系。按照我们对道德的日常理解，“真正的”道德就在于不计个人得失而做“正确”之事。但是，一般来说，人类个体并不是通过计算每一个特定行为对自己的基因或近亲之基因的影响来决定如何行动，他们反而倾向于按照规则来行动，而这些规则长期来看有助于促进个体的生存和繁衍。换句话说，如果人们遵循社会上得到普遍接受的伦理准则，那么，与他们每时每刻都围绕自我利益来进行计算以决定如何行动相比，他们会更有效地行使自己职责。因此，在采取利他主义行为时，他们只是在按照某些有助于促进互惠互利和社会合作的规则来行动，并非在每次行动时都期望得到对方回报。但是，从进化的观点来看，他们显然也不希望生活在一个从来都得不到回报的社会中。于是，当他们在道德的名义下来行动时，他们可能都希望那种被称为“道德”的制度能够为互惠互利和社会合作提供某种保证，而能够得到保证的一种方式，就是认为道德具有某种“客观的、绝对的”权威，就像上帝的意志那样能够对不进行合作或者蓄意破坏社会合作规则的人进行某种形式的惩罚。就像鲁斯所说，“当人们停止报答时，我们就倾向于把他们看作处于道德框架之外。他们是‘反社会的’或者说‘不比动物更好’”（Ruse 1998: 188）。[2]

不管我们是不是像鲁斯那样把从不回报的人称为“反社会的”或者“不比动物更好”，假如我们实际上无法用某种方式将他们从社会中

[1] 实际上，我们现在已经可以看到，假若这个信念能够得到说明的话，它似乎也不能仅仅从生物学的层面来加以说明。

[2] 彼得·斯特劳森也有类似的说法：不能具有人际间的反应态度的个体应该被当作“对象”来处理，而不是我们一般所说的“主体”。参见 Peter Strawson, “Freedom and Resentment”, reprinted in P. F. Strawson, *Freedom and Resentment and Other Essays* (London: Routledge, 1974), pp. 1-28。

“驱逐出去”，假如他们总有可能“搭便车”而不被逮住，那么在资源严重不足、合作者数量极其有限的情况下，当我们采取对他们有利的行为时，我们就是在降低自己的内含适应度。在这种情况下，如果我们当中大多数人都认识到了这一点，那么我们就会重新组织社会，把我们能够辨别出来的那些从不合作的人排除在外。但是，当社会规模变得越来越大、社会结构变得日益复杂时，我们并不总是能够重组社会，或者为了重组社会我们将不得不付出难以承受的代价。实际上，即使社会一开始都是由愿意进行合作的个体构成的，但是，只要有新的社会成员加入（例如通过既有个体的繁殖），只要社会的复杂性使得其中某些成员总有可能采取不合作的行为，我们已经予以解决的问题就会再次出现。人类不得不在反复面临这种问题的情况下展开自己的生活。如果道德就像在前面所说的那样本来就是为了断然终止打破规则的行为而出现的，那么我们就不难理解人们为什么倾向于把一种客观的权威赋予道德——即使我们无力惩罚那些通过违背社会规则来为自己谋取利益的人，我们希望作为一种体制的道德能够借助于其权威来惩戒那些人，我们也希望每个人都能自觉尊重道德的权威。因此，从道德在社会生活中应当承担的职能来看，看来我们确实倾向于将一种客观的、绝对的权威赋予它，正如鲁斯所说：

> 道德的一个本质特征就在于，它是一种让我们超越我们的日常愿望、欲望和恐惧，并与其他人发生社会互动的适应。它如何让我们做到这一点呢？通过让我们的心灵中充满关于义务和责任的思想。这当中的关键就在于，正是因为我们认为道德是一种加诸我们的东西，我们才在道德的感召下采取行动。我们可能对于是否要做正确的或错误的事情有所选择，但是对于对错本身毫无选择。如果道德并不具有这种外在性或客观性的模样，它就不会是道德，而从

生物学的角度来看，它就不能履行其本职工作。（Ruse 1998: 253）。

因此，即使道德表面上具有的那种客观性在鲁斯看来是一种幻觉，但从进化的观点来看它是一种在功能上有用的幻觉，将这种幻觉加诸我们的进化过程实际上也是让我们具有道德情感的那些过程。

事实上，关于社会合作的囚徒困境及其解决方案为客观性信念的产生提供了进一步的说明。[1] 假若搭便车的行为得不到惩罚，那么互惠性的利他主义制度就会陷入崩溃的危险。因此，为了保证合作能够继续下去，就需要设定一种惩罚制度来警告和处罚潜在的搭便车者。但是，从成本－效益分析的角度来看，即使惩罚背叛者是正确的，但并非在任何情况下都是合理的。如果潜在的搭便车者看穿了这一点却还是随心所欲地行动，那么一种从未执行的制裁制度就是多余的。正如第一部分所论述的，我们现在所说的道德情感可能就是进化来弥补这方面的缺陷的。如果我们知道得到帮助的那些人会感激我们，因此很可能会回报我们，而在拒绝回报的情况下他们就会感到内疚，那么我们不仅在心理上多少有了一种安全感，而且也会按照某人在社会合作中的声誉来决定是否要跟他合作。如果社会变得足够复杂，合作对象并非一直都是可以追踪的，那么人们大概就只能按照声誉来决定是否要跟某人合作。我们可以设想的是，假若某些人假装自己是有道德的、富有同情心或值得信任，但只要有机会就会进行背叛，那么在社会合作游戏中他们就会处于有利地位。动物行为学的研究已经表明，某些动物进化出了进行欺骗的能力，有办法将自己假扮为报答者。欺骗行为会显示出某些迹象，例如，人类欺骗者可能会掌心冒汗或者声音颤抖。但是，假若欺骗者能够对其

[1] 其他一些作者也提出了类似说法，例如参见 Neil Levy, *What Makes Us Moral?* (Oxford: Oneworld Publications, 2004), pp. 84-85。

他人隐瞒自己的欺骗，他们就会做得更好。因此，我们可以假装并不只是将自己对其他人的关怀限制到那些能够报答我们的人。一旦我们有了这样的社会声誉，其他人就可以选择跟我们合作，但事实上我们只是骗自己相信我们真的是利他主义的，有时候能够不计自己得失、为了他人而行动。特里弗斯的研究已经充分地表明欺骗和自我欺骗在社会进化中是如何可能的。[1] 但是，为了向其他人表明我们是能够充分合作、完全值得信任的，我们首先就得相信我们日常所理解的道德不仅是可能的，而且也是客观存在的，否则其他人就不会相信我们那种自我欺骗的做法。换句话说，如果没有任何人相信存在着“真正意义上”的道德，那么也就没有任何人相信其他人能够是真正有道德的，不管后者是不是通过一种自我欺骗而假装如此。

不论按照哪一种解释，从自然选择的角度来看，看来确实有理由认为道德在某种意义上是客观的。我们可以学会把道德设想为客观的，以此来约束我们的欲望和冲动，不管这样做是为了取得别人的信任还是为了获得一种康德意义上的个人自主性。另一方面，我们也希望其他人将道德看作是客观的，以便在社会合作中不至于经常欺骗或背叛我们。因此，不论自然选择用什么方式让我们逐渐学会将道德设想为客观的，在某些条件下（例如社会中必须有一定数量的、自觉地按照道德要求来行动的个体），从长远的观点来看，道德客观性信念有助于人类个体遵守和维护社会合作规则，因此有利于人类个体的生存和繁衍。鲁斯进一步认为，对道德的起源和功能的进化论述也避免了传统主观主义所面临的一个困难——无法说明我们的道德经验的一个本质特征，即道德并不取决于个人选择，反而对我们的欲望和偏好

[1] Robert Trivers, *The Folly of Fools: The Logic of Deceit and Self-Deception in Human Life* (New York: Basic Books, 2011)。

具有约束力。而且，这种自然主义论述也没有给道德相对主义留下多少余地，因为“精神发展的表观遗传规则只是相对于物种，……而不是相对于个体的。很容易想象另一种形式的有智慧的生命，其精神发展规则与人类的不同，因此其伦理也根本上不同于人类的伦理”（Ruse and Wilson 1986: 188）。如果人类所能具有的表观遗传规则在很大程度上是由人性以及人类与环境的相互作用来决定的，而表观遗传规则又在一定程度上对人类道德情感和道德能力的发展施加了限制，那么我们称为“道德”或“伦理”的那种东西确实就是物种相对的，但是相对于特定物种的成员来说具有一种客观性。

假若人类的道德能力和基本的道德规范（特别是与社会合作相关的道德规范例如公平、正义以及互惠互利）已经可以从自然选择的角度来加以说明，那么我们就没有必要（实际上也没有理由）诉诸一种根本上不依赖于人性和人类生存条件的东西来说明人类道德，不管那个东西是所谓“终极的道德实在”还是上帝的至高无上的意志，抑或是其他本质上与此相似的东西。自然选择已经表明人类如何具有我们在日常生活中观察到的基本道德规范，我们对道德进行客观化的那种倾向似乎也可以从自然选择的角度来加以说明。人性以及人类特有的生活条件决定了社会合作是一切人类个体之生存、繁衍和发展的一个必要条件。因此，如果自然选择对这个事实提供了一个令人信服的说明，那么我们是因为自己的本性而服从基本的道德规范，并认为道德对我们来说具有某种客观的权威。没有道德，社会生活就变得不可能，我们因此也就会失去我们得以生存和发展的必要条件。一旦我们了解到对道德的来源和功能所提出的这种发生论的或谱系学的说明，我们就会看到为什么我们有理由服从道德要求。假若对道德起源的这种因果说明已经足以表明道德在什么意义上是人类生活的一种实践必然性，那么我们由此而得到的服从道德要求的理由也是终极性的——

我们无须把麦凯所说的那种“自身就具有规定性”但又完全不依赖于人性的东西设想为我们服从道德要求的根据。鲁斯不止一次地引用法哲学家杰弗里·墨菲的一段话来阐明这一点：

> 社会生物学家可能都同意……价值判断是恰当地按照其他价值判断来捍卫的，直到我们达到了某些根本的价值判断。在某种意义上说这样做就是提出理由。然而，假设我们认真提出“为什么这些根本的判断被看作是根本的”这一问题，那么对此就只有一个因果说明！我们拒斥简单的功利主义，因为它得出了道德上有悖于直观的结果，或者我们信奉一种罗尔斯式的正义理论，因为它让我们的前理论的坚定信念变得有条理。但是那些直观或坚定信念具有什么地位呢？也许我们只能对它们说：它们涉及一些被嵌入我们的生物本性的根深蒂固的偏好或偏好模式。倘若如此，理由和原因的区分在某个根本点上就瓦解了，或者其中的一个转变为另一个。[1]

康德会认为道德归根到底就在于我们的理性本性：我们的理性自主性要求我们是道德的。而在鲁斯之类的达尔文主义者看来，道德的根源就在于我们作为一个物种而被赋予的人性以及人类特有的生活条件——“我们之所以觉得我们应该帮助他人、与他们进行合作，乃是因为我们的存在方式”，就此而论“道德是人性的一部分，是一种有效的适应”（Ruse

[1] Jeffrie Murphy, *Evolution, Morality, and the Meaning of Life* (Totowa, NJ: Rowmanand Littlefeld, 1982)，112 页注释 21，转引自 Michael Ruse, *The Philosophy of Human Evolution* (Cambridge: Cambridge University Press, 2012), pp. 180-181。鲁斯在如下论文中也引用了这段话：Michael Ruse, “Evolutionary Ethics: Past and Present”, in Philip Clayton and Jeff Schloss (eds.), *Evolution and Ethics* (Grand Rapids, MI: Wm. B. Eerdmans Publishing Co., 2004), pp. 27-49。

1998: 252, 253)。因此，进化的故事好像确实抓住了日常道德的两个根本特征：一方面，它与人类的感性和情感具有本质联系，因此能够对我们产生动机影响；另一方面，它不依赖于任何特定个体的欲望而对我们具有权威。这样，进化伦理学似乎就在元伦理学中的休谟主义者和康德主义者之间实现了一种"和解"，就此而论具有一种说明上的优势。如果道德完全可以按照**内在于**人性和人类条件的东西来加以说明，而自然选择并没有把某个既定的、外在于人类条件的目标作为目的，那么按照一种与人性和人类条件全然无关的"规范事实"来谈论人类道德显然就是就没有充分的根据。由此我们可以看到，当鲁斯说到所谓的"客观性的幻觉"时，他并不是否认道德的实在性，也不是否认道德是我们需要认真加以对待的东西，而是要否认那种规范事实的存在。鲁斯自己的陈述实际上很明确地表达了他的态度："在某种意义上说，道德是一种由我们的基因强加于我们的集体幻觉。然而，值得注意的是，这种幻觉不在于道德本身，而是在于其客观性含义。我肯定不是在说道德是不真实的。它当然不是不真实的！不真实的是道德的那种表面上的客观所指。"(Ruse 1998: 253) 在这里，"表面上的客观所指"显然就是鲁斯曾经提到的上帝意志或者柏拉图式的价值世界之类的东西。正是在这个意义上，鲁斯认为"道德在人类情境外既没有意指（meaning）也没有辩护。道德是主观的"(Ruse 1998: 252)。[1] 由此可见，鲁斯借助于"幻觉"这个

[1] 在另一个地方鲁斯更明确地指出："在达尔文式认识论的情形中，我们得到的是对形而上学实在——物自体的世界，更不用提等待着被发现的柏拉图式的理念和永恒的数学真理的世界——的一种否认和对常识实在的一种确认，而在后面那种实在中，进行探究的主体发挥了一种积极的、创造性的作用。在达尔文式伦理学的情形中，我们得到的是对客观性——**用另一个名字来说就是形而上学实在**——的一种否认和对主观性的一种确认，实际上也是对常识的一种承诺，在其中道德主体发挥了一种积极的、创造性的作用。"(Ruse 1998: 269，强调系笔者所加)

说法所要揭穿的，并不是道德的真实性，甚至也不是我们实际上可以合理地赋予道德的那种客观权威，而是一种强健意义上的道德实在论。这种道德实在论不仅认为道德价值不依赖于人类心灵（包括我们的情感以及相关的精神态度例如信念和欲望）而存在，而且也按照一种实际意义上的对应概念来理解道德真理——如果一个道德陈述或道德判断的命题内容以某种方式对应于不依赖于心灵而存在的规范事实，那么它就是真的，否则就是假的。[1]

四　达尔文式的怀疑论与道德实在论

进化揭穿论证的倡导者普遍认为，假若我们**必须**按照这种实在论来思考道德信念的辩护问题，那么道德信念的进化起源就会表明我们的道德信念实际上得不到辩护（或者在某种意义上说，我们并不具有道德知识）。鲁斯的一个主张暗示了这种论证所要采取的基本形式。鲁斯说："达尔文主义者声称其理论对我们的道德情感提出了一种完整的分析，

[1] 如何理解或界定道德实在论当然是一个有争议的问题。我在这里采取的是进化揭穿论证的倡导者都接受的理解。实际上，不管如何具体地界定道德实在论，道德实在论的本质显然就在于它对一种"心灵独立性"的强调，而且倾向于按照"对应"来理解道德真理（因为非实在论的元伦理理论也可以用某种方式来说明日常道德对道德真理的承诺）。例如，最近出版的一本著作将道德实在论定义如下："道德实在论即如下观点：道德价值以一种在因果上和证据上（尽管不是概念上）不依赖于任何人和每一个人（包括理想化的行动者）的信念的方式而存在，以至于证据和信念并不决定或构成那些价值，尽管它们可以适当地和可靠地反映那些价值。"（Kevin DeLapp, *Moral Realism* [London: Bloomsbury, 2013], p. 17）另一位作者认为道德实在论指的是这样一种观点："道德性质和道德理由的存在是一件不依赖于心灵的事情。这就是说，这种性质和理由的存在不依赖于人们（不管是个别地还是集体地）所思、所欲、所承诺、所盼望等的东西。"（Simon Kirchin, *Metaethics* [London: Palgrave Macmillan, 2012], p. 22）

因此不需要添加更多的东西了。假若有两个世界，二者的差别仅仅在于，其中一个具有客观的道德，而另一个没有，那么生活在其中的人们也会用完全同样的方式来思想和行动。”（Ruse 1998：254）假若自然选择已经对人类道德的起源和功能提供了完备的说明，那么我们似乎就不需要设定一种不依赖于整个人类心灵而存在的“道德实在”来说明我们的道德情感和道德行为。在后面我将表明，我们仍然可以在一种**有节制的**实在论的意义上来设想人类道德。但是，目前需要注意的是，道德实在论者会提出这样一个说法：假若不管实在论者称为“道德实在”的那种东西发生了什么变化，我们的道德信念都仍然保持不变，那么我们的信念就是没有辩护的（或者说，我们实际上并不具有道德知识）。之所以如此，是因为在实在论者看来，一个信念的可辩护性在于它以某种方式可靠地追踪实在，不管我们用什么方式来具体地设想辩护（例如，是按照内在主义还是外在主义，抑或按照某种中间路线，比如说美德认识论的思路）。因此，假若确实存在实在论者所设定的那种道德实在（独立于我们而存在的规范事实的王国），但是自然选择让我们持有的道德信念并不追踪这种实在，那么我们实际上持有的道德信念就是错误的或虚假的。简单地说，进化揭穿论证采取了如下形式：

（1）如果我们的道德信念是一种未能追踪道德事实之过程的产物，那么它们就得不到辩护（或者我们就没有道德知识）。

（2）我们的道德信念是自然选择所导致的进化的产物。

（3）自然选择所导致的进化是一种未能追踪道德事实的过程。

（4）我们的道德信念是一种未能追踪道德事实之过程的产物。

（5）因此，我们的道德信念得不到辩护（或者我们没有道德知识）。

假若我们用这种方式来设想进化揭穿论证[1]，那么其前提显然不是没有争议的，或者至少要求进一步的说明。既然这个论证的倡导者希望用进化的故事来揭穿某件事情（例如道德信念）的真相，而反对者并不认为进化的故事具有这个效应，或者甚至表明某种形式的实在论在进化的故事下仍然是可维护的，他们就都可以接受该论证的一个主要前提，即我们的道德信念是自然选择过程所产生的。然而，就进化揭穿论证也涉及道德信念的辩护而论，持有或采用什么样的辩护概念可能会对该论证的有效性产生重要影响。比如说，如果我们采取一种可靠主义的辩护概念，那么，即使我们对于道德信念被假设要对应的规范事实没有认知存取（epistemic access），我们的道德信念也可以是有辩护的（Vavova 2014）。或者，既然进化揭穿论证预设了元伦理的客观主义，即认为客观主义为评价性概念和性质提供了正确的说明，通过拒斥这种客观主义，我们也可以切断进化揭穿论证（参见 Street 2006, Kahane 2010）。鲁斯的观点实际上暗示了这种可能性。回想一下，鲁斯并不否认我们的道德信念是有事实根据的（实际上其根据就在于某些关于人性和自然选择的事实），他只是否认道德有某种形而上学实在（例如某种超验的规范事实）作为所指和客观性的根据。如果我们放弃了这个意义上的元伦理客观主义，但又承认我们的道德信念在某种意义上具有事实根据，那么，甚至在接受进化的故事的情况下，我们也无须认为我们的道德信念没有辩护。

[1] 需要指出的是，很多评论者实际上都以这种方式来构造进化揭穿论证，例如 Sharon Street (2006), "A Darwinian Dilemma for Realist Theories of Value", *Philosophical Studies* 127: 109-166; Erik J. Wielenberg (2010), "On the Evolutionary Debunking of Morality", *Ethics* 120: 441-464; Guy Kahane (2010), "Evolutionary Debunking Arguments", *Nous* 45: 103-125; Katia Vavova, "Debunking Evolutionary Debunking", in Russ Shafer-Landau (eds.), *Oxford Studies in Metaethics*, Vol. 9 (Oxford: Oxford University Press, 2014), pp. 76-101。

这就引发了一个问题：为什么要按照一种强健的道德实在论来设想道德信念的辩护问题？当然，我们不可能有辩护地持有一个**虚假的**信念，但是，这里的核心问题显然在于我们依照什么来谈论道德信念的真假。即使进化的故事表明道德是一种内在于人类本性的东西，因此在这个意义上是“主观的”，但是，正如我们已经表明的，从自然选择的角度来理解的道德不仅仍然可以向我们提供一个“客观权威”的概念，而且也允许个体在道德信念上出错的可能性。因此，进化揭穿论证在动机上需要一个说明——这种论证的倡导者需要对“道德”提出某种实质性的理解，以便表明进化的故事所揭示出来的人类道德图景与那种理解仍然是有偏差的，从而为引入强健的道德实在论提供一个动机。有些批评者指出，从自然选择的角度得出的某些评价判断不太符合我们日常的道德直观，比如说，我们或许从进化的故事中得出“我们更有义务帮助自己的孩子而不是别人的孩子”或者“我们更有理由帮助跟我们处于同一群体的人而不是全然陌生的人（或者不属于本群体的人）”之类的判断，但是这些判断似乎不符合对道德的这样一种理解：道德的观点必须是严格不偏不倚的。假如我们由此认为，凡是我们有能力帮助的人就都应该提供帮助，不管他们跟我们具有什么样的关系，那么进化似乎就对某些评价性判断的内容施加了一种歪曲的影响。然而，实际上很容易看到，并非可以从自然选择的角度得到说明的一切评价性判断都不符合我们日常的道德直观。比如说，正义和公平的观念，作为日常道德的一个核心要素，就在进化伦理学的思想框架中得到了很好的说明。[1] 进化的故事也对如下问题提供了一个令人满意的说明：对于与我们具有某些特殊关系的

[1] 罗尔斯在很大程度上借助于自然选择的观念来说明正义的动机以及正义原则在制度上的稳定性。参见 Ruse 1998，244-247 页。

人，我们所负有的义务为什么在分量上高于我们可能对其他人负有的义务。但是，如果我们确实有理由认为自然选择对我们的评价性判断的内容施加了某种影响，使得其中的一些判断偏离了从某个其他的观点来设想的评价性判断，那么我们好像就可以引入强健的实在论来说明这种偏差。

然而，如果实在论者必须按照一种独立的规范事实来处理道德信念的辩护问题，那么他们就会面临一个严重挑战：如何说明道德信念和这种规范事实之间的关联？[1] 人类能够知觉到什么颜色不仅取决于物理对象的构成以及光照条件，也与人类视觉系统的特定构造有关。在这个意义上，我们可以认为颜色对人类个体来说是一种响应依赖（response-dependent）的性质，正如狗只能知觉到黑白世界，或者蝙蝠对物理对象的知觉与人类的完全不同。但是，如果强健的实在论者所设定的那种规范事实在类似的意义上完全不依赖于我们的响应（甚至在理想的条件下），那么它们究竟如何与我们可能具有的规范判断或信念相联系呢？当然，如果我们采取一种自然主义观点，即认为所谓的"规范事实"并不是自成一体的，而是在某种意义上可以按照某些自然事实来加以说明，那么一种自然主义实在论或许就能说明这种联系。然而，莎伦·斯特里特构造了一个达尔文式的两难困境，试图以此表明强健的实在论无论如何（也就是说，无论是不是按照自然主义的方式来加以设想）都会面临一个困难。斯特里特的整个论证取决于她对道德实在论和道德的一种特定理解。按照斯特里特的说法，关于价值的实在论持有这样一个规定性主张：至少存在着一些不依赖于我

[1] 伊诺克详细地讨论了强健的实在论者面临的挑战所采取的形式，并认为斯特里特为这种实在论所构造的困境（下面即将加以讨论）是他所提出的挑战的一种特殊形式。见 David Enoch (2010), "The Epistemological Challenge to Metanormative Realism: How Best to Understand It, and How to Cope with It", *Philosophical Studies* 148: 413-438。

们的所有评价态度而成立的评价性事实或真理。斯特里特所说的评价态度包括“欲望、赞成和不赞成的态度、非反思性的评价倾向例如将某个东西 X 算作支持 Y 或要求 Y 的倾向、有意识或无意识地持有的评价判断等等”（Street 2006: 110）。斯特里特似乎也认为我们在进化压力下具有的评价性判断可能会与某些意义上的道德判断发生偏差。在做出了这些必要界定后，斯特里特从进化心理学中引出了其论证的基本前提：我们的评价判断的内容在很大程度上受到了进化压力的影响。这样说不是要否认评价判断的内容也受到了其他因素的影响，例如社会、文化、历史方面的因素以及个人的批判性反思。但是，就像鲁斯强调表观遗传规则在很大程度上决定了我们根本的行为规则那样，斯特里特认为“自然选择的力量向来是塑造人类价值之内容的一股巨大力量”（Street 2006: 114）。人类祖先在进化压力下形成了某些特定的评价判断，例如“某事促进了家庭成员的利益这一事实是做那事的一个理由”“某人是利他主义者这一事实是称赞和奖励那人的一个理由”。但是他们并未形成下面这样的评价判断：某事促进了家庭成员的利益这一事实是不做那事的一个理由；某人是利他主义者这一事实是厌恶和惩罚那人的一个理由。人类祖先之所以做出前一种价值判断而不是后一种价值判断，是因为与其他价值判断相比，前者倾向于促进生存和繁衍，而不是因为人类祖先把握了某些所谓的“道德事实”。自然选择影响了人类祖先的基本评价倾向，而后者又影响了他们做出或确认的评价判断：对于我们来说，假若基本评价倾向的一般内容发生了很大变化，经过充分发展的评价判断的一般内容也会发生很大变化。如果我们的评价判断系统确实渗透着进化的影响，那么道德实在论者就会面临如下两难困境：

> 实在论的价值理论所面临的挑战是要说明进化对我们的评

> 价态度的这些影响和实在论者所设定的独立的评价真理之间的关系。实在论者……无法对这个关系提出任何令人满意的论述。一方面，实在论者或许声称二者之间没有关系。但是这个主张导致了不合理的怀疑论结果——由于达尔文式力量的歪曲影响，我们的大多数评价性判断偏离了轨道。实在论者的另一个选择是要声称在进化的影响和独立的评价性真理之间存在着某种联系，即自然选择偏爱能够把握那些真理的祖先。但是这个论述……从科学的根据来看是不可接受的。不管怎样，实在论的价值理论无论如何都无法容纳如下事实：达尔文式的力量已经对人类价值的内容产生了深刻影响。（Street 2006: 109）

具体地说，如果实在论者否认进化压力所产生的影响和独立的评价性真理之间没有联系，那么他们就必须认为，自然选择的力量对我们的评价性判断所施加的影响完全是歪曲性的，就好像我们是在某种盲目力量的作用下到达了某个我们不想去的地方。在这种情况下，“自然选择在历史上对我们评价性判断的内容所施加的压力就与评价性真理无关”（Street 2006: 121）。自然选择可能只是将我们推向有利于我们繁衍成功的方向，由此让我们倾向于做出相应的评价性判断。但是，如果我们的评价性判断根本就不追踪独立的真理，而是（比如说）我们在笛卡尔邪恶精灵的欺骗下所具有的知觉经验，那么那些判断都没有辩护。[1] 另一方面，实在论者也不能假设我们在进化压力下所持有的大

[1] 在这里我将不详细讨论对客观实在的追踪与辩护的关系。简单地说，如果我们对客观实在的认识只能以经验为中介（例如，我们无法通过所谓的“理智直观”而认识到客观实在），那么我们就倾向于得到一个怀疑论的结果。正如笛卡尔已经充分有力地表明的。不过，有一些方式能缓和怀疑论的结论，例如通过采纳一种可错论的观点，或者采取一种外在主义的辩护概念。

部分评价性判断碰巧是真的，不仅因为这样做要求一种实际上不太可能发生的幸运巧合，而且也因为用这种方式来“说明”评价性判断和评价性真理之间的联系对于实在论者来说“便宜得令人惊讶”（Street 2006: 122）。[1]

那么，假如实在论者承认在自然选择的运作和独立的评价性真理之间存在着某种联系，那又如何？我们已经观察到，在我们于自然选择的压力下所形成或具有的评价性判断中，有相当一部分是真的。如果实在论者承认这些判断的内容和评价性真理的内容有所重叠，那么他们就得对此给出一个说明。对于实在论者来说，提出这样一种说明的最自然的方式莫过于认为，在自然选择过程中，迫使人类祖先做出评价性判断的那些原因已经追踪独立的评价性真理——“能够把握一个人有理由做、有理由相信、有理由感受到的事情会促进一个人（及其后代）的幸存”（Street 2006: 125）。这就是说，做出实在论意义上为真的评价性判断有利于生存和繁衍。我们可以将实在论者提出的这种论述称为“追踪论述”（tracking account）。假若我们的评价性判断追踪的确实就是与我们的生存和繁衍特别相关的事实，例如关于互惠互利、相互信任、公平的社会合作的事实，那么我们实际上不难理解具有正确的评价性判断为什么有利于我们的生存和繁衍，即使我们无须认为我们追踪真理或实在的能力（在科学家对自然的纯粹探究中典型地展现出来的那种能力）都与我们本质上的生存和繁衍有关。在这个意义上说，追踪论述并不是不可理解的（反而显得合理）。

然而，斯特里特认为，假若我们把追踪论述理解为提出了一种“科

---

[1] 正如我们即将看到的，斯特里特的意思是说，如果实在论者承认我们的评价性判断和独立的评价性真理之间存在着某种联系，那么我们就得用一种**实质性的**反思来说明这种联系，而不是直截了当地断言二者之间是有联系的——采取后面这种做法实际上等于**预先**假设实在论的立场是真的。

学说明”，那么，从科学理论的评价和选择的角度来看，追踪论述就不如她所说的“适应环节论述”（adaptive link account）。按照适应环节论述，“做出某些类型的评价性判断、而不是其他评价性判断的倾向之所以有助于促进我们祖先的繁殖成功，并不是因为它们构成了对独立的评价性真理的认识，而是因为它们塑造了我们祖先的生活环境和他们对那些环境的响应之间的联系，让他们用结果有利于繁衍的方式来行动、相信和感受”（Street 2006: 127）。换句话说，正确的评价性判断表征了人类祖先对环境的恰当响应——这种响应是恰当的，是因为它们倾向于促进人类祖先的生存和繁衍。一旦人类祖先认识到对环境的某些类型的响应有利于生存和繁衍，一般来说他们就倾向于用一种确认这种响应的方式来行动。评价性判断是在这种行为倾向的基础上形成的。例如，人类祖先一开始可能只是偶然学会避免自己的手指被烧伤，但是，只要有了这种以适应的方式来响应环境的能力，他们就能学会把某些类型的响应看作是环境提出的要求，因此最终就会具有一种思想观念——把某件事情看作支持另一件事情的理由。只要有了这种认识，他们迟早就会具有我们现在所说的“规范理由”（或者与这种理由相关的观念）。因此，总的来说，适应环节论述似乎以一种**实质性**的方式说明了人类祖先为什么会做出评价性判断，为什么具有某些评价性判断而不是其他的评价性判断。

斯特里特认为，与适应环节论述相比，实在论者假设的追踪论述有三个主要缺陷。首先，按照追踪论述，做出某些评价性判断而不是其他的评价性判断之所以有助于繁殖成功，是因为那些判断是真的。但是，与适应环节论述提供的说明相比，追踪论述提出的说明似乎没有真正的说明力量——如果这种论述要进一步说明为什么某些判断是真的、为什么人们做出了这些判断，那么它似乎就不得不诉诸适应环节论述的基本思想，在这种情况下它就变得多余。适应环节论述在说明上显然比追踪论述更根本或更清楚。其次，适应环节论述在说明上也比追踪论述更简约：就算追踪论述有说明能力，它也需要诉诸一种适应环节论述无须设置的额外的东西（即独立的规范真理或事实）；相比较，对于“人类祖先为什么会做出某些评价性判断”这一问题，适应环节论述则提出了一个直截了当的回答：人类祖先之所以会做出某些评价性判断，是因为按照这些判断来行动促进了他们的繁殖成功。最后，在斯特里特看来，设置所谓的“客观真理”纯属花招：表面上看，与没能把握事实真相的生物相比，把握了事实真相的生物更有可能取得繁殖成功；但是，还有很多其他类型的真理，把握那些真理有可能反而不利于繁殖成功，因为对大多数生物来说，某些类型的真理实际上与生存和繁衍并没有**直接**联系。因此，假若这些生物将大部分时间和精力用于（举个例子）弄清楚是否存在最低频率的电磁波，那么拥有这种能力反而有可能让它们在生存和繁衍中处于不利地位。[1]

那么，实在论者对独立的客观真理的设定为什么实际上无法说明我们具有某些评价性信念或做出某些评价性判断呢？斯特里特对该问题提出了如下回答。如果这种真理是**不可还原的**规范事实，那么我们就很难明白把握这种真理如何能够促进人类祖先的繁殖成功，因为按照假设，这种真理似乎不可能对我们产生因果影响（Street 2006: 131）。由此看来，假若实在论者仍然打算说明评价性判断和他们所设定的客观的规范真理之间的关系，就只能采取一种自然主义观点，以某种方式把规范事实理解为能够具有因果力的自然事实。按照这种自然主义实在论，追踪论述意味着，做出某些规范判断而不是其他的规范判断

[1] 不过，需要指出的是，即使真理或者寻求真理的能力在某种意义上说并不是自然选择的目标，这也不意味着从自然选择的角度来看有助于促进生存和繁衍的评价性判断不是真的，或者我们不能有意义地谈论这种判断的真假。正如我在下面即将表明的，我们有理由认为，在某些限制性条件下，人类祖先形成的大多数评价性判断确实是真的。

之所以倾向于促进繁殖成功，是因为那些判断在某种意义上构成了对规范事实的知觉，而在这里，规范事实就是某种自然事实，或者至少以某种方式与自然事实相联系。因此，自然主义实在论者似乎可以按照与规范事实相联系的自然事实来说明我们为什么做出或具有某些规范判断（不仅仅是通过说“因为那些判断是真的”）。在我看来，只要我们能够充分合理地理解这里所说的“自然事实”，这条思路看起来就是合理的。换句话说，假若我们仍然能够按照某些自然事实来说明为什么我们具有某些规范信念或做出某些规范判断，那么我们好像就仍然可以维护某种形式的实在论见解——尽管不是斯特里特所攻击的那种强健的实在论。然而，斯特里特似乎认为任何形式的实在论都无法摆脱她所构造的达尔文式的困境，因为“实在论的本质见解就在于如下主张：存在着不依赖于我们的一切评价态度而成立的评价性真理。但是，由于它把这些评价性真理看作根本上不依赖于我们的评价态度，因此，为了既承认那些态度已经受到了进化原因的深刻影响，又避免将那些原因视为歪曲性的，它就只能声称那些原因实际上以某种方式追踪了所谓的独立真理，别无他法。放弃追踪论述（也就是说，放弃如下观点：选择压力让我们不得不接受独立的评价性真理）无异于采纳如下观点：选择压力不是让我们偏离了这些评价性真理，就是用与这些真理毫无关系的方式对我们施加压力”（Street 2006: 134-135）。总之，对于实在论者来说，放弃追踪论述似乎就等于承认一种形式的道德怀疑论。

到目前为止，斯特里特只是表明实在论者无法按照“追踪独立的评价性真理”这一思想来说明我们如何具有某些规范信念或做出某些规范判断。或者更确切地说，她认为实在论者提出的说明不如她提出的适应环节论述。不过，斯特里特承认自然主义实在论者仍有回旋余地。如果规范事实以某种方式与日常的自然事实相联系，那么，对于“为什么经过自然选择我们具有了追踪某些事实的能力”这一问题，似乎仍有可能提出一个进化说明，正如人类特有的知觉能力也可以从自然选择的角度得到说明一样。若是这样，通过诉诸与所谓的“独立的评价性真理”发生联系的自然事实，我们也许就可以说明自然选择对我们的评价性判断的内容所施加的影响与那些真理之间的关系。[1]然而，斯特里特断然拒斥了这种可能性，因为这条思路只是“把达尔文式的困境对实在论提出的困难推迟到了另一个层次”(Street 2006: 136)。为了让我们明白这一点，她再次强调说，一种关于价值的自然主义，若要真正成为实在论的，就必须持有如下观点：规范事实与哪些自然事实具有联系这一问题并不依赖于我们的评价态度。然而，一旦用这种方式来界定**自然主义**实在论，我们就不难理解，斯特里特为实在论构造的那个困境对于自然主义实在论来说为什么仍然成立。不管我们如何具体地设想规范事实与相关的自然事实之间的关系，真正的实在论者必定会认为这种关系的存在及其本质不依赖于我们的评价态度。实在论者之所以持有这种观点，其中一个理由在于他们是按照“不依赖于心灵”来定义客观实在，另一个主要理由则在于实在论者希望承认道德分歧的真正可能性，而如果哪些自然事实与规范事实相联系取决于主观的评价态度，以至于我们认为某个规范事实与某一类自然事实 M 相联系，而其他生物认为它与另一类自然事实 N 相联系，那么这种差别就不可能是真正的道德分歧。于是，按照斯特里特的说法，如果一个人对价值持有一种自然主义观点，那么，为了成为真正的实在论者，他就必须认为“即使两个共同体对‘好的’这个词的使

[1] 这就是后来所说的“第三个因素”(the third factor) 理论，即按照某个其他的因素来说明自然选择和独立的规范事实之间的联系。伊诺特明确地提出了这种可能性，实际上认为斯特里特的某些说法已经暗示了这种探讨 (Enoch 2010: 427-429)。伊诺特试图按照“幸存”的观念来确立这种联系，不过，采取类似思路的其他作者也可以对“第三个因素”提出不同的设想，例如 Jeff Behrends (2013), “Meta-Normative Realism, Evolution, and Our Reasons to Survive”, *Pacific Philosophical Quarterly* 94: 486-502。

用追踪不同的自然性质，它们仍然是（至少潜在地）在同样的意义上使用‘好的’这个词”，因此，对于自然事实和规范事实之间的正确联系，它们彼此间有着真正的分歧（Street 2006: 139）。假若一种自然主义实在论必须以这种方式来加以理解，那么我们当然很容易看到，它为什么仍然受制于斯特里特提出的两难困境。正如斯特里特观察到的，自然主义实在论者实际上认为，我们应该按照某个实质性的道德理论来解决“自然事实和规范事实之间什么样的联系是正确的”这一问题。这意味着他们必须诉诸某些现存的规范判断，然后按照反思平衡方法来决定哪些自然事实能够对我们所确认的规范判断提供最好的说明。然而，斯特里特认为，只要他们采取这种做法，他们就不再是“真正的”实在论者，反而成了斯特里特所推荐的建构主义者。另一方面，如果这些实在论者认为，在自然选择对我们的规范判断所施加的压力和关于自然事实与规范事实之关系的独立真理之间存在某种联系，那么他们就只能按照追踪论述来说明这种联系，因此就会碰到他们在原来的情形中碰到的困难——实际上更加糟糕，因为我们很难理解我们如何被选择来追踪关于自然事实与规范事实之关系的独立真理。

如果斯特里特构造的两难困境所要针对的实在论就是用她所设想的那种方式来设想的，那么我们大概必须承认进化的故事确实表明这种实在论是不可接受的。斯特里特的论证并不在于表明我们（或人类祖先）在自然选择压力下持有的评价性判断是没有辩护的，而是在于表明只有她所设想的那种建构主义才能摆脱达尔文式的两难困境。[1]

[1] 按照斯特里特所说的建构主义，道德事实可以还原为关于我们的评价态度的事实，或者以某种方式取决于后者。不过，一些批评者论证说，斯特里特所设想的两难困境同样适用于她所说的建构主义。参见 Elizabeth Tropman (2014), “Evolutionary Debunking Arguments: Moral Realism, Constructivism, and Explaining Moral Knowledge” , *Philosophical Explorations* 17 (2): 126-140。

然而，我认为并非如此——具体地说，在我看来，就像进化的故事表明道德能够具有某种意义上的客观权威一样，这个故事也符合道德实在论者希望用实在论的立场来抓住的某些核心观念。为了阐明这一点，我们可以简要地考察科普和斯特里特之间的交锋。[1]

科普承认斯特里特提出的两难困境的一个方面，即对于自然选择对规范判断的影响和独立的规范真理之间的关系，实在论者必须提出一个恰当说明，否则就会陷入道德怀疑论。但是他否认这个困境的另一个方面，即实在论者不能提出这样一个说明。为了表明实在论者实际上能够应对斯特里特提出的挑战，科普试图表明，在他所设想的规范真理的内容和进化压力驱使我们做出的评价性判断之间存在着显著的重叠。科普对这一点的具体论述大致可以分为三个部分。首先，他从达尔文式进化论的角度对道德感或道德信念的起源提出了一个简明扼要的说明（Copp 2008: 187-190）。按照这个四阶段的论述，自然选择首先在我们的祖先那里导致了某些基本的精神能力和心理倾向的发展，而有了这些能力和倾向，人类祖先就可以形成某些评价性态度。这些能力和倾向会进一步影响人类祖先的思想资源的发展，而后者在一定程度上会影响他们最终做出的评价性判断的内容。这其实就是斯特里特用适应环节论述来描述的那个阶段。其次，在这个基础上，人类祖先逐渐获得了一种非反思性地形成某些基本的道德信念的趋向。最终，基切尔将文化进化补充到自然选择过程中，以此来说明一种规范管理（normative governance）能力的发展如何有助于促进社会凝聚力。通过文化进化，某些规范就可以成功地幸存下来并被后代

[1] David Copp (2008), "Darwinian Skepticism about Moral Realism", *Philosophical Issues* 18: 186-206; Sharon Street (2008), "Reply to Copp: Naturalism, Normativity, and the Varieties of Realism Worth Worrying about", *Philosophical Issues* 18: 207-228.

广泛接受，其中就包括了旨在促进社会稳定、和平与合作的规范。在这些规范的影响下，人类祖先就可以形成某些道德信念，以此来支持某些形式的行为、反对其他的行为，并因此而有了一种规范管理能力，具有这种能力就可以被认为有了一种原始道德。用科普的话说，这个四阶段的论述归结为如下要点："我们的道德信念的内容受到了两个事实的有力影响——第一个事实是，一系列复杂的道德态度和倾向在人类祖先的生存环境中是适应性的；第二个事实是，某些类型的规范系统，一旦在某个社会中得以流行，与其他规范系统相比就更有可能成功地从一代传递到下一代。"（Copp 2008: 196）科普承认这个过程本质上可以按照斯特里特所说的"适应环节论述"来加以说明。

对于科普来说，实在论者必须认真考虑追踪论点，因此必须承认，在进化压力对我们的评价态度所施加的影响和独立的规范真理之间是有联系的。倘若如此，实在论者就需要对这个关系提出一个**实质性**的说明，而不只是强调这种联系的存在。斯特里特认为这就是关于规范性的实在论所面临的挑战（Street 2008：209）。在试图应对这个挑战时，科普首先承认，为了避免陷入怀疑论困境，实在论者应该确认追踪论点；不过，为了进一步表明实在论者在什么意义上能够对追踪论点提出一个说明，他修改了对这个论点的表述。[1] 实在论者无须认为达尔文式的力量直接引起我们的道德信念追踪真理；他们只需认为，"考虑到所有影响对于道德信念之内容的累积效应，在追踪道德真理这件事上，我们的信念往往**做得不错**，以至于理性反思原则上可以充分

[1] 斯特里特不时把进化压力对我们的评价态度的影响描述为"歪曲性的"，也就是说，这种影响可能不符合我们在理性状态下所持有的某些日常的或深思熟虑的道德观念。假若我们考虑到这一点，那么科普的修改就是可理解的。

地纠正任何歪曲的影响”（Copp 2008：194）。这就是说，实在论者只需认为，考虑到我们的道德信念的内容所受到的一切影响，这些信念在一种“认知上重要的程度上”追踪道德真理。科普把这种追踪称为“准追踪”（quasi-tracking）。作为一个概念主张，准追踪论点只是断言进化的力量用一种大体上追踪道德真理的方式来塑造我们的道德信念。但是它并未对为何如此提出一个说明。在斯特里特为实在论者构造的困境中，一个方面就在于实在论者无法对追踪论点提出任何令人满意的说明。然而，科普并不这样认为——在他看来，“实在论者应该可以援引适应环节论述来说明为什么我们最终形成了能够追踪道德事实的道德信念的倾向”。换句话说，科普希望表明：“达尔文式的力量之所以能够引起我们的道德信念准追踪道德事实，乃是因为检测道德真理的能力在人类祖先的进化过程中促进了繁殖成功。”（Copp 2008: 195）这就是科普所说的“准追踪论述”。由此来看，科普能否成功地应对斯特里特提出的挑战，就取决于他能否借助于适应环节论述以及他对道德真理的某种理解来说明准追踪论点，而且在这样做时不再陷入斯特里特所构造的困境。

为了表明进化的影响确实以一种让我们的道德信念准追踪道德事实的方式来形成这些信念，科普就需要对“道德真理”的概念提出一个说明。在这里特别需要注意的是，科普实际上不是在实在论者的标准意义上来理解“真理”（truth）这个概念（在标准的意义上，一个命题是真的，当且仅当它以某种方式对应于独立于人类心灵而存在的某个事实或事态），而是按照他所说的“以社会为中心的道德理论”（society-centered moral theory）来设想道德真理（Copp 2008: 198-201）。这个理论主要是按照道德在人类社会中的功能来说明道德——按照科普的说法，道德的本质功能就在于让一个社会能够满足其基本需要。不同社会对于“基本需要是什么”可以有略微不同的说法，不过，我们可以设想一个社会的基本需要包括：保证其人口能够延续的需要，保证在其成员之间有一种稳定的合作体制的需要，维护与邻近社会的和平与合作关系的需要，等等（Copp 2008: 200）。科普并没有对这些主张提出详细论证[1]，不过，我们大致可以认为它们来自我们对日常道德的观察或反思。[2]通过向社会成员提供某些行为规范，道德就可以满足一个社会的基本需要；另一方面，只要那些规范在社会上得到了充分内化，它们"就会在社会成员当中启动所需要的合作以及和平的生产行为"（Copp 2008: 198）。很容易设想，与其他的社会准则相比，某些特定的社会准则能够让一个社会更好地满足其基本需要。假若这样一个准则最佳地服务于社会的基本需要，它就可以被认为对那个社会来说具有道德权威。科普于是就按照一个道德命题与这样一个准则的关系来设想道德真理：如果令一个社会能够最佳地满足其基本需要的道德准则包含或蕴涵着与某个基本的道德命题"相对应"的规范，那么那个命题就是真的（Copp 2008: 200）。例如，考虑"严刑拷打在道德上是错的"这个命题：如果令一个社会能够最佳地满足其基本需要的道德准则包含或蕴涵着一个禁止严刑拷打的规范，那么这个命题就是真的。科普并未按照道德命题与所谓的"道德事实"的直接对应来设想道德真理。但是，如果一个相应的道德规范能够以某种方式得到所谓"道德事实"的支持或说明，那么他对"道德真理"的理解在一种**限制性**的意义上仍然是实在论的。

科普认为，在对"道德真理"的这种特定理解下，他可以表明我

[1] 关于科普对其"以社会为中心的"道德理论的详细论述，参见 David Copp, *Morality, Normativity, and Society* (Oxford: Oxford University Press, 2001)。

[2] 这一点是有意义的，因为正如后面即将表明的，如果我们能够用这种方式来理解日常道德，那么进化的故事就可以被认为在一定程度上维护了日常道德。

们（或人类祖先）在进化压力下形成的信念为什么可以“准追踪”道德真理。按照科普所勾画的四阶段论述，人类祖先在进化压力下发展了一种有利于利他主义和合作的倾向，人类个体也相应地发展出了一种具有适应性的规范管理能力；只要有了这种能力，他们就可以逐渐分享一种有利于巩固和发展亲社会倾向的规范制度；最终，通过文化进化，人类就发展出一种形成道德信念的趋向，持有这些信念的个体倾向于采取亲社会行为，其中就包括有利于社会稳定、和平与合作的行为。进一步说，按照科普对“道德真理”的论述，在进化力量的影响下形成的道德信念之所以能够追踪道德真理，是因为社会上流行的道德准则**正好**包含或蕴涵着那些要求促进社会稳定、和平与合作的行为规范。

从科普所采取的那种功能主义观点来看，道德确实在很大程度上关系到促进社会稳定、和平与合作。但是，如果在日常道德（或者科普所设想的那种以社会为中心的道德）中所认识到的根本的行为规范**恰好就是**进化（包括自然选择和文化进化）的结果，由此在目前的语境下完全可以按照斯特里特所说的适应环节论述来加以说明，那么科普似乎仍然没有充分满足斯特里特提出的挑战，因为科普对准追踪论点的说明根本上仍然可以归结为适应环节论述所提供的说明。按照科普提出的追踪论述，达尔文式的力量之所以引起我们的道德信念在一定程度上追踪道德事实，是因为检测道德真理的能力有助于我们（或人类祖先）的繁殖成功。但是，假若我们需要继续追问**为什么**检测道德真理的能力有助于我们（或人类祖先）的繁殖成功，那么科普的论述就碰到了进一步的问题。我们固然可以假设（而且在某种意义上说不是毫无道理）在某些特定的事情上错误信念或虚假信息不利于生存和繁衍。但是，既然检测或追踪真理一般来说并不是自然选择的直接目标[1]，对于检测或追踪真理的能力**为什么**有助于人类的繁殖成功看来就需要一个进一步的说明。在科普这里，这样一个说明显然是由适应环节论述来提供的。比如说，科普不时提到“实在论者可以将这两种论述（即追踪论述和适应环节论述）结合起来，以便说明准追踪论点为何成立”（Copp 2008: 195）。但是，我们现在可以看到，科普所说的“准追踪论述”作为一个假说本身是需要加以说明的。当然，在科普对“道德真理”所提出的特定论述下，检测道德真理的能力似乎确实有助于促进人类祖先的繁殖成功。但是，之所以如此，归根到底是因为道德真理已经被设想为与关于社会稳定、和平与合作的行为规范相联系，而这些行为规范从进化的角度来看有助于促进繁殖成功。换言之，科普所说的“准追踪论述”根本上说是由适应环节论述来说明的——科普仅仅是通过对“道德真理”的特定理解而在表面上将二者结合起来以说明追踪论点。若是这样，斯特里特对实在论的价值理论构造的困境似乎也适用于科普。她区分了对科普所谓的以社会为中心的道德理论的两种解释。按照第一种解释，这个理论是有规范含义的，也就是说，它关系到我们如何有理由按照某些道德规范来生活。在这种解释下，科普提出的说明“只是重新断言独立的规范真理和进化导致我们所相信的东西之间的巧合，而没有以任何方式说明这种巧合”（Street 2008: 213）。这个说法接近于我们前面通过审视科普的观点而得出的结论。另一方面，按照第二种解释，科普的道德理论并不具有规范含义，即根本就不涉及我们如何有理由生活，因此就不再是一种关于规范性的实在论，也不再是斯特里特构造的困境所要应用的对象。斯特里特指出，科普的其他文本证据表明，他实际上对道德持有

[1] 实际上，自然选择本身并没有任何既定的目标，我们只能在一种隐喻的意义上说自然选择将某种意义上的适应“当作”其目标。

一种外在主义观点，认为我们并不必然具有一般而论的理由去做我们在道德上应做之事（Street 2008: 219-222）。

然而，尽管我同意斯特里特对科普的论证提出的大部分批判性分析，但我并不认可她由此引出的结论，因为我认为科普仍然有一种方式维护其实在论见解，虽然这种方式也要求在某种意义上弱化强健的实在论立场。回想一下，科普根本上是借助于适应环节论述来说明进化的力量如何让我们的道德信念在一定程度上追踪道德事实。如果这种力量**碰巧**让我们的道德信念追踪独立于人类心灵而存在的所谓“道德事实”，那么这种巧合也正好是实在论者需要说明的，而斯特里特的挑战就在于表明强健的实在论者不可能对此提出令人满意的说明。另一方面，如果道德信念的**内容**大体上关系到那些关于社会稳定、和平与合作的事实，如果关于社会稳定、和平与合作的行为规范**在起源上**可以从进化的角度得到说明，那么我们就不难理解，追踪那些事实为什么有助于促进繁殖成功。由此看来，在这里实际上并不存在“巧合”，因为我们设想为道德信念的那些信念所要追踪的其实就是与社会稳定、和平与合作有关的事实。然而，这些事实**并不是**本来就存在于世界之中、与人性的构成和人类生活条件全然无关的事实。但是它们显然也不依赖于任何一个特定个体的态度或偏好。在人性的基础构成以及人类特有的生活条件下，进化的压力使得社会稳定、和平与合作对于人类的生存、发展和繁盛来说成为一件实践上必然的事情。这样，如果进化的故事是真的，比如说，如果与社会稳定、和平与合作相关的基本行为规范确实可以由自然选择和文化进化来加以说明，那么关于社会稳定、和平与合作的基本事实就是**道德上相关**的事实，而对于具有理性反思能力的行动者来说，那些事实也是其道德信念在合适条件下所要追踪的对象。就此而论，我们确实得到了一种自然主义实在论。但是，这种实在论显然不同于强健的实在论，因为后者认为规范事实完全不依赖于我们（不论是作为个体的“我们”，还是作为一个单一的物种即人类而存在的“我们”）的评价态度而存在。相比较，我们现在所说的“道德上相关的事实”并不是强健的实在论者所设想的那种事实，因为其存在实际上依赖于我们的评价能力——我们把某些东西看作对我们来说具有一定重要性的那种能力。比如说，如果我们人类根本上就不在乎生存，因此也不在乎以生存作为一个必要条件的其他有价值的东西，那么我们大概也不会看重社会稳定、和平以及合作，因此也不会具有以它们作为核心观念的道德。因此，道德本身以及道德上相关事实的存在都取决于一个根本事实，即我们已经首先具有了评价能力。这种能力极有可能也是自然选择的结果——实际上，任何生命有机体都不得不设法“学会”把某些东西看得比其他东西更重要。道德实在论者希望强调道德的真实性以及道德可能具有的规范权威不依赖于人类个体偶然具有的欲望或偏好。但是，正如我们现在可以看到的，进化自然主义能够说明道德的实在性和规范权威。不过，为了充分理解在这个基础上发展起来的一种自然主义实在论，我们最好放弃强健的实在论者对客观性的理解——按照这种理解，说“某个东西是客观的”就是说其存在不依赖于人类（不管是人类个体还是人类总体）的评价态度（Kirchin 2012: 25-30）。实际上，正如我们已经看到的，放弃对客观性的这种理解并不意味着否认个体的道德信念或判断没有真假可言，或者没有对错之别。

然而，尽管进化的故事能够支持一种自然主义的道德实在论，但我们也必须承认，真理问题在伦理生活领域中是一个极为复杂的问题。科普对斯特里特的挑战的回应在很大程度上利用了我们对道德的日常理解（他的以社会为中心的道德理论实际上符合大多数日常的道德直观），他对道德命题之真值条件的理解，在我看来，其实意味着进化的故事能够在某种程度上表明日常道德的正确性。这种做法与进化揭穿论证的某些倡导者形成了鲜明对比。然而，正如其他一些作者所指出的，进化的故事和日常道德之间的关系比这两派理论家所设想的都要复杂一些：进化的故事也许既不意味着我们日常所设想的道德纯属幻觉，也不意味着所有日常的道德观念都能从自然选择的角度得到辩护。[1]之所以如此，根本上是因为：人类的道德实践在其生物进化和文化进化过程中很可能涉及我们现在可以明确地与道德思维区分开来的一些因素，例如对权威的尊重、宗教对道德动机的影响、群体内和群体外的区分等（Kitcher 2011，第五章）。由此我们也很容易理解道德信念和道德动机为什么可以受到并非严格意义上的道德因素的影响。不过，从前面的论述中我们已经可以看出，在道德领域内部，道德信念在一定程度上仍然追踪了道德上相关的事实，正如斯蒂尔尼等人所指出的：

> 鉴于合作在人类社会世界中的好处，我们已经被选择来认识和响应关于社会合作和社会协调的事实。因此，对道德认知的这种适应主义的看法表明，在人类的演化中，规范思想和规范制度是对某些能力的选择的一种响应，而正是因为有了这些能力，稳定的、长期的、空间上扩展的合作和协调才变得可能。因此，在道德思想和判断与人类所特有的这些社会生活之间就有了正反馈。人类社会性的条件是为了规范的响应而被选择的，而且继续被选择，因此规范的出现就允许这些特有的社会生活变得稳定、得到扩展，由此进一步对我们做出规范判断的能力进行选择。（Sterelny and Fraser 2016: 5）

[1] 例如，参见 Kim Sterelny and Ben Fraser (2016), “Evolution and Moral Realism”, *The British Journal for the Philosophy of Science*: 1-26。

按照这种理解，人类生活就有了一个其他动物可能不具有的特征：人类在进化压力下逐渐具有规范管理能力的同时，也在道德化我们自己以及我们所生活的社会。人类在进化历史的某个阶段开始有意识地参与社会规范的制作和塑造，而不只是在自然选择的压力下被动地响应环境。正是由于人类生活具有这样一个特点，日常的道德观念和进化的故事之间的关系才变得错综复杂。按照斯蒂尔尼等人的论述，二者之间的关系在某种程度上更像古代常识天文学（folk astronomy）和现代天文学之间的关系。古人记录和响应他们在日常生活中观察到的天文现象的某些特点，将由此得到的经验概括应用于航海、历法之类的实践领域。他们对太阳系的了解尽管并未精确地描绘他们观察到的现象，却用一种反事实的方式准确地追踪太阳系的一些结构上和动力学上的特点。在这个意义上说，现代天文学的发展既没有排除古代天文学思想，也没有表明后者完全是幻觉或者完全是正确的。当然，我们日常的道德观念与进化的关系实际上比那两种天文学之间的关系要复杂得多，不仅因为人类自身参与了道德规范的制作和塑造，而且也因为道德判断所要发挥的功能更加多样化，比如说，不只是要追踪道德上相关的事实，而且也具有警示和约束人们的行为以及塑造人们的思想观念的作用；此外，在人类生活中，我们实际上很难把道德判断所要发挥的功能与其他类型的社会规范的功能绝对地分离开来。因此，在很多情况下，道德判断或道德信念对道德上相关的事实的追踪只能部分地取得成功。不过，只要我们仍然可以从进化的角度来寻求道德信念与关于社会合作和协调的事实之间的可靠联系，我们就仍然可以维护一种伦理自然主义立场，而且可以在对“道德实在论”的合适理解下持有一种自然主义道德实在论。

五 / 论一种适度的自然主义

假若一个生命有机体根本无法回应环境中的某些特点，它大概就不可能幸存下来。因此我们有理由相信选择性、意向性、目的性乃至意识应该都可以从进化的角度得到说明，尽管目前我们离达到这个目标仍有一定距离。从元伦理学角度来看，进化的思想框架能够向我们提供的最有趣的东西，就在于它在某种程度上向我们提供了对价值的本质和起源的一种理解，而这种理解或许意味着：就价值的起源而论，所谓的主观主义和实在论之间的对立有可能是虚假的，或者被错误地设想了。从托马斯·内格尔的一些论述中[1]，我们可以看到他在这方面所持有的一些模棱两可或似是而非的态度，尽管他一直固执地宣称自己在任何方面都是坚定的实在论者。价值主观主义者认为没有不依赖于我们的反应态度而独立存在的价值。不过，正如我已经表明的，我们最好是从价值**起源**的角度来理解这个主张，因为一旦价值已经存在于人类生活的世界中，相对于任何特定个体来说，它们确实是作为“客体”而存在的，因此在某种意义上不依赖于个体的欲望或偏爱，而进化的故事实际上也有助于说明这一点。内格尔对主观主义和实在论提出了如下理解：“我拿来与实在论加以比较的主观主义的见解是，评价性的道德真理依赖于我们的动机倾向和回应，而实在论的见解是，恰恰相反，我们的回应试图反映评价性的真理，可以通过对比后者是正确的还是不正确的。”（Nagel 2012：98）若只是从道德经验**现象学**的角度来看，内格尔在这里提出的描述无疑是正确的。然而，内格尔自己也很明确地指出，实在论和主观主义之间的争论“是一个

[1] Thomas Nagel, *Mind and Cosmos: Why the Materialist Neo-Darwinian Conception of Nature Is Almost Certainly False* (Oxford: Oxford University Press, 2012).

关于规范说明的秩序的争论。实在论者相信，道德判断和其他评价性判断往往可以用更一般的或基本的评价性真理加上让它们发挥作用的事实来说明。但是他们并不相信这样一个判断中的评价性因素能够由任何其他东西来说明”（Nagel 2012: 102）。换句话说，实在论者不仅认为价值是自成一体的，也认为价值不可能得到任何进一步的说明。内格尔之所以持有这种观点，根本上是因为他认为，我们必须按照某种不依赖于我们的评价态度的东西来说明我们所持有的道德信念（或者我们所做出的评价性判断）的真假——“当我们的价值判断是正确的时候，那是因为我们的倾向符合相关价值的实际结构和分量”（Nagel 2012: 100）。然而，即使价值在取决于我们的评价能力的意义上具有主观的起源，那也不一定意味着我们不可能有意义地谈论特定道德信念或评价性判断的真假或对错。有趣的是，内格尔实际上承认，假若我们要对价值的起源提出一个历史说明，那么这样一个说明就必须把价值与人类特有的生命形式联系起来：

> 如果价值与生命相关联，那么其内容就取决于生命的特定形式，甚至从一种实在论的观念来看，价值向我们提供的最显著的理由也将取决于我们自己的生命形式。正是由于这个缘故，实在论者才能容纳让主观主义看起来最有道理的一件事情：我们发现不言而喻地有价值的东西不可抵抗地取决于我们的生命形式的生物特性。人类的善恶首先取决于我们的自然嗜好、情感、能力以及人际关系。（Nagel 2012: 119）

然而，内格尔并不认为，承认这种联系是对主观主义者（或者达尔文式的说明）做出让步，因为在他看来，进化至多只是让我们具有了对“原本就存在于那里”的价值进行检测和追踪的能力。在内格尔看来，唯有通过做出这样一个假设，才能说明我们如何通过引导我们行动的规范判断来回应价值；进一步说，“如果我们可以将我们对价值的前反思印象——本能的吸引和厌恶、倾向和抑制——理解为真实价值的显现（appearances），那么，将一般的理由、实践原则和道德原则的一种系统且一致的结构发现出来的认知过程，就可以被看作是在规范领域中从现象转移到实在的一种方式”（Nagel 2012: 108）。作为一位坚定的实在论者，内格尔不得不认为价值是被发现的，而不是从人性和人类生活条件中以某种方式建构出来的。但是，这个主张确实不太符合我们从进化的故事中了解到的东西。假若人类并不首先具有一种基本的评价能力，那么他们也不会学到将某些东西看作是重要的、在某些方面是有价值的。实际上，就算存在着内格尔所设想的那种自成一体、独立存在的价值，人类也不可能对它们进行回应，因为我们有理由认为，人类回应更加丰富的价值的能力是从那种比较原始的评价能力中发展出来的。在这种情况下，我们大概也无法设想那种价值对于人类或人类生活来说有什么意义。

斯特里特试图按照一种达尔文式的论述来反驳强健意义上的价值实在论，在内格尔看来这是一种古怪的做法，大概是因为内格尔自己无法相信一个经验假说怎么能够反驳一个哲学主张。不过，既然“依靠一个哲学主张来反驳一个得到经验证据支持的科学假说”在内格尔自己看来是一种更奇怪的做法（Nagel 2012: 106），我们就很想知道为什么他依然决定这样做。正如我们已经看到的，一种达尔文式的论述不是不允许我们把价值设想为不依赖于任何特定的人类个体而存在，而且，只要我们可以合理地考虑文化进化对价值的塑造和重塑，我们也不是原则上无法从进化的角度来说明人类价值的多样性。具有主观起源的价值并不是不可能成为我们的反思性意识的对象，因为只要我们已经学会把自己看作是社会性的存在者，在我们的主观构成中，就并非任何东西都处于同等的地位，而这也是使得理性反思变得可能和必要的一个重要因素。内格尔或许担心的是，即使快乐和痛苦因为与性活动和伤害的本质联系而可以得到一种达尔文式的说明，但是，假如我们并不把它们看作是**客观上**好的或糟糕的，也就是说，假若我们并不把它们看作“客观的”价值，就不会认为我们有理由缓解或消除**其他人**遭受的痛苦——“有理由去做避免对一个有感受性的生物造成痛苦伤害的事情，从一种实在论的观点来看，属于本身就能够是真的事情，而不是因为另一种不同的事情才是真的”（Nagel 2012: 102）。换句话说，我们有理由在乎其他人的痛苦，乃是因为痛苦本身是一种客观的负面价值。然而，即使某个东西具有内格尔所设想的那种“客观”价值，这个事实如何能够对我们产生动机影响，这仍然是一件需要得到说明的事情。不管我们如何说明这个事实，例如是不是要从进化的角度加以说明，我们无法设想的是，如果内格尔所说的客观价值本质上是独立于我们而存在的，如果我们本来就不具有对那种价值进行回应的能力，那么它如何能够对我们产生动机影响？就算我们碰巧认识到了这种价值，这种“巧合”也是需要说明的。

总的来说，我并不相信内格尔对他所设想的那种价值实在论的捍卫能够取得成功，或者至少是一致的。不过，内格尔对价值多样性或多元性的强调可以让我们提防一种以极端的还原主义为特征的自然主义。到目前为止，我一直在假设进化的故事能够对道德的起源和功能提供一种自然主义说明，不过，我还没有明确指出这种自然主义究竟是什么样的。如果任何生物都具有回应环境中的某些特点的能力，如果人类的基本评价能力是以某种方式从那种能力中发展出来的，那么，只要我们可以认为那种回应能力是关于生命有机体的一个自然事实，我们就可以认为从进化角度对价值的起源提出的说明是一种自然主义说明。然而，自然主义实际上是一个捉摸不定而且在某种意义上令人困惑的观点，因此，为了澄清对本章所理解的进化自然主义可能产生的误解，让我首先对自然主义提出一个一般的论述。哲学家一般会区分三种类型的自然主义[1]：

(1) **形而上学的自然主义**：我们的世界是由自然科学的设定和规律来限定的，因此，凡是违背自然规律的东西都不可能存在，一切存在的实体必定在某种意义上是由我们最好的科学理论所要求的实体构成的。

(2) **说明的自然主义**：如果一切存在的东西都是由自然材料构成的，并受到了自然规律的约束，那么，在一门自然科学的语言中没有被描述的东西，根本上说，必定是可以用自然科学的词语来描述的。

(3) **方法论的自然主义**：如果一切事实在某种意义上都是自然事实，那么我们分析事实的方法就必须与对自然事实的分析相匹配。

按照普林茨的说法，每一种自然主义对于我们理解规范性都有一定的含义。形而上学自然主义事实上是相对于所谓的“超自然主义”来加以理解的，它意味着：如果存在着道德规范的话，那么道德规范并不要求设定任何超越于自然科学界限的东西，在这个意义上说，所谓的“道德事实”是一种自然事实。说明的自然主义意味着，从根本上说，我们能够描述任何道德规范是如何由自然实体和自然性质来实现的。在这里，值得注意的是，说明的自然主义并不等于一种强形式的还原

[1] 在这里我遵循普林茨的说法，见 Prinz 2007: 2-3。我将忽略普林茨提出的第四种自然主义，因为在我看来，它可以被视为其他三种自然主义的一个推论，因此并不具有独立的地位。

主义。按照这种还原主义，我们应该能够把高层次的事实（例如关于我们的精神状态或者人类道德的事实）从其低层次的基质中推演出来，但说明的自然主义可以是反还原主义的，只要求在这两个层次之间存在着某种系统联系。方法论的自然主义意味着我们应该利用一切可行的经验方法和资源来分析道德规范。[1] 如果我们认为，从发生学或谱系论的观点来看，道德的本质和功能都可以按照关于人性、人类条件以及人类进化（包括文化进化）的**经验**事实来加以说明[2]，那么伦理学就可以是自然主义的。

然而，也必须强调的是，在我所理解的进化伦理学中示范出来的那种自然主义是一种适度的自然主义。它是适度的，是因为从以上论述中可以看出它具有如下基本特征。第一，它是一种**实质性**的自然主义，而不是摩尔所要攻击的那种定义性的或鉴定性的自然主义：它寻求按照关于人性、人类条件以及人类进化的基本事实来说明道德和道德规范的起源和功能，但不尝试按照某些特定的自然事实和性质来定义或鉴定道德性质。第二，它采取了一种整体论的而不是还原论的观点，或者更具体地说，在从发生学的观点来探究道德感和道德规范的起源时，它所采取的是一种全域随附（global supervenience）的观点，也就是说，它所说的是，道德感和道德规范是因为人性的某些特点和人类生活的特定条件而产生出来的，因此，只要那些特点和条件不存在，就不会有我们今天所认识到的道德和道德规范——换句话说，人性和人类条件在某种程度上决定了我们是否具有我们称为“道德”的那种东西，或者具有什么样的

[1] 类似的观点，见 Nicholas L. Sturgeon, “Ethical Naturalism”, in David Copp, *The Oxford Handbook of Ethical Theory* (Oxford: Oxford University Press, 2006), pp. 91-121，特别是第 92 页。

[2] 我强调“经验事实”，是因为也有一些具有宗教倾向的理论家论证说，经验事实本身不足以说明道德的本质和功能。例如，见 John E. Hare, *The Moral Gap: Kantian Ethics, Human Limits and God's Assistance* (Oxford: Clarendon Press, 1997)。

人类道德。与此相关，它否认人类道德仅仅从我们作为生命有机体的动物本性中就可以得到说明，反而强调人类道德有一个不可逆转的历史维度—— 一旦我们具有道德感的能力已经发展或进化出来，道德意识就成了“人性”的一个本质的构成要素，使我们具有了基切尔所说的“规范管理”能力，因此不仅超越了我们的动物本性，而且也像达尔文所说的那样，“在不严重妨碍自己福利的情况下，也愿意保卫人类同胞，准备用任何方式去帮助他们”（Darwin 1871/1981: 85），甚至也学会将有美德的生活看作本身就具有内在价值。实际上，一旦道德感得以进化出来，在适当条件下我们就可以修改我们对自我利益乃至“幸福”的设想，而这很可能就是人类道德进步得以发生的一种重要方式，就像密尔在《功利主义》一书中所论证的。第三，道德的进化显然受制于黑格尔称为“理性的狡诈”（cunning of reason）的那种力量：我们的道德意识和道德观念的产生取决于我们已经设法具有了某种承诺，例如承诺要忠诚守信，承诺要惩罚那些欺骗、背叛和搭便车的人；另一方面，只要我们已经有了道德意识和道德观念，那些承诺就可以帮助我们扩展道德行动的范围、强化我们的道德动机、深化我们的道德信念。在我看来，正是这种力量的作用以及我们已经具有的基本评价能力让我们避免了从“实然”推出“应然”的所谓“谬误”，因为在人类道德的产生中，其实并不存在从“纯粹事实”描述推出道德的问题：如果人类道德确实已经出现，那是因为人性中已经具有一种最低限度的规范性，或者前面所说的基本评价能力。

以上思想足以让我们抵制时下流行的一种还原主义思潮，这种思潮试图**仅仅**按照**大脑中**的神经结构及其功能来说明一切人类行为以及相关制度，或者甚至要为道德价值寻求神经生理“平台”。需要指出的是，我不是在否认一切精神活动在人类大脑中都有其神经生理基础，因此大脑的功能紊乱或功能失调会对理智、情感和行为能力都产生重大影响。我只是反对这样一个观点：被封闭在头盖骨中的那堆神经组织在某种意义上就是我们的一切。当然，选择的层次一直是进化生物学和进化心理学中颇有争议的一个问题。[1] 但是，恰恰是从进化的观点来看，这种还原主义的尝试是有严重问题的。从进化心理学的角度来看，人类心灵的结构确实部分地是我们基因的结果，而我们的基因也部分地是我们的进化历史的产物，但是，这并不表明我们的行为完全是由我们的基因及其在大脑神经生理结构中的物质表达来决定的，因为在塑造我们如何对各种状况进行回应方面，环境（包括文化环境）发挥了一个关键作用，在某个基因序列和某个行为模式之间并不存在任何单一的、决定论的因果联系。我们不应该对这个结论感到惊异，因为选择（包括自然选择和文化选择）本身取决于环境以及有机体对环境的回应，比如说，同一种行为模式或心理习性在一种环境中可以是适应性的，但在另一种不同环境中就未必如此。例如，在远古时代，在食物极其短缺的情况下，偏爱多脂肪食物可以提高一个人的能量储存，因此可能提高其幸存机遇，但这样一个解决方案在目前的生活环境中显然不是适应性的。

在这里我将不详细讨论这种极端的还原论立场。不过，很容易看出，即使这个见解不是不合理的，它仍需得到进一步的论证。比如说，必须提出强有力的论证来表明，道德——不仅包括道德感或做出道德判断的能力，而且包括道德内容即具体的道德规范——在一种彻底而完全的意义上是先天的。然而，我们确实有理由怀疑道德能够在这个意义上是先天的。即使把道德产生出来的那些能力本身具有生物适应性，在漫长的进化过程中经过基因突变可以在大脑的神经生理结

[1] 例如，参见 Samir Okasha, *Evolution and Levels of Selection* (Cambridge: Cambridge University Press, 2006); George C. Williams, *Natural Selection: Domains, Levels, and Challenges* (Oxford: Oxford University Press, 1992)。

构中得到物质表达，这也不足以表明做出道德判断的能力乃至道德本身就是先天的[1]，否则我们就无法说明人类生活中的一个普遍现象：存在着可以分享的核心道德价值的同时，也有不可避免的道德分歧以及某种程度的伦理相对性。此外，如果道德确实具有客观性，因此我们仍然能够在某种意义上（例如在如下意义上：我们的道德话语在一定条件下仍然可以可靠地追踪或指称恰当地加以理解的道德事实）谈论道德事实和道德真理，那么前面提到的那种实践意义上的必然性就为道德客观性提供了一个基础。[2]

我将只用一个例子来说明这一点。在众所周知的电车难题中，[3] 通过利用核磁共振成像技术，已经发现，寻思要不要把胖子推下桥去的那些受试者，与那些只对结果的效用进行计算的受试者相比，其大脑中与情感相联系的区域有更强的反应和变化。一些理论家就此断言，道义论判断倾向于由情感反应所驱动，而后果主义判断则来自于相当不同的心理过程，即那些更多的是“认知”的过程，因此更有可能涉及真正的道德推理，于是我们就有理由怀疑作为一种规范伦理思想的道

[1] 必须承认，这个争论很复杂。一些最近的讨论，参见 Peter Carruthers, Stephen Laurence, and Stephen Stich (eds.), *The Innate Mind*, 3 vols. (Oxford: Oxford University Press, 2005, 2007), Walter Sinnott-Armstrong (ed.), *Moral Psychology, Vol. 1: The Evolution of Morality: Adaptations and Innateness* (Cambridge, MA: The MIT Press, 2008)。

[2] 在这里我认为我们可以做出这样一个合理猜测：如果道德规范确实以我们所设想的那种方式随附在实践必然性的基础上，那么享有共同的实践必然性的人类社会大概也会具有大致相同的道德规范。由此我们可以得到对道德客观性的一种理解，可以称为一种相对于人性和人类条件的客观性。我相信这个观点在维护某种最低限度的客观性的同时也能对道德相对性给出一个合理说明。

[3] 对电车难题的一个有趣的一般介绍，见 David Edmonds, *Would You Kill the Fat Man? The Trolley Problem and What Your Answer Tell Us about Right and Wrong* (Princeton: Princeton University Press, 2013)；哲学上的一个最近讨论，参见 F. M. Kamm and Eric Rakowski, *The Trolley Problem Mysteries* (Oxford: Oxford University Press, 2015)。

义论。[1] 然而，正如布莱克本指出的[2]，在按照责任来思考和具有情感反应之间的联系、按照后果来思考和没有情感反应之间的联系完全是偶然的，因为我们很容易设想相反的例子（或许在某个其他文化中）。退一步说，即使这种联系比较坚固，那也没有表明每一种思想方式在任何意义上是二流的或者可有可无的，有这样的想法仅仅是一种不信任情感的思想观念的残余，把理性崇拜看作是我们决策中的一种独立力量。然而，进化的故事以及最近的一些研究表明这一点是错误的。[3] 当然，如何解释这些现象是有争议的，但这恰好就是布莱克本想要表达的要点："神经生理学本身需要得到解释，提供这种解释的唯一方式就是按照常见的行为来调整它，因为这种行为无论如何都是解释的起点"(Blackburn 2014: 231)。正因为我们是自然界中唯一能够谈论存在之价值和意义的生物，我们日常的行为模式以及我们对其意义的理解才会成为解释的起点。若使用阿尔弗雷德·塞拉斯的术语，我们就可以说，显现在我们日常生活中的形象（manifest image，或者说日常生活中的经验、倾向和行为模式），以某种方式限制了科学的形象（scientific image，或者说科学的解释框架），因为科学资料的解释取决于前者，因此科学也在这个意义上预设了前者。科学在某种意义上是**为了**我们而存在的，或者说，我们日常看待这个世界的方式，我们进行自我理解的方式，在很大程度上决定了我们对世界的探究（自然科学可能是其

[1] 见 Joshua D. Greene, "The Secret Joke of Kant", in Walter Sinnott-Armstrong (ed.), *Moral Psychology,* Vol. 3 (Cambridge, MA: The MIT Press, 2008), pp. 35-79; Peter Singer (2005), "Ethics and Intuitions", *Journal of Ethics* 9: 331-352。对格林和辛格的论证的一个详细批评，见 Selim Berker (2009), "The Normative Insignificance of Neuroscience", *Philosophy & Public Affairs* 37 (4): 293-329。

[2] Simon Blackburn (2014), "Human Nature and Science: A Cautionary Essay", *Behavior* 151: 229-244.

[3] 例如，参见 Antonio Damasio, *Descartes' Error: Emotion, Reason and the Human Brain* (New York: Avon Books, 1994)。

中最重要的方式）以及对研究结果的解释。我们所看到的和理解的世界是通过人类的观点来认识的世界。就此而论，一旦我们的理性反思和道德能动性的能力已经进化出来，试图以某种方式把我们“还原为”大脑，这就是思想上和理智上幼稚的。假设我们人类已经通过设计让电脑有了记忆和推理的能力，并将这种能力“固定到”电脑硬件结构的某个区域。某一天我们把配备这种电脑的一个机器人发送到太空中的某个星球，那里的居民通过研究发现机器人大脑的某个区域具有那种能力，或者发现那个奇怪（对他们来说奇怪）的东西的记忆和推理能力原来与其大脑的某个区域相联系。那么，他们仅仅是做出了一个发现而已——如果原来生活在我们当中的那个机器人已经具有了某些人类价值，那么他们能够发现和理解那些价值吗？

我想答案是否定的。与那种极端还原主义的立场相比，达尔文自己对人类道德的总体看法反而显得更为健全。尽管达尔文认为人类的道德感与他所说的“社会本能”具有本质联系，但是，在试图表明道德进步是如何通过同情和其他原始的社会倾向来实现的时候，他首先指出：“在很多情况下是不可能决定某些社会本能究竟是通过自然选择获得的，还是其他的本能和能力——例如同情、理性、经验以及一种模仿的趋向——的间接产物；抑或它们只是长期延续的习惯的结果。”（Darwin 1871/1981: 82）我认为达尔文在这段话中想说的是，就道德的起源和发展而论，我们实际上无法把生物意义上的自然选择和心理意义上的文化选择区分开来——道德是这两种因素在特定人类条件下相互作用的结果。达尔文似乎更强调文化进化或者文明化在道德进步中的作用：

> 部分地通过理性能力的发展，因此通过一种合理的公共舆论的发展，但是特别是通过各种同情（它们在习惯、榜样、教导和

> 反思的影响下变得更加温柔、更为广泛），人的道德本性就会达到至今尚未取得的最高水准。有美德的倾向可以通过长期的实践而传承下来，这不是不可能的。对于更加文明的种族来说，相信一个无所不在的神的存在对于道德的发展也会产生潜在影响。最终，人就不再把同伴的赞扬或责备看作其主要向导，尽管很少有人能够摆脱这种影响，但是他所具有的那种由理性来控制的习惯性信念向他提供了最可靠的规则。他的良知于是就成为他的最高法官和监控。不过，道德感的首要基础或根源在于社会本能，其中就包括同情；这些本能无疑主要是通过自然选择而获得的，就像在低等动物的情形中那样。（Darwin 1871/1981: 394）

如果达尔文对人类道德的起源和发展的总体论述是正确的，那么我们就有理由相信，通过他所说的那种后天的学习、教育和训练，在道德规范和我们服从它们的理由之间就有了一种实践上必然的联系。尽管这种联系实际上不是概念上或逻辑上必然的，但这就是我们在人类生活中所能得到并能合理地理解的唯一一种必然性。达尔文在这段话中对“神”的提及实际上可以被理解为对道德客观性的一种设定，而这种设定甚至从进化的角度来说也是可以理解的。特别有趣的是，达尔文这里提到了基切尔所说的“规范管理能力”，并且把它理解为一种康德式的“自律”的基础：“随着爱和同情的感情以及自制（self-command）的能力通过习惯而得到加强，随着理性思维的能力变得更加清晰，以至于人能够认识到其他人做出的判断是公正的，他就觉得自己不依赖于当下感觉到的任何快乐或痛苦而被推向某些行为准则。于是他就可以说，‘我是自己行为的最高法官’，以及用康德的话说，‘我不会在自己的人格中违背人性的尊严’。”（Darwin 1871/1981: 86）

参考文献

Alexander, J. M. *The Structural Evolution of Morality* (Cambridge: Cambridge University Press, 2007).

Alexander, R. D. *The Biology of Moral Systems* (New York: Aldine de Gruyter, 1987).

Allison, H. *Kant's Transcendental Idealism* (New Haven: Yale University Press, 1983).

Altham, J. E. J., and Ross Harrison (eds.), *World, Mind, and Ethics: Essays in the Ethical Philosophy of Bernard Williams* (Cambridge: Cambridge University Press, 1995).

Alvarez, M. *Kinds of Reasons: An Essay in the Philosophy of Action* (Oxford: Oxford University Press, 2010).

Anscombe, G. E. M. (1969),"On Promising and Its Justice, and Whether It Need Be Respected in *foro interno*", reprinted in Anscombe, *Ethics, Politics and Religion: The Collected Papers,* Vol. III (Oxford: Blackwell, 1981).

Anscombe, G. E. M. (1978),"Rules, Rights and Promises", reprinted in Anscombe, *Ethics, Politics and Religion: The Collected Papers,* Vol. III (Oxford: Blackwell, 1981).

Aristotle, *Nicomachean Ethics* (translated by Terence Irwin, Indianapolis: Hackett Publishing Company, 1999).

Auxter, T. *Kant's Moral Teleology* (Mercer University Press, 1982).

Axelrod, R. *The Evolution of Cooperation* (New York: Basic Books, 1984).

Ayala, F. J. "The Difference of Being Human: Ethical Behavior as an Evolutionary Byproduct", in H. Rolston III (ed.), *Biology, Ethics, and the Origins of Life* (Boston: Jones and Barlett, 1995), pp. 113-136.

Baier, A. C. *A Progress of Sentiments* (Cambridge, MA: Harvard University Press, 1991).

Baker, G. P. and P. M. S. Hacker, *Skepticism, Rules, and Language* (Oxford: Blackwell, 1984).

Beck, L. *A Commentary on Kant's Critique of Practical Reason* (Chicago: University of Chicago

Press, 1960).

Behrends, J. (2013),"Meta-Normative Realism, Evolution, and Our Reasons to Survive", *Pacific Philosophical Quarterly* 94: 486-502.

Berker, S. (2009),"The Normative Insignificance of Neuroscience", *Philosophy & Public Affairs* 37 (4): 293-329.

Bittner, R. *Doing Things for Reasons* (Oxford: Oxford University Press, 2001).

Blackburn, S. (1984), *Spreading the Word* (New York: Oxford University Press, 1984).

Blackburn, S. (1985),"The Individual Strikes Back", reprinted in Blackburn (1993), *Essays in Quasi-Realism* (New York: Oxford University Press). pp.213-228.

Blackburn, S. (1993),"Errors and the Phenomenology of Value", in Blackburn (1993), pp. 149-165.

Blackburn, S. (1995),"Practical Tortoise Raising", *Mind* 104: 695-711.

Blackburn, S. (2014),"Human Nature and Science: A Cautionary Essay", *Behavior* 151: 229-244.

Bowles, S. and H. Gintis, *A Cooperative Species: Human Reciprocity and Its Evolution* (Princeton, NJ: Princeton University Press, 2011).

Boyd, R., J. Gintis, S. Bowles and P. J. Richerson (2003),"The Evolution of Altruistic Punishment", *Proceedings of the National Academy of Science* 100: 3531-3535.

Boyd, R. N. "How to Be a Moral Realist", in Geoffrey Sayre-McCord (ed.), *Essays on Moral Realism* (Ithaca: Cornell University Press, 1988), pp. 181-228.

Bratman, M. *Structures of Agency* (Oxford: Oxford University Press, 2007).

Broadie, A. and Elizabeth M. Pybus (1975),"Kant's Concept of 'Respect'", *Kant-Studien* 63: 58-64.

Brower, B. W. (1993),"Dispositional Ethical Realism", *Ethics* 103: 221-249.

Burnyeat, M. F. "Aristotle on Learning to be Good", in A. K. Rorty (ed.), *Essays on Aristotle's Ethics* (Berkeley, CA: University of California Press, 1980), pp. 69-92.

Carruthers, P., Stephen Laurence, and Stephen Stich (eds.), *The Innate Mind*, 3 vols. (Oxford: Oxford University Press, 2005, 2007).

Coffa, J. A. *The Semantic Tradition from Kant to Carnap* (Cambridge: Cambridge University Press, 1991).

Cohen, G. A. (1996),"Reason, Humanity and the Moral Law", in C. Korsgaard, *The Sources of Normativity*, pp.167-188.

Cohon, R. (1986). "Are External Reasons Impossible?"*Ethics* 96: 545-556.

Copp, D. *Morality, Normativity, and Society* (Oxford: Oxford University Press, 2001).

Copp, D. "Moral Naturalism and Three Grades of Normativity", reprinted in David Copp, *Morality in a Natural World* (Cambridge: Cambridge University Press, 2007), pp. 249-283.

Copp, D. (2008),"Darwinian Skepticism about Moral Realism", *Philosophical Issues* 18: 186-206.

Cosmides, L., and John Tooby,"Cognitive Adaption for Social Exchange", in Jerome H. Barkow, Leda Cosmides, and John Tooby (eds.), *The Adapted Mind: Evolutionary Psychology and the Generation of Culture* (New York: Oxford University Press, 1992), pp. 163-228.

Cummiskey, D. *Kantian Consequentialism* (New York: Oxford University Press, 1996).

Damaio, A. R. *Descartes' Error: Emotion, Reason, and the Human Brain* (New York: Avon Books, 1994).

Dancy, J. *Moral Reasons* (Oxford: Basil Blackwell, 1993).

Dancy, J. *Practical Reality* (Oxford: Oxford University Press, 2000).

Darwall, S. *Impartial Reason* (Ithaca: Cornell University Press, 1983).

Darwall, D. (1993),"Motive and Obligation in Hume's Ethics", *Nous* 27 (12): 415-448.

Darwin, C. (1871), *The Descent of Man* (Princeton: Princeton University Press, 1981).

Davidson, D. (1970),"Mental Events", reprinted in Davidson, *Essays on Actions and Events* (Oxford: Clarendon Press, 1980), pp. 207-228.

Davidson, D. (1973),"Radical Interpretation", reprinted in Davidson, *Inquiries into Truth and Interpretation* (Oxford: Clarendon Press, 1984), pp. 125-140.

Davidson, D. "Actions, Reasons, and Causes", reprinted in Donald Davidson, *Essays on Actions and Events* (second edition, Oxford: Clarendon Press, 2001), pp. 3-10.

Dawkins, R. *The Selfish Gene* (Oxford: Oxford University Press, 1976).

de Waal, F. *Chimpanzee Politics* (Baltimore: John Hopkins University Press, 1984).

de Waal, F. (2014),"Natural Normativity: The 'Is' and 'Ought' of Animal Behavior", *Behavior* 151: 185-204.

DeLapp, K. *Moral Realism* (London: Bloomsbury, 2013).

Deleuze, G. *Empiricism and Subjectivity: An Essay on Hume's Theory of Human Nature* (New York: Columbia University Press, 1991).

Diamond, C. *The Realist Spirit* (Cambridge, MA: MIT Press, 1991).

Dreier, J. "Humean Doubts about the Practical Justification of Morality", in Garrett Cullity and Berys Gaut (eds.), *Ethics and Practical Reason* (Oxford: Clarendon Press, 1997), pp. 81-100.

Dretske, F. *Explaining Behavior: Reasons in a World of Causes* (Cambridge, MA: The MIT Press, 1988).

Dworkin, R. (1996),"Objectivity and Truth: You'd better Believe It", *Philosophy and Public Affairs* 25: 87-139.

Edmonds, D. *Would You Kill the Fat Man? The Trolley Problem and What Your Answer Tell Us about Right and Wrong* (Princeton: Princeton University Press, 2013).

Enoch, D. (2010),"The Epistemological Challenge to Metanormative Realism: How Best to Understand It, and How to Cope with It", *Philosophical Studies* 148: 413-438.

Falk, W. D. "Hume on Practical Reason", in Falk, *Ought, Obligation and Morality* (Ithaca, NY: Cornell University Press, 1975), pp. 143-159.

Field, H. *Science Without Numbers* (Oxford: Blackwell, 1980).

Field, H. *Realism, Mathematics and Modality* (Oxford: Blackwell, 1989).

Firth, R. (1952),"Ethical Absolutism and the Ideal Observer", *Philosophy and Phenomenological Research* 12: 317-345.

Flew, A. G. N. "On the Interpretation of Hume", reprinted in W. D. Hudson (ed.), (1969), *The Is-Ought Questions* (London: St. Martin's, 1969), pp. 68-69.

Foot, P. "Morality as a System of Hypothetical Imperatives", reprinted in Philippa Foot, *Virtues and Vices* (Berkeley, CA: University of California Press, 1978), pp. 157-173.

Fogelin, R. J. *Hume's Skepticism in the Treatise of Human Nature* (London: Routledge, 1985).

Fogelin, R. J. "Hume's Skepticism", in David F. Norton (ed.), *The Cambridge Companion to Hume* (Cambridge: Cambridge University Press, 1993), pp. 90-116.

Gauthier, D. (1979),"David Hume: Contractarian", *Philosophical Review* 88 (4): 3-38.

Gibbard, A. *Wise Choice, Apt Feeling: A Theory of Normative Judgment* (Oxford: Clarendon Press, 1990).

Goldman, A. H. *Reasons from Within: Desires and Values* (Oxford: Oxford University Press, 2009).

Greene, J. D. "The Secret Joke of Kant", in Walter Sinnott-Armstrong (ed.), *Moral Psychology, Vol. 3* (Cambridge, MA: The MIT Press, 2008), pp. 35-79.

Guyer, P. *Kant and the Experience of Freedom* (Cambridge: Cambridge University Press, 1993).

Haidt, J., and Fredrik Bjorklund,"Social Intuitionists Answer Six Questions about Moral Psychology", in W. Sinnott-Armstrong (ed.), *Moral Psychology II: The Cognitive Science of Morality* (Cambridge, MA: The MIT Press, 2008), pp. 181-217.

Haldane, J., and Crispin Wright (eds.). *Reality, Representation and Projection* (New York: Oxford University Press, 1993).

Hamilton, W. (1964),"The Genetic Evolution of Social Behavior", *Journal of Theoretical Biology* 7: 1-52.

Hampton, J. (1995),"Does Hume Have an Instrumental Conception of Practical Reason?"*Hume Studies* 21(1): 57-74.

Hampton, J. *The Authority of Reason* (New York: Cambridge University Press, 1998).

Hare, J. E. *The Moral Gap: Kantian Ethics, Human Limits and God's Assistance* (Oxford: Clarendon Press, 1997).

Hare, R. D. *Without Conscience: The Disturbing World of the Psychopaths among Us* (New York: Pocket Books, 1993).

Henrich, D. *The Unity of Reason: Essays on Kant's Philosophy* (Cambridge, MA: Harvard University Press, 1994).

Henrich, D. *Aesthetic Judgment and the Moral Image of the World* (Stanford: Stanford University Press, 1992).

Harman, G. *The Nature of Morality* (Oxford: Oxford University Press, 1977).

Herman, B. "The Practice of Moral Judgment", in Herman, *The Practice of Moral Judgment* (Cambridge, MA: Harvard University Press, 1993), pp. 73-93.

Herman, B. "Making Room for Character", in Stephen Engstrom and Jennifer Whiting (eds.), *Aristotle, Kant, and the Stoics: Rethinking Happiness and Duty* (Cambridge: Cambridge University Press, 1996).

Herman, B. *Moral Literacy* (Cambridge, MA: Harvard University Press, 2007).

Hill, T. "The Hypothetical Imperative,"reprinted in Thomas Hill, *Dignity and Practical Reason in Kant's Moral Theory* (Ithaca: Cornell University Press, 1992).

Hooker, B. and Margaret O. Little (eds.), *Moral Particularism* (Oxford: Clarendon Press, 2003).

Hookway, C. "Fallibilism and Objectivity: Science and Ethics", in J. E. J. Altham and Ross Harrison (eds.) (1995), *World, Mind and Ethics: Essays on the Ethical Philosophy of BernardWilliams* (Cambridge: Cambridge University Press, 1995), pp. 46-67.

Hoy, T. *Toward a Naturalistic Political Theory* (London: Praeger, 2000).

Hubin, D. C. (1990),"What's Special about Humeanism", *Nous* 33 (1): 30-45.

Hudson, W. D. "Hume on Is and Ought", reprinted in W. D. Hudson (ed.), (1969), *The Is-Ought Questions* (London: St. Martin's, 1969), pp. 73-76.

Hume, D. *Enquiries Concerning Human Understanding and Concerning the Principle of Morals* (ed., by L .A. Selby-Bigge, revised by P. H. Nodditch, Oxford, Clarendon Press, 1975).

Hume, D. *A Treatise on Human Nature* (ed. by L. A. Selby-Bigge, Oxford, Clarendon Press, 1973).

Hume, D. (1777),"Of the Standard of Taste", in David Hume, *Essays: Moral, Political and Literary* (Liberty Fund, 1985), pp. 226-252.

Hurley, P. (2001),"A Kantian Rationale for Desire-based Justification", *Philosophical Imprint* Vol. 1, No. 2.

James, S. M. *An Introduction to Evolutionary Ethics* (Oxford: Blackwell, 2011).

Jackson, F., and Philip Pettit (2002),"Response-Dependence without Tears", *Philosophical Issues* 12: 97-117.

Joyce, R. *The Myth of Morality* (Cambridge: Cambridge University Press, 2001).

Joyce, R. *The Evolution of Morality* (Cambridge, MA: The MIT Press, 2006).

Joyce, R., and Simon Kirchin (eds.), *A World without Values: Essays on John Mackie's Error Theory* (Springer, 2010).

Kamm, F. M. and Eric Rakowski, *The Trolley Problem Mysteries* (Oxford: Oxford University Press, 2015).

Kant, I. *Critique of Practical Reason*, translated and edited by Mary Gregor (Cambridge: Cambridge University Press, revised edition, 2015).

Kant, I. *Groundwork of the Metaphysics of Morals*, edited by Mary Gregor, (Cambridge: Cambridge University Press, 1998).

Kant, I. *The Metaphysics of Morals*, translated by Mary Gregor (New York: Cambridge University Press, 1996).

Kant, I. *Critique of Pure Reason*, translated and edited by Paul Guyer and Allen Wood (Cambridge: Cambridge University Press, 1998).

Kant, I. *Religion and Rational Theology,* translated and edited by Allen Wood and George di Giovanni (Cambridge: Cambridge University Press, 1996)

Kant, I. *Religion within the Limits of Reason Alone*, translated by Theodore M. Greene and Holt H. Hudson (New York: Harper Torchbooks, 1960).

Kant, I. *Critique of the Powers of Judgment*, edited by Paul Guyer, translated by Paul Guyer and Eric Matthews (Cambridge: Cambridge University Press, 2001).

Kant, I. *Political Writings*, edited by H. S. Reiss (Cambridge: Cambridge University Press, 1971/1995).

Kant, I. *An Answer to the Question: What is Enlightenment*? in Kant, *Practical Philosophy*, edited and translated by Mary Gregor (Cambridge: Cambridge University Press, 1996), pp. 11-22.

Kant, I. *Lectures on Ethics*, translated by Lewis Infield (Indianapolis: Hackett Publishing Company, 1963).

Kant, I. *Correspondences*, translated and edited by Arnulf Zweig (Cambridge: Cambridge University Press, 1999).

Kahane, G. (2010),"Evolutionary Debunking Arguments", *Nous* 45: 103-125.

Kemp Smith, N. (1941), *The Philosophy of David Hume: A Critical Study of Its Origins and Central Doctrines* (New York: St Martin's Press, 1966).

Kitcher, P. "Biology and Ethics", in David Copp (ed.), *The Oxford Handbook of Ethical Theory* (Oxford: Oxford University Press, 2006), pp. 163-181.

Kitcher, P. *The Ethical Project* (Cambridge, MA: Harvard University Press, 2011).

Kitcher, P. "Is a Naturalized Ethics Possible?"in Frans de Waal, etal. (eds.), *Evolved Morality: The Biology and Philosophy of Human Conscience* (Leiden: Brill, 2014).

Kirchin, S. *Metaethics* (London: Palgrave Macmillan, 2012).

Korsgaard, C. (1986),"Skepticism about Practical Reason", reprinted in Korsgaard, *Creating the Kingdom of Ends* (Cambridge: Cambridge University Press, 1996), pp. 311-334.

Korsgaard, C. "Morality as Freedom", reprinted in Korsgaard, *Creating the Kingdom of Ends* (Cambridge: Cambridge University Press, 1996), pp. 159-187.

Korsgaard, C. *The Sources of Normativity* (Cambridge: Cambridge University Press, 1996).

Korsgaard, C. (1986),"Skepticism about Practical Reason", reprinted in Kieran Setiya and Hille Paakkunainen (eds.), *Internal Reasons: Contemporary Readings* (Cambridge, MA: The MIT Press, 2012), pp. 51-72.

Korsgaard, C. (1997),"The Normativity of Instrumental Reason", in Garrett Cullity and Berys Gaut (eds.), *Ethics and Practical Reason* (Oxford: Clarendon Press, 1997), pp. 215-255.

Krebs, D. L. *The Origins of Morality: An Evolutionary Account* (Oxford: Oxford University Press, 2011).

Kripke, S. *Wittgenstein on Rules and Private Language* (Cambridge: Harvard University Press, 1982).

Larmore, C. *The Morals of Modernity* (Cambridge: Cambridge University Press, 1996).

Lear, J. (1983),"Ethics, Mathematics and Relativism", *Mind* 92: 38-60.

Lear, J. "Transcendental Anthropology", reprinted in Lear, *Open Minded* (Cambridge: Harvard University Press, 1998), pp. 247-281.

Levy, N. *What Makes Us Moral?* (Oxford: Oneworld Publications, 2004).

Lumsden, C. J. and E. O. Wilson, *Gene, Mind, and Culture* (Cambridge, MA: Harvard University Press, 1981).

Lurz, R. W. (ed.), *The Philosophy of Animal Minds* (Cambridge: Cambridge University Press, 2009).

Lurz, R. W. *Mindreading Animals* (Cambridge, MA: The MIT Press, 2011).

Mackie, J. L. *Ethics: Inventing Right and Wrong* (London: Penguin Books, 1977).

Mackie, J. L. *Hume's Moral Theory* (London: Routledge, 1980).

McCarty, R. (1994),"Motivation and Moral Choice in Kant's Theory of Rational Agency", *Kant-Studien* 85: 15-31.

McDowell, J. "Virtue and Reason", reprinted in John McDowell, *Mind, Value and Reality* (Cambridge, MA: Harvard University Press, 1998), pp. 50-76.

McDowell, J. "Are Moral Requirements Hypothetical Imperatives", reprinted in McDowell (1998), pp. 77-94.

McDowell, J. "Might There Be External Reasons?"reprinted in McDowell (1998), pp. 95-112.

McDowell, J. "Values and Secondary Qualities", reprinted in McDowell(1998), pp. 131-150.

McDowell, J. "Wittgenstein on Following a Rule", reprinted in McDowell (1998), pp. 221-262.

McDowell, J. *Having the World in View* (Cambridge, MA: Harvard University Press, 2009).

Mercier, H. and Dan Sperber, *The Enigma of Reason* (Cambridge, MA: Harvard University Press, 2017).

Moss, J. *Aristotle on the Apparent Good: Perception, Phantasia, Thought, and Desire* (Oxford: Oxford University Press, 2012).

Miller, A. and Crispin Wrights (eds.). *Rule-Following and Meaning* (McGill-Queen's University Press, 2002).

Mounce, H. O. *Hume's Naturalism* (New York: Routledge, 1999).

Moore, G. E. *Principia Ethica* (Cambridge: Cambridge University Press, revised edition, 1993).

Nagel, T. *Mind and Cosmos: Why the Materialist Neo-Darwinian Conception of Nature Is Almost Certainly False* (Oxford: Oxford University Press, 2012).

Nagel, T. *The Last Word* (New York: Oxford University Press, 1998).

Nagel, T. *The Possibility of Altruism* (Princeton: Princeton University Press, 1978).

Nichols, S. *Sentimental Rules: On the Natural Foundations of Moral Judgment* (New York: Oxford University Press, 2004).

Nicholas, S. "Innateness and Moral Psychology", in Peter Carruthers, Stephen Laurence and Stephen Stich (eds.), *The Innate Mind: Structure and Content* (Oxford: Oxford University

Press, 2005), pp. 353-370.

Norton, D. F. *David Hume: Common-Sense Moralist, Sceptical Metaphysician* (Princeton: Princeton University Press, 1982).

Nozick, R. *The Nature of Rationality* (Princeton: Princeton University Press, 1993).

Nussbaum, M. C. *Love's Knowledge* (New York: Oxford University Press, 1990).

Nussbaum, M. C. *Upheavals of Thought: The Intelligence of Emotions* (Cambridge: Cambridge University Press, 2003).

Oakley, J. *Morality and the Emotions* (New York: Routledge, 1992).

Okasha, S. *Evolution and Levels of Selection* (Cambridge: Cambridge University Press, 2006).

Olson, J. *Moral Error Theory: History, Critique, Defense* (Oxford: Oxford University Press, 2014).

O'Neill, O. *Acting on Principle* (New York: Columbia University Press, 1975).

Paton, J. *The Categorical Imperative: A Study in Kant*'s *Moral Philosophy* (London: The Anchor Press, 1971).

Pears, D. *The False Prison: A Study of the Development of Wittgenstein's Philosophy*, 2 Vols (Oxford: Oxford University Press, 1988).

Pears, D. *Hume's System* (Oxford: Oxford University Press, 1990).

Pearson, G. "Aristotle and Scanlon on Desire and Motivation", in Michael Pakaluk and Giles Pearson (eds.), *Moral Psychology and Human Action in Aristotle* (Oxford: Oxford University Press, 2011), pp. 95-117.

Pearson, G. *Aristotle on Desire* (Cambridge: Cambridge University Press, 2012).

Pettit, P. (1990),"The Reality of Rule-Following", *Mind* 99: 1-20.

Pettit, P. (1991),"Realism and Response-Dependence", *Mind* 100: 587-623.

Pettit, P. *Rules, Reasons and Norms* (Oxford: Oxford University Press, 2005).

Premack, D., and A. J. Premack,"Moral Belief: Form Versus Content", in L. A. Hirschfeld and S. A. Gelman (eds.), *Mapping the Mind: Domain Specificity in Cognition and Culture* (Cambridge: Cambridge University Press, 2004), pp. 149-168.

Price, A. W. *Contextuality in Practical Reason* (Oxford: Clarendon Press, 2008).

Prinz, J. J. *The Emotional Construction of Morals* (Oxford: Oxford University Press, 2007).

Putnam, H. *Realism with a Human Face* (Cambridge, MA: Harvard University Press, 1990).

Railton, P. "Subject-ive and Objective", in Brad Hooker(ed.), *Truth in Ethics* (London:

Blackwell, 1996), pp. 51-68.

Railton, P. (1997),"On the Hypothetical and Non-Hypothetical in Reasoning about Belief and Action", in *Ethics and Practical Reason*, pp. 53-80.

Radcliffe, E. S. (1997),"Kantian Tunes on a Humean Instrument: Why Hume is Not Really a Skeptic About Practical Reasoning", *Canadian Journal of Philosophy* 27(2): 247-270.

Reath, A. (1989),"The Categorical Imperative and Kant's Conception of Practical Rationality", *Monist*: 384-409.

Richerson, P. J., and Robert Boyd,"Darwinian Evolutionary Ethics: Between Patriotism and Sympathy", in Philip Clayton and Jeffrey Schloss (eds.), *Evolution and Ethics* (Grand Rapids, Michigan: William B. Eerdmans Publishing Company, 2004), pp. 50-77.

Richerson, P. J. and Robert Boyd, *Not by Gene Alone: How Culture Transformed Evolution* (Chicago: The University of Chicago Press, 2005).

Rottschaefer, W. A. and David Martinsen (1991),"Really Taking Darwin Seriously: An Alternative to Michael Ruse's Darwinian Metaethics", *Biology and Philosophy* 5: 149-173.

Rousseau, J-J. *The Discourses and Other Early Political Writings*, edited by Victor Gourevitch (Cambridge: Cambridge University Press, 1997).

Rovane, C. "A Nonnaturalist Account of Personal Identity", in Mario de Caro and David Macarthur (eds.), *Naturalism in Question* (Cambridge, MA: Harvard University Press, 2004), pp. 231-258.

Ruse, M. (1990),"Evolutionary Ethics and Search for Predecessors", *Social Philosophy and Policy* 8: 59-85.

Ruse, M. "The Significance of Evolution", in Peter Singer (ed.), *A Companion to Ethics* (Oxford: Blackwell, 1991), pp. 500-510.

Ruse, M. *Taking Darwin Seriously: A Naturalistic Approach to Philosophy* (revised edition, Amherst, NY: Prometheus Books, 1998).

Ruse, M. "Evolutionary Ethics: Past and Present", in Philip Clayton and Jeffrey Schloss (eds.), *Evolution and Ethics* (Grand Rapids, Michigan: William B. Eerdmans Publishing Co., 2004), pp. 27-49.

Ruse, M. "Is Darwinian Metaethics Possible?"in Giovanni Boniolo and Gabriele de Anna (eds.), *Evolutionary Ethics and Contemporary Ethics* (Cambridge: Cambridge University Press, 2006).

Ruse, M. *The Philosophy of Human Evolution* (Cambridge: Cambridge University Press, 2012), pp. 180-181.

Ruse, M., and E. O. Wilson (1986),"Moral Philosophy as Applied Science", *Philosophy* 61: 173-192.

Scheffler, S. *Human Morality* (Oxford: Oxford University Press, 1993).

Schroeder, T. *Three Faces of Desire* (Oxford: Oxford University Press, 2004).

Scott, N., and Jonathan Seglow, *Altruism* (London: Open University Press, 2007).

Sellars, W. (1956),"Empiricism and Philosophy of Mind", reprinted in Sellars, *Science, Perception and Reality* (London: Routledge, 1963), pp. 127-196.

Sellars, W. *Science and Metaphysics: Variations on Kantian Themes* (London: Routledge, 1968).

Sherman, N. *Making a Necessity of Virtue* (New York: Cambridge University Press, 1997).

Silber, J. R. (1960),"The Ethical Significance of Kant's *Religion*", in Kant, *Religion within the Limits of Reason Alone*.

Singer, P. (1972),"Famine, Affluence, and Morality", *Philosophy and Public Affairs* 3: 229-243.

Singer, P. (2005),"Ethics and Intuitions", *Journal of Ethics* 9: 331-352.

Sinnott-Armstrong, W. (ed.), *Moral Psychology, Volume 1: The Evolution of Morality: Adaptations and Innateness* (Cambridge, MA: MIT Press, 2008).

Smith, M., David Lewis and Mark Johnston (1989),"Dispositional Theories of Value", *Proceedings of the Aristotelian Society*, supplementary volume 63: 89-174.

Smith, M., and Philip Pettit (1990),"Backgrounding Desire", *Philosophical Review* 99 (4): 565-592.

Smith, M. *The Moral Problem* (Oxford: Blackwell, 1994).

Smith, M. (2004),"Instrumental Desires, Instrumental Rationality", *Supplement to the Proceedings of the Aristotelian Society* 78: 93-109.

Sobel, D., and Steven Wall (eds.), *Reasons for Action* (Cambridge: Cambridge University Press, 2009).

Sober, E., and David Sloan Wilson, *Undo Others: The Evolution and Psychology of Unselfish Behavior* (Cambridge, MA: Harvard University Press, 1998).

Sterelny, K., and Ben Fraser (2016),"Evolution and Moral Realism", *The British Journal for the Philosophy of Science*: 1-26.

Strawson, P. "Freedom and Resentment", reprinted in P. F. Strawson, *Freedom and Resentment and Other Essays* (London: Routledge, 1974), pp. 1-28.

Strawson, P. *Scepticism and Naturalism: Some Varieties* (London: Methuen, 1985).

Street, S. (2006),"A Darwinian Dilemma for Realist Theories of Value", *Philosophical Studies* 127: 109-166.

Street, S. (2008),"Reply to Copp: Naturalism, Normativity, and the Varieties of Realism Worth Worrying About", *Philosophical Issues* 18: 207-228.

Stroud, B. *The Significance of Philosophical Skepticism*, (Oxford: Clarendon Press, 1984).

Sturgeon, N. L. "Ethical Naturalism", in David Copp, *The Oxford Handbook of Ethical Theory* (Oxford: Oxford University Press, 2006).

Sturgeon, N. L. "Moral Explanation", in Geoffrey Sayre-McCord (ed.), *Essays on Moral Realism* (Ithaca: Cornell University Press, 1988), pp. 229-255.

"Symposium on *Truth and Objectivity* by Crispin Wright", *Philosophy and Phenomenological Research* 54: 4 (1996).

Teehan, J. *In the Name of God: The Evolutionary Origin of Religious Ethics and Violence* (Oxford: Blackwell, 2010).

Tomasello, M. *A Natural History of Human Morality* (Cambridge, MA: Harvard University Press, 2016).

Trivers, R. (1971),"The Evolution of Reciprocal Altruism", *Quarterly Review of Biology* 46: 35-57.

Trivers, R. *The Folly of Fools: The Logic of Deceit and Self-Deception in Human Life* (New York: Basic Books, 2011).

Tropman, E. (2014),"Evolutionary Debunking Arguments: Moral Realism, Constructivism, and Explaining Moral Knowledge", *Philosophical Explorations* 17 (2): 126-140.

Vavova, K. "Debunking Evolutionary Debunking", in Russ Shafer-Landau (eds.), *Oxford Studies in Metaethics,* Vol. 9 (Oxford: Oxford University Press, 2014), pp. 76-101.

Velkley, R. L. *Freedom and the End of Reason: On the Moral Foundation of Kant's Critical Philosophy* (Chicago: The University of Chicago Press, 1989).

Ward, K. *The Development of Kant's View of Ethics* (Oxford: Basil Blackwell, 1972).

Wielenberg, E. J. (2010),"On the Evolutionary Debunking of Morality", *Ethics* 120: 441-464.

Wiggins, W. "Deliberation and Practical Reason", reprinted in A. K. Rorty (ed.), *Essays on Aristotle's Ethics* (Berkeley: University of California University, 1980), pp. 221-240.

Wiggins, D. "Objectivity and Subjectivity in Ethics, with Two Postscripts on Truth", in Brad Hooker(ed.), *Truth in Ethics*, pp. 35-50.

Wiggins, D. (1998a),"Truth, and Truth as Predicated of Moral Judgment", in Wiggins (1998), *Needs, Values and Truth* (Oxford: Clarendon Press, third edition), pp. 139-184.

Wiggins, D. (1998b),"A Sensible Subjectivism?"reprinted in Wiggins (1998), pp. 185-214.

Williams, B. "Persons, Character and Morality", in Williams, *Moral Luck* (Cambridge: Cambridge University Press, 1981), pp. 1-19.

Williams, B. "Internal and External Reasons", reprinted in Williams (1981), pp. 101-113.

Williams, B. "Practical Necessity", in Williams (1981), pp. 124-131.

Williams, B. *Ethics and the Limits of Philosophy* (Cambridge, MA: Harvard University Press, 1985).

Williams, B. "Internal Reasons and the Obscurity of Blame", reprinted in Bernard Williams, *Making Sense of Humanity* (Cambridge: Cambridge University Press, 1995), pp. 35-45.

Williams, B. "Moral Incapacity", in Williams (1995), pp. 46-55.

Williams, B. "Replies", in J. E. J. Altham and Ross Harrison (eds.), *World, Mind and Ethics* (Cambridge: Cambridge University Press, 1995), pp. 185-224.

Williams, B. "Truth in Ethics", in Brad Hooker(ed.), *Truth in Ethics*, pp. 19-34.

Williams, G. C. *Natural Selection: Domains, Levels, and Challenges* (Oxford: Oxford University Press, 1992).

Wittgenstein, L. *Philosophical Investigation* (New York: Macmillan, third edition, 1958).

Wittgenstein, L. (1965),"Wittgenstein's Lecture on Ethics", *Philosophical Review* 74 (1): 3-16.

Wood, A. "Kant's Compatibilism", in Allen Wood (ed.), *Self and Nature in Kant's Philosophy* (Ithaca: Cornell University Press, 1984), pp. 73-101.

Wood, A. (1991),"Unsociable Sociability: The Anthropological Basis of Kantian Ethics", *Philosophical Topics* 19 (1): 325-351.

Wood, A. *Kant's Ethical Thought* (Cambridge: Cambridge University Press, 1999).

Woolcock, P. (1993),"Ruse's Darwinian Meta-Ethics: A Critique", *Biology and Philosophy* 8: 423-439.

Wright, C. *Wittgenstein on the Foundations of Mathematics* (London: Duckworth, 1980).

Wright, C. (1988),"Moral Values, Projection and Secondary Qualities", *Proceedings of the Aristotelian Society*, supplementary volume 62: 1-26.

Wright, C. *Truth and Objectivity* (Cambridge: Harvard University Press, 1992).

Wright, C. *Saving the Differences* (Cambridge, MA: Harvard University Press, 2003).

Wright, R. *The Moral Animal* (London: Little, Brown & Company, 1994).